4

松坂和夫｜数学入門シリーズ

解析入門 上

Analysis I
Kazuo Matsuzaka's
Introduction to Mathematics

岩波書店

まえがき

本書は解析学の入門書である．

内容は大学の基礎課程で扱われる微分積分学が大半であるが，複素解析の初歩など，若干進んだ部分も含む．線形代数学に関する本書の記述は，たぶん微分積分学の類書にくらべて幾分長い．それが長くなったのは，本書で必要とする線形代数学の基礎知識を，本書自身の内部において準備するようにしたからである．

そのほか本書では，たとえば集合論初歩を解説した章などもある．これらの章を設けたのは，本書に，ある種の総合性と現代数学入門的な性格とをもたせるためである．

全体としてこの書物は，高等学校の標準的なコースにおいて習得されるもの以外，特に予備知識を必要としないよう，出発点から書かれている．少なくとも著者は，このことを原則としてこの本を書いたつもりである．

内容の細目は目次に示されている通りであるから，ここではあらためて述べない．各章はそれぞれ幾つかの節からなり，主として第1節の冒頭にその章の内容が要約的に書かれている．それらの要約を読めば，章の間の連関や本書全体の構成について，概ねの理解が得られるであろう．

先にもいったように本書は出発点から書かれており，基本的に初学者用のものである．また著者の気持としては，一般向きのものである．すなわち，いろいろな立場から広い意味で数学に関心をもつ人々に向けて書かれたものであって，特別な人を対象としたものではない．著者はまた，本書を書くときにつねに数学を自習しようとする読者のことを念頭においた．この書物が，そういう読者のために，些少なりとも自習書として役立つことがあれば，著者として本懐である．

著者が本書を書いたのは，もと岩波書店の編集部におられた荒井秀男氏の強い要望による．約十年前著者は「数学読本」(全6巻)を書いたが，これも同氏の企画によるものであった．今回も氏の熱意によって著者は再度説得され，書店の宮内久男氏の賛同も得て，この書物が世に出る運びとなったのである．この意味で本書は，荒井氏のひたすらな熱意と宮内氏の尽力とがもたらした産物といってもよい．ただ，著者の非力や健康上の障害などのため，結果はやはり，両氏の期待や理想からは程遠いものになった．そのことは遺憾であるけれども，やむを得ないことでもある．

荒井・宮内の両氏のほか，大橋義房，長谷川かおりの両氏には本書の原稿の閲読を願って協力を得た．ここに上記の四氏に対する心からの謝意を表する．さらに，いろいろな部分で本書の出版に力を藉された多くの方々にも合わせて感謝の意を表したい．

書物では，高木貞治先生の「解析概論」，赤攝也氏の「微分学・積分学」，Ahlfors の ‘Complex Analysis’，Rudin の ‘Principles of Mathematical Analysis’ などを主として参考にした．これらの書物から多くの恩恵を受けたことも付記して感謝の意を表する．

記法や用語で慣用のものと違っているものがあるかもしれないが，特に意図したものではない．適宜に読者自身によって修正されることを希望する．

1997年7月

著　者

目　次

第7章 積分法

第8章 積分の計算

中巻の目次

下巻の目次

1 数

1.1 実数

実数の概念，および，実数の四則や大小，不等式などに関する基本的な事項は，ひとまず読者が既知であるものと仮定する．

さしあたってここでは，これからの議論の出発に際し，最小限必要と思われるいくつかの用語や事実をひととおり思い出しておくことにする．

数についてのより精細な考察は 1.3 節，1.4 節で与えられるが，数列や級数，さらに関数の極限や微分に早く進みたい読者は，この節のあとで直ちに第 2 章に進んでもさしつかえない．

◆ A） 実数の分類

数にはいろいろな種類がある．

数 0, 1, 2, 3, 4, ⋯ は**自然数**とよばれる．自然数のうち，0 を除く 1, 2, 3, 4, ⋯ は**正の整数**とよばれる．

自然数

正の整数

数 −1, −2, −3, −4, ⋯ は**負の整数**とよばれる．

負の整数

正の整数，負の整数，および 0 を合わせて，**整数**という．

整数

(0 を自然数のうちに含めるか否かについては特に決定的な理由はない．本書では 0 も自然数のうちに入れるが，これは本書で採用する 1 つの規約にすぎない．)

m を整数，n を 0 でない整数として，$\dfrac{m}{n}$ または m/n の形

有理数

に表される数を**有理数**という．任意の整数 m は $\dfrac{m}{1}$ と書くことができるから，有理数である．

m, n がともに正の整数またはともに負の整数ならば $\dfrac{m}{n}$ は正の有理数，m, n の一方が正の整数，他方が負の整数ならば $\dfrac{m}{n}$ は負の有理数である．

たとえば，$\dfrac{-9}{-5}$ は $\dfrac{9}{5}$ と同じであり，$\dfrac{9}{-5}$ は $\dfrac{-9}{5}\left(=-\dfrac{9}{5}\right)$ と同じであるから，0 でない有理数を $\dfrac{m}{n}$ の形に書くとき，分母 n はいつも正の整数にしておくことができる．

無理数

有理数でない実数を**無理数**という．たとえば，2 の平方根 $\sqrt{2}$，円周率 π(パイ)などは無理数である．

実数の全体は有理数と無理数の 2 つに大別されるのである．

◆ B)　数直線

実数は直線上の点によって表現される．

原点，単位点

いま，1 つの直線 l を考え，その上に異なる 2 点 O, E をとって，O を**原点**，E を**単位点**と名づける．そして点 O に数 0 を，点 E に数 1 を対応させ，一般に l 上の任意の点 A に対して，線分 OE の長さを単位として測った線分 OA の長さが a であるとき，A が O からみて E と同じ側にあるならば A に正の数 a を対応させ，A が O からみて E と反対の側にあるならば，A に負の数 $-a$ を対応させる．このようにすれば，直線 l 上のすべての点にそれぞれ 1 つの実数が対応し，逆に任意の実数には l 上の 1 つの点が対応する．

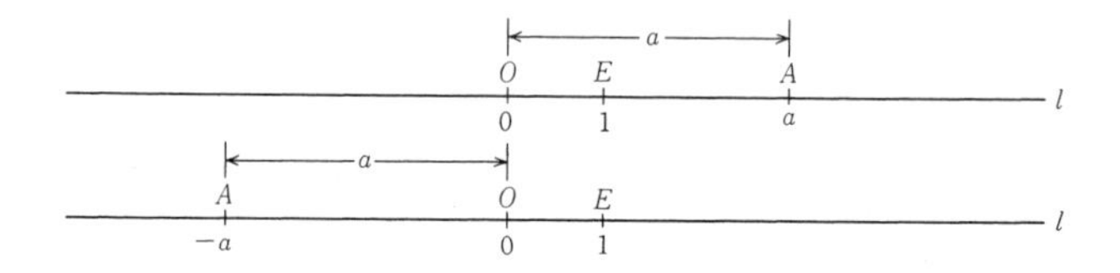

数直線

座標

このように，その上の各点にそれぞれ 1 つの実数を対応づけた直線 l を**数直線**という．また，l 上の各点に対し，それに対応する実数をその点の**座標**という．座標が x である点を簡単に“点 x”ともいう．

正の方向，負の方向

正の部分，負の部分

数直線 l において，原点 O から単位点 E に向かう向きは**正の方向**，その反対の向きは**負の方向**とよばれる．また，O を発する半直線 OE とその反対の向きの半直線(ただし端点 O を除く)は，それぞれ l の**正の部分**，**負の部分**とよばれる．

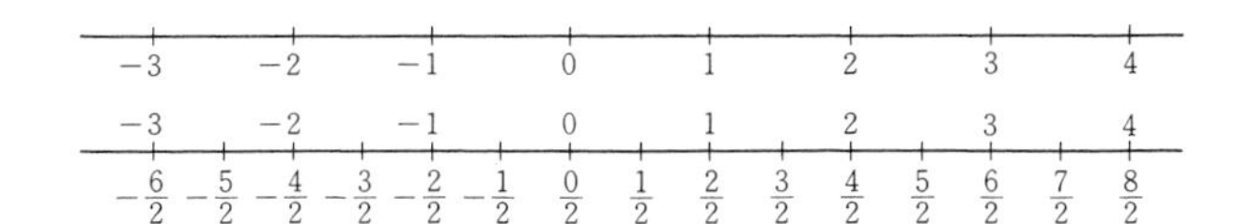

水平に描かれた数直線上で，すべての整数は，上の図のように，等間隔1で左右に限りなく配列される．

また，分母が2の有理数は等間隔$\dfrac{1}{2}$で配列され，分母が10の有理数は等間隔$\dfrac{1}{10}$で配列される．一般に，分母がnの有理数は数直線上に等間隔$\dfrac{1}{n}$で配列される．nが限りなく大きくなれば，この間隔$\dfrac{1}{n}$は限りなく小さくなる．このことから，有理数は数直線上に稠密(ちゅうみつ)に分布されることがわかる．

nを1つの正の整数とするとき，分母がn以下の有理数は，数直線上に離散的に(飛び飛びに)並んでいる．しかし，有理数全体の配列はもはや離散的ではない．実際，2つの異なる有理数x, yの間には必ず第三の有理数(たとえば$\dfrac{x+y}{2}$)があるからである．

◈ C) 数の演算

2つの自然数m, nの和$m+n$，積mnはまた自然数である．このことを“自然数の範囲では加法，乗法が自由に行われる”あるいは“自然数の全体は加法，乗法について**閉じている**”という．しかし，自然数の全体は減法や除法については閉じていない．

閉じている

2つの整数の和，差，積はまた整数である．すなわち，整数の全体は加法・減法・乗法について閉じている．しかし，整数m, nに対して商$\dfrac{m}{n}$は一般に整数ではないから，整数の全体は除法については閉じていない．

つぎに，r, sを2つの有理数とし，

$$r=\frac{m}{n}, \qquad s=\frac{m'}{n'}$$

とする．ここにm, n, m', n'は整数で，n, n'は0ではない．このとき

$$r+s=\frac{m}{n}+\frac{m'}{n'}=\frac{mn'+m'n}{nn'},$$

$$r-s=\frac{m}{n}-\frac{m'}{n'}=\frac{mn'-m'n}{nn'},$$

$$rs=\frac{m}{n}\cdot\frac{m'}{n'}=\frac{mm'}{nn'}$$

となるから，$r+s, r-s, rs$ も有理数である．さらに s が 0 でなければ，これは m' が 0 でない整数であることを意味するから，

$$\frac{r}{s}=\frac{m}{n}\Big/\frac{m'}{n'}=\frac{mn'}{m'n}$$

となって，$\frac{r}{s}$ も有理数である．このように，有理数の範囲では，加減乗除の四則演算が自由に行われる．いいかえれば，有理数の全体は加減乗除の四則演算について閉じている．(以後このような表現をする場合には，いつも，“0 で割る”ことだけは除外して考えるものとする．)

実数の全体も，加減乗除の四則演算について閉じている．すなわち，任意の 2 つの実数 a, b に対して，和 $a+b$，差 $a-b$，積 ab は実数で，さらに b が 0 でなければ商 $\frac{a}{b}$ も実数である．とくに $\frac{1}{b}$ は b の**逆数**とよばれる．

逆数

さらに，実数の加法，乗法については，周知のとおり，基本的な演算法則，すなわち

交換法則
結合法則
分配法則

交換法則　$a+b=b+a, \quad ab=ba$

結合法則　$(a+b)+c=a+(b+c),$
$(ab)c=a(bc)$

分配法則　$a(b+c)=ab+ac,$
$(a+b)c=ac+bc$

が成り立つ．

実数 a に対して，積 $aa, aaa, \cdots$ を $a^2, a^3, \cdots$ と書き，一般に a の n 個の積を a^n と書く．a^n を a の**累乗**，n をその**指数**という．さらに，$a \neq 0$ ならば，

累乗，指数

$$a^0=1, \qquad a^{-n}=\frac{1}{a^n}$$

として，累乗の意味が，指数が 0 または負の整数の場合にまで拡張される．そのとき，m, n を任意の整数として，**指数法則**

指数法則

$$a^m a^n=a^{m+n}, \qquad (a^m)^n=a^{mn}, \qquad (ab)^n=a^n b^n$$

が成り立つ．これも周知のことであろう．

◆ D) 数の大小と不等式

実数の間では大小の比較が可能である．正確にいえば，任意の2つの実数 a, b に対して，

$$a < b, \quad a = b, \quad a > b$$

のいずれか1つ，しかも1つだけが成り立つ．

通例のように数直線を水平に書いて，正の向きを右向きとすれば，$a<b$ は点 b が点 a より右側にあることを意味する．とくに，$a>0$ は a が正の数であること，$a<0$ は a が負の数であることと同じである．

"$a<b$ または $a=b$" であることを $a \leqq b$ と書く．

数の平方に関する次の性質はきわめて基本的である．すなわち，任意の実数 a に対して $a^2 \geqq 0$ であって，$a^2=0$ となるのは $a=0$ のときに限る．より一般に，任意の実数 $a_1, a_2, \cdots, a_n$ に対して

$$a_1{}^2 + a_2{}^2 + \cdots + a_n{}^2 \geqq 0$$

が成り立ち，この平方和が0となるのは $a_1, a_2, \cdots, a_n$ がすべて0に等しいときに限る．

その他，不等式に関して頻用される諸法則は，読者が周知のこととして，いちいちは列挙しない．(これらの諸法則が不等式のどのような基本性質から導かれるかについては，1.3節に述べる．) ただ，数の絶対値に関する次の不等式は，今後各所で活用されるから，ここに一言，証明を添えて触れておく価値があるであろう．

絶対値

実数 a の**絶対値** $|a|$ は，

$$a \geqq 0 \quad ならば \quad |a| = a,$$
$$a < 0 \quad ならば \quad |a| = -a$$

として定義される．定義によってつねに $|a| \geqq 0$ であり，また $|a|=|-a|$ である．この絶対値について次の重要な不等式が成り立つのである．

> 任意の実数 a, b に対して
> (＊) $\qquad |a+b| \leqq |a|+|b|.$

証明 a, b のいずれか一方または両方が0ならば(＊)は明らかに等号で成り立つ．

$a>0$, $b>0$ ならば，$a+b>0$ であるから，

$$|a+b| = a+b, \quad |a| = a, \quad |b| = b,$$

また $a<0$, $b<0$ ならば，$a+b<0$ であるから

$$|a+b| = -(a+b), \quad |a| = -a, \quad |b| = -b.$$

したがって(∗)は等号で成り立つ．

a, b が異符号のとき，たとえば $a>0$, $b<0$ とすれば

$$|a|+|b| = a-b.$$

一方，$|a+b|$ は $a+b$ または $-(a+b)=-a-b$ のいずれかであるが，$a>0$, $b<0$ であるから

$$a+b < a-b, \quad -a-b < a-b.$$

ゆえに(∗)は不等号で成り立つ．□

上の証明でわかるように，(∗)が等号で成り立つのは，$a \geqq 0$, $b \geqq 0$ または $a \leqq 0$, $b \leqq 0$ のときである．

◆ E) 集合とその記法

ここで，以下の記述を円滑にする必要上，集合に関するいくつかの基本的な用語と記号を述べておく．

集合　**要素(元)**

範囲がはっきりした“ものの集まり”を**集合**といい，集合を構成する個々のものをその集合の**要素**または**元**という．

もの x が集合 A の元であることを $x \in A$ と書く．x が A の元でないときには $x \notin A$ と書く．

空集合　**空でない(非空である)**

元を1つももたない集合を**空集合**という．これを記号 $\emptyset$ で表す．元を少なくとも1つ含む集合は**空でない**あるいは**非空である**という．

元 $a, b, c, \cdots$ から成る集合を $\{a, b, c, \cdots\}$ と書く．

部分集合　**真部分集合**

集合 A のすべての元が集合 B に属しているとき，すなわち“$x \in A$ ならば $x \in B$”であるとき，A は B の**部分集合**であるといい，$A \subset B$ または $B \supset A$ と書く．このときさらに，B の元で A に属さないものがあるならば，A は B の**真部分集合**であるという．

任意の集合 A に対して $A \subset A$ であり，また $\emptyset \subset A$ である．すなわち，空集合は任意の集合の部分集合である．

$A \subset B$ であって同時に $B \subset A$ であるならば，A と B は全く同じ元から成る．このとき $A=B$ と書く．

和集合　**共通部分**

2つの集合 A, B に対して，A, B の少なくとも一方の元であるもの全体の集合を A, B の**和集合**といい，$A \cup B$ で表す．また A, B の両方に属する元全体の集合を A, B の**共通部分**

といい，$A\cap B$ で表す．

数学で頻繁にあらわれる集合，とくに数の集合は，しばしば特定の文字によって表される．本書では，自然数全体の集合，整数全体の集合，有理数全体の集合，実数全体の集合を，それぞれ，$\boldsymbol{N}, \boldsymbol{Z}, \boldsymbol{Q}, \boldsymbol{R}$ で表す．また，正の整数全体の集合を $\boldsymbol{Z}^+$ で表す．

上に導入した記法によれば，$\boldsymbol{N}\subset\boldsymbol{Z}$，$\boldsymbol{Z}\subset\boldsymbol{Q}$，$\boldsymbol{Q}\subset\boldsymbol{R}$ である．

また，たとえば $\boldsymbol{N}=\{0,1,2,3,4,\cdots\}$ であり，$\boldsymbol{N}=\boldsymbol{Z}^+\cup\{0\}$ である．

◆ F) アルキメデスの性質，有理数の稠密性

数直線上で整数は等間隔1で正の方向にも負の方向にも限りなく並んでいる．したがって特に，どんな実数を与えても，それよりもさらに大きい正の整数が存在する．すなわち

(A)　任意の $x\in\boldsymbol{R}$ に対して，$n>x$ を満たす $n\in\boldsymbol{Z}^+$ が存在する．

この性質は，直ちに次のように一般化される．

(A′)　$x\in\boldsymbol{R}$，$y\in\boldsymbol{R}$ とし，$x>0$ とする．そのとき

$$nx > y$$

を満たす $n\in\boldsymbol{Z}^+$ が存在する．

(A)から(A′)を導くのは容易である．実際(A)によって

$$n > \frac{y}{x}$$

を満たす $n\in\boldsymbol{Z}^+$ が存在するから，この両辺を x 倍すればよい．

上記の性質(A), (A′)は $\boldsymbol{R}$ の**アルキメデス性**とよばれる．

アルキメデス性

任意の実数 z に対して $m<z<n$ を満たす整数 m, n が存在することは，アルキメデス性からの単純な帰結である．

また前に注意したように，数直線上に有理数は稠密に存在しているが，このことは正確には次のように表される．

(B)　任意の2つの実数の間には必ず有理数がある．すなわち，$x\in\boldsymbol{R}$，$y\in\boldsymbol{R}$，$x<y$ ならば，$x<r<y$ を満たす $r\in\boldsymbol{Q}$ が存在する．

この性質(B)は $\boldsymbol{R}$ における $\boldsymbol{Q}$ の**稠密性**とよばれる．

稠密性

(B)において，x と r，r と y の間にも，$x<r'<r$，$r<$

$r''<y$ となる有理数 r', r'' が存在するから，結局 x, y の間には無限に多くの有理数が存在することになる．

上記では数直線という実数の図形的表象を利用して(A), (B)を導いた．しかし，正しくいえば，これはもちろん論理的な態度ではない．性質(A), (B)をより論理的に導出することについては，のちの1.4節を参照されたい．

ただし，性質(B)は実はアルキメデス性から導かれるのである．次にその証明を述べておく．

いま x, y を2つの実数とし，$x<y$ とする．このとき $y-x>0$ であるから，アルキメデス性を仮定すれば，(A′)によって

$$n(y-x) > 1$$

となる正の整数 n がある．また $m_1<nx<m_2$ を満たす整数 m_1, m_2 が存在するから，

$$m-1 \leqq nx < m$$

となるような整数 m がある．(すなわち，$m_2>nx$ を満たす整数 m_2 の最小のものを m とするのである．次節の問題1.2の問3参照.) 上の2つの不等式を組み合わせれば

$$nx < m \leqq nx+1 < ny.$$

そして $n>0$ であるから

$$x < \frac{m}{n} < y.$$

ゆえに $r=\dfrac{m}{n}$ とおけば，$r \in \boldsymbol{Q}$ で $x<r<y$．これで(B)が証明された．

◆ G)　$\sqrt{2}$ が無理数であること

上に述べたように有理数は数直線上に稠密に存在するが，しかし数直線全体を埋めつくすことはできない．すなわち，有理数でない実数——無理数——が存在する．たとえば，$\sqrt{2}$ は無理数である．この証明もおそらく読者は既知であろうが，念のためにその証明を述べておく．

まず次のことに注意する．

周知のように，2の倍数である整数，すなわち k を整数として $2k$ の形に書かれる整数は**偶数**とよばれ，そうでない整数は**奇数**とよばれる．奇数は k を整数として $2k+1$ の形に書かれる．

偶数
奇数

いま，a を奇数として，$a=2k+1$ とすれば，

$$a^2 = 4k^2+4k+1 = 2(2k^2+2k)+1$$

であるから，a^2 も奇数である．したがって整数 a の平方 a^2 が偶数ならば，a 自身偶数でなければならない．

さて，もし $\sqrt{2}$ が有理数であるとすれば，正の整数 m, n を用いて

$$\sqrt{2} = \frac{m}{n}$$

と書くことができる．このとき，m, n がともに偶数ならば，分母，分子を 2 で約してもっと簡約した形に表すことができるから，m, n の少なくとも一方は奇数であるとしてよい．

上の式の分母をはらって 2 乗すれば

$$m^2 = 2n^2.$$

よって m^2 は偶数で，したがって m は偶数である．ゆえに $m=2l$ (l は整数) と書くことができ，$(2l)^2=2n^2$ より $n^2=2l^2$ を得る．よって n^2，したがって n も偶数である．これは上の仮定と矛盾する．

ゆえに $\sqrt{2}$ は有理数ではない．

問題 1.1

1　x が有理数，y が無理数ならば，$x+y$ は無理数であることを示せ．

（ヒント）　もし $z=x+y$ が有理数なら，$z-x$ は有理数である．

2　x が 0 でない有理数，y が無理数ならば，xy は無理数であることを示せ．

3　整数 a に対して a^2 が 3 の倍数ならば a 自身 3 の倍数であることを示せ．このことを用いて $\sqrt{3}, \sqrt{6}$ が無理数であることを証明せよ．

4　$\sqrt{6}$ が無理数であることを用いて，$\sqrt{2}+\sqrt{3}$ が無理数であることを証明せよ．

5　数直線上に無理数も稠密に存在すること，すなわち，$x \in \boldsymbol{R}$, $y \in \boldsymbol{R}$, $x<y$ ならば，$x<z<y$ を満たす無理数 z が存在することを証明せよ．

1.2 自然数，整数

自然数や整数は実数全体のなかで見れば眇眇(びょうびょう)たる一小部分を占めるに過ぎないが，これらはあらゆる数概念の母胎であるのみならず，それ自身1つのきわめて豊饒かつ神秘な数学的世界を構成している．この節では，こうした整数に関する基礎事項，いわゆる“数論”(“整数論”)の発端の一部をすみやかに一瞥する．これは本書の構成上はいささか異端の内容に属するけれども，ここにあえて掲出する理由は，こうした事項が初等中等教育の段階では，通常，論理的にははなはだ不満足な形でしか取り扱われていないからである．もちろん，こうしたことがらに精通している読者はこの節を読まれる必要はない．

◆ A)　素数・合成数

はじめに例の通り，二三の基本用語を復習しておく．

整数 b に対して，k を整数として kb と表される整数を b の**倍数**という．

倍数

整数 a が整数 b の倍数であるとき，a は b で**割り切れる**(**整除される**)といい，b を a の**約数**(または**因数**)とよぶ．

割り切れる(整除される)
約数(因数)

任意の整数 a に対して $a=a\cdot 1$ であるから，a は1の倍数，1は a の約数である．また，0は任意の整数の倍数であるが，一方0の倍数は0しかない．

a が b の倍数で $a=kb$ ならば，

$$-a=(-k)b, \qquad a=(-k)(-b), \qquad -a=k(-b)$$

であるから，$-a$ も b の倍数で，一方 $b, -b$ は a および $-a$ の約数である．すなわち，数の符号は整除関係に何も影響しない．したがって，ある整数の約数を考えるときには，通常，正の約数を考えるだけで十分である．

整数 m, a, b に対して，m が a の倍数，a が b の倍数ならば，m は b の倍数である．

また，有限個の整数 $a_1, a_2, \cdots, a_s$ がすべて同じ整数 b の倍数ならば，おのおのの $i=1, 2, \cdots, s$ に対して k_i を整数として $a_i=k_ib$ と書くことができ，

$$a_1+a_2+\cdots+a_s = (k_1+k_2+\cdots+k_s)b$$

となるから，$a_1+a_2+\cdots+a_s$ も b の倍数である．

a を1より大きい整数とすると，a は必ず1および a を約数にもつ．a が1および a のほかに(正の)約数をもたないとき，a を**素数**とよぶ．素数でない2以上の整数は**合成数**とよばれる．100までの素数を掲げると次の25個になる．

素数，合成数

2, 3, 5, 7, 11, 13, 17, 19, 23,
29, 31, 37, 41, 43, 47, 53, 59,
61, 67, 71, 73, 79, 83, 89, 97

ついでながら，2以外の素数はすべて奇数であることに注意しておこう．

整数1は素数の仲間にも合成数の仲間にも入れない．これはある意味で“素数中の素数”ともいうべきものであるが，1を素数の仲間に入れておくと，いろいろな命題を述べる際に“ただし1を除く”という断り書きが必要になって，不便なのである．1は別格の整数である．

(なお，素数，合成数の語は通常正の整数に対してだけ用いられるが，これは数の符号が倍数・約数の関係に影響しないからである．)

◆ B) 一意的素因数分解

任意の合成数は有限個の素数の積として表すことができる．たとえば，

$$360 = 2\cdot2\cdot2\cdot3\cdot3\cdot5 = 2^3\cdot3^2\cdot5,$$
$$6475 = 5\cdot5\cdot7\cdot37 = 5^2\cdot7\cdot37,$$
$$4294967297 = 641\cdot6700417.$$

(参考までに付記すると，この最後の式の左辺は $2^{32}+1$ という数である．17世紀の数学者フェルマ(Fermat)はこれを素数と予想したが，実は上のように因数分解できることを1732年にオイラーが示した．この因数分解はこうした古典的逸話をもつ意味で名高い．)

このように，合成数を有限個の素数の積に表すことを**素因数分解**という．

素因数分解

この素因数分解は，因数の順序を度外視すればただひと通りである．たとえば，6475の素因数分解は

$$6475 = 5\cdot5\cdot7\cdot37$$

だけであって——もちろん $6475=7\cdot5\cdot37\cdot5=37\cdot5\cdot5\cdot7$ のよ

うに因数の順序を変えて書くことはできるが——これ以外にはない．

素数はそれ以上因数分解できないが，a が素数であるときには，$a=a$ という式自身を a の素因数分解の式とみなすことにする．(すなわち"素数の積"という語の中に"素数"自身も含めるのである.) そうすれば結局，2以上の任意の整数は"一意的に素数の積に分解される"ことになる．

この事実は，ふつう"(初等)数論の基本定理"とよばれる．あらためて下に書いておこう．

初等数論の基本定理

> **初等数論の基本定理**　2以上の任意の整数 a は素数の積として
>
> $$a = p_1p_2\cdots p_r$$
>
> と表される．ここに p_i はすべて素数(この中には同じものもあり得る)である．しかもこの分解は素因数の順序を度外視すればただひと通りである．

この定理はおそらく大方の読者が経験的に知っておられるものであるが，ふつう高等学校までの教育課程では証明の与えられる機会がない．以後この節では，この定理にきちんとした証明を与えることを一応の目標とする．

◆ C)　整列性と数学的帰納法

さて基本定理の証明のためには，論拠となるなんらかの公理を前提としなければならない．

自然数については有名な"ペアノの公理"とよばれるものがあって，いわばそれが数——整数・有理数さらに実数・複素数を含めて——の理論すべての源泉となるのであるが，ここではその公理にまでは立ち入らない．ここでは，"$\boldsymbol{N}$ の整列性"とよばれる自然数の1つの性質を議論の出発点とすることにする．それは次の性質である．

整列性

> **$\boldsymbol{N}$ の整列性**　自然数の空でない任意の集合は最小元をもつ．

すなわち，S が $\boldsymbol{N}$ の空でない部分集合ならば，S の元 x で，すべての $y\in S$ に対し $x\leqq y$ となるものが存在する，というのである．

数学的帰納法(帰納法)

この整列性を公理として承認すれば，これからまず，**数学的帰納法**または略して**帰納法**とよばれる，次の基本的な原理が導かれる．

> **帰納法(第1形式)**　自然数の集合 S が次の性質(1)，(2)をもつならば，S はすべての自然数の集合 $\boldsymbol{N}$ と一致する．
>
> (1)　S は 0 を含む．
>
> (2)　任意の自然数 n に対し，もし $n\in S$ ならば $n+1\in S$ である．

証明　S に含まれない自然数全体の集合を T とする．$T=\emptyset$ であることを示せばよい．もし $T\neq\emptyset$ ならば，整列性によって T には最小の元 n_0 がある．(1)によって $n_0\neq 0$，したがって $n_0>0$，$n_0-1\geqq 0$ であるが，n_0 は T の最小の元であったから，n_0-1 は S の元である．したがって(2)より

$$n_0=(n_0-1)+1$$

も S の元となる．これは矛盾である．□

次の形式は応用上しばしば第1形式よりもさらに有効である．

> **帰納法(第2形式)**　自然数の集合 S が次の性質(1′)，(2′)をもつならば，S はすべての自然数の集合 $\boldsymbol{N}$ と一致する．
>
> (1′)　S は 0 を含む．
>
> (2′)　$n>0$ である任意の整数 n に対し，もし $0\leqq k<n$ であるすべての整数 k が S に含まれるならば，n も S に含まれる．

この第2形式の証明は第1形式の証明と同様の手法によってなされるから，練習問題として読者に残しておく．

上に述べた帰納法の原理から，直ちに次の定理が導かれる．

> **定理1**　自然数 n に関する命題 $P(n)$ について，次の2つのことが示されたとする．そのとき，$P(n)$ はすべての $n\in\boldsymbol{N}$ に対して真である．
>
> (1)　$P(0)$ は真である．
>
> (2)　任意の $n\in\boldsymbol{N}$ に対し，もし $P(n)$ が真であると

仮定すれば $P(n+1)$ も真である．

証明　$P(n)$ が真であるような自然数 n 全体の集合を S とすれば，上の(1), (2)によって S は帰納法の第1形式の(1), (2)を満たす．ゆえに $S=\boldsymbol{N}$ である．□

定理 2　同じく自然数 n に関する命題 $P(n)$ について，次の2つのことが示されたとする．そのとき，$P(n)$ はすべての自然数 n に対して真である．

(1′)　$P(0)$ は真である．

(2′)　$n>0$ である任意の整数 n に対し，もし $0 \leqq k < n$ であるすべての整数 k に対して $P(k)$ が真であると仮定すれば，$P(n)$ も真である．

この定理は，帰納法の第1形式から定理1が導かれたのと同様に，帰納法の第2形式から導かれる．

帰納法の第1形式，第2形式および定理1，定理2において，自然数の語を正の整数に，$\boldsymbol{N}$ を $\boldsymbol{Z}^+$ に，0を1におきかえても，明らかに，やはりこれらの命題が成り立つ．さらに場合に応じ，"出発点"の0や1を，2その他の整数にかえることもできる．そのほか，応用上の自明な variation はいちいちここに述べておく必要はないであろう．

◆ D)　例

参考のため，帰納法による証明の簡単な例を挙げておく．これらは定理1の応用である．

例 1　任意の正の整数 n に対し

$$1+3+5+\cdots+(2n-1) = n^2$$

が成り立つことを証明せよ．

証明　$n=1$ のときは両辺ともに1であるから，この等式が成り立つ．

次に，ある正の整数 n に対してこの等式が成り立つとする．そのとき

$$\begin{aligned} &1+3+5+\cdots+(2n-1)+(2n+1) \\ &= n^2+(2n+1) \\ &= (n+1)^2 \end{aligned}$$

であるから，等式は $n+1$ に対しても成り立つ．

ゆえに，この等式はすべての $n \in \boldsymbol{Z}^+$ に対して成り立つ．□

例2 任意の0でない実数 $a_1, a_2, \cdots, a_n$ に対して，不等式

$$|a_1+a_2+\cdots+a_n| \leqq |a_1|+|a_2|+\cdots+|a_n|$$

が成り立つことを証明せよ．ここで等号が成り立つのは，$a_1, a_2, \cdots, a_n$ がすべて正であるかまたはすべて負であるとき，またそのときに限る．

証明 $n=2$ の場合については5-6ページに示されているから，$n \geqq 3$ とし，$n-1$ 個の0でない実数についてはわれわれの主張が成り立つと仮定する．

そのとき，$a_1, a_2, \cdots, a_n$ を0でない実数とすれば，

$$a_1+a_2+\cdots+a_n = (a_1+\cdots+a_{n-1})+a_n$$

であるから，

$$|a_1+\cdots+a_n| \leqq |a_1+\cdots+a_{n-1}|+|a_n|. \quad ①$$

また帰納法の仮定により

$$|a_1+\cdots+a_{n-1}| \leqq |a_1|+\cdots+|a_{n-1}|. \quad ②$$

①, ②より

$$|a_1+\cdots+a_{n-1}+a_n| \leqq |a_1|+\cdots+|a_{n-1}|+|a_n|. \quad ③$$

ゆえに n の場合にもわれわれの不等式が成り立つ．これで問題の不等式が証明された．

次に③が等号で成り立つ場合を吟味しよう．それは，①, ②がともに等号で成り立つ場合であるが，①が等号で成り立つのは $a_1+\cdots+a_{n-1}$ と a_n が同符号のとき，②が等号で成り立つのは，帰納法の仮定によって，$a_1, \cdots, a_{n-1}$ がすべて同符号のときである．したがって結局，③が等号で成り立つためには $a_1, \cdots, a_{n-1}, a_n$ がすべて同符号の数であることが必要かつ十分である．以上で命題の後半の部分も証明された．□

◆ E) 除法の定理

基本定理の証明のためには，なお，いくつかの準備が必要である．(実際には，より直接的で短い証明もあり得るけれども，それはやはり本道に沿う行き方ではない．) はじめにまず“除法の定理”を証明する．

狭義の除法は，数 a, b に対して $bx=a$ を満たす数 x を求める演算で，それは整数の範囲では必ずしも可能ではない．

しかし，次の定理に述べるような広義の除法——“整商”と“余り”を求める演算——は整数の範囲においてつねに可能である．引用の便宜上，以下これを $\boldsymbol{Z}$ における**除法の定理**とよぶことにする．

除法の定理

> **定理 3(除法の定理)**　a, b を整数とし，$b>0$ とする．このとき
>
> (＊)　　$a = qb+r, \quad 0 \leqq r < b$
>
> を満たす整数 q, r がそれぞれただ1つ存在する．

証明　b は固定されたものと考え，任意の整数 a に対して(＊)を満たす整数 q, r が存在することを証明する．

はじめに $a \geqq 0$ の場合を帰納法で証明する．

$0 \leqq a < b$ ならば，$q=0$, $r=a$ が(＊)を満たす．

そこで $a \geqq b$ とし，a より小さい非負の整数については主張が成り立つと仮定する．そうすれば，$0 \leqq a-b < a$ であるから，仮定によって

$$a-b = q_1 b + r_1, \quad 0 \leqq r_1 < b$$

を満たす整数 q_1, r_1 がある．これより

$$a = (q_1+1)b + r_1, \quad 0 \leqq r_1 < b$$

となるから，$q=q_1+1$, $r=r_1$ とおけば，q, r は(＊)を満たす．以上で帰納法により，$a \geqq 0$ であるすべての整数 a について，(＊)を満たす q, r の存在が証明された．(ここでは定理2を用いたのである．)

$a<0$ の場合には，$-a>0$ であるから，

$$-a = q_2 b + r_2, \quad 0 \leqq r_2 < b$$

を満たす整数 q_2, r_2 がある．このとき $r_2=0$ ならば

$$a = (-q_2) b$$

であるから，$q=-q_2$, $r=0$ が(＊)を満たす．また $0<r_2<b$ ならば

$$a = -q_2 b - r_2 = (-q_2-1) b + (b-r_2)$$

で，$0<b-r_2<b$ であるから，$q=-q_2-1$, $r=b-r_2$ とおけば(＊)が成り立つ．

整数 q, r の一意性の証明は容易である．実際 q, r とともに整数 q', r' も

$$a = q'b + r', \quad 0 \leqq r' < b$$

を満たすとし，$q \neq q'$ と仮定して，たとえば $q>q'$ とすると，

$$(q-q')b = r'-r$$

で，$q-q'$ は正の整数であるから，左辺 $(q-q')b$ は b 以上である．一方 $r\geqq 0$, $r'\geqq 0$ で，$r'<b$ であるから，右辺 $r'-r$ は b より小さい．これは矛盾である．よって $q=q'$，したがってまた $r=r'$ である．これで q, r の一意性が証明された．

◪

上記の除法の定理で，q, r はそれぞれ，a を b で割ったときの**整商**，**余り**(または**剰余**)とよばれる．$r=0$ となるのは，a が b で割り切れる場合である．

整商，余り(剰余)

◆ F) 最大公約数とイデアル

いくつかの整数に共通な約数をそれらの数の**公約数**という．公約数のうち正で最大な数は**最大公約数**とよばれる．最大公約数は次に述べるように"イデアル"という概念と密接な関係がある．

公約数

最大公約数

いま $a_1, a_2, \cdots, a_r$ を与えられた整数とする．そのとき $x_1, x_2, \cdots, x_r$ を任意の整数として

$$x_1a_1+x_2a_2+\cdots+x_ra_r$$

の形に書かれる整数全体の集合を $a_1, a_2, \cdots, a_r$ で**生成**される $\boldsymbol{Z}$ の**イデアル**という．これを J で表せば，J は $\boldsymbol{Z}$ の部分集合で，明らかに 0 を含み，また $\pm a_1, \pm a_2, \cdots, \pm a_r$ を含む．したがって $a_1, a_2, \cdots, a_r$ のうちに少なくとも 1 つ 0 でない整数があるならば，J は正の整数を含む．

生成

イデアル

また J は次の性質(1), (2)をもっている．

> (1) J に属する任意の 2 数の和は J の元である．すなわち $u, v\in J$ ならば $u+v\in J$ である．
> (2) J に属する任意の数の倍数は J の元である．すなわち $u\in J$ ならば，任意の整数 z に対して $zu\in J$ である．

実際 $u, v\in J$ ならば，u, v はそれぞれある整数 $x_1, \cdots, x_r$; $y_1, \cdots, y_r$ によって

$$u = x_1a_1+\cdots+x_ra_r, \qquad v = y_1a_1+\cdots+y_ra_r$$

と書かれるから，

$$u+v = (x_1+y_1)a_1+\cdots+(x_r+y_r)a_r$$

となり，したがって $u+v\in J$ である．また，任意の整数 z

に対して

$$zu = (zx_1)a_1 + \cdots + (zx_r)a_r$$

であるから，zu も J の元である．これで(1), (2)が証明された．

性質(1), (2)によって，$u, v \in J$ ならば，差 $u-v$ も J の元である．

特に，ただ1個の整数 d によって生成されるイデアルは，x を整数として xd の形に書かれる数，すなわち d の倍数全体からなる．

われわれは次に，整数 $a_1, a_2, \cdots, a_r$ のうちに少なくとも1つ0でないものがあるならば，$a_1, a_2, \cdots, a_r$ で生成されるイデアルは，実は $a_1, a_2, \cdots, a_r$ の最大公約数で生成されるイデアルと一致することを証明しよう．

上のように $a_1, a_2, \cdots, a_r$ で生成されるイデアルを J とすれば，すでに注意したように J は正の整数を含む．したがって，整列性により，J に含まれる正の整数のうちに最小のものが存在する．それを d としよう．このとき，J は d の倍数全体の集合と一致することが次のように示される．

まず，d の任意の倍数はイデアルの性質(2)によって J に属する．一方，a を J の任意の元とすれば，除法の定理によって

$$a = qd + s, \qquad 0 \leqq s < d$$

を満たす整数 q, s が存在し，イデアルの性質(1), (2)によって

$$s = a - qd = a + (-q)d$$

も J の元となるが，d は J に属する最小の正の整数であったから，ここで $0 < s < d$ ではあり得ない．したがって $s=0$，よって $a=qd$ で，a は d の倍数である．

これで J は d の倍数全体の集合と一致すること，すなわち d で生成されるイデアルに等しいことが示された．

さらに，上の d は実は $a_1, a_2, \cdots, a_r$ の最大公約数であることを証明しよう．

まず，$a_1, a_2, \cdots, a_r$ はすべて J の元であるから，いずれも d の倍数である．いいかえれば d は $a_1, a_2, \cdots, a_r$ の公約数である．一方，d は J の元であるから

$$d = h_1a_1 + h_2a_2 + \cdots + h_ra_r$$

となるような整数 $h_1, h_2, \cdots, h_r$ が存在する．このことから，$a_1, a_2, \cdots, a_r$ の任意の正の公約数は d の約数であることがわかる．なぜなら，e を $a_1, a_2, \cdots, a_r$ の公約数とすると，$h_1a_1, \cdots, h_ra_r$ がすべて e で割り切れ，したがってそれらの和 d も e で割り切れるからである．よって e は d の約数で，したがって当然 $e \leqq d$ である．ゆえに d は $a_1, a_2, \cdots, a_r$ の正の公約数のうち最大なもの，すなわち最大公約数である．

以上のことをまとめると次の定理になる．

> **定理 4** $a_1, a_2, \cdots, a_r$ を少なくとも 1 つは 0 でない整数とし，d をこれらの数の最大公約数とする．そのとき，$a_1, a_2, \cdots, a_r$ で生成されるイデアルは d で生成されるイデアルと一致する．とくに，d は適当な整数 $h_1, h_2, \cdots, h_r$ によって
> $$d = h_1a_1 + h_2a_2 + \cdots + h_ra_r$$
> と表される．

◆ G) 素数の性質

数論では，整数 $a_1, a_2, \cdots, a_r$ の最大公約数をふつう簡単に記号 $(a_1, a_2, \cdots, a_r)$ で表す．以下この節でも，記述を簡明にするため，この記号を用いることにする．

2 つの整数 a, b に対して $(a, b)=1$ であるとき，a, b は**互いに素**であるという．定理 4 によって，この場合には

互いに素

$$ha + kb = 1$$

となるような整数 h, k が存在する．このことを用いて次の定理が証明される．

> **定理 5** n, a, b を整数とし，ab は n で割り切れるとする．このとき，もし $(a, n)=1$ ならば，b が n で割り切れる．

証明 仮定 $(a, n)=1$ によって

$$ha + kn = 1$$

を満たす $h, k \in \mathbf{Z}$ が存在する．この両辺を b 倍すると

$$hab + knb = b.$$

仮定によって ab は n の倍数であるから，hab は n の倍数，また knb は当然 n の倍数である．したがって，それらの和

である b も n の倍数となる. ☐

いま, p を1つの素数とする. p の正の約数は p と1だけであるから, 任意の整数 a に対して (a, p) は p または1のいずれかである. すなわち, a が p で割り切れるならば $(a, p)=p$ であり, a が p で割り切れなければ $(a, p)=1$ である.

このことと定理5を用いて, 素数の次の重要な性質が導かれる.

定理6　a, b を整数, p を素数とする. もし ab が p で割り切れるならば, a または b が p で割り切れる.

証明　定理の仮定のもとに, もし $(a, p)=p$ ならば a が p で割り切れ, $(a, p)=1$ ならば定理5によって b が p で割り切れる. ☐

系1　r 個の整数の積 $a_1a_2\cdots a_r$ が素数 p で割り切れるならば, $a_1, a_2, \cdots, a_r$ の少なくとも1つが p で割り切れる.

証明　2個の整数の積の場合は定理6そのものである. 次に r 個の整数の積については主張が成り立つものとし, $r+1$ 個の整数の積

$$a_1\cdots a_r a_{r+1} = (a_1\cdots a_r)\,a_{r+1}$$

が素数 p で割り切れるとする. そのとき, 定理6によって $a_1\cdots a_r$ または a_{r+1} が p で割り切れる. そして前者の場合には, 帰納法の仮定によって $a_1, \cdots, a_r$ のいずれかが p で割り切れる. ☐

系2　r を正の整数とし, 整数 a の r 乗 a^r が素数 p で割り切れるとする. そのとき a 自身が p で割り切れる.

証明　これは系1の特別な場合に過ぎない. ☐

◆ H)　基本定理の証明

さていよいよ数論の基本定理の証明を述べる段階に到達した.

基本定理には, 2以上の任意の整数が素因数分解できると

いう主張，および，その分解が一意的であるという主張，の2つが含まれている．次の命題Aは分解の可能性，命題Bは分解の一意性を，それぞれ主張するものである．

> **命題A** 2以上の任意の整数 a は有限個の素数の積として
> $$a = p_1p_2\cdots p_r$$
> と表される．

証明 整数2については主張はもちろん真である．（“素数の積”の中には“素数”自身も含まれていたことを想起されたい．）そこで $a>2$ とし，$2\leqq k<a$ である整数 k はすべて有限個の素数の積として表されると仮定する．もし a 自身素数ならば，やはり主張は真である．また，もし a が合成数ならば，a は1より大きく a より小さい約数 a_1 をもち，

$$a = a_1a_2$$

とおけば，a_2 も1より大きく a より小さい a の約数である．そして $2\leqq a_1<a$, $2\leqq a_2<a$ であるから，a_1, a_2 はそれぞれ有限個の素数の積として表される．ゆえに $a=a_1a_2$ も有限個の素数の積となる．これで定理2により，命題Aが証明された．□

一意性の部分はくわしくは次のように述べられる．

> **命題B** $p_1, p_2, \cdots, p_r$ および $q_1, q_2, \cdots, q_s$ が素数で
> $$(*) \qquad p_1p_2\cdots p_r = q_1q_2\cdots q_s$$
> が成り立つとする．そのとき $r=s$ であって，q_j の順序を適当に並べかえれば $p_1=q_1$, $p_2=q_2$, $\cdots$, $p_r=q_r$ となる．

証明 (*)の左辺の因数の個数 r に関する帰納法で証明する．$r=1$ ならば(*)の左辺は素数であるから，当然右辺も素数で，したがって $s=1$, $p_1=q_1$ である．

そこで $r\geqq 2$ とし，$r-1$ 個の素数の積については一意性の主張が成り立つと仮定する．いま r 個の素数の積 $p_1\cdots p_r$ と素数の積 $q_1\cdots q_s$ に対して等式(*)が成り立つとすると，$q_1\cdots q_s$ が p_1 で割り切れるから，定理6の系1によって q_1, $\cdots$, q_s のいずれかが p_1 で割り切れる．必要があれば順序を並べかえて q_1 が p_1 で割り切れるとすれば，q_1 も素数である

から

$$p_1 = q_1$$

でなければならない．そこで(＊)の両辺を p_1 で約すと

$$p_2 \cdots p_r = q_2 \cdots q_s$$

を得る．この左辺は $r-1$ 個の素数の積である．ゆえに仮定により $r-1=s-1$ (したがって $r=s$)であって，$q_2, \cdots, q_s$ の順序を適当に並べかえれば $p_2=q_2, \cdots, p_r=q_r$ となる．これで r 個の素数の積に対しても一意性の成り立つことが証明された．以上で帰納法により命題Bの証明は完結したのである．◪

◆ I)　二三の補遺

以上で基本定理の証明は終ったが，以下いくつかの補遺的な事項をつけ加えておく．

(1)　整数 $a \geqq 2$ の素因数分解にはもちろん同じ素因数が重複して現れることもあり得る．同じ素因数はまとめて累乗の形に書くことにすれば，一般に，a の素因数分解は，$p_1, p_2, \cdots, p_s$ を互いに異なる素数，$\alpha_1, \alpha_2, \cdots, \alpha_s$ を正の整数として

$$a = p_1^{\alpha_1} p_2^{\alpha_2} \cdots p_s^{\alpha_s}$$

の形に書くことができる．以後，引用の便宜上，これを a の**標準分解**とよぶことにする．

標準分解

a の標準分解には a の素因数でない素数は現れていない．しかし必要に応じては，a の素因数でない素数 p も a の素因数分解の式のうちに含めて書くことができる．すなわち，累乗の指数を0として p^0 を書き加えればよい．

(2)　a, b を2つの正の整数とし，いずれかの素因数であるような素数の全体を $p_1, p_2, \cdots, p_s$ とする．そのとき，上の注意に従って，両者の素因数分解を

$$a = p_1^{\alpha_1} p_2^{\alpha_2} \cdots p_s^{\alpha_s},$$
$$b = p_1^{\beta_1} p_2^{\beta_2} \cdots p_s^{\beta_s}$$

と書くことができる．ここに指数 α_i, β_i は正の整数または0である．

このとき，b が a の約数であるためには

$$\beta_i \leqq \alpha_i \qquad (i=1, 2, \cdots, s)$$

の成り立つことが必要かつ十分である．

また一般に，$(a, b)=d$, $\min\{\alpha_i, \beta_i\}=\delta_i$ $(i=1, 2, \cdots, s)$ とすれば，

$$d = p_1^{\delta_1} p_2^{\delta_2} \cdots p_s^{\delta_s}$$

である．ただし，$\min\{\cdots\}$ は $\cdots$ のうちの最小値(minimum)を表す．特に a, b が互いに素であることは，$\delta_i=0$ $(i=1, 2, \cdots, s)$ が成り立つことにほかならない．

これらのことが基本定理から導かれるのを見るのはきわめて容易であろう．

(3) 0 でない有理数 $x=\dfrac{m}{n}$ (m, n は整数)において，$(m, n)=d$ が 1 より大きいときには，$m=m'd$, $n=n'd$ とおけば，m', n' は互いに素な整数で，

$$x = \frac{m'}{n'}$$

となる．すなわち，0 でない任意の有理数は“既約分数”の形に書くことができる．

(4) 本節ではいわゆる“数論”を展開するのが目的ではないから，これ以上の進行はさしひかえるが，最後に参考のため，基本定理(あるいはむしろその背景にある定理 6，定理 4 など)の簡単な応用をいくつか述べておく．こうした応用を見ておくことは，たぶん無益なことではないであろう．

例 1 k, N を正の整数とする．もし $x^k=N$ を満たす整数 x が存在しなければ，$\sqrt[k]{N}$ は無理数である．(ここでは一応 N の正の k 乗根なる実数 $\sqrt[k]{N}$ が存在することは既知のものとする．)

証明 $\sqrt[k]{N}$ が有理数であるとし，既約分数の形に書いて

$$\sqrt[k]{N} = \frac{m}{n}$$

とする．m, n は $(m, n)=1$ なる正の整数である．分母をはらって k 乗すれば

$$m^k = Nn^k.$$

仮定によって $\sqrt[k]{N}$ は整数ではないから $n>1$ である．そこで p を n の任意の 1 つの素因数とすれば，上式より m^k は p で割り切れ，したがって定理 6 の系 2 により m 自身も p で割り切れる．よって m, n は公約数 p をもつことになるが，これは仮定 $(m, n)=1$ に反する．□

例1によれば，たとえばNが平方数(ある整数の平方となる数)$1, 4, 9, 16, \cdots$ でないときには $\sqrt{N}$ は無理数である．このことから $\sqrt{2}, \sqrt{3}, \sqrt{5}, \sqrt{6}, \sqrt{7}, \sqrt{8}, \sqrt{10}, \cdots$ はすべて無理数であることがいっきょに結論される．(前に8-9ページで $\sqrt{2}$ が無理数であることを証明したが，その証明は2という整数の特殊性に依存していた．それに対して，上では，より普遍的な原理にもとづいて，いっきょに広汎な結果を得たのである.）同様に例1によって，たとえば $\sqrt[3]{5}, \sqrt[4]{120}$ などもすべて無理数であることがわかる．

例2　$c_1, c_2, \cdots, c_k$ を整数($c_k \neq 0$)とする．もし x に関する方程式

$$x^k + c_1x^{k-1} + \cdots + c_{k-1}x + c_k = 0$$

が有理数の解をもつならば，その解は整数である．(例1は例2の方程式として $x^k - N = 0$ をとった場合にほかならない.)

証明　$x = \dfrac{m}{n}$ を有理数の解とし，$n > 0$, $(m, n) = 1$ とする．方程式の x に $\dfrac{m}{n}$ を代入して分母をはらえば

$$m^k + c_1m^{k-1}n + c_2m^{k-2}n^2 + \cdots + c_kn^k = 0.$$

もし $n > 1$ ならば，n の1つの素因数を p とするとき，上式の左辺の第2項以下はすべて p で割り切れるから，m^k したがって m が p で割り切れる．これは $(m, n) = 1$ に矛盾するから，$n = 1$ でなければならない．□

例3　$a_1, a_2, \cdots, a_r$ を0でない整数とし，これらのうちのどの2つ a_i, a_j $(i \neq j)$ も互いに素であるとする．そのとき

$$\frac{1}{a_1a_2\cdots a_r} = \frac{h_1}{a_1} + \frac{h_2}{a_2} + \cdots + \frac{h_r}{a_r}$$

を成り立たせる整数 $h_1, h_2, \cdots, h_r$ が存在することを証明せよ．

証明　$A = a_1a_2\cdots a_r$ とおき，また

$$A = a_iA_i \qquad (i = 1, 2, \cdots, r)$$

とおく．もし $A_1, A_2, \cdots, A_r$ が共通の素因数 p をもつならば，p は当然 A の素因数であるから，$a_1, a_2, \cdots, a_r$ のいずれかが p で割り切れる．たとえば a_1 が p で割り切れるとすれば，

仮定によって $a_2, \cdots, a_r$ はどれも p で割り切れない．したがって

$$A_1 = a_2 \cdots a_r$$

は p を素因数にもたない．これは矛盾であるから，$A_1, A_2, \cdots, A_r$ は共通な素因数をもたない．いいかえれば

$$(A_1, A_2, \cdots, A_r) = 1$$

である．ゆえに定理 4 によって

$$1 = h_1A_1 + h_2A_2 + \cdots + h_rA_r$$

を満たす整数 $h_1, h_2, \cdots, h_r$ が存在する．この両辺を A で割れば問題の等式が得られる．□

問題 1.2

1　$\boldsymbol{N}$ の整列性を用いて，帰納法の第 2 形式を証明せよ．

2　S を空でない整数の集合とする．ある整数 A が存在して，すべての $n \in S$ に対し $A \leqq n$ (あるいは，すべての $n \in S$ に対して $A \geqq n$)が成り立つならば，S は最小元(あるいは最大元)をもつことを証明せよ．

3　$\boldsymbol{R}$ のアルキメデス性(7 ページの(A))と前問 2 を用いて，任意の実数 x に対して $m \leqq x < m+1$ を満たす整数 m が存在することを示せ．

4　$a, b, \cdots, l$ を正の整数とし，それらの素因数分解を

$$a = p_1^{\alpha_1} p_2^{\alpha_2} \cdots p_s^{\alpha_s},$$
$$b = p_1^{\beta_1} p_2^{\beta_2} \cdots p_s^{\beta_s},$$
$$\cdots\cdots$$
$$l = p_1^{\lambda_1} p_2^{\lambda_2} \cdots p_s^{\lambda_s}$$

とする．ここに $p_1, p_2, \cdots, p_s$ は異なる素数，$\alpha_i, \beta_i, \cdots, \lambda_i$ は正の整数または 0 である．このとき，$i=1, 2, \cdots, s$ に対し，

$$\mu_i = \max\{\alpha_i, \beta_i, \cdots, \lambda_i\},$$
$$\delta_i = \min\{\alpha_i, \beta_i, \cdots, \lambda_i\}$$

とおけば，

$$m = p_1^{\mu_1} p_2^{\mu_2} \cdots p_s^{\mu_s}, \qquad d = p_1^{\delta_1} p_2^{\delta_2} \cdots p_s^{\delta_s}$$

は，それぞれ $a, b, \cdots, l$ の最小公倍数，最大公約数であることを証明せよ．ただし $\max\{\cdots\}, \min\{\cdots\}$ はそれぞれ … のうちの最大値(maximum)，最小値(minimum)を表す．

5　$c_0, c_1, \cdots, c_{k-1}, c_k$ は整数で，$c_0 \neq 0$，$c_k \neq 0$ とする．もし，方程式

$$c_0x^k + c_1x^{k-1} + \cdots + c_{k-1}x + c_k = 0$$

が有理数の解

$$x=\frac{m}{n}, \qquad (m, n)=1$$

をもつならば，m は c_k の約数，n は c_0 の約数であることを証明せよ．

（ヒント）　定理5を用いよ．

6　0でない有理数 a を既約分数で表したときの分母の標準分解を $p_1^{\alpha_1}p_2^{\alpha_2}\cdots p_s^{\alpha_s}$ とする．そのとき，適当な整数 $h_1, h_2, \cdots, h_s$ によって

$$a=\frac{h_1}{p_1^{\alpha_1}}+\frac{h_2}{p_2^{\alpha_2}}+\cdots+\frac{h_s}{p_s^{\alpha_s}}$$

と表されることを証明せよ．

7　p を1つの素数とし，$2, 3, 5, \cdots, p$ を p 以下の“すべての”素数とする．a をそれらすべての積に1を加えた数

$$a=2\cdot3\cdot5\cdot\cdots\cdot p+1$$

とすれば，a の任意の素因数は p より大きいことを示せ．このことから，素数は無限に存在することを導け．（**ユークリッドの素数定理**）

ユークリッドの素数定理

1.3　順序体

有理数全体の集合 $\boldsymbol{Q}$，実数全体の集合 $\boldsymbol{R}$ においては，加減乗除の四則演算が自由に行われる．また，これらの集合の元の間には大小の順序が定義され，四則演算や不等式に関してよく知られた法則が成り立っている．この節ではこうした事項をより形式的な立場から論じ，これらの常用される諸法則がどのような公理から導かれるかを明らかにする．

◆ A)　体

加法，乗法

定義　集合 F に**加法**，**乗法**とよばれる2つの演算が定義され，それらに関して次の公理**(A)**, **(M)**, **(D)**が満たされるとき，F は(それらの演算と合わせて)**体**であるという．

体

加法に関する公理

(A)　加法に関する公理

A1　任意の $a\in F$, $b\in F$ に対して，それらの和 $a+b$ が F の中に定まる．

A2　加法は可換である．すなわち，任意の $a, b\in F$

に対して

$$a+b = b+a.$$

A 3 加法は結合的である．すなわち，任意の $a, b, c \in F$ に対して

$$(a+b)+c = a+(b+c).$$

A 4 F の中に1つの元0があって，すべての $a \in F$ に対し $a+0=a$ が成り立つ．

A 5 F の任意の元 a に対し，$a+(-a)=0$ を満たす F の元 $-a$ が存在する．

(M) 乗法に関する公理

乗法に関する公理

M 1 任意の $a \in F$, $b \in F$ に対して，それらの積 ab が F の中に定まる．

M 2 乗法は可換である．すなわち，任意の $a, b \in F$ に対して

$$ab = ba.$$

M 3 乗法は結合的である．すなわち，任意の $a, b, c \in F$ に対して

$$(ab)c = a(bc).$$

M 4 F の中に0と異なる1つの元1があって，すべての $a \in F$ に対して $a1=a$ が成り立つ．

M 5 F の0でない任意の元 a に対し，$aa^{-1}=1$ を満たす F の元 a^{-1} が存在する．

(D) 分配律(または**分配法則**) 任意の $a, b, c \in F$ に対して

分配律(分配法則)

$$a(b+c) = ab+ac$$

が成り立つ．

F が体であるとき，**A 4** によって存在の仮定される0を F の**加法単位元**または**零元**(または**ゼロ**)とよび，**A 5** によって存在の仮定される $-a$ を a の**加法逆元**または**符号反対の元**という．

加法単位元(零元，ゼロ)

加法逆元(符号反対の元)

また，**M 4** によって存在の仮定される1を F の**乗法単位元**または単に**単位元**とよび，**M 5** によって存在の仮定される a^{-1} を a の**乗法逆元**または単に**逆元**という．a^{-1} は $\dfrac{1}{a}$ とも書く．

乗法単位元(単位元)

乗法逆元(逆元)

体においては，公理から次のような命題が導かれる．(以下1つの体 F を固定して考え，$a, b, \cdots$ はすべて F の元を表すものとする．)

命題 1

(a)　$a+b=a+c$ ならば $b=c$.

(b)　加法単位元 0 はただ 1 つである.

(c)　a の加法逆元 $-a$ は a に対して一意的に定まる.

(d)　$-(-a)=a$.

(e)　任意の a, b に対し，方程式 $b+x=a$ は一意的な解 $x=a+(-b)$ をもつ.

証明　(a)　$(-a)+a=0$ であるから，公理群(**A**)を用いて

$$
\begin{aligned}
b = 0+b &= ((-a)+a)+b \\
&= (-a)+(a+b) \\
&= (-a)+(a+c) \\
&= ((-a)+a)+c = 0+c = c.
\end{aligned}
$$

(b)　(a)において $c=0$ とおけば,

$$a+b = a \quad ならば \quad b = 0.$$

これは加法単位元 0 がただ 1 つであることを示している.

(c)　(a)において $c=-a$ とおけば,

$$a+b = 0 \quad ならば \quad b = -a.$$

これは a の加法逆元 $-a$ がただ 1 つであることを示している.

(d)　$(-a)+a=0$ であるから，a は $-a$ の加法逆元である．すなわち $a=-(-a)$.

(e)　$x=a+(-b)$ とおけば

$$
\begin{aligned}
b+x &= b+((-b)+a) \\
&= (b+(-b))+a = 0+a = a.
\end{aligned}
$$

解の一意性は(a)による．□

命題 1 の(e)は，体 F においては“減法”も可能であることを示す．上の $x=a+(-b)$ を $a-b$ と書く.

命題 2

(a)　$a \neq 0$, $ab=ac$ ならば $b=c$.

(b)　乗法単位元 1 はただ 1 つである.

（c） 0でない元 a の乗法逆元 a^{-1} は a に対して一意的に定まる．

（d） $a \neq 0$ ならば $(a^{-1})^{-1} = a$．

（e） $b \neq 0$ ならば，方程式 $bx = a$ は一意的な解 $x = ab^{-1}$ をもつ．

この証明は命題1の証明と全く同様である．

命題2の(e)は，体 F においては(0で割ることを除いて)“除法”も可能であることを示す．上の $x = ab^{-1}$ を $\dfrac{a}{b}$ とも書く．

命題3

（a） $a0 = 0$．

（b） $a \neq 0$, $b \neq 0$ ならば $ab \neq 0$．

（c） $(-a)b = a(-b) = -ab$．

（d） $(-a)(-b) = ab$．

証明 （a） 分配律(**D**)より

$$a0 = a(0+0) = a0 + a0.$$

よって $a0 = 0$．

（b） $b \neq 0$ で，もし $ab = 0$ ならば

$$a = a1 = a(bb^{-1}) = (ab)b^{-1} = 0b^{-1} = 0.$$

これは仮定 $a \neq 0$ に反する．ここで(a)を用いた．

（c） 分配律と(a)によって

$$ab + a(-b) = a(b + (-b)) = a0 = 0.$$

ゆえに $a(-b) = -ab$．もう1つの等式の証明も同様．

（d） (c)の第1式 $(-a)b = -ab$ の b に $-b$ を代入し，次に(c)の第2式を用いれば

$$(-a)(-b) = -a(-b) = -(-ab) = ab. \qquad \square$$

以上のように，体においては加減乗除の四則演算が行われ，それについてわれわれに馴染みの演算法則が成り立つのである．$\boldsymbol{Q}$ は通常の有理数の演算について体をなしている．$\boldsymbol{R}$ も同様である．集合 $\boldsymbol{Q}, \boldsymbol{R}$ を体という立場で扱うときには，それぞれ，**有理数体**，**実数体**という．

有理数体，実数体

◆ B） 順序集合

定義 S を1つの集合とする．S の元の間の関係 $<$ が次の性質を満たすとき，$<$ を S 上の**順序**という．

順序

O 1　任意の $a \in S$, $b \in S$ に対し

$$a < b, \quad a = b, \quad b < a$$

のいずれか1つ，しかも1つだけが成り立つ．

O 2　S の元 a, b, c に対し，$a<b$ かつ $b<c$ ならば $a<c$ である．

集合 S 上に1つの順序が定義されているとき，S を，その順序と合わせて，**順序集合**とよぶ．

順序集合

（なお，ここに定義した順序ならびに順序集合は，くわしくは，**全順序**，**全順序集合**とよばれる．）

全順序，全順序集合

順序集合 S の元 a, b に対し，$a<b$ ならば，a は b よりも**小さい**，b は a よりも**大きい**という．$a<b$ であることを $b>a$ とも書く．

小さい，大きい

また "$a<b$ または $a=b$" であることを $a \leqq b$ または $b \geqq a$ と書く．このとき，a は b **以下**，b は a **以上**であるという．**O 1** によって $a \leqq b$ は $b<a$ の否定である．

以下，以上

集合 $\boldsymbol{Q}$ や $\boldsymbol{R}$ はそこで定義されている通常の順序に関して順序集合をなしている．

◆ C)　順序体

$\boldsymbol{Q}$ や $\boldsymbol{R}$ は体であると同時に順序集合であるが，演算と順序とは全く無関係に与えられているのではない．両者は次の一般的な定義に述べるような関係によって結ばれている．

定義　F が体であり，同時に順序集合であって，次の公理が満たされているとき，F を**順序体**という．

順序体

OF 1　$a, b, c \in F$ に対し，

$$a < b \quad \text{ならば} \quad a+c < b+c.$$

OF 2　$a, b \in F$ で，

$$a > 0, \ b > 0 \quad \text{ならば} \quad ab > 0.$$

F が順序体であるとき，$a>0$ ならば a は**正**の元，$a<0$ ならば a は**負**の元とよばれる．

正，負

たとえば，$\boldsymbol{Q}$ は1つの順序体である．

一般に順序体においては，不等式に関するよく知られた性質，たとえば，不等式の両辺に正の元を掛けても不等号の向きが変わらないこと，負の元を掛けると不等号の向きが変わること，任意の0でない元の平方は正であること，などが，公理から導かれる．次の命題でその幾つかを列挙する．この

命題で a, b, c は1つの順序体 F の元である．

命題 4

（a）　$a>0$ ならば $-a<0$．逆も成り立つ．

（b）　$a>0$，$b>0$ ならば $a+b>0$．

（c）　$a>b$ ならば $a-b>0$．逆も成り立つ．

（d）　$a>0$，$b<0$ ならば $ab<0$．

（e）　$a>b$，$c>0$ ならば $ac>bc$．

（f）　$a>b$，$c<0$ ならば $ac<bc$．

（g）　$a\neq 0$ ならば $a^2>0$．とくに $1>0$．

（h）　$a>0$，$b>0$ のとき，$a>b$ ならば $\frac{1}{a}<\frac{1}{b}$．

証明　（a）　$a>0$ ならば **OF 1** により

$$a+(-a)>0+(-a).$$

よって $-a<0$．逆に $-a<0$ ならば $(-a)+a<0+a$．よって $0<a$．

（b）　$a>0$ であるから **OF 1** より $a+b>b$．そして $b>0$ であるから，**O 2** によって $a+b>0$．

（c）　$a>b$ ならば両辺に $-b$ を加えて $a-b>0$．逆に $a-b>0$ ならば，両辺に b を加えて $a>b$．

（d）　$a>0$，$b<0$ ならば，(a)により $-b>0$ であるから，**OF 2** によって $a(-b)=-ab>0$．したがってふたたび(a)により $ab=-(-ab)<0$．

（e）　$a>b$ ならば(c)より $a-b>0$．そして $c>0$ であるから **OF 2** により $(a-b)c>0$．ここで分配律により

$$(a-b)c=ac+(-b)c=ac-bc.$$

ゆえに(c)より $ac>bc$．

（f）　$c<0$ であるから $-c>0$．よって **OF 2** より

$$(a-b)(-c)>0.$$

この左辺は $-(a-b)c$ に等しいから $(a-b)c<0$．これより $ac<bc$．

（g）　$a>0$ ならば **OF 2** によって $a^2>0$．また $a<0$ ならば，$-a>0$ であるから $(-a)^2>0$．よって $a^2=(-a)^2>0$．

とくに $1=1^2$ であるから，$1>0$．

（h）　$a>0$ のとき，もし $\frac{1}{a}<0$ ならば，(d)により

$$1=a\cdot\frac{1}{a}<0$$

となって(g)と矛盾する．よって $\frac{1}{a}>0$．同様に $\frac{1}{b}>0$．そこで不等式 $a>b$ の両辺に正の元 $\frac{1}{a}\cdot\frac{1}{b}$ を掛ければ

$$\frac{1}{b}>\frac{1}{a}. \qquad \square$$

◆ D）上界・下界，上限・下限

ふたたび順序集合にもどる．

S を1つの順序集合とし，A を S の空でない部分集合とする．もし，S の元 b が存在して，すべての $x\in A$ に対し

$$x \leqq b$$

上に有界

上界

が成り立つならば，A は S において**上に有界**であるといい，b を A の1つの**上界**とよぶ．

下に有界，下界

下に有界や**下界**の概念も(不等号 $\leqq$ を $\geqq$ にかえて)同様に定義される．

最小上界(上限)

A が上に有界であるとき，もし A の上界のうちに最小元 a があるならば，a を A の**最小上界**または**上限**(supremum)という．a が A の上限であることは次の2つの性質によって特徴づけられる．

（1）a は A の1つの上界である．

（2）c を $c<a$ である S の任意の元とすれば，c は A の上界ではない．すなわち，$c<x$ を満たす $x\in A$ が存在する．

S の元 a が A の上限であるとき，

$$a=\sup A$$

と書く．

最大下界(下限)

最大下界あるいは**下限**(infimum)の概念も同様に定義される．a が A の下限であるとき

$$a=\inf A$$

と書く．

例　$S=\boldsymbol{Q}$ とする．

（a）A を $x<0$ である有理数 x 全体の集合とすれば，A は S において上に有界で，0以上の有理数はすべて A の上界である．特に0は A の上限となる．すなわち $\sup A=0$ である．この上限は A には属していない．

（b）A を $x\leqq 0$ である有理数 x 全体の集合とする．

この場合も，上界は0以上のすべての有理数で，$\sup A=0$ である．この上限は A に属している．

(c) A を $n\in \boldsymbol{Z}^+$ に対する $1/n$ の集合，すなわち，数

$$1,\ \frac{1}{2},\ \frac{1}{3},\ \cdots,\ \frac{1}{n},\ \cdots$$

の集合とする．そのとき，A は上下に有界で，明らかに

$$\sup A=1,\qquad \inf A=0$$

である．この上限は A 自身に属するが，下限は A に属していない．

一般に，A が最大元をもつならば，すなわち，すべての $x\in A$ に対して $x\leqq x_0$ となるような A の元 x_0 が存在するならば，x_0 は A の上限である．逆に，$\sup A$ が存在して，それが A に属しているならば，明らかにそれは A の最大元である．

最小元と下限についても，もちろん同様のことが成り立つ．

◆ E) 上限性質，下限性質

S を順序集合とする．もし，S の任意の空でない上に有界な部分集合 A に対して S の中に上限 $\sup A$ が存在するならば，S は**上限性質**をもつという．

上限性質

同様に，任意の空でない下に有界な部分集合 A に対して下限 $\inf A$ が存在するならば，S は**下限性質**をもつという．

下限性質

実はこの両性質は同等である．すなわち次の定理が成り立つ．

定理1 順序集合 S が上限性質をもつとする．そのとき，S は下限性質をもつ．

証明 A を S の空でない下に有界な部分集合とする．B を A の下界全部の集合とすれば，仮定によって B は空ではない．また，a を A の1つの元とすれば，任意の $x\in B$ に対して

$$x\leqq a$$

であるから，B は上に有界である．したがって上限性質により

$$b=\sup B$$

が存在する．一方，上にいったように，A の任意の元 a は B の上界である．よって $b \leqq a$ であり，b 自身も A の1つの下界となっている．したがって b は B に属し，B の最大元，すなわち A の下界の最大元である．ゆえに $b = \inf A$ となる．

□

たとえば，整数の集合 $\boldsymbol{Z}$ は順序集合として上限性質，下限性質をもっている．このことは $\boldsymbol{N}$ の整列性からの帰結である．

しかし，順序集合 $\boldsymbol{Q}$ は上限性質をもっていない．次の例はそのことを示している．

例　順序集合 $\boldsymbol{Q}$ を考える．

$x^2=2$ となる有理数は存在しないから，任意の $x \in \boldsymbol{Q}$ に対して $x^2<2$ または $x^2>2$ である．いま，A を0以下のすべての有理数および $x^2<2$ を満たす正の有理数 x 全体の集合とし，B を $x^2>2$ を満たす正の有理数全体の集合とする．そうすれば，A, B は $\boldsymbol{Q}$ の空でない部分集合で，任意の $a \in A$，任意の $b \in B$ に対して

$$a < b$$

であり，$\boldsymbol{Q}$ において B は A の上界全部の集合，A は B の下界全部の集合となっている．しかし，B に最小元は存在せず，A に最大元は存在しない．いいかえれば，$\boldsymbol{Q}$ においては $\sup A$ も $\inf B$ も存在しない．

証明　任意の正の有理数 x に対して

$$y = \frac{2x+2}{x+2}$$

とおく．そのとき，簡単な計算によって

$$x-y = \frac{x^2-2}{x+2}, \qquad ①$$

また

$$y^2-2 = \frac{2(x^2-2)}{(x+2)^2}. \qquad ②$$

もし $x \in B$ ならば $x^2-2>0$ であるから，①から $x>y$，②から $y^2>2$．よって y は x より小さい B の元である．

また，もし $x \in A$ ならば，$x^2-2<0$ であるから，①から $x<y$，②から $y^2<2$．よって y は x より大きい A の元である．

すなわち，B の最小元は存在せず，A の最大元も存在しな

い．☐

◆ F) 実数の連続性

上の例でみたように，$\boldsymbol{Q}$ においては上限性質は成り立たない．しかし，$\sqrt{2}$ という数の存在を既知とするならば，この例の A, B は $\boldsymbol{R}$ の中では上限，下限をもち，

$$\sup A = \inf B = \sqrt{2}$$

となる．

実は次の定理が成り立つのである．

> **定理 2**　順序体 $\boldsymbol{R}$ は上限性質を満たす．（したがって下限性質も満たす．）

通常，この事実は**実数の連続性**とよばれる．これは実数の最も根本的な性質であって，解析学の基礎的諸命題はすべて実数のこの性質にもとづいて証明されるのである．

実数の連続性

われわれは次節で一応この定理の証明を与えることにする．しかし，それは相当繁雑であるから，一種の付録というべきものである．読者は，特に興味を持たれる場合を除き，次節を省略して，上の定理 2 をいわば実数についての“公理”として承認して先の議論に進まれるのがよいであろう．

ただし，本節の最後に，実数の連続性を承認すれば，それから 7 ページに述べた $\boldsymbol{R}$ のアルキメデス性が導かれることに注意しておく．その証明は次の通りである．

いま，$\boldsymbol{R}$ のアルキメデス性を否定したとする．それは，ある実数 x が存在して，すべての $n \in \boldsymbol{Z}^+$ に対して $n \leqq x$ が成り立つこと，すなわち，$\boldsymbol{Z}^+$ が $\boldsymbol{R}$ において上に有界である，と仮定したことを意味する．そのように仮定すれば，定理 2 によって，$\boldsymbol{R}$ の中に

$$\sup \boldsymbol{Z}^+ = a$$

が存在する．そのとき $a-1$ は $\boldsymbol{Z}^+$ の上界ではないから，$a-1<n$ を満たす $n \in \boldsymbol{Z}^+$ が存在し，$a<n+1$ となる．しかし $n+1$ も $\boldsymbol{Z}^+$ の元であるから，これは矛盾である．

問題 1.3

1　28-29 ページの命題 2 を証明せよ．

2　A を $\boldsymbol{R}$ の下に有界な空でない部分集合とする．$-A$ を，$x \in A$ に対する $-x$ 全体の集合とすれば，

$$\inf A = -\sup(-A)$$

であることを証明せよ．（ここでは定理2を仮定する．）

1.4 実数体の構成

本節は付録である．この節の目標は1.3節の定理2"$\boldsymbol{R}$ が上限性質をもつ"ことの証明である．しかし，この定理の叙述は実は正当ではない．なぜなら，われわれは有理数については一応明確な観念をもっているけれども，実数一般については，今のところまだ数直線上の点に対応する数という程度の曖昧な観念しかもっていないからである．(たとえばわれわれは，$\sqrt{2}$ という無理数は，

$$1, \quad 1.4, \quad 1.41, \quad 1.414, \quad 1.4142, \quad \cdots$$

という有理数の列によって無限に近似される，あるいは上記の有理数列の"極限"であるという種類の認識ももっている．しかしこの"極限"という概念もまだはっきり定義されたものではない．）したがって，ここで目標とすべきは，むしろ，実数概念の明確な定義である．その結果として上の定理2が得られるようにしたいのである．それゆえ，われわれが証明すべき定理は実は次のように述べなければならない．

定理　$\boldsymbol{Q}$ を含み，かつ上限性質をもつような順序体 $\boldsymbol{R}$ が存在する．

以下のページはその証明にあてられる．

◆ A）有理数の切断

実数概念の構成のために，その指針となるのは，有理数の切断の概念である．

有理数の切断とは，有理数全体 $\boldsymbol{Q}$ を下組，上組とよばれる2つの部分集合に分割して，下組に属するすべての数は上組に属するすべての数より小さいようにすることをいう．正確にいえば，$\boldsymbol{Q}$ の**切断**とは，次の条件を満たすような $\boldsymbol{Q}$ の2つの部分集合の組 (α, α') のことである．

切断

（1）　$\alpha \neq \emptyset$, $\alpha' \neq \emptyset$, $\alpha \cap \alpha' = \emptyset$, $\alpha \cup \alpha' = \boldsymbol{Q}$.

（2）　$x \in \alpha$, $y \in \alpha'$ ならば $x < y$.

切断 (α, α') において，α はその**下組**，α' は**上組**とよばれる．上組 α' は有理数全体 $\boldsymbol{Q}$ から下組 α に属する数を取り除いた集合，すなわち $\boldsymbol{Q}$ に対する α の“補集合”である．

下組，上組

たとえば，r を1つの有理数として，$x < r$ なる有理数 x 全体の集合を α，$r \leqq y$ なる有理数 y 全体の集合を α' とすれば，(α, α') は1つの切断である．この切断においては，上組 α' は最小元 r をもつが，下組 α は最大元をもたない．実際，$x \in \alpha$ ならば $(x+r)/2$ は x より大きい α の元である．

上の切断 (α, α') を有理数 r によって定まる切断という．

しかし，切断には，下組に最大元がなく，上組に最小元がないようなものもあり得る．たとえば34ページの例のように $\boldsymbol{Q}$ の部分集合 A, B を定めれば，(A, B) は $\boldsymbol{Q}$ の1つの切断になっているが，A の最大元も B の最小元も存在しない．

以上のことは，われわれに，有理数の切断そのものをもって実数を定義するという考えを示唆する．すなわち，有理数 r によって定まる切断は r 自身と同一視し，下組に最大元がなく上組に最小元がないような切断 (α, α') を無理数と名づけようというのである．

以下，こうした考えを背景に議論を進める．

◆ B）　集合 $\boldsymbol{R}$ の定義

有理数の切断 (α, α') は，下組 α を与えれば，上組 α' は自然に定まるから，下組 α のことを“切断”と名づけてもよい．そこであらためて次のように定義する．

$\boldsymbol{Q}$ の**切断**とは，次の条件(C 1), (C 2), (C 3)を満たすような $\boldsymbol{Q}$ の部分集合 α のことである．

切断

(C 1)　$\alpha \neq \emptyset$, $\alpha \neq \boldsymbol{Q}$.

(C 2)　$x \in \alpha$, $y < x$ ならば $y \in \alpha$.

(C 3)　α に最大元はない．すなわち，$x \in \alpha$ ならば，$x < z$ を満たす $z \in \alpha$ がある．

α が切断であるとき，α に属さない有理数全体の集合を α' とすれば，α' も $\alpha' \neq \emptyset$, $\alpha' \neq \boldsymbol{Q}$ を満たし，また，明らかに

$$x \in \alpha,\ y \in \alpha' \quad ならば \quad x < y$$
$$y \in \alpha',\ y < z \quad ならば \quad z \in \alpha'$$

である．以下，切断 α に対して記号 α' はいつもその補集合の意味に用いる．

r を1つの有理数とするとき，$x<r$ である有理数 x 全体の集合を α とすれば，α は1つの切断である．この切断では α' は最小元 r をもつ．以後この切断を r^* で表す．

逆に，切断 α において，α' に最小元 r があるならば，$\alpha=r^*$ である．

切断全体の集合を以下 $\boldsymbol{R}$ と書く．以後のわれわれの目標は，この $\boldsymbol{R}$ が上限性質をもつ順序体となるように，$\boldsymbol{R}$ に順序と加法・乗法の演算を定義することである．

◆ C) 順序の定義

まず，順序の定義からはじめる．

$\alpha, \beta \in \boldsymbol{R}$ に対し，α が β の真部分集合であるとき，すなわち $\alpha \subset \beta$, $\alpha \neq \beta$ であるとき，$\alpha<\beta$ と定義する．

> **命題1**　上に定義した $<$ によって $\boldsymbol{R}$ は順序集合をなす．

証明　$<$ が順序の公理 **O 1, O 2**(30ページ)を満たすことを示す．

O 1　$\alpha, \beta \in \boldsymbol{R}$ とし，$\alpha<\beta$ でもなく，$\alpha=\beta$ でもないとする．すなわち $\alpha \subset \beta$ ではないとする．そのとき $x \in \alpha$, $x \notin \beta$ なる x がある．$x \notin \beta$ であるから $x \in \beta'$．よって $y \in \beta$ ならば $y<x$，したがって $y \in \alpha$．ゆえに $\beta \subset \alpha$．そして $\beta=\alpha$ ではないから，$\beta<\alpha$．これで，任意の $\alpha, \beta \in \boldsymbol{R}$ に対し，$\alpha<\beta$, $\alpha=\beta$, $\beta<\alpha$ のいずれか1つが成り立つことが示された．

O 2　$\alpha, \beta, \gamma \in \boldsymbol{R}$ で，α が β の真部分集合，β が γ の真部分集合ならば，当然 α は γ の真部分集合である．すなわち $\alpha<\beta$, $\beta<\gamma$ ならば $\alpha<\gamma$．

以上で $<$ は順序であることが証明された．□

> **命題2**　r, s が有理数で $r<s$ ならば $r^*<s^*$．

証明　$r<s$ ならば明らかに $r^* \subset s^*$ で，かつ $r \notin r^*$, $r \in s^*$ であるから，$r^*<s^*$．□

◆ D）上限性質の証明

命題 3　順序集合 $\boldsymbol{R}$ は上限性質を満たす．

証明　A を $\boldsymbol{R}$ の空でない上に有界な部分集合とする．$\gamma \in \boldsymbol{R}$ を A の1つの上界とすれば，すべての $\alpha \in A$ に対して $\alpha \leqq \gamma$，すなわち $\alpha \subset \gamma$ である．

いま，A のいずれかの元 α に含まれるような有理数すべての集合を β とする．この β は切断である．実際，β は空ではなく，また，上のように γ を A の上界とすればすべての $\alpha \in A$ に対して $\alpha \subset \gamma$ であるから，$\beta \subset \gamma$，したがって $\beta \neq \boldsymbol{Q}$ である．ゆえに(C 1)が成り立つ．

また $x \in \beta$ とすれば，$x \in \alpha$ となる A の元 α が存在し，$y < x$ ならば $y \in \alpha$ であるから，$y \in \beta$ となる．一方，上の x に対し，$x < z$ となる $z \in \alpha$ が存在し，この z は β の元である．ゆえに β は(C 2)，(C 3)を満たす．したがって $\beta \in \boldsymbol{R}$ である．

そして，β の定義よりすべての $\alpha \in A$ に対して $\alpha \subset \beta$，すなわち $\alpha \leqq \beta$ であるから，β は A の上界である．さらに，γ を A の任意の上界とすれば，上に示したように $\beta \subset \gamma$，すなわち $\beta \leqq \gamma$ である．ゆえに β は A の最小の上界で，$\beta = \sup A$ である．

以上で $\boldsymbol{R}$ は上限性質をもつことが示された．□

◆ E）補題

以下の議論のため，ここで簡単な補題を幾つか述べておく．文字 $x, y, \cdots, a, b, \cdots, r, s, \cdots$ などはいつも有理数を表す．

補題 1　$a < x + y$ ならば，$a = b + c$，$b < x$，$c < y$ となる b, c がある．

証明　$a < x + y$ ならば $a - y < x$．そこで $a - y < b < x$ を満たす b をとって $a - b = c$ とおけば，$c < y$，かつ $a = b + c$．□

補題 2　$x > 0$，$y > 0$，$a > 0$ で，$a < xy$ ならば，$a = bc$，$0 < b < x$，$0 < c < y$ となる b, c がある．

証明　$a < xy$ ならば $\dfrac{a}{y} < x$．そこで $\dfrac{a}{y} < b < x$ を満たす b をとって $\dfrac{a}{b} = c$ とおけば，$c < y$ かつ $a = bc$．□

補題 3　α を1つの切断とし，$u<0$ とする．そのとき，$x\in\alpha$, $-y\in\alpha'$, $x+y=u$ となる x, y が存在する．

証明　$x_0\in\alpha$, $z_0\in\alpha'$ なる x_0, z_0 をとる．$-u=v$ とおけば $v>0$ であるから，n を

$$n > \frac{z_0-x_0}{v}$$

を満たす自然数とすれば――このような自然数が存在することは明らかである――，$x_0+nv>z_0$, したがって $x_0+nv\in\alpha'$ である．そこで $x_0+nv\in\alpha'$ となる自然数 n のうち最小のものを n_0 として，

$$x = x_0+(n_0-1)v, \qquad y = -x_0-n_0v$$

とおけば，$x\in\alpha$, $-y\in\alpha'$, $x+y=-v=u$ となる．□

補題 4　α を正の有理数を含む1つの切断とし，$0<s<1$ とする．そのとき

$$x\in\alpha, \qquad x>0, \qquad \frac{1}{y}\in\alpha', \qquad xy=s$$

を満たす x, y が存在する．

証明　$x_0\in\alpha$, $x_0>0$, $z_0\in\alpha'$ なる x_0, z_0 をとる．$1/s=t$ とおけば，$t>1$ であるから，$t=1+h$, $h>0$ と書くことができ，自然数 n に対し，不等式

$$t^n = (1+h)^n \geqq 1+nh$$

が成り立つ．(この不等式は n に関する帰納法によって容易に示される．) よって

$$n > \frac{z_0-x_0}{hx_0}$$

なる自然数 n をとれば，$x_0t^n\geqq x_0(1+nh)>z_0$ であるから，$x_0t^n\in\alpha'$. そこで $x_0t^n\in\alpha'$ となる自然数 n のうち最小のものを n_0 として

$$x = x_0t^{n_0-1}, \qquad y = \frac{1}{x_0t^{n_0}}$$

とおけば，$x\in\alpha$, $1/y\in\alpha'$, $xy=1/t=s$ となる．□

上の補題3,4の内容は技巧的であるけれども，その意図するところは以下の命題の証明において了解されるであろう．

◆ F)　加法の定義と加法公理(A)の証明

$\alpha, \beta\in\boldsymbol{R}$ に対し，$x\in\alpha$, $y\in\beta$ なる x, y の和 $x+y$ 全部の

集合を $\alpha+\beta$ と定義する．

> **命題 4** 有理数 r, s に対し $r^*+s^*=(r+s)^*$.

証明 $x\in r^*$, $y\in s^*$ ならば $x<r$, $y<s$ であるから，$x+y<r+s$．よって $x+y\in(r+s)^*$．ゆえに $r^*+s^*\subset(r+s)^*$.

逆に $z\in(r+s)^*$，すなわち $z<r+s$ とすれば，補題1によって $z=x+y$, $x\in r^*$, $y\in s^*$ となる x, y がある．したがって $(r+s)^*\subset r^*+s^*$.

これで命題が証明された．◪

> **命題 5** 上に定義した $\boldsymbol{R}$ の加法について加法公理(A)(26-27ページ)が成り立つ．すなわち
>
> **A 1** 任意の $\alpha, \beta\in\boldsymbol{R}$ に対し $\alpha+\beta\in\boldsymbol{R}$.
>
> **A 2** $\alpha+\beta=\beta+\alpha$.
>
> **A 3** $(\alpha+\beta)+\gamma=\alpha+(\beta+\gamma)$.
>
> **A 4** $\alpha+0^*=\alpha$.
>
> **A 5** 任意の $\alpha\in\boldsymbol{R}$ に対し $\alpha+\beta=0^*$ となる $\beta\in\boldsymbol{R}$ がある．

証明 **A 1** $\alpha+\beta\neq\emptyset$, $\alpha+\beta\neq\boldsymbol{Q}$ は明らかである．$z\in\alpha+\beta$, $z=x+y$, $x\in\alpha$, $y\in\beta$ とし，$a<z$ とすれば，補題1によって $a=b+c$, $b<x$, $c<y$ なる b, c がある．$b\in\alpha$, $c\in\beta$ であるから $a\in\alpha+\beta$．また，$x<u$, $y<v$ を満たす $u\in\alpha$, $v\in\beta$ があるから，$w=u+v$ とおけば，$z<w$, $w\in\alpha+\beta$．これで $\alpha+\beta$ は切断の条件(C 1), (C 2), (C 3)を満たすことが示された．すなわち $\alpha+\beta\in\boldsymbol{R}$ である．

A 2, A 3 は明らかである．

A 4 $x\in\alpha$, $y\in 0^*$ ならば，$y<0$ であるから $x+y<x$．したがって $x+y\in\alpha$．よって $\alpha+0^*\subset\alpha$.

一方，α は最大元をもたないから，$x\in\alpha$ ならば，$x<u$ なる $u\in\alpha$ があり，$x-u=v$ とおけば，$v\in 0^*$ で $x=u+v$．よって $x\in\alpha+0^*$．ゆえに $\alpha\subset\alpha+0^*$.

したがって $\alpha+0^*=\alpha$.

A 5 $\alpha=r^*$ ならば $\beta=(-r)^*$ とおけば，命題4によって $\alpha+\beta=0^*$ となる．

α が r^* の形でないときには，α' は最小元をもたない．こ

のときには $-y\in\alpha'$ となるような y 全体の集合を β とする．明らかに $\beta\neq\emptyset$，$\beta\neq\boldsymbol{Q}$ で，$y\in\beta$，$z<y$ とすれば，$-y\in\alpha'$，$-y<-z$ であるから $-z\in\alpha'$，したがって $z\in\beta$ である．また $y\in\beta$ ならば $-y\in\alpha'$ で，α' は最小元をもたないから $-u<-y$ となる $-u\in\alpha'$ があり，$y<u$，$u\in\beta$ である．すなわち β は切断の条件を満たす．ゆえに $\beta\in\boldsymbol{R}$ である．この β について $\alpha+\beta=0^*$ が成り立つことを示そう．

まず $x\in\alpha$，$y\in\beta$ ならば，$-y\in\alpha'$，よって $x<-y$ であるから $x+y<0$．したがって $\alpha+\beta\subset 0^*$．一方 $u\in 0^*$ すなわち $u<0$ なら，補題3によって $u=x+y$，$x\in\alpha$，$-y\in\alpha'$ なる x,y がある．$y\in\beta$ であるから $u\in\alpha+\beta$．したがって $0^*\subset\alpha+\beta$．これで $\alpha+\beta=0^*$ が証明された．□

加法公理によって，$\boldsymbol{R}$ の加法については28ページの命題1と同様の命題が成り立つ．特に **A 5** の β は α に対して一意的に定まる．これを $-\alpha$ と書く．

$-(-\alpha)=\alpha$ であり，また $-r^*=(-r)^*$ である．

さらに加法と順序については次の命題が成り立つ．

> **命題6**　$\alpha,\beta,\gamma\in\boldsymbol{R}$ で，$\alpha<\beta$ ならば $\alpha+\gamma<\beta+\gamma$ である．

証明　$\alpha<\beta$ ならば $\alpha\subset\beta$ であるから，和の定義から明らかに

$$\alpha+\gamma\subset\beta+\gamma$$

である．そして，もし $\alpha+\gamma=\beta+\gamma$ なら(両辺に $-\gamma$ を加えて)$\alpha=\beta$ を得るから，$\alpha+\gamma\neq\beta+\gamma$ でなければならない．したがって $\alpha+\gamma<\beta+\gamma$ である．□

この命題から，また特に

$$\alpha>0^* \quad ならば \quad -\alpha<0^*$$

であり，逆も成り立つことがわかる．

◆ G) 乗法の定義と乗法公理(M)の証明——前半

次に乗法を定義するが，$\boldsymbol{R}$ における乗法の定義は加法にくらべていささか面倒である．最初にはわれわれは $\boldsymbol{R}$ の正の元だけに考察を限定しなければならない．

正，負

$\boldsymbol{R}$ の元 α は，$\alpha>0^*$ であるとき**正**の元，$\alpha<0^*$ であるとき**負**の元とよばれる．α が正の元であることは，明らかに，α

が0を，したがってまた正の有理数を含むことと同値である．またαが負の元であることは，負の有理数でαに含まれないものが存在することと同値である．

$\boldsymbol{R}$の正の元全体の集合を$\boldsymbol{R}^+$で表す．

$\alpha\in\boldsymbol{R}^+$ならば，$\alpha$は0以下のすべての有理数を含むから，$\alpha$の主要部分を構成するのは，$\alpha$に含まれる正の有理数である．したがって以下，$\alpha\in\boldsymbol{R}^+$なる$\alpha$については，単に$x\in\alpha$と書いた場合，いつも$x$は$\alpha$に含まれる"正の有理数"を意味するものとする．

さて，われわれはまず，$\boldsymbol{R}$の正の元に対して積を次のように定義する．すなわち，$\alpha,\beta\in\boldsymbol{R}^+$のとき，$x\in\alpha$，$y\in\beta$なる$x,y$の積$xy$全体の集合(正確には，それと0以下のすべての有理数の集合との和集合)を$\alpha\beta$と定義する．

命題7 r,sが正の有理数ならば，$r^*s^*=(rs)^*$．

証明 $x\in r^*$，$y\in s^*$ならば，$x<r$，$y<s$であるから，$xy<rs$，したがって$xy\in(rs)^*$．ゆえに$r^*s^*\subset(rs)^*$．

他方，$z\in(rs)^*$すなわち$z<rs$とすれば，補題2によって，$z=xy$，$x\in r^*$，$y\in s^*$を満たすx,yがある．したがって$(rs)^*\subset r^*s^*$．□

命題8 上に定義した$\boldsymbol{R}^+$の元の積について，乗法公理(M)(27ページ)の正の部分が成り立つ．すなわち

M 1$^+$ $\alpha,\beta\in\boldsymbol{R}^+$ならば$\alpha\beta\in\boldsymbol{R}^+$．

M 2$^+$ $\alpha,\beta\in\boldsymbol{R}^+$ならば$\alpha\beta=\beta\alpha$．

M 3$^+$ $\alpha,\beta,\gamma\in\boldsymbol{R}^+$ならば$(\alpha\beta)\gamma=\alpha(\beta\gamma)$．

M 4$^+$ $\alpha\in\boldsymbol{R}^+$ならば$\alpha 1^*=\alpha$．

M 5$^+$ $\alpha\in\boldsymbol{R}^+$ならば，$\alpha\beta=1^*$となる$\beta\in\boldsymbol{R}^+$が存在する．

証明 この証明は命題5の証明と全く平行的である．

M 1$^+$ $\alpha\beta\neq\emptyset$，$\alpha\beta\neq\boldsymbol{Q}$は明らかである．$z\in\alpha\beta$，$z=xy$，$x\in\alpha$，$y\in\beta$とし，$0<a<z$とすれば，補題2によって$a=bc$，$0<b<x$，$0<c<y$となる$b,c$がある．$b\in\alpha$，$c\in\beta$であるから$a\in\alpha\beta$．また，$x<u$，$y<v$を満たす$u\in\alpha$，$v\in\beta$が存在するから，$w=uv$とおけば，$z<w$，$w\in\alpha\beta$．すなわち$\alpha\beta$は切断の条件を満たす．しかも$\alpha\beta$は正の有理数を含

む．ゆえに $\alpha\beta \in \boldsymbol{R}^+$ である．

M 2$^+$, M 3$^+$ は明らかである．

M 4$^+$　$x \in \alpha$, $y \in 1^*$ ならば，$y<1$ であるから $xy<x$．したがって $xy \in \alpha$．ゆえに $\alpha 1^* \subset \alpha$．

一方，α は最大元をもたないから，$x \in \alpha$ ならば $x<u$ なる $u \in \alpha$ が存在し，$x/u=v$ とおけば，$v \in 1^*$ で，$x=uv$．よって $\alpha \subset \alpha 1^*$．

ゆえに $\alpha 1^* = \alpha$．

M 5$^+$　$\alpha = r^*$ (r は正の有理数)のときは，$\beta=(1/r)^*$ とおけば，命題 7 によって $\alpha\beta=1^*$ となる．

α が r^* の形でないとき，すなわち α' が最小元をもたない場合には，$1/y \in \alpha'$ となるような y 全体の集合(に 0 以下のすべての有理数を合わせたもの)を β とする．明らかに β は正の有理数を含み，また $\beta \neq \boldsymbol{Q}$ である．y を β の元とし，$z<y$ (ただし z は正)とすれば，$1/y<1/z$ であるから $1/z \in \alpha'$，したがって $z \in \beta$ である．また α' は最小元をもたないから，上の y に対して $1/u<1/y$ となる α' の元 $1/u$ があり，$y<u$, $u \in \beta$ となる．すなわち β は切断で $\beta \in \boldsymbol{R}^+$ である．

次に $\alpha\beta=1^*$ であることを示す．まず $x \in \alpha$, $y \in \beta$ ならば，$1/y \in \alpha'$，したがって $x<1/y$ であるから $xy<1$．よって $\alpha\beta \subset 1^*$ となる．他方 $s \in 1^*$ すなわち $s<1$ ならば，補題 4 によって

$$s = xy, \quad x \in \alpha, \quad \frac{1}{y} \in \alpha'$$

となる x, y がある．$y \in \beta$ であるから，$s \in \alpha\beta$，したがって $1^* \subset \alpha\beta$ である．以上で $\alpha\beta=1^*$ であることが証明された．

◿

◆　H)　乗法の定義と乗法公理(M)の証明——後半

上では α, β が正の元である場合について積 $\alpha\beta$ を定義した．α, β の一方または両方が 0^* あるいは負の元である場合には $\alpha\beta$ を次のように定義する．

α, β の少なくとも一方が 0^*　のとき　$\alpha\beta = 0^*$.

$\alpha > 0^*$, $\beta < 0^*$　のとき　$\alpha\beta = -\alpha(-\beta)$.

$\alpha < 0^*$, $\beta > 0^*$　のとき　$\alpha\beta = -(-\alpha)\beta$.

$\alpha < 0^*$, $\beta < 0^*$　のとき　$\alpha\beta = (-\alpha)(-\beta)$.

ここで右辺に現れる積は正の元の積としてすでに定義されていることに注意されたい.

> **命題 9** 任意の有理数 r, s に対して $r^*s^*=(rs)^*$.

証明 $r>0$, $s>0$ の場合は命題7による. r, s のいずれかが 0 ならば, 定義から明らかである.

$r>0$, $s<0$ ならば, $s^*<0^*$ であるから

$$\begin{aligned} r^*s^* &= -r^*(-s^*) = -r^*(-s)^* \\ &= -(r(-s))^* = -(-rs)^* \\ &= -(-(rs)^*) = (rs)^*. \end{aligned}$$

他の場合も同様である. ☐

> **命題 10** 上に定義した $\boldsymbol{R}$ の乗法について乗法公理(M)が成り立つ. すなわち
>
> **M 1** 任意の $\alpha, \beta \in \boldsymbol{R}$ に対し $\alpha\beta \in \boldsymbol{R}$.
>
> **M 2** $\alpha\beta=\beta\alpha$.
>
> **M 3** $(\alpha\beta)\gamma=\alpha(\beta\gamma)$.
>
> **M 4** $\alpha 1^*=\alpha$.
>
> **M 5** $\alpha \in \boldsymbol{R}$, $\alpha \neq 0^*$ ならば, $\alpha\beta=1^*$ を満たす $\beta \in \boldsymbol{R}$ がある.

証明 **M 1** は定義から明らかである. **M 2**-**M 5** は正の元に関する結果(命題8)と, 上に与えた一般の積の定義とから容易に導かれる. (たとえば **M 3** の検証では α, β, γ の符号による場合分けが少し面倒であるが, 基本的に困難な問題ではない.) くわしい検証は読者の練習問題に残しておこう.

◆ I) 分配法則(D)の証明

最後に分配法則であるが, その証明のために, ほとんど自明なことながら, まず次の補題を挙げておく.

> **補題 5** $\alpha \in \boldsymbol{R}^+$, $\beta \in \boldsymbol{R}^+$ ならば, $\alpha+\beta$ に含まれる正の有理数は, $x \in \alpha$, $y \in \beta$ を正の有理数として $x+y$ と表される.

証明 $z \in \alpha+\beta$, $z>0$ とする. 定義によって $z=u+v$, $u \in \alpha$, $v \in \beta$ なる u, v がある. $u>0$, $v>0$ ならば $u=x$, $v=y$ とすればよい. また, もし $u \leqq 0$ なら, $z \leqq v$ であるから

$z\in\beta$. よって $0<x<z$ を満たす $x\in\alpha$ をとって $y=z-x$ とおけば，$y>0$, $y\in\beta$ で，$z=x+y$ となる．□

> **命題 11**　$\boldsymbol{R}$ の加法，乗法について分配法則(D)が成り立つ．すなわち，任意の $\alpha,\beta,\gamma\in\boldsymbol{R}$ に対して
>
> **(D)**　　$\alpha(\beta+\gamma)=\alpha\beta+\alpha\gamma.$

証明　まず α,β,γ が $\boldsymbol{R}^+$ の元である場合を証明する．その場合，補題5によって，(D)の左辺に含まれる正の有理数は $x\in\alpha$, $y\in\beta$, $z\in\gamma$ を正の有理数として

$$x(y+z) \qquad ①$$

の形に書かれ，右辺に含まれる正の有理数は $x',x''\in\alpha$, $y\in\beta$, $z\in\gamma$ を正の有理数として

$$x'y+x''z \qquad ②$$

の形に書かれる．①はもちろん②の形にも書かれるから $\alpha(\beta+\gamma)\subset\alpha\beta+\alpha\gamma$ である．一方，②においてたとえば $x'\leqq x''$ ならば $x'y+x''z\leqq x''(y+z)$ で，$x''(y+z)$ は①の形であるから $\alpha(\beta+\gamma)$ の元である．したがって $x'y+x''z\in\alpha(\beta+\gamma)$，よって $\alpha\beta+\alpha\gamma\subset\alpha(\beta+\gamma)$ となる．これで $\alpha>0^*$, $\beta>0^*$, $\gamma>0^*$ である場合については(D)の成り立つことが証明された．

α,β,γ のいずれかが 0^* である場合には(D)は明らかである．実際 $\alpha=0^*$ ならば両辺とも 0^* に等しく，$\beta=0^*$ なら両辺とも $\alpha\gamma$ に，$\gamma=0^*$ ならば両辺とも $\alpha\beta$ に等しい．

α,β,γ のうちに負の元があるときには，いつも適当な工夫によって"すべてが正"の場合に帰着させることができる．一例として $\alpha>0^*$, $\beta>0^*$, $\gamma<0^*$ の場合を示しておこう．

$\beta+\gamma=\delta$ とおく．もし $\delta=0^*$ なら $\gamma=-\beta$, $\alpha\gamma=-\alpha\beta$ であるから(D)の両辺は 0^* となる．$\delta>0^*$ ならば $\beta=\delta+(-\gamma)$ で，$\alpha>0^*$, $\delta>0^*$, $-\gamma>0^*$ であるから，上の結果を適用することができ

$$\alpha\beta=\alpha(\delta+(-\gamma))=\alpha\delta+\alpha(-\gamma)$$

となる．ここで $\alpha(-\gamma)=-\alpha\gamma$ であるから $\alpha\beta=\alpha\delta-\alpha\gamma$，したがって $\alpha\delta=\alpha\beta+\alpha\gamma$．すなわち，この場合にも(D)が成り立つ．$\delta<0^*$ の場合には，$-\gamma=\beta+(-\delta)$ として，同じようにすればよい．

以下同様にして，すべての場合について(D)の成り立つこ

とが証明される．残余は読者にまかせよう．☐

◆ J） 結語

以上で $\boldsymbol{R}$ は体であり，同時に上限性質をもつ順序集合であることが示された．さらに，命題6によって順序体の公理 **OF 1** (30ページ)が成り立つし，$\boldsymbol{R}$ の乗法の定義によって公理 **OF 2** も満たされている．ゆえに，$\boldsymbol{R}$ は上限性質をもつ順序体である．

また，命題2，命題4，命題9によれば，有理数から定まる切断の間では，有理数の順序，加法，乗法がそのまま $\boldsymbol{R}$ の中で保存されている．より正確にいうならば，有理数 r から定まる切断 r^* 全体の集合を $\boldsymbol{Q}^*$ とすれば，$\boldsymbol{Q}^*$ は $\boldsymbol{Q}$ と“順序同形”な $\boldsymbol{R}$ の部分体をなしているのである．したがってわれわれは，なんら本質を害することなく，r と r^* とを同一視することができる．そうすれば，実数体 $\boldsymbol{R}$ は有理数体 $\boldsymbol{Q}$ を(順序や演算はそのままに保存して)含むことになる．

これで目標の定理の証明は終ったのである．

問題 1.4

1 $h>0$ のとき，任意の $n\in\boldsymbol{Z}^+$ に対して

$$(1+h)^n \geqq 1+nh$$

が成り立つことを，帰納法で示せ．

2 命題10の証明を完結せよ．

3 命題11の証明を完結せよ．

4 (A, A') を“実数の切断”とする．すなわち，次の条件を満たすような $\boldsymbol{R}$ の2つの部分集合の組とする．

(1) $A\neq\emptyset$, $A'\neq\emptyset$, $A\cap A'=\emptyset$, $A\cup A'=\boldsymbol{R}$.

(2) $\alpha\in A$, $\beta\in A'$ ならば，$\alpha<\beta$.

このとき，A の最大元または A' の最小元のいずれかが存在することを証明せよ．

1.5 複素数

本節では複素数について述べる．実数の概念を既知のものとすれば，それから複素数を論理的に構成することはべつに

困難な問題ではない．ただし本節で述べるのは，複素数の定義とその基本的な代数的構造のみである．複素数のより十分な理解のためには，その幾何学的側面についての考察が必要であるが，それについては三角関数の導入後まで待たなければならない．

◆ A) 複素数体の構成

任意の実数の平方は負でないから，負数の平方根は実数の範囲には求められない．その欠陥を除去するために複素数が考えられるが，通常，高校までの課程では，複素数は $i^2=-1$ を満たす数 i を“機械的に”導入することによって扱われる．しかし，これはもちろん論理的な扱い方ではない．ここでの当面の目標はこうした不備を克服し，より論理的に複素数を定義することである．そのために次のように考察する．

以下この節では(前節と異なり)ローマ字 $a, b, \cdots$ は実数を表す．

2つの実数 a, b の順序づけられた組 (a, b) を考え，それらの組全体の集合を $\boldsymbol{C}$ とする．“順序づけられた”というのは，$a \neq b$ ならば (a, b) と (b, a) は異なる組とみなす，ということである．より一般に，$\boldsymbol{C}$ の2つの元 $\alpha=(a, b)$，$\beta=(c, d)$ に対し，$\alpha=\beta$ とは，$a=c$ かつ $b=d$ であることと定義する．

さらにわれわれは，$\boldsymbol{C}$ における加法，乗法を次のように定義する：$\alpha=(a, b)$，$\beta=(c, d)$ に対し，

$$\alpha+\beta = (a+c, b+d),$$
$$\alpha\beta = (ac-bd, ad+bc).$$

このとき次の定理が成り立つ．

> **定理**　$\boldsymbol{C}$ は上に定義した加法，乗法に関し，$(0, 0)$ を加法単位元，$(1, 0)$ を乗法単位元として，体をなす．

証明　26-27 ページに述べた体の公理(A), (M), (D)が満たされることを示せばよい．

A 1 は明らかである．

A 2, A 3 も直ちに検証される．

A 4　$\mathbf{0}=(0, 0)$ とおけば，任意の $\alpha=(a, b)$ に対し

$$\alpha+\mathbf{0} = (a+0, b+0) = (a, b) = \alpha.$$

A 5 $\alpha=(a, b)$ に対し，$-\alpha=(-a, -b)$ とおけば

$$\alpha+(-\alpha) = (a+(-a), b+(-b)) = (0, 0) = \mathbf{0}.$$

M 1 は明らかである．

M 2 の検証も容易である．

M 3 $\alpha=(a, b)$，$\beta=(c, d)$，$\gamma=(e, f)$ とすれば

$$\begin{aligned}
\alpha\beta &= (ac-bd, ad+bc), \\
(\alpha\beta)\gamma &= ((ac-bd)e-(ad+bc)f,\ (ac-bd)f \\
&\quad +(ad+bc)e) \\
&= (ace-bde-adf-bcf,\ acf-bdf+ade \\
&\quad +bce), \\
\beta\gamma &= (ce-df, cf+de), \\
\alpha(\beta\gamma) &= (a(ce-df)-b(cf+de),\ a(cf+de) \\
&\quad +b(ce-df)) \\
&= (ace-adf-bcf-bde,\ acf+ade+bce \\
&\quad -bdf).
\end{aligned}$$

この 2 つの結果を比較すれば $(\alpha\beta)\gamma=\alpha(\beta\gamma)$．

M 4 $\mathbf{1}=(1, 0)$ とおけば，任意の $\alpha=(a, b)$ に対し

$$\alpha\mathbf{1} = (a1-b0, a0+b1) = (a, b) = \alpha.$$

M 5 $\alpha=(a, b)\neq\mathbf{0}$ とする．$(a, b)\neq(0, 0)$ であるから，a, b の少なくとも一方は 0 でなく，したがって $a^2+b^2>0$ である．そこで

$$\alpha^{-1} = \left(\frac{a}{a^2+b^2},\ -\frac{b}{a^2+b^2}\right)$$

とおけば，

$$\begin{aligned}
\alpha\alpha^{-1} &= \left(a\cdot\frac{a}{a^2+b^2}-b\cdot\frac{-b}{a^2+b^2},\ a\cdot\frac{-b}{a^2+b^2}+b\cdot\frac{a}{a^2+b^2}\right) \\
&= (1, 0) = \mathbf{1}.
\end{aligned}$$

(D) $\alpha=(a, b)$，$\beta=(c, d)$，$\gamma=(e, f)$ とすれば

$$\begin{aligned}
\alpha(\beta+\gamma) &= (a, b)(c+e, d+f) \\
&= (a(c+e)-b(d+f),\ a(d+f)+b(c+e)) \\
&= (ac+ae-bd-bf,\ ad+af+bc+be) \\
&= (ac-bd, ad+bc)+(ae-bf, af+be) \\
&= \alpha\beta+\alpha\gamma.
\end{aligned}$$

以上で定理が証明された．□

体 $\boldsymbol{C}$——すなわち，以上のように加法，乗法の定義された集合 $\boldsymbol{C}$——の元を**複素数**といい，体 $\boldsymbol{C}$ を**複素数体**という．

複素数，複素数体

◆ B) $\boldsymbol{C}$ と $\boldsymbol{R}$ の関係

命題 1　a, b が実数ならば，

$$(a, 0)+(b, 0) = (a+b, 0),$$
$$(a, 0)(b, 0) = (ab, 0).$$

証明　これは定義から明らかである．□

命題 1 によって，複素数 $(a, 0)$ の間の四則演算は実数 a の間の四則演算と全く同様に行われることがわかる．よってわれわれは，矛盾を生ずることなく，複素数 $(a, 0)$ を実数 a と同一視することができる．特に $\mathbf{0}=(0, 0)$, $\mathbf{1}=(1, 0)$ はそれぞれ $0, 1$ と同一視される．このように $(a, 0)$ を a と同一視すれば，$\boldsymbol{R}\subset\boldsymbol{C}$ となり，$\boldsymbol{R}$ は $\boldsymbol{C}$ の"部分体"となる．

命題 2　$i=(0, 1)$ とすれば $i^2=-1$.

証明　定義によって

$$i^2 = (0, 1)(0, 1) = (0\cdot 0-1\cdot 1,\ 0\cdot 1+1\cdot 0)$$
$$= (-1, 0) = -1.$$
□

命題 3　複素数 (a, b) は命題 2 の i を用いて $(a, b)=a+bi$ と表される．

証明　定義によって

$$(a, b) = (a, 0)+(0, b) = (a, 0)+(b, 0)(0, 1) = a+bi.$$
□

以上によって，われわれは複素数について慣用の記法を得た．今後は複素数 (a, b) と書くかわりにいつもこの慣用の記法 $a+bi$ を用いる．

この記法における加法，乗法は形式的なものではない．すなわち，これは実際に体 $\boldsymbol{C}$ における加法，乗法という実質的な意味をもっている．したがって $a+bi$ の形に書かれた複素数の間で加法・減法・乗法を行うときには，実数の場合と同様に，交換・結合・分配の三則に従って計算を行うことができる．ただ計算の過程で i^2 が現れたときにはいつもそれを -1 におきかえるのである．

複素数 $a+bi$ において $b=0$ ならば，これは実数 a と同じである．また $a=0$ ならば，これは単に bi に等しい．この形

の複素数は**純虚数**とよばれる．特に i を**虚数単位**という． 純虚数，虚数単位

◆ C) 実部・虚部・共役

a, b が実数で $\alpha=a+bi$ のとき，a を複素数 α の**実部**(real part)，b を α の**虚部**(imaginary part)という．これらをそれぞれ記号で 実部 虚部

$$a = \mathrm{Re}(\alpha), \qquad b = \mathrm{Im}(\alpha)$$

と書く．(括弧をはぶいて単に $\mathrm{Re}\,\alpha$, $\mathrm{Im}\,\alpha$ と書くこともある．虚部 $\mathrm{Im}(\alpha)$ は実数 b であって，純虚数 bi ではないことに注意されたい．)

また，複素数 $\alpha=a+bi$ に対して複素数 $a-bi$ を α の**共役**といい，$\bar{\alpha}$ で表す．すなわち $\bar{\alpha}=a-bi$．定義から明らかに 共役

$$\alpha+\bar{\alpha} = 2\,\mathrm{Re}(\alpha), \qquad \alpha-\bar{\alpha} = 2i\,\mathrm{Im}(\alpha)$$

が成り立つ．また $\alpha=\bar{\alpha}$ であることは α が実数であること，$\alpha+\bar{\alpha}=0$ であることは α が純虚数であることとそれぞれ同等である．$\bar{\alpha}$ の共役はもちろん α に等しい．

> **命題 4** 複素数の和または積の共役は共役の和または積に等しい．すなわち，任意の複素数 α, β に対して
> $$\overline{\alpha+\beta} = \bar{\alpha}+\bar{\beta}, \qquad \overline{\alpha\beta} = \bar{\alpha}\bar{\beta}.$$

証明 これは定義から全く自動的に証明される．くわしい検証は読者にゆだねよう．□

命題 4 からまた(あるいは直接に)複素数の差や商についても

$$\overline{\alpha-\beta} = \bar{\alpha}-\bar{\beta}, \qquad \overline{\left(\frac{\alpha}{\beta}\right)} = \frac{\bar{\alpha}}{\bar{\beta}}$$

の成り立つことが容易に導かれる．(この検証も読者にゆだねる．) したがって一般に，複素数 $\alpha, \beta, \gamma, \cdots$ にある有理演算(加減乗除の四則演算)をほどこした結果の共役は，複素数 $\bar{\alpha}, \bar{\beta}, \bar{\gamma}, \cdots$ に同じ有理演算をほどこした結果に等しい．

複素数 $\alpha=a+bi$ とその共役 $\bar{\alpha}=a-bi$ との積は

$$\alpha\bar{\alpha} = a^2+b^2$$

であって，α が 0 でない限りこれは正の実数である．$\alpha\neq 0$ のとき，α の逆数 $\alpha^{-1}=1/\alpha$ は分母・分子に $\bar{\alpha}$ を掛けることにより，

$$\frac{1}{\alpha}=\frac{\bar{\alpha}}{\alpha\bar{\alpha}}=\frac{a}{a^2+b^2}-\frac{b}{a^2+b^2}i$$

として求められる．(49 ページの定理の **M 5** の証明はこの結果を見越して与えられたのである．) 一般に複素数の商を計算するときには，分母と分子に分母の共役複素数を掛けるとよい．すなわち

$$\frac{a+bi}{c+di}=\frac{(a+bi)(c-di)}{(c+di)(c-di)}=\frac{ac+bd}{c^2+d^2}+\frac{bc-ad}{c^2+d^2}i$$

である．

◆ D)　複素数の絶対値

複素数 $\alpha=a+bi$ に対し，$\alpha\bar{\alpha}=a^2+b^2$ は負でない実数であるから，その負でない平方根が実数の範囲に求められる．(ここでは，非負の実数 x の非負の平方根 $\sqrt{x}$ が一意的に存在することは既知と仮定する．) それを α の**絶対値**といい，$|\alpha|$ で表す．すなわち

絶対値

$$|\alpha|=\sqrt{\alpha\bar{\alpha}}=\sqrt{a^2+b^2}.$$

特に実数 a については

$$a \geqq 0 \quad ならば \quad \sqrt{a^2}=a,$$
$$a<0 \quad ならば \quad \sqrt{a^2}=\sqrt{(-a)^2}=-a$$

であるから，上に定義した $|a|$ は既知の実数の絶対値 $|a|$ と一致する．

> **命題 5**　α, β を複素数とするとき，次のことが成り立つ．
>
> (a)　$\alpha \neq 0$ ならば $|\alpha|>0$, $|0|=0$.
>
> (b)　$|\bar{\alpha}|=|\alpha|$.
>
> (c)　$|\alpha\beta|=|\alpha|\,|\beta|$.
>
> (d)　$|\mathrm{Re}\,\alpha| \leqq |\alpha|$, $|\mathrm{Im}\,\alpha| \leqq |\alpha|$, $|\alpha| \leqq |\mathrm{Re}\,\alpha|+|\mathrm{Im}\,\alpha|$.
>
> (e)　$|\alpha+\beta| \leqq |\alpha|+|\beta|$.

証明　(a), (b) は明らかである．

(c)　$\alpha=a+bi$, $\beta=c+di$ とすれば

$$\alpha\beta=(ac-bd)+(ad+bc)i$$

であるから，

$$|\alpha\beta|^2 = (ac-bd)^2+(ad+bc)^2 = (a^2+b^2)(c^2+d^2)$$
$$= |\alpha|^2|\beta|^2.$$

(あるいは命題4を用いて $|\alpha\beta|^2=(\alpha\beta)(\overline{\alpha\beta})=(\alpha\bar{\alpha})(\beta\bar{\beta})=|\alpha|^2|\beta|^2$.) よって $|\alpha\beta|^2=(|\alpha|\,|\beta|)^2$. 両辺の非負の平方根をとって $|\alpha\beta|=|\alpha|\,|\beta|$.

(d) $\alpha=a+bi$ ならば, $a^2\leqq a^2+b^2$ であるから

$$|a| = \sqrt{a^2} \leqq \sqrt{a^2+b^2} = |\alpha|.$$

同様にして $|b|\leqq\sqrt{a^2+b^2}=|\alpha|$. また

$$a^2+b^2 = |a|^2+|b|^2 \leqq |a|^2+2|a|\,|b|+|b|^2 = (|a|+|b|)^2$$

であるから

$$|\alpha| = \sqrt{a^2+b^2} \leqq |a|+|b|.$$

(e) この証明のために, $\alpha\bar{\beta}$ の共役は $\bar{\alpha}\beta$ であり, したがって

$$\alpha\bar{\beta}+\bar{\alpha}\beta = 2\,\mathrm{Re}(\alpha\bar{\beta})$$

であることに注意する. さて

$$|\alpha+\beta|^2 = (\alpha+\beta)(\bar{\alpha}+\bar{\beta}) = \alpha\bar{\alpha}+\alpha\bar{\beta}+\bar{\alpha}\beta+\beta\bar{\beta}$$
$$= |\alpha|^2+2\,\mathrm{Re}(\alpha\bar{\beta})+|\beta|^2.$$

もちろん $\mathrm{Re}(\alpha\bar{\beta})\leqq|\mathrm{Re}(\alpha\bar{\beta})|$ で, 上の(d), (c), (b)から

$$|\mathrm{Re}(\alpha\bar{\beta})| \leqq |\alpha\bar{\beta}| = |\alpha|\,|\bar{\beta}| = |\alpha|\,|\beta|.$$

よって

$$|\alpha+\beta|^2 \leqq |\alpha|^2+2|\alpha|\,|\beta|+|\beta|^2 = (|\alpha|+|\beta|)^2.$$

この両辺の非負の平方根をとって $|\alpha+\beta|\leqq|\alpha|+|\beta|$ が得られる. ▨

◈ E) 1つの注意

本節の最後に, 補遺的なことながら, 複素数体 $\boldsymbol{C}$ は順序体とはなり得ないことに注意しておく. なぜなら, 順序体においては1.3節の命題4でみたように1は正の元(0より大きい元)であり, したがって -1 は負の元(0より小さい元)である. 他方, 順序体の任意の元の平方は非負の元である. よって順序体の中には平方が -1 となる元は存在しない. しかるに複素数体 $\boldsymbol{C}$ においては $i^2=-1$ である. ゆえに $\boldsymbol{C}$ は順序体にはなり得ないのである.

しかし, このことは $\boldsymbol{C}$ においては順序体の公理 **OF 1**, **OF 2** (30ページ)を満たすような順序を定義することは不可能で

あるということを示すのであって，いかなる意味でも $\boldsymbol{C}$ 上には順序を定義し得ないというのではない．公理 **OF 1**, **OF 2** を無視してよいならば，$\boldsymbol{C}$ 上に順序を定義することはいくらでも可能である．たとえば，複素数 $\alpha=a+bi$, $\beta=c+di$ に対し，$a<c$ または $a=c$, $b<d$ のとき $\alpha<\beta$ と定義すれば，$<$ が $\boldsymbol{C}$ 上の1つの順序となること，すなわち順序の公理 **O 1, O 2** (30 ページ)を満たすことは，きわめて容易にみられるであろう．

問題 1.5

1　次の複素数を $a+bi$ (a, b は実数)の形に表せ．ただし，n は自然数である．

$$(1-i)^3, \qquad \frac{(2+3i)(4-5i)}{3-4i}, \qquad i^n$$

2　複素数 α, β に対して $\left|\dfrac{\alpha}{\beta}\right|=\dfrac{|\alpha|}{|\beta|}$ を示せ．ただし $\beta\neq0$ とする．

3　次の複素数の絶対値を求めよ．

$$-2i(3+i)(2-4i)(1+i), \qquad \frac{(-1+2i)(3-2i)}{(1+i)(3-4i)}$$

4　複素数 α, β に対して，次の等式を証明せよ．

$$|\alpha+\beta|^2+|\alpha-\beta|^2 = 2(|\alpha|^2+|\beta|^2).$$

5　複素数 α, β に対して，不等式 $||\alpha|-|\beta||\leqq|\alpha-\beta|$ を証明せよ．

6　複素数 $\alpha_1, \alpha_2, \cdots, \alpha_n$ に対して，不等式

$$|\alpha_1+\alpha_2+\cdots+\alpha_n| \leqq |\alpha_1|+|\alpha_2|+\cdots+|\alpha_n|$$

を示せ．

7　α, β が複素数で，$|\alpha|=1$ または $|\beta|=1$ ならば

$$\left|\frac{\alpha-\beta}{1-\bar{\alpha}\beta}\right| = 1$$

であることを証明せよ．ただし $\alpha\neq\beta$ とする．

8　α, β が複素数で，$|\alpha|<1$ かつ $|\beta|<1$ ならば

$$\left|\frac{\alpha-\beta}{1-\bar{\alpha}\beta}\right| < 1$$

であることを証明せよ．

9　$\alpha=a+bi$ を実数でない複素数(すなわち $b\neq0$)とする．$z^2=\alpha$ を満たす複素数 z を求めよ．

2 数列と級数

2.1 数 列

本章から関数についての考察がはじまる．

この節では，まず写像や関数の一般的概念からはいって，次に実数値関数にうつる．本章以後しばらくの間，われわれは実数値関数について考察する．

定義域が $\boldsymbol{N}$ や $\boldsymbol{Z}^{+}$ のような“離散的集合”である実数値関数は実数列とよばれる．本節ではまず，数列について，収束・発散や極限に関する基本的事項を述べる．

◆ A） 写像

はじめに写像について二三の基本的な事項をひととおり述べておく．

X, Y を2つの集合とする．X から Y への**写像**とは，X のおのおのの元にそれぞれ Y の1つの元を対応させる“対応”のことをいう．f が X から Y への写像であることを，記号で $f: X \to Y$ と書く．またこのとき，X を写像 f の**定義域**あるいは**始域**（または**始集合**），Y を f の**終域**（または**終集合**）という．

写像

定義域（始域，始集合）

終域（終集合）

f が X から Y への写像であるとき，f によって X の元 x に対応する Y の元を f による x の**像**といい，$f(x)$ で表す．ある種の場合（たとえば Y が数の集合である場合など）には，$f(x)$ はまた f の x における**値**（あたい）ともよばれる．

像

値

恒等写像

最も簡単な写像の例は，X の各要素 x に x 自身を対応させる X から X 自身への写像である．これを集合 X の**恒等写像**という．

単射（1対1の写像）

f が X から Y への写像で，X の異なる2元の f による像がいつも異なるとき，すなわち，X の元 x, x' に対し，$x \neq x'$ ならば必ず $f(x) \neq f(x')$ であるとき，f は X から Y への**単射**であるという．単射はまた**1対1の写像**ともよばれる．また，$f: X \to Y$ で，Y のすべての元が X のある元の f による像となっているとき，すなわち，任意の $y \in Y$ に対し $f(x) = y$ となる X の元 x が存在するとき，f は X から Y への**全射**であるという．このときまた，f は X から Y の**上への写像**であるともいう．

全射（上への写像）

全単射（双射）

$f: X \to Y$ が同時に全射かつ単射であるとき，f は X から Y への**全単射**（あるいは**双射**）とよばれる．$f: X \to Y$ が全単射であることは，Y の任意の元 y に対して $f(x) = y$ となる X の元 x が“ただ1つ”存在することを意味する．

もちろん X の恒等写像は X から X 自身への1つの全単射である．

下の図に X, Y を有限集合として単射，全射，全単射の例を示した．図(a)の写像は X から Y への単射，図(b)は X から Y への全射，図(c)は X から Y への全単射である．

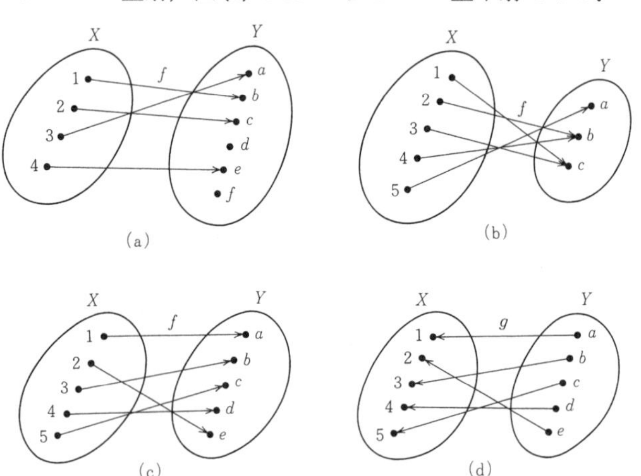

$f: X \to Y$ が全単射である場合には，Y のおのおのの元 y に $f(x) = y$ となる X の（ただ1つの）元 x を対応させることによって，Y から X への写像 g を定義することができる．

この写像 $g: Y \to X$ を全単射 $f: X \to Y$ の**逆写像**という．g は Y から X への全単射であって，定義により，X の元 x，Y の元 y に対し，$f(x)=y$ であることと $g(y)=x$ であることとは同値である．全単射 f の逆写像はしばしば f^{-1} という記号で表される．

逆写像

前ページの図(d)の写像は，図(c)の写像の逆写像を示している．

X, Y, Z を集合とし，f を X から Y への写像，g を Y から Z への写像とする．このとき，X の各元 x に対して $f(x)$ は Y の元，したがって $g(f(x))$ は Z の元である．よって X の各元 x に Z の元 $g(f(x))$ を対応させれば，X から Z への1つの写像 h が得られる．この写像 $h: X \to Z$ を f と g の**合成写像**という．これをふつう記号 $g \circ f$ で表す．定義により，任意の $x \in X$ に対し

合成写像

$$(g \circ f)(x) = g(f(x))$$

である．

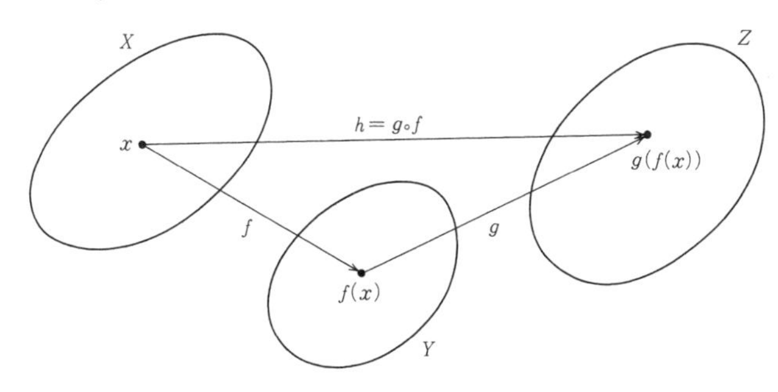

$f: X \to Y$ が全単射であるとき，$g: Y \to X$ をその逆写像とすれば，明らかに合成写像 $g \circ f$ は X の恒等写像，また $f \circ g$ は Y の恒等写像である．

写像の合成についてはまた結合律が成り立つ．すなわち X, Y, Z, U を集合とし，$f: X \to Y$，$g: Y \to Z$，$h: Z \to U$ を写像とすれば，

$$(*) \qquad h \circ (g \circ f) = (h \circ g) \circ f$$

である．

実際，(*)の両辺はともに X から U への写像であって，任意の $x \in X$ に対して

$$(h \circ (g \circ f))(x) = h((g \circ f)(x)) = h(g(f(x))),$$
$$((h \circ g) \circ f)(x) = (h \circ g)(f(x)) = h(g(f(x))).$$

ゆえに(＊)が成り立つ.

(＊)によって，写像の合成については，(合成が可能である限り)$h\circ g\circ f$, $k\circ h\circ g\circ f$ のように括弧をはぶいて書くことができる.

関数，変換

写像のことをわれわれはまたしばしば**関数**あるいは**変換**という．おそらく写像というのが最も一般的な用語であって，関数や変換の語は通常それぞれある特殊な状況のもとに用いられるが，基本的にはこれらの語も写像と同義である.

実数値関数

複素数値関数

特に，終域 Y が $\boldsymbol{R}$ であるとき，集合 X から $\boldsymbol{R}$ への写像は通常 X で定義された**実数値関数**とよばれる．(同様に，X から $\boldsymbol{C}$ への写像は X で定義された**複素数値関数**とよばれる.)

以下，この章をはじめ，ひき続く数章では，われわれは主として，$\boldsymbol{R}$ のある部分集合 X で定義された実数値関数を取り扱う．この場合，もし X が $\boldsymbol{N}$ のような“離散的集合”であるならば，それは“数列”であり，X が区間のような“連続的集合”であるならば，それはより普通にいわれる意味での“関数”(1変数の実数値関数)である.

本節ではまず“数列”について論ずる.

◆　B)　数列

数列

実数列

自然数全体の集合 $\boldsymbol{N}$ から $\boldsymbol{R}$ への写像 f を**数列**，くわしくは**実数列**という．f による $\boldsymbol{N}$ の各元 n の像を $f(n)=a_n$ として，数列は，通常

$$a_0,\ a_1,\ a_2,\ \cdots,\ a_n,\ \cdots$$

と書かれる．これをまた単に $(a_n)_{n\in\boldsymbol{N}}$ あるいはさらに略して (a_n) と書く.

ここでは数列の番号を0からはじめたが，もし番号を1からはじめるならば，数列は正の整数全体の集合 $\boldsymbol{Z}^+$ から $\boldsymbol{R}$ への写像である．もちろん定義域が $\boldsymbol{N}$ でも $\boldsymbol{Z}^+$ でも(あるいは，たとえば $n\geqq 2$ である整数 n 全体の集合でも)以下の議論の本質には何の違いもない.

項

初項

数列 (a_n) において，おのおのの a_n をその数列の**項**という．特に最初の項は**初項**とよばれる．たとえば，数列 $(a_n)_{n\in\boldsymbol{N}}$ の場合には初項は a_0，数列 $(a_n)_{n\in\boldsymbol{Z}^+}$ の場合には初項は a_1 である.

◈ C) 数列の極限

(a_n) を1つの数列とする．もし番号 n が限りなく大きくなるにつれて a_n が1つの実数 α に限りなく近づくならば，数列 (a_n) は α に**収束**するといい，α を (a_n) の**極限**という．このとき，$a_n \to \alpha$，または

収束，極限

$$\lim_{n\to\infty} a_n = \alpha$$

と書く．

数直線上で2つの実数 x, y を表す2点の距離は $|x-y|$ で与えられるから，a_n が α に限りなく近づくというのは，$|a_n-\alpha|$ が限りなく小さくなるということを意味する．よりくわしくいえば，どんな正の数 ε を与えても，n がある番号以上になるならば $|a_n-\alpha|$ が ε より小さくなる，ということである．

そこで精密には次のように定義する．

> **定義**　数列 (a_n) が α に**収束**するとは，任意の $\varepsilon>0$ に対し，ある自然数 N が存在して，
>
> $n \geqq N$ であるすべての自然数 n に対して
>
> $$|a_n-\alpha| < \varepsilon$$
>
> となることである．またこのとき，α を数列 (a_n) の**極限**という．

収束

極限

上の定義で，N はもちろん ε に依存して定まるのであるが，べつにそれは厳密な決定を要するものではない．重要なのは，任意の $\varepsilon>0$ に対してそれぞれこのような N がとれるということであって，次ページの図が示唆するように，ε が $\varepsilon, \varepsilon', \varepsilon'', \cdots$ とだんだん小さくなるならば，それに応じて一般に N は $N, N', N'', \cdots$ とだんだん大きくなるであろう．要するに，$n \geqq N$ なるすべての $n \in \boldsymbol{N}$ に対して $|a_n-\alpha|<\varepsilon$ となるというのは，$|a_n-\alpha| \geqq \varepsilon$ となる自然数 n は，もしあったとしても，$0, 1, \cdots, N-1$ のうちに限ること，すなわち $|a_n-\alpha|<\varepsilon$ が成り立たない n は“たかだか有限個”に限ることを意味している．“たかだか有限個を除くすべての自然数に対して成り立つ”ことを，“ほとんどすべての自然数に対して成り立つ”ということにすれば，

$$\lim_{n\to\infty} a_n = \alpha$$

であることは次のように述べられる:

“任意の $\varepsilon>0$ に対し，ほとんどすべての自然数 n について $|a_n-\alpha|<\varepsilon$ が成り立つ.”

この言い方のほうがある意味でより簡明かつ印象的であろう.

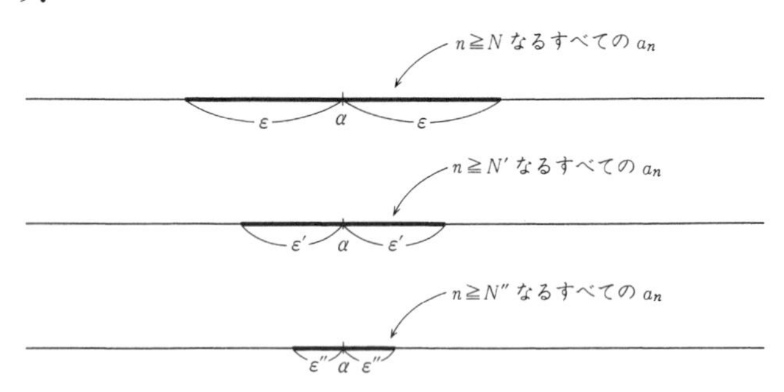

発散

数列 (a_n) が収束しないときには，(a_n) は**発散**するという.

> **定理 1**　数列 (a_n) が α に収束し，また α' に収束するならば $\alpha=\alpha'$ である.（すなわち，収束する数列の極限は一意に定まる.）

証明　$\varepsilon>0$ を任意に与える. $a_n\to\alpha$ また $a_n\to\alpha'$ であるから，定義により，ある自然数 N, N' が存在して，

$$n \geqq N \quad ならば \quad |a_n-\alpha| < \frac{\varepsilon}{2},$$

$$n \geqq N' \quad ならば \quad |a_n-\alpha'| < \frac{\varepsilon}{2}$$

が成り立つ. よって $n\geqq\max\{N, N'\}$ なる n については上の 2 つの不等式がともに成り立つから，

$$|\alpha-\alpha'| = |(a_n-\alpha')-(a_n-\alpha)|$$

$$\leqq |a_n-\alpha'|+|a_n-\alpha| < \frac{\varepsilon}{2}+\frac{\varepsilon}{2} = \varepsilon.$$

すなわち，任意の $\varepsilon>0$ に対して $|\alpha-\alpha'|<\varepsilon$ である. ゆえに $\alpha=\alpha'$ でなければならない.（もし $\alpha\neq\alpha'$ ならば ε として $|\alpha-\alpha'|$ をとれば $|\alpha-\alpha'|<|\alpha-\alpha'|$ という矛盾を生ずる.）　□

上に有界

下に有界

数列 (a_n) に対し，ある実数 b が存在して，すべての n に対し $a_n\leqq b$ が成り立つとき，(a_n) は**上に有界**であるという. 同様に，ある実数 a が存在して，すべての n に対し $a\leqq a_n$ が成り立つとき，(a_n) は**下に有界**であるという. (a_n) が上

にも下にも有界ならば，ある正の定数 M が存在して，すべての n に対し

$$|a_n| \leqq M$$

が成り立つ．(上の a, b の絶対値の大きい方を M とすればよい．) このとき (a_n) は**有界**であるという．

有界

> **定理 2** 数列 (a_n) が収束するならば，(a_n) は有界である．

証明 (a_n) が α に収束するとする．ε としてたとえば $\varepsilon=1$ をとれば，ある自然数 N が存在して，すべての $n \geqq N$ に対し $|a_n-\alpha|<1$ が成り立つ．したがって $n \geqq N$ ならば

$$|a_n| = |(a_n-\alpha)+\alpha| \leqq |a_n-\alpha|+|\alpha| < |\alpha|+1.$$

よって $M=\max\{|a_0|, |a_1|, \cdots, |a_{N-1}|, |\alpha|+1\}$ とおけば，すべての $n=0, 1, 2, \cdots$ に対して $|a_n| \leqq M$ である．□

◆ D) 拡大実数系

(a_n) を数列とする．もし番号 n が限りなく大きくなるにつれて，a_n が限りなく大きくなるならば(すなわち，正の向きを右向きとする水平な数直線上で a_n が限りなく右の方向に行くならば)，(a_n) は**正の無限大に発散**するといい，$a_n \to +\infty$，または

正の無限大に発散

$$\lim_{n\to\infty} a_n = +\infty$$

と書く．精密にいえば，このことは，任意の実数 M に対し，ある自然数 N が存在して，

$$n \geqq N \text{ なるすべての } n \text{ に対して } a_n > M$$

が成り立つ，ことを意味する．

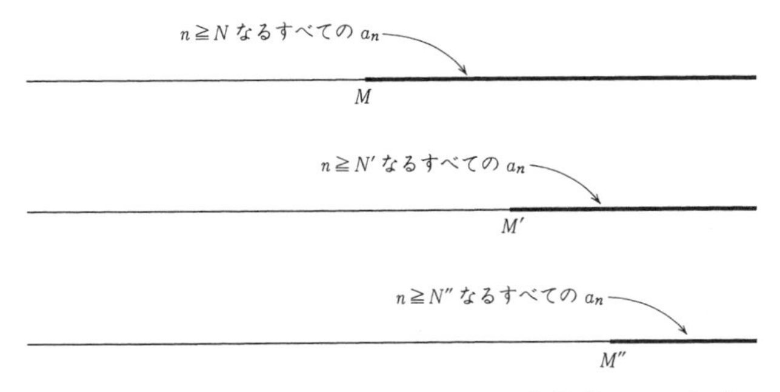

同様に，任意の実数 M に対し，ある自然数 N が存在し

て，

$$n \geqq N \text{ なるすべての } n \text{ に対して } a_n < M$$

負の無限大に発散

が成り立つならば，(a_n) は**負の無限大に発散**するといい，$a_n \to -\infty$，または

$$\lim_{n\to\infty} a_n = -\infty$$

と書く．

発散するが，正の無限大にも負の無限大にも発散しない数列は**振動**するという．

振動

$+\infty$ や $-\infty$ は記号であって数ではないけれども，$a_n \to +\infty$ あるいは $a_n \to -\infty$ であるときにも，$+\infty$ あるいは $-\infty$ を (a_n) の極限とよぶ．（誤解のおそれがないときには $+\infty$ は単に ∞ とも書く．）これらの場合と区別するためには，収束する数列の極限を“有限の極限”という．振動する数列 (a_n) は極限をもたない．その場合には記号 $\lim_{n\to\infty} a_n$ は無意味である．

なお，$+\infty$ や $-\infty$ も含めて極限を取り扱うために，次のように“拡大実数系”を導入すると便利である．すなわち，$\boldsymbol{R}$ に 2 つの記号 $+\infty$, $-\infty$ をつけ加えた集合を**拡大実数系**とよび，$\overline{\boldsymbol{R}}$ で表すのである．そして，実数と $+\infty$, $-\infty$ の間の演算や順序について次のように規約する．

拡大実数系

(a)　任意の実数 a に対して $-\infty < a < +\infty$.

(b)　a が実数ならば

$$a + \infty = +\infty, \qquad a - \infty = -\infty.$$

(c)　a が実数で，$a > 0$ ならば

$$a\cdot(+\infty) = +\infty, \qquad a\cdot(-\infty) = -\infty.$$

$a < 0$ ならば

$$a\cdot(+\infty) = -\infty, \qquad a\cdot(-\infty) = +\infty.$$

(d)　a が実数ならば

$$\frac{a}{+\infty} = \frac{a}{-\infty} = 0.$$

これらは明らかに自然な規約であるが，そのほか

$$(+\infty)\cdot(+\infty) = (-\infty)\cdot(-\infty) = +\infty,$$
$$(+\infty)\cdot(-\infty) = -\infty$$

などのように規約することも自然であろう．（ただし，たとえば $(+\infty)+(-\infty)$, $\dfrac{+\infty}{+\infty}$ などは，一般的に規約することはできない．）$\overline{\boldsymbol{R}}$ は体ではないが，極限演算においてこうし

た規約が有効に働くのである．

◆ E) 四則と極限

定理 3　(a_n), (b_n) を収束する数列とし，

$$\lim_{n\to\infty} a_n = \alpha, \qquad \lim_{n\to\infty} b_n = \beta$$

とする．そのとき

（a）$\lim_{n\to\infty}(a_n+b_n)=\alpha+\beta$,

（b）$\lim_{n\to\infty}(a_n b_n)=\alpha\beta$,

（c）$b_n\neq 0\ (n=0,1,2,\cdots)$, $\beta\neq 0$ ならば

$$\lim_{n\to\infty}\frac{a_n}{b_n}=\frac{\alpha}{\beta}.$$

証明　（a）$\varepsilon>0$ を任意に与える．そのとき，

$$n \geqq N_1 \quad \text{ならば} \quad |a_n-\alpha| < \frac{\varepsilon}{2},$$

$$n \geqq N_2 \quad \text{ならば} \quad |b_n-\beta| < \frac{\varepsilon}{2}$$

となる自然数 N_1, N_2 がある．そこで $N=\max\{N_1, N_2\}$ とおけば，$n\geqq N$ なる n に対して

$$|(a_n+b_n)-(\alpha+\beta)| \leqq |a_n-\alpha|+|b_n-\beta| < \frac{\varepsilon}{2}+\frac{\varepsilon}{2} = \varepsilon.$$

これで(a)が証明された．

［**注意**：一般に，自然数に関する有限個の命題 $P_1, \cdots, P_r$ があって，どれも“ほとんどすべての n”に対して成り立つならば，“ほとんどすべての n”に対して $P_1, \cdots, P_r$ は同時に成り立つ．実際，$i=1, \cdots, r$ のおのおのに対し，ある自然数 N_i があって，$n\geqq N_i$ ならば P_i が成り立つから，$N=\max\{N_1, \cdots, N_r\}$ とおけば，$n\geqq N$ なる n に対しては $P_1, \cdots, P_r$ がすべて成り立つことになる．］

（b）定理 2 によって (a_n) は有界であるから，すべての n に対し

$$|a_n| \leqq M$$

となる正の実数 M がある．いま，与えられた $\varepsilon>0$ に対し，

$$n \geqq N \quad \text{ならば} \quad |a_n-\alpha| < \varepsilon,\ |b_n-\beta| < \varepsilon$$

となるように自然数 N をとれば，

$$a_n b_n-\alpha\beta = a_n(b_n-\beta)+\beta(a_n-\alpha)$$

であるから，$n\geqq N$ なる n に対して

$$|a_nb_n-\alpha\beta| \leqq |a_n||b_n-\beta|+|\beta||a_n-\alpha| < \varepsilon(M+|\beta|).$$

よって(b)が成り立つ．

［**注意**：この証明では最後の部分が $|a_nb_n-\alpha\beta|<\varepsilon(M+|\beta|)$ となっているが，もしこれを $|a_nb_n-\alpha\beta|<\varepsilon$ となるようにしたければ，最初に ε に対して，自然数 N を，$n \geqq N$ ならば

$$|a_n-\alpha| < \frac{\varepsilon}{M+|\beta|}, \qquad |b_n-\beta| < \frac{\varepsilon}{M+|\beta|}$$

となるように取っておけばよい．そうすれば最後の部分が“きれい”になるが，そのかわり前の部分の N の取り方が技巧的になる．これは本質的な問題ではなく，いわば“美学”の問題である．次の(c)の証明では，最後をきれいにする“美学”を重んじた書き方をする．］

（c）$\displaystyle\lim_{n\to\infty}\frac{1}{b_n}=\frac{1}{\beta}$ を証明すれば，(b)によって結論が得られるから，これを証明する．さて，$\beta\neq 0$ であるから，$\varepsilon>0$ に対し，自然数 N を，$n\geqq N$ ならば

$$|b_n-\beta| < \frac{1}{2}|\beta| \quad かつ \quad |b_n-\beta| < \frac{\varepsilon|\beta|^2}{2}$$

となるようにとることができる．そうすれば，$n\geqq N$ のとき

$$|\beta| \leqq |b_n|+|b_n-\beta| < |b_n|+\frac{1}{2}|\beta|,$$

したがって $|b_n|>\dfrac{1}{2}|\beta|$ であるから，

$$\left|\frac{1}{b_n}-\frac{1}{\beta}\right| = \frac{|\beta-b_n|}{|b_n||\beta|} < \frac{\varepsilon|\beta|^2/2}{|\beta|^2/2} = \varepsilon.$$

これで主張 $\displaystyle\lim_{n\to\infty}\frac{1}{b_n}=\frac{1}{\beta}$ が証明された．□

［**注意**：(c)では $\beta\neq 0$ という仮定のみが本質的で，$b_n\neq 0$ $(n=0,1,2,\cdots)$ という仮定は不要である．なぜなら，上の証明でわかるとおり，$b_n\to\beta$, $\beta\neq 0$ ならば，ほとんどすべての n に対して $b_n\neq 0$ となるからである．さらに実は，$\beta>0$ ならばほとんどすべての n に対して $b_n>0$, また $\beta<0$ ならばほとんどすべての n に対して $b_n<0$ である．このことも容易に示される．］

定理3で α や β が有限でない場合にも，D)で述べた規約にあてはまる場合には，やはり定理の結論が成り立つ．一例として，

$$\lim_{n\to\infty} a_n = \alpha > 0, \qquad \lim_{n\to\infty} b_n = -\infty$$

ならば $\displaystyle\lim_{n\to\infty} a_nb_n=-\infty$，の証明を述べておこう．

仮定により，任意の負の実数 M に対し，ある自然数 N が存在して，$n \geqq N$ ならば

$$|a_n - \alpha| < \frac{\alpha}{2}, \qquad b_n < \frac{2M}{\alpha}$$

が成り立つ．よって $n \geqq N$ ならば，$a_n > \dfrac{\alpha}{2}$ であるから，

$$a_n b_n < \frac{\alpha}{2} \cdot \frac{2M}{\alpha} = M.$$

ゆえに $a_n b_n \to -\infty$ である．

定理 4　$(a_n), (b_n)$ を 2 つの数列とし，ほとんどすべての n に対し $a_n \leqq b_n$ であるとする．このとき

(a)　有限の極限 $\lim_{n\to\infty} a_n = \alpha$，$\lim_{n\to\infty} b_n = \beta$ が存在すれば，

$$\alpha \leqq \beta.$$

(b)　$\lim_{n\to\infty} a_n = +\infty$ ならば $\lim_{n\to\infty} b_n = +\infty$.

(c)　$\lim_{n\to\infty} b_n = -\infty$ ならば $\lim_{n\to\infty} a_n = -\infty$.

この証明は読者に練習問題として残しておこう．

◆ F)　例

数列の極限について二三の簡単な例を挙げておく．

例 1　$h > 0$ ならば $\lim_{n\to\infty} nh = +\infty$.

証明　任意の実数 M に対し，アルキメデスの性質によって $Nh > M$ となる自然数 N がある．よって $n \geqq N$ ならば

$$nh \geqq Nh > M.$$

これは $nh \to +\infty$ であることを意味する．□

例 2　$h \neq 0$ ならば $\lim_{n\to\infty} \dfrac{1}{nh} = 0$.

証明　$|h| > 0$ であるから，任意の $\varepsilon > 0$ に対し，$N|h| > 1/\varepsilon$ となる自然数 N がある．よって $n \geqq N$ ならば，$n|h| > 1/\varepsilon$，すなわち

$$\frac{1}{|nh|} < \varepsilon. \qquad □$$

例 1, 2 および定理 3 から，特に次の結論が得られる：

$$\lim_{n\to\infty} n = +\infty, \qquad \lim_{n\to\infty} n^2 = +\infty, \qquad \lim_{n\to\infty} n^3 = +\infty, \qquad \cdots,$$

$$\lim_{n\to\infty}\frac{1}{n}=0,\qquad \lim_{n\to\infty}\frac{1}{n^2}=0,\qquad \lim_{n\to\infty}\frac{1}{n^3}=0,\qquad \cdots,$$

これらは最も基本的な極限である．

［**注意**：$\lim_{n\to\infty} n=+\infty$ というのは奇異な表現，あるいは当然のこと，と思われるかもしれない．しかし，この表現の真意は，自然数 n が自然数として限りなく大きくなれば“$\boldsymbol{R}$ の元としても限りなく大きくなる”ということを示しているのである．（記号 lim の下の $n\to\infty$ は n が“自然数として限りなく大きくなる”ことを示している．）実はこのことが $\boldsymbol{R}$ のアルキメデス性にほかならない．］

例 3　r を1つの定数とする．等比数列 (r^n)，すなわち数列

$$1,\ r,\ r^2,\ \cdots,\ r^n,\ \cdots$$

の極限について，次のことが成り立つ．

（i）　$r>1$ ならば $\lim_{n\to\infty} r^n=+\infty$.

（ii）　$r=1$ ならば $\lim_{n\to\infty} r^n=1$.

（iii）　$|r|<1$ ならば $\lim_{n\to\infty} r^n=0$.

（iv）　$r\leqq -1$ ならば $\lim_{n\to\infty} r^n$ は存在しない．

証明　（i）　$r>1$ ならば，$r=1+h$ とおくと $h>0$ で，

$$r^n=(1+h)^n\geqq 1+nh.$$

例1により $1+nh\to+\infty$ であるから，$r^n\to+\infty$.

(ii)は明らかである．

(iii)　$r=0$ の場合は明らかである．$|r|<1$, $r\neq 0$ ならば，$\rho=1/|r|$ とおけば $\rho>1$. よって(i)より $\rho^n\to+\infty$. ゆえに $|r^n|=1/\rho^n\to 0$.

(iv)　$r=-1$ ならば，数列 (r^n) は $1,-1,1,-1,\cdots$ であるから振動する．$r<-1$ ならば，$|r|>1$ であるから $|r^n|\to+\infty$ で，かつ r^n の符号は交互に変わる．よってやはり (r^n) は振動する．

例 4　$$\lim_{n\to\infty}\sqrt[n]{n}=1.$$

証明　明らかに $n\geqq 2$ ならば $\sqrt[n]{n}>1$ であるから，

$$\sqrt[n]{n}=1+h_n$$

とおけば，$h_n>0$, $n=(1+h_n)^n$. そして二項定理または数学的帰納法より，不等式

$$n = (1+h_n)^n \geqq \frac{n(n-1)}{2}h_n^2$$

を得るから，

$$h_n \leqq \sqrt{\frac{2}{n-1}}.$$

よって $\lim_{n\to\infty} h_n = 0$，ゆえに $\lim_{n\to\infty} \sqrt[n]{n} = 1$.

（もちろんこの例では $\sqrt{n}, \sqrt[n]{n}$ などの存在は既知と仮定した.）

問題 2.1

1　定理 4 を証明せよ.

2　k を正の整数とする. $\lim_{n\to\infty} a_n{}^k = 0$ ならば $\lim_{n\to\infty} a_n = 0$ であることを示せ.

3　$h>0$ とする. 帰納法により，$n \geqq 2$ ならば

$$(1+h)^n \geqq 1+nh+\frac{n(n-1)}{2}h^2$$

が成り立つことを証明せよ.

4　数列 $(a_n), (b_n), (c_n)$ において，ほとんどすべての n に対し $a_n \leqq b_n \leqq c_n$ が成り立っているとする. そのとき，もし (a_n), (c_n) がともに収束して $\lim_{n\to\infty} a_n = \lim_{n\to\infty} c_n = \alpha$ ならば，(b_n) も収束して

$$\lim_{n\to\infty} b_n = \alpha$$

であることを証明せよ.

5　数列 (a_n) において，$\lim_{n\to\infty} a_n = \alpha$ ならば

$$\lim_{n\to\infty} \frac{a_1+a_2+\cdots+a_n}{n} = \alpha$$

であることを証明せよ.

（ヒント）　a_n を $a_n - \alpha$ に代えれば $\alpha=0$ の場合に帰する.

2.2　数列の収束条件

数列が収束することを示すには，その極限を明示的に提示するのが一番望ましいことには違いないが，通常そのことは不可能である. よって，極限を明示的に提示し得るか否かとは別に，数列が収束するかどうかを判定するための条件が必要になる. 実用上最も有効なのは，有界単調数列の収束定理

である．さらに一般的な条件としては，コーシー(Cauchy)による基本的に重要な収束判定条件がある．この節ではこれらのことについて論じ，さらに数列の部分列極限について詳細に考察する．

◆ A)　上限，下限

はじめに実数の1つの基本性質について述べる．(これは1.3節D), E), F) により一般的でくわしい記述があるが，この節を省略した読者のためにもう一度要点を述べるのである．読者は適当な機会にあと戻りしてこの節を読まれるとよいであろう．)

上に有界，上界

最小上界

上限

A を $\boldsymbol{R}$ の空でない部分集合とする．もし，1つの実数 b が存在して，すべての $x\in A$ に対し $x\leqq b$ が成り立つならば，A は($\boldsymbol{R}$ において)**上に有界**であるといい，b を A の**上界**という．b が A の1つの上界ならば，b より大きい実数はやはり A の上界であるから，上界としてはなるべく小さい数に興味がある．A の上界のうちの最小数を A の**最小上界**または**上限**(supremum)といい，記号

$$\sup A$$

で表す．

下に有界，下界

最大下界(下限)

同様にして，**下に有界**，**下界**，**最大下界**または**下限**(infimum)の概念が定義される．下に有界な集合 A の下限を，記号

$$\inf A$$

で表す．

有界

A が上にも下にも有界ならば，A は単に**有界**とよばれる．

[**注意**：数列 (a_n) が上に有界または下に有界または有界とは，それぞれ，すべての $n\in \boldsymbol{N}$ に対する数 a_n の集合が上に有界，下に有界，有界であることにほかならない．]

A が上に有界であるとき，その上限 $a=\sup A$ は次の2つの性質によって特徴づけられる．

(1)　すべての $x\in A$ に対して $x\leqq a$.

(2)　$c<a$ ならば，$c<x$ を満たす $x\in A$ が存在する．

実際，(1)は a が A の1つの上界であることを示しており，(2)は a より小さい数は A の上界ではないことを示している．

もし，集合 A に最大元 a があるならば，もちろん a が A の上限である．しかし A に最大元がなくても A の上限は存在し得る．たとえば，a を1つの実数として，$x<a$ を満たす実数 x 全体の集合を A とすれば，$\max A$ は存在しないが，上限は存在して $\sup A=a$ である．

上記の例は平凡に過ぎて特に示唆的ではないけれども，実は，$\boldsymbol{R}$ の任意の空でない上に有界な部分集合は(最大元をもたない場合にも)必ず $\boldsymbol{R}$ の中に上限をもつのである．

もちろん，空でない下に有界な部分集合に対しても同様の主張が成り立つ．

古典的な用語では，この事実を"実数の連続性"という．下にもう一度再記しよう．

実数の連続性

> **実数の連続性**　$\boldsymbol{R}$ の任意の空でない上に有界な部分集合 A は $\boldsymbol{R}$ の中に上限 $\sup A$ をもつ．また，任意の空でない下に有界な部分集合 A は $\boldsymbol{R}$ の中に下限 $\inf A$ をもつ．

以下の議論はこの事実を基礎として進められる．

◆ B)　単調有界数列の収束定理

実数列 (a_n) において

$$a_0 \leqq a_1 \leqq a_2 \leqq a_3 \leqq \cdots$$

が成り立つとき，(a_n) は**単調増加**または**増加**であるという．もし

単調増加(増加)

$$a_0 < a_1 < a_2 < a_3 < \cdots$$

が成り立つならば，数列 (a_n) は**狭義単調増加**または**強い意味で増加**といわれる．

狭義単調増加(強い意味で増加)

同様にして，**単調減少**，**狭義単調減少**の概念が定義される．

単調減少，狭義単調減少

> **定理1**　数列 (a_n) が単調増加で上に有界ならば (a_n) は収束する．

証明　すべての $n\in\boldsymbol{N}$ に対する a_n の集合を A とする．仮定により A は上に有界であるから

$$\alpha=\sup A$$

が存在する．α は A の上界であるから，すべての n に対して $a_n\leqq\alpha$．一方，ε を任意の正数とすれば，$\alpha-\varepsilon$ は A の上

界ではないから，$\alpha-\varepsilon<a_N$ となる自然数 N があり，(a_n) は単調増加であるから，$n \geqq N$ ならば $\alpha-\varepsilon<a_N \leqq a_n$ である．ゆえに，$n \geqq N$ なるすべての n に対して $\alpha-\varepsilon<a_n \leqq \alpha$，したがって

$$|a_n-\alpha|<\varepsilon$$

が成り立つ．ゆえに $\lim_{n\to\infty} a_n=\alpha$ である．□

同様に，下に有界な単調減少数列は（その下限に）収束する．

◆ C)　簡単な例

定理1は実用上きわめて有用である．次に簡単な応用例を示しておく．

> **例1**　数列 $(a_n)_{n\in \boldsymbol{Z}^+}$ を，$a_1=1$，また
>
> $$a_{n+1}=\frac{2a_n+2}{a_n+2} \qquad (n=1, 2, 3, \cdots)$$
>
> によって定義する．この数列は収束することを示し，その極限を求めよ．

解　ある n に対し $a_n{}^2<2$ と仮定すれば，

$$a_{n+1}{}^2-2=\frac{2(a_n{}^2-2)}{(a_n+2)^2}<0$$

であるから，$a_{n+1}{}^2<2$．そして $a_1{}^2<2$ であるから，帰納法によって，すべての $n\in \boldsymbol{Z}^+$ に対し $a_n{}^2<2$ であることがわかる．また

$$a_n-a_{n+1}=\frac{a_n{}^2-2}{a_n+2}<0$$

であるから，$a_n<a_{n+1}$．ゆえに (a_n) は単調増加で上に有界である．ゆえに定理1によって (a_n) は収束する．その極限を α とすれば，$n\to\infty$ のとき，等式

$$a_{n+1}=\frac{2a_n+2}{a_n+2}$$

の左辺は α に，右辺は（極限の四則により）$(2\alpha+2)/(\alpha+2)$ に収束するから

$$\alpha=\frac{2\alpha+2}{\alpha+2}.$$

$\alpha>0$ に注意すれば，これより $\alpha=\sqrt{2}$ を得る．□

例 2 数列 $(a_n)_{n\in N}$ を,

$$a_0 = a_1 = 1, \qquad a_n = a_{n-2}+a_{n-1} \quad (n=2,3,\cdots)$$

によって定義する.(この数列はいわゆる**フィボナッチ(Fibonacci)の数列**である.) $b_n=a_n/a_{n-1}$ $(n=1,2,\cdots)$ とおくとき,数列 (b_n) は収束することを示し,その極限を求めよ.

フィボナッチの数列

解 $a_0=a_1=1$, $a_2=2$ であるから,$b_1=1$, $b_2=2$ で,明らかに $n\geqq 2$ ならば b_n は1より大きい有理数である.さて $a_{n+1}=a_n+a_{n-1}$ の両辺を a_n で割ると

$$b_{n+1} = 1+\frac{1}{b_n}.$$

よって

$$b_{n+1}-b_n = \left(1+\frac{1}{b_n}\right)-\left(1+\frac{1}{b_{n-1}}\right) = \frac{b_{n-1}-b_n}{b_nb_{n-1}}.$$

これより $b_{n+1}-b_n$ と $b_{n-1}-b_n$ は同符号で,かつ $|b_{n+1}-b_n|<|b_{n-1}-b_n|$ である.したがって

$$b_{n-1} < b_n \quad \text{ならば} \quad b_{n-1} < b_{n+1} < b_n,$$
$$b_n < b_{n-1} \quad \text{ならば} \quad b_n < b_{n+1} < b_{n-1}.$$

これと $b_1<b_2$ から,数列 (b_n) の項は次のような大小の順序で並んでいることがわかる:

$$b_1 < b_3 < \cdots < b_{2n-1} < \cdots < b_{2n} < \cdots < b_4 < b_2.$$

よって,奇数番号の数列 (b_{2n-1}) は単調増加,上に有界で,偶数番号の数列 (b_{2n}) は単調減少,下に有界である.したがって

$$\lim_{n\to\infty} b_{2n-1} = \alpha, \qquad \lim_{n\to\infty} b_{2n} = \beta$$

が存在するが,

$$b_{2n} = 1+\frac{1}{b_{2n-1}}, \qquad b_{2n+1} = 1+\frac{1}{b_{2n}}$$

より,極限に行って

$$\beta = 1+\frac{1}{\alpha}, \qquad \alpha = 1+\frac{1}{\beta}.$$

これより $\alpha=\beta=(1+\sqrt{5})/2$ を得る.すなわち,数列 (b_n) は収束して,極限は $(1+\sqrt{5})/2$ である.□

◆　D）　部分列極限

(a_n) を数列とする．$(n_k)_{k \in N}$ を狭義単調増加の自然数列，すなわち

$$n_0 < n_1 < n_2 < \cdots < n_k < \cdots$$

を満たす自然数列とするとき，数列 $(a_{n_k})_{k \in N}$，すなわち，数列

$$a_{n_0},\ a_{n_1},\ a_{n_2},\ \cdots,\ a_{n_k},\ \cdots$$

部分列

を (a_n) の**部分列**という．

> **定理 2**　数列 (a_n) が α に収束すれば，その任意の部分列も α に収束する．また (a_n) が $+\infty$ あるいは $-\infty$ に発散すれば，その任意の部分列も $+\infty$ あるいは $-\infty$ に発散する．

証明　$\lim_{n\to\infty} a_n=\alpha$ とし，(a_{n_k}) を (a_n) の任意の部分列とする．$\lim_{n\to\infty} a_n=\alpha$ であるから，任意の $\varepsilon>0$ に対し，ある自然数 N が存在して，$n \geqq N$ なるすべての自然数 n に対して

$$|a_n-\alpha| < \varepsilon$$

が成り立つ．よって，自然数 K を十分大きくとれば，$k \geqq K$ なるとき $n_k \geqq N$ となるから

$$|a_{n_k}-\alpha| < \varepsilon.$$

これは $\lim_{k\to\infty} a_{n_k}=\alpha$ を意味する．

$\lim_{n\to\infty} a_n=+\infty$，$\lim_{n\to\infty} a_n=-\infty$ の場合も同様である．□

部分列極限

> **定義**　数列 (a_n) のある部分列の極限となるような $\overline{\boldsymbol{R}}=\boldsymbol{R}\cup\{+\infty, -\infty\}$ の元を (a_n) の**部分列極限**という．

定理 2 によって，(a_n) が($\overline{\boldsymbol{R}}$ の中に)極限をもつならば，(a_n) の部分列極限はそれのみに限る．

しかし一般には数列の部分列極限は複数個存在し得る．たとえば，簡単な例として，等比数列 (r^n) において $r=-1$ ならば，部分列 (r^{2n}) は 1 に，部分列 (r^{2n-1}) は -1 に収束するから，部分列極限は $1, -1$ の 2 つである．また $r<-1$ ならば，(r^{2n}) は $+\infty$ に，(r^{2n-1}) は $-\infty$ に発散するから，部分列極限は $+\infty, -\infty$ の 2 つである．

部分列極限についてより詳細に考察するために，ここで少し予備的な注意を述べておく．

59ページで語法を導入したように，$P(n)$ を自然数 n に関する命題とするとき，もし有限個(0個でもよい)の n を除く残りのすべての自然数 n に対して $P(n)$ が成り立つならば，$P(n)$ は“ほとんどすべての n”に対して成り立つという．これは，ある自然数 N が存在して，$n \geqq N$ なるすべての自然数 n に対して $P(n)$ が成り立つことと同値である．

$P(n)$ が“ほとんどすべての n”に対して成り立つならば，もちろん $P(n)$ は“無限に多くの n”に対して成り立つが，この逆は真ではない．たとえば，奇数の自然数 $1, 3, 5, \cdots$ に対して成り立つ命題は“無限に多くの n”に対して成り立つけれども，“ほとんどすべての n”に対して成り立つわけではない．

さて，“ほとんどすべての”という語法を用いれば，数列 (a_n) が α に収束すること，$+\infty$ あるいは $-\infty$ に発散することは，それぞれ，

任意の $\varepsilon>0$ に対し，ほとんどすべての n について

$$|a_n-\alpha| < \varepsilon \quad \text{が成り立つ；}$$

任意の実数 M に対し，ほとんどすべての n について

$$a_n > M \quad \text{が成り立つ；}$$

任意の実数 M に対し，ほとんどすべての n について

$$a_n < M \quad \text{が成り立つ；}$$

ということを意味していた．次の定理3,4はこれに対比する命題を部分列極限に関して述べたものである．

定理3 (a_n) を実数列とするとき，実数 α に関する次の2つの主張は同値である．

(i) α は (a_n) の部分列極限である．

(ii) 任意の $\varepsilon>0$ に対し，無限に多くの n について $|a_n-\alpha|<\varepsilon$ が成り立つ．

証明 (i)から(ii)が導かれることは明白である．

逆に(ii)を仮定すれば，まず $\varepsilon=1$ に対し $|a_{n_1}-\alpha|<1$ を満たす n_1 がある．次に $\varepsilon=1/2$ に対し $|a_{n_2}-\alpha|<1/2$ を満たす n_2 があるが，このような自然数は無限にあるから，われわれは $n_1<n_2$ となるように n_2 をとることができる．同様に $\varepsilon=1/3$ に対し，$n_2<n_3$, $|a_{n_3}-\alpha|<1/3$ となるように n_3 をとることができる．以下同様にして，狭義単調増加な自然数列

(n_k) を,

$$|a_{n_k}-\alpha| < \frac{1}{k} \qquad (k=1, 2, \cdots)$$

となるようにとることができる．そうすれば，$k\to\infty$ のとき $1/k\to 0$，したがって $|a_{n_k}-\alpha|\to 0$ であるから，部分列 (a_{n_k}) は α に収束する．□

定理 4　実数列 (a_n) に対し，次の 3 つの主張は互いに同値である．

（i）　$+\infty$ は (a_n) の部分列極限である．

（ii）　(a_n) は上に有界でない．

（iii）　任意の実数 M に対し，無限に多くの n について $a_n>M$ が成り立つ．

証明　(i)から(ii)を導くのは容易である．

次に(ii)を仮定する．そのとき，任意の実数 M に対し，$a_n>M$ となる n があるが，もしそのような n が有限個に限るならば，それらの n に対する a_n の最大値を M' とすれば，すべての自然数 n について $a_n\leqq M'$ となって，仮定(ii)に反する．よって $a_n>M$ となる n が無限に存在する．

最後に(iii)を仮定し，(M_k) を

$$M_1 < M_2 < M_3 < \cdots, \qquad \lim_{k\to\infty} M_k = +\infty$$

であるような 1 つの実数列とする．そのとき，(iii)によって，まず $a_{n_1}>M_1$ となる n_1 があり，同じく仮定(iii)によって $n_1<n_2$, $a_{n_2}>M_2$ となる n_2，さらに $n_2<n_3$, $a_{n_3}>M_3$ となる n_3 がある．以下同様にして，狭義単調増加の自然数列 (n_k) を，$a_{n_k}>M_k$ となるように選ぶことができる．そうすれば，$k\to\infty$ のとき $M_k\to+\infty$ であるから，$\lim_{k\to\infty} a_{n_k}=+\infty$ となる．□

もちろん，$-\infty$ の方についても，定理 4 と類似の命題を述べることができる．

◆ E)　上極限，下極限

拡大実数系 $\overline{\boldsymbol{R}}=\boldsymbol{R}\cup\{+\infty, -\infty\}$ において，もちろん $+\infty$ はすべての実数より大きく，$-\infty$ はすべての実数より小さい．$\overline{\boldsymbol{R}}$ におけるこの順序を考慮すれば，任意の実数列について次の定理を述べることができる．

定理 5 任意の実数列 (a_n) は $\bar{\boldsymbol{R}}$ の中では必ず部分列極限をもつ．かつ，部分列極限のうちに最大元および最小元が存在する．

証明 (a_n) が最大の部分列極限をもつことを，場合を分けて示そう．

（a） (a_n) が上に有界でない場合：この場合は定理 4 によって $+\infty$ が 1 つの部分列極限であるから，$+\infty$ が最大の部分列極限である．

（b） $\lim_{n\to\infty} a_n=-\infty$ である場合：この場合は $-\infty$ が"唯一の"部分列極限であるから，$-\infty$ が最大の部分列極限である．

（c） (a_n) が上に有界であって，かつ $\lim_{n\to\infty} a_n=-\infty$ ではない場合：この場合は (a_n) が上に有界であるから，ある実数 M が存在して，すべての n について $a_n<M$ が成り立つ．また，$\lim_{n\to\infty} a_n=-\infty$ ではないから，ある実数 L が存在して，無限に多くの n について $L\leqq a_n$ が成り立つ．（これは"ほとんどすべての n について $a_n<L$ が成り立つ"ということの否定である．）そこでいま，$x\leqq a_n$ となる n が有限個しかない(0 個でもよい)ような実数 x 全体の集合を A とし，$x\leqq a_n$ となる n が無限に存在するような実数 x 全体の集合を B とする．上記の M は A に属し，L は B に属するから，A, B はともに空でなく，また明らかに，B の任意の元は A の下界，A の任意の元は B の上界である．ゆえに

$$\alpha = \inf A$$

が存在する．(明らかに $\alpha=\sup B$ でもある．) この α が (a_n) の最大の部分列極限であることを示そう．

$\varepsilon>0$ を任意に与えると，$\alpha+\varepsilon\in A$ であるから，$\alpha+\varepsilon\leqq a_n$ となる n は有限個しかなく，したがって，ほとんどすべての n について $a_n<\alpha+\varepsilon$ である．また $\varepsilon>\varepsilon'>0$ なる ε' をとれば，$\alpha-\varepsilon'\in B$ であるから，$\alpha-\varepsilon'\leqq a_n$，したがって $\alpha-\varepsilon<a_n$ となる n が無限に多く存在する．よって無限に多くの n に対して $\alpha-\varepsilon<a_n<\alpha+\varepsilon$，すなわち

$$|a_n-\alpha| < \varepsilon$$

が成り立つ．ゆえに定理 3 により，α は (a_n) の 1 つの部分列極限である．

そして α より大きい実数は (a_n) の部分列極限にはなり得ない．実際 $\alpha<\alpha'$ とすれば，$\alpha<\alpha'-\varepsilon<\alpha'$ となるように $\varepsilon>0$ をとるとき，$\alpha'-\varepsilon\in A$ であるから，$\alpha'-\varepsilon<a_n$ となる n は有限個しかない．ゆえに，ふたたび定理3によって α' は (a_n) の部分列極限ではない．

以上で α は (a_n) の最大の部分列極限であることが示された．

(a_n) が最小の部分列極限をもつことも同様にして証明される．$\square$

上極限，下極限

数列 (a_n) の最大の部分列極限，最小の部分列極限を，それぞれ (a_n) の**上極限**，**下極限**とよび，それぞれ記号

$$\limsup_{n\to\infty} a_n, \qquad \liminf_{n\to\infty} a_n$$

で表す．もちろん一般に $\liminf_{n\to\infty} a_n \leqq \limsup_{n\to\infty} a_n$ であって，両者が一致するときに，これが $\lim_{n\to\infty} a_n$ となるのである．(振動する数列とは，部分列極限が2個以上ある数列にほかならない.)

◆ F）数列の収束に関するコーシーの条件

前に単調有界数列が収束することを示したが，次に述べるのは，より一般的な数列の収束条件である．まず，コーシー列の概念を定義する．

コーシー列

> **定義**　数列 (a_n) が**コーシー列**であるとは，任意の $\varepsilon>0$ に対し，ある自然数 N が存在して，$m\geqq N$, $n\geqq N$ を満たすすべての自然数 m, n について
>
> $$|a_m-a_n|<\varepsilon$$
>
> が成り立つことをいう．

コーシー列の定義においては，数列の極限が表面には出ていないことに読者は注意されたい．

> **定理6**　数列 (a_n) が収束するためには，(a_n) がコーシー列であることが必要かつ十分である．

証明　(a_n) が α に収束するならば，$\varepsilon>0$ に対し，ある自然数 N が存在して，$n\geqq N$ なるすべての n について $|a_n-\alpha|<\varepsilon/2$ が成り立つ．よって $m\geqq N$, $n\geqq N$ ならば，

$$|a_m-a_n|=|(a_m-\alpha)-(a_n-\alpha)|$$
$$\leqq |a_m-\alpha|+|a_n-\alpha|<\frac{\varepsilon}{2}+\frac{\varepsilon}{2}=\varepsilon.$$

ゆえに (a_n) はコーシー列である.

逆に (a_n) をコーシー列とする. まず (a_n) は有界であることを示そう. 実際 $\varepsilon=1$ に対し, $m\geqq N_0$, $n\geqq N_0$ ならば $|a_m-a_n|<1$ となる N_0 があるから, $n\geqq N_0$ ならば

$$|a_n-a_{N_0}|<1,$$

したがって $|a_n|<|a_{N_0}|+1$. ゆえに

$$M=\max\{|a_0|, |a_1|, \cdots, |a_{N_0-1}|, |a_{N_0}|+1\}$$

とおけば, すべての n に対して $|a_n|\leqq M$ となる. すなわち (a_n) は有界である.

よって (a_n) の部分列極限は有限の実数である. α を (a_n) の1つの部分列極限とし, 部分列 (a_{n_k}) が α に収束するとする. (a_n) はコーシー列であるから, $\varepsilon>0$ を与えるとき, $m\geqq N$, $n\geqq N$ ならば $|a_m-a_n|<\varepsilon/2$ となるような自然数 N がある. 一方 $a_{n_k}\to\alpha$ であるから, k を十分大きくとれば, $n_k\geqq N$ かつ $|a_{n_k}-\alpha|<\varepsilon/2$ が成り立つ. よって $n\geqq N$ ならば,

$$|a_n-\alpha|=|(a_n-a_{n_k})+(a_{n_k}-\alpha)|$$
$$\leqq |a_n-a_{n_k}|+|a_{n_k}-\alpha|<\frac{\varepsilon}{2}+\frac{\varepsilon}{2}=\varepsilon.$$

これで $\lim_{n\to\infty} a_n=\alpha$ であることが証明された. ◪

問題 2.2

1　a, b は与えられた正数で $a>b$ とする. 数列 $(a_n), (b_n)$ を, $a_1=a$, $b_1=b$,

$$a_{n+1}=\frac{a_n+b_n}{2}, \qquad b_{n+1}=\sqrt{a_nb_n} \qquad (n=1, 2, 3, \cdots)$$

によって定義する. $(a_n), (b_n)$ は同一の極限に収束することを証明せよ. この極限を a, b の**算術幾何平均**という. (ガウス)

算術幾何平均

2　$a_1=1$, $a_{n+1}=\sqrt{6+a_n}$ $(n=1, 2, 3, \cdots)$ とする. (a_n) は収束することを示し, 極限を求めよ.

3　$\alpha>1$ とする. a_1 を $\sqrt{\alpha}$ より大きい数とし,

$$a_{n+1}=\frac{1}{2}\left(a_n+\frac{\alpha}{a_n}\right) \qquad (n=1, 2, 3, \cdots)$$

によって，数列 (a_n) を定義する．次のことを証明せよ．

（a） (a_n) は単調減少で $\sqrt{\alpha}$ に収束する．

（b） $\varepsilon_n=a_n-\sqrt{\alpha}$，$\beta=2\sqrt{\alpha}$ とおけば

$$\frac{\varepsilon_{n+1}}{\beta}<\left(\frac{\varepsilon_1}{\beta}\right)^{2^n} \qquad (n=1,2,3,\cdots)$$

が成り立つ．

［**注意**：この数列 (a_n) はきわめて収束が速く，したがって $\sqrt{\alpha}$ の近似値を求めるための非常に効率のよい手段を与える．たとえば，$\alpha=2$ のとき，$a_1=2$ とすれば，

$$a_2=\frac{3}{2}, \quad a_3=\frac{17}{12}, \quad a_4=\frac{577}{408}=1.41421568627\cdots,$$

$$a_5=\frac{665857}{470832}=1.41421356237\cdots.$$

また，$\alpha=3$ のとき，$a_1=2$ とすれば，

$$a_2=\frac{7}{4}, \quad a_3=\frac{97}{56}, \quad a_4=\frac{18817}{10864}=1.73205081001\cdots.］$$

4　$\alpha>1$ とする．$0<a_1<\sqrt{\alpha}$ とし，

$$a_{n+1}=\frac{a_n+\alpha}{a_n+1} \qquad (n=1,2,3,\cdots)$$

によって，数列 (a_n) を定義する．次のことを証明せよ．

（a） (a_{2n-1}) は単調増加，(a_{2n}) は単調減少である．

（b） (a_n) は $\sqrt{\alpha}$ に収束する．

5　数列 (a_n) について

$$\limsup_{n\to\infty}(-a_n)=-\liminf_{n\to\infty}a_n$$

を証明せよ．

6　数列 (a_n) と実数 α について次のことを証明せよ．

（a） $\limsup_{n\to\infty}a_n\leqq\alpha$ であるための必要十分条件は，任意の $\varepsilon>0$ に対し，ほとんどすべての n について $a_n<\alpha+\varepsilon$ が成り立つことである．

（b） $\alpha\leqq\limsup_{n\to\infty}a_n$ であるための必要十分条件は，任意の $\varepsilon>0$ に対し，$\alpha-\varepsilon<a_n$ を満たす n が無限に存在することである．

7　任意の2つの数列 (a_n), (b_n) について

$$\limsup_{n\to\infty}(a_n+b_n)\leqq\limsup_{n\to\infty}a_n+\limsup_{n\to\infty}b_n$$

が成り立つことを証明せよ．ただし，右辺は $\infty-\infty$ の形ではないとする．

8　前問で，3つの上極限がすべて有限で等号の成り立たない例，また，右辺の2つの上極限はともに有限であるが左辺が $-\infty$ となる例，を示せ．

9　任意の2つの数列 (a_n), (b_n) について

$$\limsup_{n\to\infty} a_n + \liminf_{n\to\infty} b_n \leqq \limsup_{n\to\infty}(a_n+b_n)$$

が成り立つことを証明せよ．ただし，左辺は $\infty-\infty$ の形ではないとする．

10　$\boldsymbol{R}$ の空でない部分集合 A が上に有界でないときには $\sup A=+\infty$，下に有界でないときには $\inf A=-\infty$ とおく．また，$\overline{\boldsymbol{R}}$ の $+\infty$ のみよりなる集合に対しては，その上限，下限はともに $+\infty$，また $-\infty$ のみよりなる集合に対しては，その上限，下限はともに $-\infty$ と定める．そのとき，実数列 (a_n) に対し

$$\alpha_n = \sup\{a_n, a_{n+1}, a_{n+2}, \cdots\},$$
$$\alpha = \inf\{\alpha_1, \alpha_2, \alpha_3, \cdots\}$$

とおけば，$\alpha=\limsup_{n\to\infty} a_n$ であることを示せ．ここで α_n, α は $\overline{\boldsymbol{R}}$ の中で考えるものとする．

11　数列 (a_n) において，$k>1$ である任意の整数 k に対して $\lim_{n\to\infty} a_{kn}=0$ であるとする．そのとき $\lim_{n\to\infty} a_n=0$ であるといえるか？

2.3 級 数

数列からはその各項を加法記号で結ぶことにより自然に級数の概念が得られる．級数の和は部分和の数列の極限として定義される．したがって級数の収束条件は数列の収束条件を適当に翻訳することによって得られる．この節では級数に関する幾つかの基本事項と二三の重要な例について述べる．

◆ A)　級数とその和

(a_n) を与えられた数列とする．p, q を $p\leqq q$ を満たす自然数とするとき，有限和

$$a_p+a_{p+1}+a_{p+2}+\cdots+a_q$$

を記号 $\sum_{n=p}^{q} a_n$ で表す．これをたとえば $\sum_{k=p}^{q} a_k$ と書いても意味は同じである．

いま，(a_n) の初項 a_0 から a_n までの和を

$$s_n = \sum_{k=0}^{n} a_k = a_0+a_1+\cdots+a_n$$

とする．これはもちろん有限和としての意味をもつが，われわれはさらに，その極限として“無限和”

$$a_0+a_1+a_2+\cdots,$$

あるいは

$$\sum_{n=0}^{\infty} a_n$$

級数
無限級数，項
部分和

を考える．これを数列 (a_n) から定められる**級数**，くわしくは**無限級数**という．数列の項 a_n をそのままこの級数の**項**とよび，上の s_n をこの級数の**部分和**という．

級数はこのままでは形式的な記号に過ぎない．しかしこれに実質的な意味を与えるために，われわれは次のように定義する．すなわち，部分和の数列 (s_n) が有限の極限 s に収束するとき，級数は**収束**して**和** s をもつといい，

収束，和

$$\sum_{n=0}^{\infty} a_n = s$$

と書く．

発散

収束しない級数は**発散**するという．発散する級数は"有限の"和をもたないが，(s_n) が $+\infty$ あるいは $-\infty$ に発散するときは，級数はそれぞれ $+\infty$ あるいは $-\infty$ に発散するといい，それぞれ $\sum_{n=0}^{\infty} a_n = +\infty$, $\sum_{n=0}^{\infty} a_n = -\infty$ と書く．(s_n) が振動するときには，記号 $\sum_{n=0}^{\infty} a_n$ は単に級数としての形式的な意味しかもたない．

上では数列 (a_n) の番号を $n=0$ からはじめたが，もし番号が $n=1$ からはじまるならば，級数はもちろん

$$\sum_{n=1}^{\infty} a_n$$

と書かれる．誤解の恐れのないときには，$\sum_{n=0}^{\infty} a_n$ や $\sum_{n=1}^{\infty} a_n$ などを略して単に $\sum a_n$ と書く．

> **定理 1**　級数 $\sum a_n$ が収束して和 s をもつならば，項を何項かずつ括弧でくくって得られる級数，たとえば
>
> $$(a_0+a_1+a_2)+(a_3+a_4)+(a_5+a_6+a_7)+\cdots$$
>
> も収束して同じ和 s をもつ．上記の級数は，$b_0=a_0+a_1+a_2$, $b_1=a_3+a_4$, $b_2=a_5+a_6+a_7$, $\cdots$として得られる級数 $\sum b_n$ の意味である．

証明　級数 $\sum a_n$ の部分和の数列を (s_n) とすれば，上のように項を何項かずつ括弧でくくって得られる級数 $\sum b_n$ の部分和の数列 (t_n) は明らかに (s_n) の部分列である．ゆえに (s_n) が s に収束するならば，2.2 節の定理 2 によって (t_n) も

s に収束する．□

［**注意**：もとの級数が収束しなくても，項を括弧でくくった級数が収束することはあり得る．たとえば，級数

$$1-1+1-1+1-1+\cdots$$

は収束しないが，級数

$$(1-1)+(1-1)+(1-1)+\cdots$$

は 0 に収束する．］

> **定理 2** 級数 $\sum a_n, \sum b_n$ が収束してそれぞれ和 s, t をもつならば，c を定数とするとき級数 $\sum ca_n$，また級数 $\sum(a_n+b_n)$ も収束して，
>
> $$\sum ca_n = cs, \qquad \sum(a_n+b_n) = s+t.$$

証明 $\sum a_n, \sum b_n$ の部分和を

$$s_n = \sum_{k=0}^{n} a_k, \qquad t_n = \sum_{k=0}^{n} b_k$$

とすれば，$\sum ca_n, \sum(a_n+b_n)$ の部分和は cs_n, s_n+t_n であるから，これらはそれぞれ $cs, s+t$ に収束する．□

◆ B） 等比級数の和

級数の和のうちで，次の等比級数の和に関する命題は最も基本的である．

> **定理 3** a, r を定数，$a \neq 0$ とするとき，等比級数
>
> $$\sum_{n=1}^{\infty} ar^{n-1} = a+ar+ar^2+\cdots$$
>
> は，$|r|<1$ のときに限って収束して，和
>
> $$\sum_{n=1}^{\infty} ar^{n-1} = \frac{a}{1-r}$$
>
> をもつ．

証明 部分和を s_n とすれば

$$s_n = a+ar+\cdots+ar^{n-1}.$$

もし $r=1$ ならば，$s_n=na$ であるから，$a>0$ のとき $s_n\to+\infty$，$a<0$ のとき $s_n\to-\infty$ となって，(s_n) は収束しない．

$r \neq 1$ ならば，s_n の式から，s_n の式に r を掛けた式を引けば

$$(1-r)s_n = a-ar^n,$$

したがって

$$s_n = \frac{a}{1-r} - \frac{a}{1-r}r^n.$$

よって (s_n) は (r^n) が収束する場合に限って収束するが，(r^n) が収束するのは66ページの例3により $|r|<1$ のときで，そのとき $r^n \to 0$ である．ゆえに (s_n) は $|r|<1$ の場合にのみ収束して，

$$\lim_{n\to\infty} s_n = \frac{a}{1-r}$$

となる．これで定理が証明された．◪

◆　C)　級数の収束に関するコーシーの条件

級数 $\sum a_n$ が収束することは部分和の数列 (s_n) が収束することにほかならないから，$\sum a_n$ の収束条件は (s_n) の収束条件を翻訳することによって与えられる．2.2節の定理6によれば，(s_n) が収束するための必要十分条件は (s_n) がコーシー列であることである．しかるに，部分和の定義によって，m, n が自然数で $m \geqq n$ ならば

$$s_m - s_{n-1} = a_n + a_{n+1} + \cdots + a_m = \sum_{k=n}^{m} a_k$$

である．ゆえに，数列 (s_n) がコーシー列であるための条件を級数に対していい直せば，次の定理が得られる．

定理4　級数 $\sum a_n$ が収束するための必要十分条件は，任意の $\varepsilon>0$ に対し，ある自然数 N が存在して，$m \geqq n \geqq N$ を満たす任意の自然数 m, n について

$$\left|\sum_{k=n}^{m} a_k\right| < \varepsilon$$

が成り立つことである．

系　級数 $\sum a_n$ が収束するならば，$\lim_{n\to\infty} a_n = 0$ である．

証明　定理4で $m=n$ とすれば，$n \geqq N$ なるとき $|a_n| < \varepsilon$．これは $a_n \to 0$ を意味する．◪

この系によって $a_n \to 0$ は $\sum a_n$ が収束するための必要条件である．しかし十分条件ではない．たとえば，級数

$$\sum_{n=1}^{\infty} \frac{1}{n} = 1 + \frac{1}{2} + \frac{1}{3} + \cdots$$

の項 $1/n$ は0に収束するが，級数自身は収束しない．このこ

とは少し後のE)の例3で示される．

◆ D) 正項級数の収束・発散

すべての n について $a_n \geqq 0$ であるような級数を**正項級数**という．(正しくは**非負項級数**というべきであろう．)

正項級数
非負項級数

正項級数 $\sum a_n$ においては，部分和の数列 (s_n) は明らかに単調増加である．すなわち

$$s_0 \leqq s_1 \leqq s_2 \leqq \cdots \leqq s_n \leqq \cdots.$$

よって正項級数については，収束条件は定理4よりもっと簡明な形に与えられる．

> **定理5** 正項級数 $\sum a_n$ が収束するための必要十分条件は，その部分和 s_n が上に有界なことである．すなわち，ある実数 M が存在してすべての n に対し $s_n \leqq M$ が成り立つことである．

証明 2.2節の定理1から明らかである．□

次の定理はいわゆる"比較定理"で，与えられた正項級数の収束・発散をすでに収束・発散の知られている正項級数と比較して判定するために有効に用いられる．

> **定理6** $\sum a_n, \sum b_n$ を2つの正項級数とし，ある定数 $k>0$ が存在して，すべての n に対し $a_n \leqq kb_n$ が成り立つとする．そのとき
>
> (a) $\sum b_n$ が収束すれば $\sum a_n$ も収束する．
>
> (b) $\sum a_n$ が発散すれば $\sum b_n$ も発散する．

証明 $\sum a_n, \sum b_n$ の部分和をそれぞれ s_n, t_n とすれば，仮定によって，すべての n に対し $s_n \leqq kt_n$ である．ゆえに，もし t_n が上に有界ならば，kt_n したがって s_n も上に有界である．よって(a)が成り立つ．(b)は(a)の対偶である．□

[**注意**：級数の収束・発散は最初の方の有限項によっては影響されない．よって定理6の仮定は"ほとんどすべての n"に対して成り立てば十分である．]

> **系** $\sum a_n, \sum b_n$ が2つの正項級数で，ほとんどすべての n に対し $b_n>0$ であり，
>
> $$\lim_{n\to\infty} \frac{a_n}{b_n} = r$$
>
> が存在して，$0<r<+\infty$ であるとする．そのとき $\sum a_n$,

$\sum b_n$ は同時に収束するか，または同時に発散する．

証明　$0<r_1<r<r_2$ を満たす r_1, r_2 をとれば，$a_n/b_n \to r$ であるから，ほとんどすべての n に対して

$$r_1 < \frac{a_n}{b_n} < r_2,$$

したがって $r_1 b_n < a_n < r_2 b_n$ である．ゆえに定理6により $\sum b_n$ が収束すれば $\sum a_n$ も収束し，$\sum a_n$ が収束すれば $\sum b_n$ も収束する．◻

◆ E)　幾つかの例

前項の定理6の応用例を2つ掲げる．

例1　次の級数は収束する：

$$\sum_{n=0}^{\infty} \frac{1}{n!} = 1 + \frac{1}{1!} + \frac{1}{2!} + \cdots + \frac{1}{n!} + \cdots.$$

ただし，正の整数 n に対し記号 $n!$ は積 $1\cdot 2\cdot \cdots \cdot n$ を表す．また $0!=1$ である．($n!$ は n の**階乗**とよばれる．)

階乗

証明　$\frac{1}{2!}=\frac{1}{2}$, $\frac{1}{3!}=\frac{1}{3\cdot 2}<\frac{1}{2^2}$, $\frac{1}{4!}=\frac{1}{4\cdot 3\cdot 2}<\frac{1}{2^3}$, …，一般に

$$\frac{1}{n!} < \frac{1}{2^{n-1}}$$

であって，等比級数 $\sum_{n=1}^{\infty} \frac{1}{2^{n-1}}$ は収束するから，定理6の(a)より $\sum_{n=1}^{\infty} \frac{1}{n!}$ は収束する．◻

自然対数の底

例1の級数の和は**自然対数の底**とよばれる重要な定数で，文字 e で表される：

$$\sum_{n=0}^{\infty} \frac{1}{n!} = e.$$

定義によって e は $1+\frac{1}{1!}=2$ よりは大きいが，上の証明からわかるように

$$1 + \sum_{n=1}^{\infty} \frac{1}{2^{n-1}} = 3$$

よりは小さい．実際には $e=2.71828\cdots$ である．

次の例は級数ではないけれども，例1との関連において述べておく．

例 2
$$\lim_{n\to\infty}\left(1+\frac{1}{n}\right)^n = e.$$

証明　$a_n=\left(1+\dfrac{1}{n}\right)^n$ とおく．二項定理を用いて a_n を展開すると

$$\begin{aligned}a_n &= 1+n\cdot\frac{1}{n}+\frac{n(n-1)}{2!}\cdot\frac{1}{n^2}+\cdots\\ &\quad\cdots+\frac{n(n-1)\cdots(n-r+1)}{r!}\cdot\frac{1}{n^r}+\cdots+\frac{n!}{n!}\cdot\frac{1}{n^n}\\ &= 1+\frac{1}{1!}+\frac{1}{2!}\left(1-\frac{1}{n}\right)+\frac{1}{3!}\left(1-\frac{1}{n}\right)\left(1-\frac{2}{n}\right)+\cdots\\ &\quad\cdots+\frac{1}{r!}\left(1-\frac{1}{n}\right)\cdots\left(1-\frac{r-1}{n}\right)+\cdots\\ &\quad\cdots+\frac{1}{n!}\left(1-\frac{1}{n}\right)\cdots\left(1-\frac{n-1}{n}\right).\end{aligned}$$

同様にして $a_{n+1}=\left(1+\dfrac{1}{n+1}\right)^{n+1}$ の展開式を得るが，2つの展開式を比較すると，$r=1,2,\cdots,n$ に対して

$$\frac{1}{r!}\left(1-\frac{1}{n}\right)\cdots\left(1-\frac{r-1}{n}\right) < \frac{1}{r!}\left(1-\frac{1}{n+1}\right)\cdots\left(1-\frac{r-1}{n+1}\right)$$

であり，その上に a_{n+1} の展開式の方が a_n の展開式より1つの項(最終項)を多く含むから，

$$a_n < a_{n+1}$$

である．すなわち (a_n) は単調増加である．

また，上の展開式からわかるように

$$a_n < 1+\frac{1}{1!}+\frac{1}{2!}+\cdots+\frac{1}{n!}$$

であるから，$a_n<e$，よって $\lim\limits_{n\to\infty} a_n \leqq e$ である．一方，1つの自然数 r を固定するとき，$n>r$ ならば，同じく上の展開式によって

$$a_n > 1+\frac{1}{1!}+\frac{1}{2!}\left(1-\frac{1}{n}\right)+\cdots+\frac{1}{r!}\left(1-\frac{1}{n}\right)\cdots\left(1-\frac{r-1}{n}\right)$$

であるから，$n\to\infty$ とすると

$$\lim_{n\to\infty} a_n \geqq 1+\frac{1}{1!}+\frac{1}{2!}+\cdots+\frac{1}{r!}.$$

これがすべての自然数 r に対して成り立つから，右辺で $r\to\infty$ として

$$\lim_{n\to\infty} a_n \geqq \sum_{n=1}^{\infty}\frac{1}{n!} = e$$

を得る．これで $\lim\limits_{n\to\infty} a_n=e$ が証明された．□

例 3　級数 $\sum_{n=1}^{\infty} \frac{1}{n}$ は発散する．

証明　この級数

$$1+\frac{1}{2}+\frac{1}{3}+\frac{1}{4}+\frac{1}{5}+\frac{1}{6}+\frac{1}{7}+\frac{1}{8}+\cdots$$

を，級数

$$1+\frac{1}{2}+\frac{1}{4}+\frac{1}{4}+\frac{1}{8}+\frac{1}{8}+\frac{1}{8}+\frac{1}{8}+\cdots$$

と比較すると，対応する項は前者の方が後者に等しいかまたはそれより大きく，かつ後者の級数は

$$1+\frac{1}{2}+\frac{1}{2}+\frac{1}{2}+\cdots$$

であるから発散する．ゆえに定理 6 の(b)により級数 $\sum_{n=1}^{\infty} \frac{1}{n}$ は発散する．□

◆ F)　級数 $\sum_{n=1}^{\infty} \frac{1}{n^{\alpha}}$

前項の例 3 に関連して，ここで級数 $\sum_{n=1}^{\infty} \frac{1}{n^{\alpha}}$ の収束・発散について一般的な結論を述べておく．ここに α は任意の実数である．

[本書では任意の実数 α を指数とする累乗 x^{α} の意味について実はまだ厳密な定義を与えていない．(その定義は 5.2 節で与えられる．) しかし読者はおそらく，x^{α} の意味について，すでに一応の理解と知識はもっておられるであろう．ここでは読者のそうした知識を前提とするのである．]

まず次の補題を用意する．

補題　$a_1 \geqq a_2 \geqq a_3 \geqq \cdots \geqq 0$ とする．そのとき，級数

$$\sum_{n=1}^{\infty} a_n = a_1+a_2+a_3+a_4+\cdots$$

と級数

$$\sum_{k=0}^{\infty} 2^k a_{2^k} = a_1+2a_2+4a_4+8a_8+\cdots$$

は，同時に収束または同時に発散する．

証明　$\sum_{n=1}^{\infty} a_n$ と $\sum_{k=0}^{\infty} 2^k a_{2^k}$ の部分和をそれぞれ

$$s_n = a_1+a_2+a_3+\cdots+a_n,$$
$$t_k = a_1+2a_2+4a_4+\cdots+2^k a_{2^k}$$

とする．$a_2+a_3 \leqq 2a_2$, $a_4+a_5+a_6+a_7 \leqq 4a_4$, … であるから，$n<2^k$ ならば

$$\begin{aligned} s_n &\leqq a_1+(a_2+a_3)+\cdots+(a_{2^{k-1}}+\cdots+a_{2^k-1}) \\ &\leqq a_1+2a_2+4a_4+\cdots+2^{k-1}a_{2^{k-1}} = t_{k-1}. \end{aligned}$$

一方，$2(a_3+a_4) \geqq 4a_4$, $2(a_5+a_6+a_7+a_8) \geqq 8a_8$, … であるから，$n>2^k$ ならば

$$\begin{aligned} 2s_n &\geqq 2a_1+2a_2+2(a_3+a_4)+\cdots+2(a_{2^{k-1}+1}+\cdots+a_{2^k}) \\ &\geqq a_1+2a_2+4a_4+\cdots+2^k a_{2^k} = t_k. \end{aligned}$$

ゆえに t_k が上に有界ならば s_n も上に有界，逆に s_n が上に有界ならば t_k も上に有界である．よって2つの級数は一方が収束すれば他方も収束，一方が発散すれば他方も発散する．

□

定理7　級数 $\sum_{n=1}^{\infty}\frac{1}{n^\alpha}$ は $\alpha>1$ ならば収束し，$\alpha \leqq 1$ ならば発散する．

証明　$\alpha \leqq 0$ ならば $1/n^\alpha \geqq 1$ であるから，定理4の系によって級数は発散する．$\alpha>0$ ならば，数列 $(1/n^\alpha)$ は単調減少であるから，補題を適用することができ，この級数の収束・発散は，級数

$$\sum_{k=0}^{\infty} 2^k \cdot \frac{1}{(2^k)^\alpha} = \sum_{k=0}^{\infty} 2^{(1-\alpha)k}$$

の収束・発散によって判定される．後者の級数は公比 $2^{1-\alpha}$ の等比級数で，$\alpha>1$ ならば $2^{1-\alpha}<1$, $0<\alpha \leqq 1$ ならば $2^{1-\alpha} \geqq 1$ であるから，定理3によって $\alpha>1$ のときは収束し，$0<\alpha \leqq 1$ のときは発散する．□

定理7は特別の場合としてE)の例3を含む．また，定理7によれば，たとえば級数

$$\sum_{n=1}^{\infty}\frac{1}{n^2} = 1+\frac{1}{2^2}+\frac{1}{3^2}+\frac{1}{4^2}+\cdots$$

は収束し，級数

$$\sum_{n=1}^{\infty}\frac{1}{\sqrt{n}} = 1+\frac{1}{\sqrt{2}}+\frac{1}{\sqrt{3}}+\frac{1}{\sqrt{4}}+\cdots$$

は発散する．

◆ G)　絶対収束と条件収束

> **定理 8**　級数 $\sum|a_n|$ が収束するならば級数 $\sum a_n$ も収束する．

証明　絶対値に関する不等式によって，$m \geqq n$ のとき

$$\left|\sum_{k=n}^{m} a_k\right| \leqq \sum_{k=n}^{m} |a_k|$$

である．定理 4 により，級数 $\sum|a_n|$ が収束すれば，任意の $\varepsilon>0$ に対し，ある自然数 N が存在して，$m \geqq n \geqq N$ なる任意の m, n について上式の右辺は ε より小となる．したがって左辺も ε より小となるが，このことはふたたび定理 4 により級数 $\sum a_n$ が収束することを意味する．□

絶対収束

級数 $\sum|a_n|$ が収束するとき，級数 $\sum a_n$ は**絶対収束**するという．

級数 $\sum a_n$ が絶対収束するか否かは，級数 $\sum|a_n|$ が収束するか否かであるから，その判定は正項級数の判定法によって判定される．

条件収束

絶対収束しない収束級数は**条件収束**するといわれる．すなわち，級数 $\sum a_n$ が条件収束するとは，$\sum a_n$ 自身は収束するが，$\sum|a_n|$ は発散する(すなわち $\sum|a_n|=+\infty$ となる)ことである．

◆ H)　交代級数

> **定理 9**　$a_0 \geqq a_1 \geqq a_2 \geqq a_3 \geqq \cdots \geqq 0$, $a_n \to 0$ とする．そのとき，級数
>
> $$\sum_{n=0}^{\infty}(-1)^n a_n = a_0 - a_1 + a_2 - a_3 + a_4 - a_5 + \cdots$$
>
> は収束する．

証明　部分和を s_n とすれば，仮定から容易にわかるように $s_1 \leqq s_0$, $s_1 \leqq s_2 \leqq s_0$, $s_1 \leqq s_3 \leqq s_2 \leqq s_0$, …，一般に

$$s_1 \leqq s_3 \leqq \cdots \leqq s_{2n+1} \leqq \cdots \leqq s_{2n} \leqq \cdots \leqq s_2 \leqq s_0$$

である．したがって (s_{2n}), (s_{2n+1}) はともに収束するが，

$$s_{2n} - s_{2n+1} = a_{2n+1} \to 0$$

であるから，両者は同じ極限をもつ．よって (s_n) は収束する．□

定理 9 はライプニッツ(Leibniz)による．この定理の形の級数はしばしば**交代級数**とよばれる．

交代級数

定理 9 によれば，たとえば級数

$$\sum_{n=1}^{\infty}(-1)^{n-1}\frac{1}{n} = 1-\frac{1}{2}+\frac{1}{3}-\frac{1}{4}+\cdots$$

は収束する．これは条件収束する級数の簡単な一例である．

◆ I) 配列がえ級数

$\sigma: \boldsymbol{N}\to\boldsymbol{N}$ を $\boldsymbol{N}$ からそれ自身への全単射とする．すなわち，$n\in\boldsymbol{N}$ ならば $\sigma(n)\in\boldsymbol{N}$ で，$m\neq n$ ならば $\sigma(m)\neq\sigma(n)$ であり，また n が $\boldsymbol{N}$ 全体を動けば $\sigma(n)$ も $\boldsymbol{N}$ 全体を動くとする．そのとき，与えられた級数 $\sum a_n$ から，$a'_n = a_{\sigma(n)}$ とおいて得られる級数 $\sum a'_n$ を $\sum a_n$ の**配列がえ級数**という．要するに，それは $\sum a_n$ の項の順序を変えることによって生じた新級数である．

配列がえ級数

$\sum a_n$ と $\sum a'_n$ の部分和の数列をそれぞれ (s_n), (s'_n) とすれば，これらは一般には全く異なる数列である．よって一方の数列の収束性は必ずしも他方の数列の収束性を保証しない．そこで次の問題が生ずる．級数 $\sum a_n$ が収束するとき，その配列がえ級数 $\sum a'_n$ もやはり収束するか？　収束するとして，その和は前の級数の和と一致するか？

この問題に答えるのが本項の目的であるが，その答は，以下にみるように，絶対収束級数と条件収束級数とで決定的に異なるのである．

本論に進む前に少し準備をしておこう．

いま，実数 x に対して，x^+, x^- を

$$x^+ = \max\{x, 0\}, \qquad x^- = -\min\{x, 0\}$$

と定義する．定義から明らかに

$$0 \leqq x^+ \leqq |x|, \qquad 0 \leqq x^- \leqq |x|,$$
$$x = x^+ - x^-, \qquad |x| = x^+ + x^-,$$
$$x^+ = \frac{|x|+x}{2}, \qquad x^- = \frac{|x|-x}{2}$$

である．

さて，級数 $\sum a_n$ が絶対収束する場合には，級数 $\sum |a_n|$ が収束し，$0\leqq a_n^+\leqq|a_n|$, $0\leqq a_n^-\leqq|a_n|$ であるから，級数 $\sum a_n^+$, $\sum a_n^-$ も収束して，

$$\sum a_n = \sum a_n^+ - \sum a_n^-$$

である．

一方，$\sum a_n$ が収束するとき，もし $\sum a_n^+$ も収束するならば，$|a_n| = 2a_n^+ - a_n$ であるから，$\sum |a_n|$ も収束して，$\sum a_n$ は絶対収束となる．よって $\sum a_n$ が条件収束する場合には，$\sum a_n^+$ は発散して $\sum a_n^+ = +\infty$ である．同様に $\sum a_n^- = +\infty$ である．

以上の準備のもとに，まず絶対収束の場合について次の定理を証明する．

> **定理 10**　級数 $\sum a_n$ が絶対収束すれば，$\sum a_n$ の任意の配列がえ級数も絶対収束して同じ和をもつ．

証明　$\sum a'_n$ を $\sum a_n$ の配列がえ級数とする．

まず $\sum a_n$ が正項級数である場合を考える．$a'_n = a_{\sigma(n)}$ とし，$\sum a_n, \sum a'_n$ の部分和を s_n, s'_n とすれば，与えられた n に対し，

$$m = \max\{\sigma(0), \sigma(1), \cdots, \sigma(n)\}$$

とおくとき，

$$s'_n = \sum_{k=0}^{n} a'_k = \sum_{k=0}^{n} a_{\sigma(k)} \leqq \sum_{k=0}^{m} a_k = s_m$$

である．よって $\sum_{n=0}^{\infty} a_n = s$ とすれば，任意の n に対し $s'_n \leqq s_m \leqq s$ となる．したがって $\sum a'_n$ も収束して，その和を $\sum_{n=0}^{\infty} a'_n = s'$ とすれば，$s' \leqq s$ である．

$\sum a_n$ と $\sum a'_n$ の役割を交換して考えれば，同様にして $s \leqq s'$ であることもわかる．よって $s = s'$ である．

次に一般の絶対収束級数の場合を考える．その場合，$\sum a_n^+, \sum a_n^-$ は収束する正項級数で，$\sum a_n'^+, \sum a_n'^-$ はそれぞれ $\sum a_n^+, \sum a_n^-$ の配列がえ級数であるから，上に示したことによって，これらは収束して

$$\sum_{n=0}^{\infty} a_n'^+ = \sum_{n=0}^{\infty} a_n^+, \qquad \sum_{n=0}^{\infty} a_n'^- = \sum_{n=0}^{\infty} a_n^-$$

である．よって $\sum a'_n = \sum (a_n'^+ - a_n'^-)$，$\sum |a'_n| = \sum (a_n'^+ + a_n'^-)$ も収束（すなわち $\sum a'_n$ は絶対収束）して

$$\sum_{n=0}^{\infty} a'_n = \sum_{n=0}^{\infty} a_n'^+ - \sum_{n=0}^{\infty} a_n'^- = \sum_{n=0}^{\infty} a_n^+ - \sum_{n=0}^{\infty} a_n^- = \sum_{n=0}^{\infty} a_n$$

を得る．これで定理が証明された．□

級数 $\sum a_n$ が条件収束する場合には，状況はこれと全く異なる．すなわち，この場合には，項の順序を適当に変えることによって，配列がえ級数をあらかじめ任意に指定された実

数に収束させることができる．また $+\infty$ や $-\infty$ に発散させることもできる．実はさらに一般に次の定理が成り立つ．

定理 11 $\sum a_n$ を条件収束する級数とし，α, β を

$$-\infty \leqq \alpha \leqq \beta \leqq +\infty$$

を満たす $\overline{\boldsymbol{R}}$ の元とする．このとき，$\sum a_n$ の適当な配列がえ級数 $\sum a'_n$ を作って，その部分和 s'_n が

$$\liminf_{n\to\infty} s'_n = \alpha, \qquad \limsup_{n\to\infty} s'_n = \beta$$

を満たすようにすることができる．

証明 $\sum a_n$ の項のうち，$a_n \geqq 0$ である項を n の順番に並べたものを $b_1, b_2, b_3, \cdots$，また $a_n<0$ である項の絶対値を n の順番に並べたものを $c_1, c_2, c_3, \cdots$ とする．$\sum b_n, \sum c_n$ はそれぞれ $\sum a_n^+, \sum a_n^-$ から 0 の項の一部または全部をとり除いたものに過ぎないから，仮定によって

$$\sum b_n = +\infty, \qquad \sum c_n = +\infty$$

である．

いま，実数列 $(\alpha_n), (\beta_n)$ をそれぞれ $\alpha_n \to \alpha$, $\beta_n \to \beta$ で，かつ $\alpha_n < \beta_n$, $\beta_1 > 0$ であるように選ぶ．(そのような実数列 $(\alpha_n), (\beta_n)$ を選び得ることは明らかである．) そのとき，まず k_1, l_1 をそれぞれ次の不等式が成り立つような最初の番号とする：

$$b_1 + \cdots + b_{k_1} > \beta_1,$$
$$b_1 + \cdots + b_{k_1} - c_1 - \cdots - c_{l_1} < \alpha_1.$$

次に k_2, l_2 をそれぞれ

$$b_1 + \cdots + b_{k_1} - c_1 - \cdots - c_{l_1} + b_{k_1+1} + \cdots + b_{k_2} > \beta_2,$$
$$b_1 + \cdots + b_{k_1} - c_1 - \cdots - c_{l_1} + b_{k_1+1} + \cdots + b_{k_2} - c_{l_1+1} - \cdots - c_{l_2} < \alpha_2$$

が成り立つような最初の番号とする．以下同様にして $k_3, l_3, k_4, l_4, \cdots$ を定める．(このような番号を順次定め得ることは $\sum b_n = +\infty$, $\sum c_n = +\infty$ であることからわかる．) そうすれば，級数

$$b_1 + \cdots + b_{k_1} - c_1 - \cdots - c_{l_1} + b_{k_1+1} + \cdots + b_{k_2} - c_{l_1+1} - \cdots - c_{l_2} + \cdots\cdots$$

は $\sum a_n$ の 1 つの配列がえ級数である．この級数の部分和の数列を (s'_n) とし，特に b_{k_n} までの部分和を t_n，$-c_{l_n}$ までの

部分和を u_n とする．(t_n), (u_n) は (s'_n) の部分列であるが，b_{k_n}, c_{l_n} の定め方から

$$0 < t_n - \beta_n \leqq b_{k_n}, \qquad 0 < \alpha_n - u_n \leqq c_{l_n},$$

よって

$$|t_n - \beta| \leqq b_{k_n} + |\beta_n - \beta|, \qquad |u_n - \alpha| \leqq c_{l_n} + |\alpha_n - \alpha|$$

で，$\beta_n \to \beta$, $b_{k_n} \to 0$, $\alpha_n \to \alpha$, $c_{l_n} \to 0$ であるから，(t_n) は β に，(u_n) は α に収束する．すなわち β, α はともに (s'_n) の部分列極限である．

最後に，任意の s'_n に対して $s'_n \leqq t_m$ となる t_m があることに注意すれば，(s'_n) は β より大きい部分列極限はもち得ないことがわかる．同様に (s'_n) は α より小さい部分列極限ももち得ない．以上で

$$\liminf_{n\to\infty} s'_n = \alpha, \qquad \limsup_{n\to\infty} s'_n = \beta$$

であることが証明された．◪

◆ J)　実数の十進法による無限小数表現

任意の実数が十進法の小数によって表されることはよく知られている．ここでは議論の細目には立ち入らないが，無限級数に関連して最後に一言だけ述べておく．

ある実数が十進法の小数記法で

$$\beta_m \beta_{m-1} \cdots \beta_1 . \alpha_1 \alpha_2 \cdots \alpha_n$$

と表されるというのは，その数が

$$\beta_m 10^{m-1} + \beta_{m-1} 10^{m-2} + \cdots + \beta_1 + \frac{\alpha_1}{10} + \frac{\alpha_2}{10^2} + \cdots + \frac{\alpha_n}{10^n}$$

に等しいことを意味する．また，無限小数

$$0.\alpha_1 \alpha_2 \alpha_3 \cdots \alpha_n \cdots$$

で表されるというのは，その数が無限級数

$$\sum_{n=1}^{\infty} \frac{\alpha_n}{10^n} = \frac{\alpha_1}{10} + \frac{\alpha_2}{10^2} + \frac{\alpha_3}{10^3} + \cdots + \frac{\alpha_n}{10^n} + \cdots$$

の和に等しいことを意味する．ここに β_i や α_j は 0 から 9 までの整数である．

特に，無限小数 $0.9999\cdots$ は，級数

$$\frac{9}{10} + \frac{9}{10^2} + \frac{9}{10^3} + \cdots + \frac{9}{10^n} + \cdots$$

を表し，その和は

$$\frac{9}{10}\Big/\left(1-\frac{1}{10}\right)=1$$

に等しい．すなわち，無限小数 0.9999… は 1 に等しい．

この事実によって，われわれは必要に応じ，たとえば 1.25＝1.249999… のように，有限小数を 9 が無限に続く無限小数の形に書くことができる．

問題 2.3

1 次の級数の収束・発散を判定せよ．

(1) $\displaystyle\sum_{n=1}^{\infty}\frac{1}{2n-1}$　(2) $\displaystyle\sum_{n=1}^{\infty}\frac{1}{n(n+1)}$

(3) $\displaystyle\sum_{n=1}^{\infty}\frac{1}{\sqrt{n(n+1)}}$.

2 $a_n>0$ で $\displaystyle\lim_{n\to\infty}\frac{a_{n+1}}{a_n}=r$ が存在するとき，$r<1$ ならば $\sum a_n$ は収束し，$r>1$ ならば $\sum a_n$ は発散することを示せ．

3 問 2 を用いて次の級数の収束・発散を判定せよ．

(1) $\displaystyle\sum_{n=1}^{\infty}\frac{n}{2^n}$　(2) $\displaystyle\sum_{n=1}^{\infty}\frac{2^n}{n!}$　(3) $\displaystyle\sum_{n=1}^{\infty}\frac{3^n}{n^3}$.

4 $\sum a_n$ が絶対収束するならば $\sum a_n{}^2$ は収束することを示せ．この逆は成り立つか？

5 正項級数 $\sum a_n$ が収束すれば，級数

$$\sum\frac{\sqrt{a_n}}{n}$$

も収束することを示せ．

6 正項級数 $\sum a_n$ が発散するとき，次の級数の収束・発散についてどんな結論が得られるか？

(1) $\displaystyle\sum\frac{a_n}{1+a_n}$　(2) $\displaystyle\sum\frac{a_n}{1+na_n}$　(3) $\displaystyle\sum\frac{a_n}{1+n^2a_n}$.

3
関数の極限と連続性

3.1 関数の極限

前章で数列や級数について論じたが，数列は，$\boldsymbol{N}$ や $\boldsymbol{Z}^+$ のような集合を定義域とする特別な関数であった．

本章では，もっと普通にいわれる意味での関数，すなわち，区間あるいは区間の和集合のような集合で定義される関数について考察する．解析学で主役となるのはこのような関数である．

3.1 節では，こうした関数についての基本的諸概念，収束発散および極限に関する事項，特に収束条件などについて述べる．次の 3.2 節では，連続性を扱い，連続関数に関するいくつかの基本的命題を証明する．

◆ A） 関数についての二三の基本的用語

S を $\boldsymbol{R}$ の空でない部分集合とするとき，写像 $f: S \to \boldsymbol{R}$ を，S で定義された，あるいは S を定義域とする，実数値関数という．以下しばらくはこれを略して単に関数という．

前章では S が $\boldsymbol{N}, \boldsymbol{Z}^+$ などの離散的集合である場合を扱った．これから以後の数章でわれわれの主たる考察の対象となるのは，定義域 S がある区間，またはある区間から幾つか有限個の数を取り除いた集合である場合の関数である．

f が S で定義された関数であるとき，f によって S の元 x に対応する実数 y を $y=f(x)$ と書き，x を**独立変数**，y を**従**

独立変数，従属変数

属変数という．慣習的には，関数 f を"関数 $f(x)$"，"関数 $y=f(x)$"のようにもいう．また，従属変数 y のことを独立変数 x の関数と呼んで，"x の関数 y"のような表現をすることもある．これらの表現は古典的で，数学のあらゆる場所で用いられるから，読者はどの表現にも馴染んでおかれるのがよいであろう．

関数 $y=f(x)$ において，独立変数 x が定義域全体を動くとき，従属変数 y の動く値の範囲をこの関数の**値域**という．

値域

特別な場合として，値域がただ1つの数 c のみよりなる場合もある．これは f が，定義域に属するすべての数 x を c に対応させている場合である．このようなとき，$f(x)=c$ と書き，f を値 c をとる**定数関数**という．幾分紛らわしい言い方であるが，このことを単に"f は定数 c である"ともいう．

定数関数

なお上で独立変数を x，従属変数を y と書いたが，これも慣習によるのであって，特にこうした特定の文字の用法に固執すべき理由はない．もちろん必要あるいは状況に応じて，$y=f(x)$ のかわりに $t=f(s)$，$v=f(u)$ などのように書くこともできる．しかしこれらは実質的にはすべて同じ"関数"f を表すのである．

◆ B)　区間

実数の区間あるいは $\boldsymbol{R}$ の区間というのは，次のような集合である．

a, b を $a<b$ を満たす2つの実数とする．そのとき，不等式

$$a<x<b,$$
$$a \leqq x \leqq b,$$
$$a \leqq x<b,$$
$$a<x \leqq b$$

のいずれかを満足する実数 x 全体の集合を，a, b を両端（くわしくは a を左端，b を右端）とする**区間**とよび，上から順に，それぞれ記号

区間

$$(a, b), \quad [a, b], \quad [a, b), \quad (a, b]$$

で表す．特に (a, b) は**開区間**，$[a, b]$ は**閉区間**とよばれる．$[a, b)$ および $(a, b]$ は**半閉区間**（あるいは**半開区間**）である．

開区間，閉区間
半閉区間（半開区間）

また，1つの数 a のみからなる集合 $\{a\}$ も両端が一致した

閉区間 $[a, a]$ であると考え，これも区間のうちに含める．これを“1点(閉)区間”という．

以上に挙げたのは有界な区間であるが，不等式

$$a < x, \quad a \leqq x, \quad x < b, \quad x \leqq b$$

を満たす実数 x 全体の集合も，やはり区間とよばれ，それぞれ記号

$$(a, +\infty), \quad [a, +\infty), \quad (-\infty, b), \quad (-\infty, b]$$

によって表される．これらは非有界な区間で，一方の端点しかもたない．

さらに，実数全体の集合 $\boldsymbol{R}$ も1つの非有界区間と考え，これを

$$(-\infty, +\infty)$$

で表す．

さて，いま I を1つの区間とし，I は1点区間ではないとする．そのとき，s, t を I の異なる2つの数とすれば，明らかに，s と t の間の任意の数も I に含まれる．すなわち，もし $s<t$ ならば，$s<c<t$ を満たす任意の c も I の数である．簡単のため，この事実を I が“中間値性質をもつ”ということにしよう．

逆に，これもほとんど自明であろうが，次の命題が成り立つ．

> **定理1** A を少なくとも2つの数を含むような $\boldsymbol{R}$ の部分集合とし，A は中間値性質をもつとする．すなわち，$s, t \in A$, $s<t$ ならば，$s<c<t$ を満たす任意の c も A に属するとする．そのとき，A は1つの区間である．

証明 まず A が上下に有界であるとする．そのとき，

$$a = \inf A, \quad b = \sup A$$

とおけば，$A \subset [a, b]$ で，一方 $a<c<b$ とすれば，下限，上限の定義によって $a<s<c<t<b$ を満たす $s, t \in A$ が存在するから，中間値性質によって $c \in A$ となる．すなわち $(a, b) \subset A$ である．ゆえに A は区間 $(a, b), [a, b), (a, b]$, $[a, b]$ のいずれかに等しい．

同様にして，A が下にのみ有界の場合には，$a=\inf A$ とおくとき，$A=(a, +\infty)$ または $[a, +\infty)$; A が上にのみ有界の場合には，$b=\sup A$ とおくとき，$A=(-\infty, b)$ または

$(-\infty, b]$；A が上にも下にも有界でない場合には $A=(-\infty, +\infty)$ となることが，それぞれ容易に示される．□

◆ C）関数のグラフ

座標平面や関数のグラフについては読者は熟知のことであろうが，一応要点のみを述べておく．

平面上に直交する2直線を引き，交点を O とし，それぞれを O を原点とする数直線とするとき，その平面を座標平面，2直線を座標軸，O を(座標)原点という．通常，紙の上に書くときには，2本の座標軸の一方を水平に，他方を垂直に書き，水平軸の正の向きは右の向き，垂直軸の正の向きは上の向きにとる．水平軸，垂直軸は，慣習的にはそれぞれ x 軸，y 軸とよばれることが多い．

座標

この平面上の任意の点 P に対し，P から x 軸に垂線 PQ，y 軸に垂線 PR を下ろし，x 軸上での Q の座標を x，y 軸上での R の座標を y とするとき，実数の順序づけられた組 (x, y) を点 P の**座標**という．このようにして座標平面上のすべての点と2つの実数の順序づけられたすべての組とが1対1に対応する．座標が (x, y) である点を単に点 (x, y) ともいう．

第1，第2，第3，第4象限

座標平面は2本の座標軸によって上の右の図のように4つの部分に分けられる．これらの部分 I，II，III，IV をそれぞれ**第1，第2，第3，第4象限**という．点 (x, y) が第1象限に属するならば $x>0$，$y>0$，また第2, 3, 4象限に属するならば，それぞれ $x<0$，$y>0$；$x<0$，$y<0$；$x>0$，$y<0$ である．第1象限のことを**正象限**ともいう．また，$x\geqq 0$，$y\geqq 0$ を満たす点 (x, y) 全体の集合は**非負象限**とよばれる．

正象限

非負象限

いま，$y=f(x)$ を1つの与えられた関数とする．そのとき，x が f の定義域全体を動けば，点

$$(x, y) = (x, f(x))$$

の全体は，座標平面の1つの部分集合を構成する．この集合を関数 f の**グラフ**という．これは多くの場合，平面上のある印象的な曲線を形成し，それによって関数 f の特徴を視覚的に表すものとなる．

グラフ

たとえば，1次関数 $y=ax+b$ のグラフは直線で，$a>0$ ならば右上がり，$a<0$ ならば右下がり，$a=0$ ならば x 軸(水平軸)に平行な直線である．そのほか，2次関数のグラフが放物線とよばれる曲線であること，関数 $y=1/x$ のグラフが下の右の図のような直角双曲線とよばれる曲線であることなども，読者にはおそらく周知のことがらであろう．

関数 $y=x^2$ のグラフ

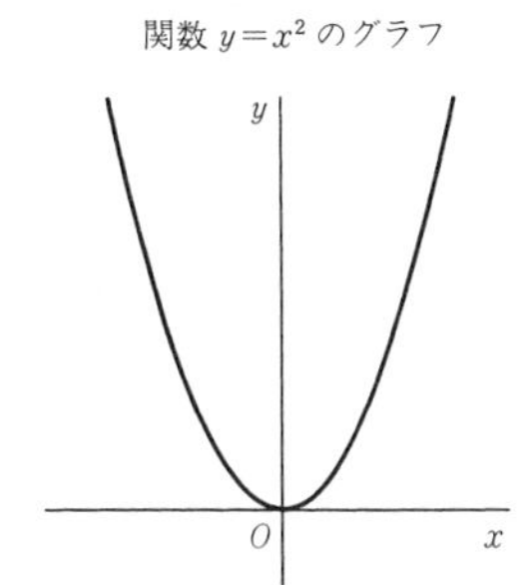

関数 $y=\frac{1}{x}$ のグラフ

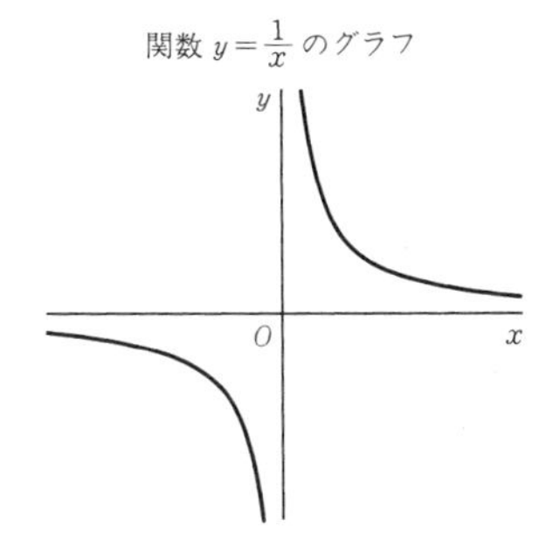

◆ D) 単調関数，有界関数

I を1つの区間とする．f を I で定義された，あるいはもっと一般に，定義域が I を含んでいるような関数とする．もし，I に属する任意の2数 x, x' に対し，

$$x < x' \quad ならば \quad f(x) \leqq f(x')$$

が成り立つならば，f は I において**単調に増加する**，または，I における**単調増加関数**であるという．(“単調”という語ははぶくこともある．) また，任意の $x, x' \in I$ に対し，

単調に増加する

単調増加関数

$$x < x' \quad ならば \quad f(x) < f(x')$$

が成り立つならば，f は I において**強い意味で(単調に)増加する**，または，I における**狭義(単調)増加関数**であるという．

強い意味で増加する

狭義増加関数

同様にして，**(単調)減少関数**，**狭義(単調)減少関数**の概念も定義される．

減少関数，狭義減少関数

たとえば，1次関数 $f(x)=ax+b$ は，$a>0$ ならば区間 $(-\infty, +\infty)$ で狭義に単調増加し，$a<0$ ならば区間 $(-\infty, +\infty)$ で狭義に単調減少する．

2 次関数 $f(x)=x^2$ は，区間 $(-\infty, 0]$ では狭義単調減少，区間 $[0, +\infty)$ では狭義単調増加である．

関数 $f(x)=1/x$ は定義域が $(-\infty, 0)$, $(0, +\infty)$ の 2 つの区間からなるが，どちらの区間においても強い意味で減少する．しかし，定義域全体——それは 1 つの区間ではない——において減少するとはいえない．

上に有界

ふたたび，I を 1 つの区間とし，f を I で定義された関数とする．もし，f の値域，すなわち x が I 全体を動くときの $f(x)$ 全体の集合が上に有界ならば，f は I において**上に有界**であるという．

下に有界，有界

下に有界，(上下に)**有界**の意味も同様である．

◆ E)　関数の極限

r 近傍

近傍

a を 1 つの実数とする．r を正の実数とするとき，開区間 $(a-r, a+r)$ を a の $\boldsymbol{r}$ **近傍**といい，また一般に，a のある r 近傍を含むような $\boldsymbol{R}$ の部分集合を a の**近傍**という．(したがって a の“近傍”といっても，必ずしも“小さい”集合を意味するわけではない．)

極限，収束

いま，f を 1 つの関数とし，f は a のある近傍で，a 自身を除き，定義されているものとする．(a においては f は定義されていても，定義されていなくても，どちらでもよい．) もし，f の定義域内の x が a と異なる値をとりながら a に限りなく近づくとき，$f(x)$ が限りなく 1 つの実数 α に近づくならば，$x \to a$ のとき $f(x)$ は**極限** α に**収束**するといい，

$$x \to a \quad のとき \quad f(x) \to \alpha,$$

または

$$\lim_{x \to a} f(x) = \alpha$$

と書く．

精密にいえば，このことは，次のことを意味する：

“任意の $\varepsilon>0$ に対し，ある $\delta>0$ が存在して，$0<|x-a|<\delta$ を満たすすべての x に対して

$$|f(x)-\alpha| < \varepsilon$$

が成り立つ．”

これが関数の極限のいわゆる ε-δ 式の定義である．

[**注意**：$\lim_{x \to a} f(x)$ と $f(a)$ は概念上別のものである．次に示し

た f の3つのグラフにおいては，いずれも $\lim_{x\to a} f(x)$ は存在しているが，(i)ではそれが $f(a)$ に等しく，(ii)では $f(a)$ と等しくない．(iii)では $f(a)$ がそもそも定義されていない．]

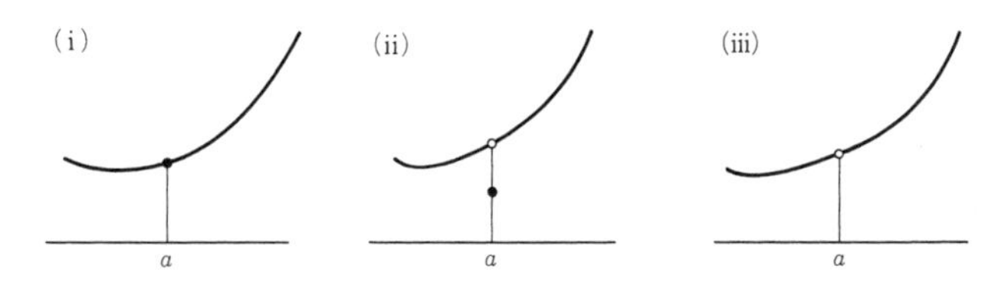

上と同じく，f は a のある近傍で，a 自身を除き，定義されているものとする．もし，x が a と異なる値をとりながら a に限りなく近づくとき，$f(x)$ が限りなく大きくなるならば，$x\to a$ のとき $f(x)$ は**正の無限大に発散**するといい，$f(x)\to+\infty$，または

正の無限大に発散

$$\lim_{x\to a} f(x) = +\infty$$

と書く．くわしくいえば，このことは，

“任意の実数 M に対し，ある $\delta>0$ が存在して，$0<|x-a|<\delta$ を満たすすべての x に対して

$$f(x) > M$$

が成り立つ”

ことを意味する．

同様に，“任意の実数 M に対し，ある $\delta>0$ が存在して，$0<|x-a|<\delta$ を満たすすべての x に対して $f(x)<M$ が成り立つ”ならば，$x\to a$ のとき $f(x)$ は**負の無限大に発散**するといい，$f(x)\to-\infty$，または

負の無限大に発散

$$\lim_{x\to a} f(x) = -\infty$$

と書く．

これらの場合にも，広義には $+\infty$ や $-\infty$ を極限とよぶこと，これらと区別するために収束する場合の極限を**有限の極限**とよぶことなど，数列のときと同様である．

有限の極限

定理2 関数 f, g が a の近傍で，a を除き定義され，

$$\lim_{x\to a} f(x) = \alpha, \qquad \lim_{x\to a} g(x) = \beta$$

が存在するとする．そのとき，

(a) $\lim_{x\to a}\{f(x)+g(x)\}=\alpha+\beta$,

（b） $\lim_{x\to a}\{f(x)g(x)\}=\alpha\beta$,

（c） $\beta\neq 0$ ならば，$\lim_{x\to a}\dfrac{f(x)}{g(x)}=\dfrac{\alpha}{\beta}$.

ここで α, β は有限でなくても，$\bar{\boldsymbol{R}}$ における演算規約が適用し得る場合には，やはりこれらの結論が成り立つ．

証明は数列の極限の場合と基本的に同様であるから，省略する．詳細は読者にゆだねよう．

定理 3 （a） 関数 f, g が a の近傍で a を除き定義され，a の十分近くで $f(x)\leqq g(x)$ が成り立つとする．このとき，もし

$$\lim_{x\to a} f(x) = \alpha, \qquad \lim_{x\to a} g(x) = \beta$$

が存在するならば，$\alpha\leqq\beta$ である．

（b） 関数 f, g, h が a の近傍で a を除き定義され，a の十分近くで $f(x)\leqq g(x)\leqq h(x)$ が成り立つとする．また，$x\to a$ のとき $f(x), h(x)$ がともに収束して，同じ極限 α をもつとする．そのとき，$g(x)$ も収束して

$$\lim_{x\to a} g(x) = \alpha$$

である．

このこともほとんど自明である．よって証明は省略する．

はさみうちの原理

定理 3 の(b)は**はさみうちの原理**とよばれ，実用上しばしば有効に用いられる．

◆ F) 片側からの極限

関数の極限においては，しばしば“片側からの極限”も考えられる．

すなわち，x が a より大きい値をとりながら a に限りなく近づくとき，$f(x)$ が 1 つの実数 α に限りなく近づくならば，α を，$x>a$, $x\to a$ のときの $f(x)$ の極限，あるいは，$x\to a$ のときの $f(x)$ の**右側極限**，といい，

右側極限

$$x > a,\ x \to a \quad \text{のとき} \quad f(x) \to \alpha,$$

または

$$\lim_{x>a,\, x\to a} f(x) = \alpha$$

と書く．

$\lim_{x>a,\, x\to a} f(x)=+\infty$, $\lim_{x>a,\, x\to a} f(x)=-\infty$ などの意味も明らかであろう．

$x>a$, $x\to a$ をまとめて $x\to a+$ または $x\to a+0$ と書き，上記の右側極限を $\lim_{x\to a+} f(x)$ という記号で表すこともある．記号 $x\to a+$ または $x\to a+0$ は x が a に“右から近づく”（大きい方から近づく）ことを表すのである．

x が a に左から近づくときの**左側極限** $\lim_{x<a,\, x\to a} f(x)$ あるいは $\lim_{x\to a-} f(x)$ も，同様にして定義される．

左側極限

例 1 $\lim_{x>0,\, x\to 0} \dfrac{1}{x} = +\infty, \quad \lim_{x<0,\, x\to 0} \dfrac{1}{x} = -\infty.$

例 2 実数 x に対し，x をこえない最大の整数，すなわち

$$m \leqq x < m+1$$

を満たす整数 m を記号 $[x]$ で表す．（問題 1.2 の問 3 参照．）これを**ガウス(Gauss)の記号**という．関数 $[x]$ のグラフは右の図のようになり，たとえば

$$\lim_{x\to 2-}[x] = 1, \quad \lim_{x\to 2+}[x] = 2$$

である．一般に，任意の整数 n に対して

$$\lim_{x\to n-}[x] = n-1, \quad \lim_{x\to n+}[x] = n$$

となる．

ガウスの記号

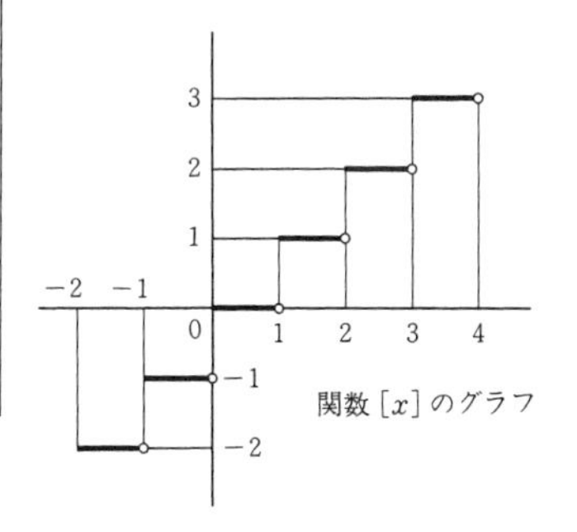

関数 $[x]$ のグラフ

◆ G) $x\to+\infty$, $x\to-\infty$ のときの極限

関数についてはまた，定義域に関する適当な仮定のもとに，$x\to+\infty$ のときや $x\to-\infty$ のときの極限も考えられる．

たとえば，適当な実数 a をとれば区間 $[a, +\infty)$ が f の定義域に含まれているとする．そのとき，定義域に属する x が限りなく大きくなるのに応じて，$f(x)$ が限りなく実数 α に近づくならば，そのことを

$$\lim_{x\to+\infty} f(x) = \alpha$$

と書く．

$\lim_{x\to-\infty} f(x)=+\infty$ などの意味も同様である．

上の定理 2, 3 の命題は，（適当な修正のもとに）$x\to+\infty$ や

$x\to-\infty$ のときの極限に対してもやはり成立する．

いくつかの例をあげよう．

例 1　関数 $x, x^2, x^3, \cdots$ については，明らかに

$$\lim_{x\to+\infty} x = +\infty, \qquad \lim_{x\to-\infty} x = -\infty,$$
$$\lim_{x\to+\infty} x^2 = +\infty, \qquad \lim_{x\to-\infty} x^2 = +\infty,$$
$$\lim_{x\to+\infty} x^3 = +\infty, \qquad \lim_{x\to-\infty} x^3 = -\infty,$$
$$\cdots\cdots$$

である．一般に，正の整数 n が奇数ならば

$$\lim_{x\to+\infty} x^n = +\infty, \qquad \lim_{x\to-\infty} x^n = -\infty,$$

n が偶数ならば

$$\lim_{x\to\pm\infty} x^n = +\infty$$

である．(lim の下の $x\to\pm\infty$ は $x\to+\infty$ の場合と $x\to-\infty$ の場合を同時に示している．)

例 2　関数 $1/x, 1/x^2, 1/x^3, \cdots$ については

$$\lim_{x\to\pm\infty}\frac{1}{x} = \lim_{x\to\pm\infty}\frac{1}{x^2} = \lim_{x\to\pm\infty}\frac{1}{x^3} = \cdots = 0.$$

例 3　$f(x)=2x^3-3x^2+6$ とすると，

$$f(x) = x^3\left(2-\frac{3}{x}+\frac{6}{x^3}\right)$$

で，$x\to\pm\infty$ のとき $2-\dfrac{3}{x}+\dfrac{6}{x^3}\to 2$．よって

$$\lim_{x\to+\infty} f(x) = +\infty, \qquad \lim_{x\to-\infty} f(x) = -\infty.$$

◆ H)　数列の極限との関係

次の命題は関数の極限と数列の極限との間の関係を述べるものである．

定理 4　関数 f は a のある近傍で，a を除き，定義されているとする．そのとき

(a)　$\lim_{x\to a} f(x)=\alpha$ が存在するならば，$a_n\neq a$，$a_n\to a$ である任意の数列 (a_n) に対して，$\lim_{n\to\infty} f(a_n)=\alpha$ である．

(b)　$a_n\neq a$，$a_n\to a$ である任意の数列 (a_n) に対して $\lim_{n\to\infty} f(a_n)$ が存在するならば，その極限は (a_n) に無

関係に一定で，それを α とすれば，$\lim_{x\to a} f(x)=\alpha$ である．

証明 (a) $\lim_{x\to a} f(x)=\alpha$ とし，α は有限であるとする．また (a_n) を $a_n \neq a$, $a_n\to a$ である数列とする．$\lim_{x\to a} f(x)=\alpha$ であるから，任意の $\varepsilon>0$ に対し，ある $\delta>0$ が存在して，

$$0<|x-a|<\delta \quad ならば \quad |f(x)-\alpha|<\varepsilon$$

が成り立つ．一方 $a_n\neq a$, $a_n\to a$ であるから，上の δ に対し，ある自然数 N が存在して，$n\geqq N$ ならば $0<|a_n-a|<\delta$ となる．よって $n\geqq N$ ならば

$$|f(a_n)-\alpha|<\varepsilon.$$

これは $f(a_n)\to\alpha$ を意味する．

(b) まず $\lim_{n\to\infty} f(a_n)$ が一定であることを示す．いま $(a_n), (a'_n)$ をともに $a_n\neq a$, $a_n\to a$, $a'_n\neq a$, $a'_n\to a$ である数列とし，$f(a_n)\to\alpha$, $f(a'_n)\to\alpha'$ とする．このとき数列 (b_n) を

$$b_{2n}=a_n, \qquad b_{2n+1}=a'_n \qquad (n=0,1,2,\cdots)$$

によって定義すれば，(b_n) も $b_n\neq a$, $b_n\to a$ を満たすから，$f(b_n)\to\beta$ となる β があるが，$(f(a_n)), (f(a'_n))$ はいずれも $(f(b_n))$ の部分列であるから，$\alpha=\alpha'=\beta$ でなければならない．ゆえに $\lim_{n\to\infty} f(a_n)=\alpha$ は一定である．

さて，α が有限であるとして，このとき $\lim_{x\to a} f(x)=\alpha$ であることを示そう．もし，そうでないとすれば，ある $\varepsilon>0$ に対しては，どんな $\delta>0$ をとっても，

$$0<|x-a|<\delta \quad かつ \quad |f(x)-\alpha|\geqq\varepsilon$$

となる x がある．特に，各 $n\in \boldsymbol{Z}^+$ に対して $0<|a_n-a|<1/n$ かつ $|f(a_n)-\alpha|\geqq\varepsilon$ となる a_n があり，この数列 (a_n) は $a_n\neq a$, $a_n\to a$ を満たすが，$f(a_n)\to\alpha$ ではない．これは矛盾であるから，$\lim_{x\to a} f(x)=\alpha$ でなければならない．□

[**注意**：上の証明では(a)でも(b)でも α は有限の実数としたが，α が $+\infty$ あるいは $-\infty$ の場合にも，自明な修正をほどこすだけで，証明は同様に遂行される.]

次の定理は“関数の収束に関するコーシーの条件”を，$x\to a+$ の場合について述べたものである．

定理 5 関数 f は，r を適当な正数として，区間 $(a, a+r)$ で定義されているとする．$x\to a+$ のとき $f(x)$ が

収束するための必要十分条件は，任意の $\varepsilon>0$ に対し，ある $\delta>0$ が存在して，$0<x-a<\delta$, $0<x'-a<\delta$ を満たす任意の x, x' について

$$|f(x)-f(x')|<\varepsilon$$

が成り立つことである．

証明　有限の極限 $\lim_{x\to a+} f(x)=\alpha$ が存在するとすれば，任意の $\varepsilon>0$ に対し，$0<x-a<\delta$ ならば $|f(x)-\alpha|<\varepsilon/2$ となる $\delta>0$ がある．よって，$0<x-a<\delta$, $0<x'-a<\delta$ ならば

$$|f(x)-f(x')| \leqq |f(x)-\alpha|+|f(x')-\alpha| < \frac{\varepsilon}{2}+\frac{\varepsilon}{2}=\varepsilon$$

となる．

逆に定理の条件が満たされているとしよう．そのとき (a_n) を $a_n>a$, $a_n\to a$ である数列とすれば，ある自然数 N が存在して，$n\geqq N$ ならば $0<a_n-a<\delta$ となるから，$m\geqq N$, $n\geqq N$ ならば

$$|f(a_m)-f(a_n)|<\varepsilon$$

となる．すなわち $(f(a_n))$ はコーシー列である．よって有限の極限 $\lim_{n\to\infty} f(a_n)=\alpha$ が存在し，定理4(b)によって $\lim_{x\to a+} f(x)=\alpha$ である．□

問題 3.1

1　$f(x)$ を x の多項式

$$f(x)=c_0+c_1x+\cdots+c_nx^n \qquad (n\geqq 1,\ c_n\neq 0)$$

とする．$\lim_{x\to+\infty} f(x)$, $\lim_{x\to-\infty} f(x)$ を求めよ．

2　$f(x)$ を x の有理式

$$f(x)=\frac{a_0+a_1x+\cdots+a_px^p}{b_0+b_1x+\cdots+b_qx^q} \qquad (a_p\neq 0,\ b_q\neq 0)$$

とする．$\lim_{x\to+\infty} f(x)$ を求めよ．

3　$f(x)=\dfrac{x-2}{(x-1)(x-3)}$ とする．$x\to 2$, $x\to 3+$, $x\to 3-$, $x\to 1+$, $x\to 1-$ のときの $f(x)$ の極限を求めよ．

4　f は $[a, +\infty)$ で定義され，単調増加かつ上に有界であるとする．そのとき，有限の極限 $\lim_{x\to+\infty} f(x)$ が存在することを示せ．

5（$x\to+\infty$ のときの関数の収束に関するコーシーの条件）　f は $[a, +\infty)$ で定義されているとする．$x\to+\infty$ のとき $f(x)$ が収束するための必要十分条件は，任意の $\varepsilon>0$ に対し，ある実

数 M が存在して

$$x > M,\ x' > M \quad ならば \quad |f(x)-f(x')| < \varepsilon$$

が成り立つことである．このことを証明せよ．

3.2 連続関数の性質

A) 連続と不連続

f を1つの関数，a を f の定義域に属する1つの数とし，a のある近傍が f の定義域に含まれているとする．(ここでは f は a 自身においても定義されていることに注意されたい．) このとき，もし

$$\lim_{x\to a} f(x) = f(a)$$

が成り立つならば，f は a において**連続**であるという．

連続

ε-δ 式に述べれば次のようになる:

“任意の $\varepsilon>0$ に対し，ある $\delta>0$ が存在して，$|x-a|<\delta$ を満たすすべての x に対して

$$|f(x)-f(a)| < \varepsilon$$

が成り立つ.”

これが f が a において連続であることの厳密な定義である．

前節の定理4によって，関数 f が a において連続ならば，$a_n\to a$ である任意の数列 (a_n) に対して

$$\lim_{n\to\infty} f(a_n) = f(a)$$

である．

また，前節の定理2によって，関数 f, g がともに a の近傍で定義され，ともに a において連続ならば，和 $f+g$，積 fg も a において連続である．また $g(a)\neq 0$ ならば，商 f/g も a において連続である．

関数 f が a の近傍において定義されているが，a において連続でないときには，f は a において**不連続**であるという．

不連続

すなわち，f が a において不連続であるというのは，$\lim_{x\to a} f(x)$ が存在しないか，またはそれが存在しても $f(a)$ と一致しない場合である．

次に不連続な関数の具体的な例を挙げておく．

例 1　$f(x)=[x]$ とする．$[x]$ はガウスの記号である．この関数のグラフは 103 ページに示したが，このグラフからもわかるように，整数 n においては f は不連続である．実際，n が整数ならば

$$\lim_{x\to n} f(x)$$

は存在しない．

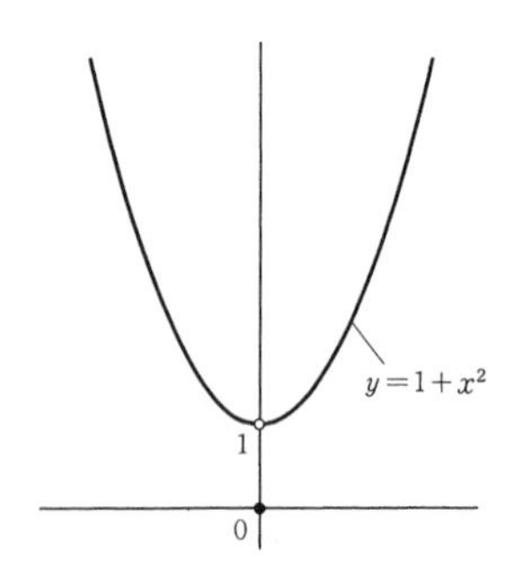

例 2　等比級数

$$\sum_{n=0}^{\infty}\frac{x^2}{(1+x^2)^n}$$

の和を $f(x)$ とする．容易にわかるように，この級数はすべての実数 x に対して収束して，

$$x \neq 0 \quad のとき \quad f(x) = 1+x^2,$$
$$x = 0 \quad のとき \quad f(x) = 0$$

である．(グラフは左図．)

この関数は 0 において連続でない．実際，$\lim_{x\to 0} f(x)$ は存在して

$$\lim_{x\to 0} f(x) = 1$$

であるが，この値は $f(0)=0$ と等しくない．

◆ B) 片側からの連続

前項例 1 の関数 $[x]$ は，たとえば整数 2 において不連続である．しかし

$$\lim_{x\to 2+}[x] = 2 = [2]$$

であるから，$x\to 2$ のときの右側極限は関数の 2 における値と一致している．

一般に，関数 f において

$$\lim_{x\to a+} f(x) = f(a)$$

が成り立つとき，f は a において**右側連続**であるという．　（右側連続）

左側連続も同様にして定義される．　（左側連続）

関数 $[x]$ は，整数 2 において連続ではないが右側には連続である．しかし

$$\lim_{x\to 2-}[x] = 1 \neq [2]$$

であるから，2 において左側連続ではない．一般に，$[x]$ は整数 n において右側連続であるが，左側連続ではない．

関数 f が a の近傍で定義されているとき，f が a において連続であることは，明らかに，f が a において同時に右側連続かつ左側連続であることと同値である．

◆ C) 区間における連続

I を 1 つの区間とする．関数 f が，任意の $a \in I$ において連続であるとき，f は I において**連続**である，あるいは I における**連続関数**であるという．

連続

連続関数

ただし，I が“端点”を含む区間であるときには，われわれは“I における連続”の意味を次のように約束する．たとえば，I が閉区間 $I=[a,b]$ である場合には，f が I において連続であるとは，f が，$a<c<b$ である任意の c において連続で，a においては右側連続，b においては左側連続であることとする．同様に，たとえば，f が区間 $[a,+\infty)$ において連続であるとは，$c>a$ を満たす任意の c において連続で，かつ，a において右側連続であることとする．

全区間 $(-\infty,+\infty)$ で定義された定数関数 $f(x)=c$ や関数 $f(x)=x$ はもちろん全区間 $(-\infty,+\infty)$ において連続である．

したがって，これらに加法・乗法の演算をほどこして作られる関数，すなわち，x の多項式

$$f(x) = c_0 + c_1 x + \cdots + c_n x^n$$

で表される関数は $(-\infty,+\infty)$ において連続である．(ゆえにまた，多項式関数は定義域を一部の区間に制限しても，もちろんその区間で連続である．)

また，x の有理式

$$\frac{f(x)}{g(x)} \qquad (f(x),\, g(x) \text{ は多項式})$$

で表される関数は，分母を 0 にする値を除けば連続である．もっと正確にいえば，有理関数は一般に分母を 0 とする x の

値によって定義域がいくつかの区間に分けられるが，それらの区間のそれぞれにおいて連続である．たとえば，関数

$$f(x) = \frac{x-2}{(x-1)(x-3)}$$

は，区間 $(-\infty, 1), (1, 3), (3, +\infty)$ のそれぞれにおいて連続である．

◆ D）中間値の定理

以下，連続関数に関する二三の基本的な命題を列挙する．

中間値の定理

最初に述べる次の定理は**中間値の定理**とよばれる．

> **定理1**　関数 f が閉区間 $[a, b]$ で連続で，
> $$f(a) = \alpha, \quad f(b) = \beta$$
> が反対の符号をもつとする．（すなわち，一方が正，他方が負であるとする．）そのとき，a と b の間に
> $$f(c) = 0$$
> となる c が少なくとも1つ存在する．

証明　どちらでも同じことであるから，$\alpha<0$, $\beta>0$ と仮定する．$a \leqq d < b$，かつ，区間 $[a, d]$ でつねに $f(x)<0$ であるような d 全体の集合を A とする．$a \in A$ であるから A は空でなく，もちろん b が1つの上界である．そこで $\sup A = c$ とすれば，$f(c)=0$ であることを証明しよう．

まず $a \leqq x < c$ とすれば，$x<d<c$ を満たす $d \in A$ があるから $f(x)<0$，よって区間 $[a, c)$ で $f(x)<0$ である．ゆえに f の連続性から

$$f(c) = \lim_{x<c,\, x\to c} f(x) \leqq 0$$

となる．ここで，もし $f(c)<0$ なら，$c \in A$, $c<b$ で，ふたたび f の連続性から，$c+\delta<b$ なる $\delta>0$ を十分小さくとるとき，区間 $[c, c+\delta]$ において $f(x)<0$，したがって $c+\delta \in A$ となる．しかし，これは c が A の上限であることに反する．ゆえに $f(c)=0$ でなければならない．これで定理が証明された．◪

> **系1**　関数 f が $[a, b]$ で連続であるとし，$f(a)=\alpha$ と $f(b)=\beta$ が異なるとする．そのとき，$\alpha<\gamma<\beta$ または

$\alpha>\gamma>\beta$ なる任意の γ に対して，a と b の間に $f(c)=\gamma$ となる c がある．

証明 関数 $f(x)-\gamma$ に定理を適用すればよい．□

系 2 区間 I を定義域とする連続関数 f の値域を J とすれば，J もまた区間である．

証明 f が定数ならば J は1点区間であるから，f は定数ではないとする．$\alpha, \beta \in J$, $\alpha<\beta$ とし，a, b を $f(a)=\alpha$, $f(b)=\beta$ となる I の数とする．そのとき，$[a, b] \subset I$ または $[b, a] \subset I$ で，$\alpha<\gamma<\beta$ とすれば，系1によって a と b の間に $f(c)=\gamma$ となる c がある．よって $\gamma \in J$ で，J は中間値性質を満たす．ゆえに3.1節の定理1によって，J は区間である．□

◆ E) 単調な連続関数の逆関数

S を $\boldsymbol{R}$ の空でない部分集合とし，f を S で定義された実数値関数とする．もし，f が単射ならば，すなわち，S の任意の異なる2数 x, x' に対して $f(x) \neq f(x')$ であるならば，f の値域を T とするとき，$f: S \to T$ は全単射である．したがってその逆写像 $g: T \to S$ が定義される．この g を関数 f の**逆関数**という．

逆関数

いま特に，f をある区間 I で定義された強い意味で単調増加な連続関数とする．そのとき，明らかに f は単射であって，定理1の系2により f の値域 J は1つの区間である．ゆえに f の逆関数 g が J において定義される．逆関数の定義によって，$x \in I$, $y \in J$ に対し，$y=f(x)$ であることは $x=g(y)$ であることと同値である．

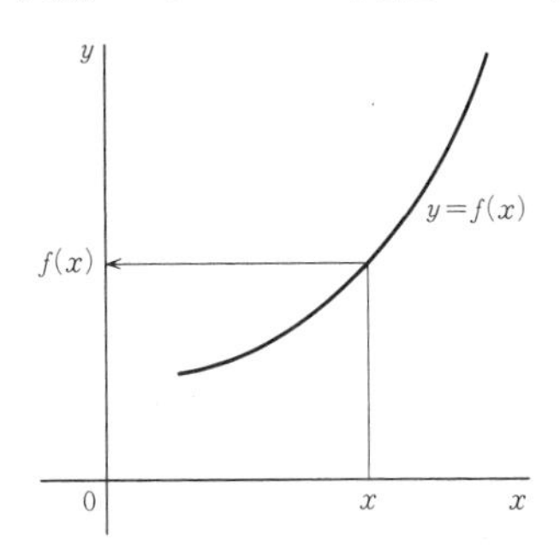

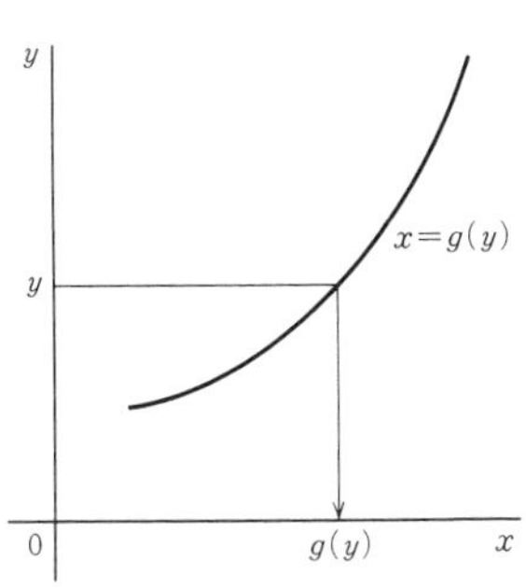

関数 $y=f(x)$ のグラフは，y を独立変数，x を従属変数とよみかえれば，そのまま，逆関数 $x=g(y)$ のグラフともなる．

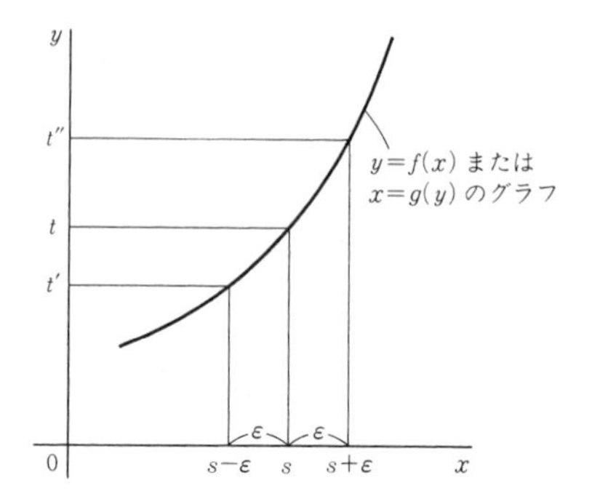

この逆関数 g について次の定理が成り立つ．

> **定理 2**　上記のように f を区間 I で定義された強い意味で単調増加かつ連続な関数，J を f の値域とすれば，J も 1 つの区間で，f の逆関数 g が J において定義される．g は J において強い意味で単調増加かつ連続な関数で，その値域は I である．

証明　g も強い意味で単調増加であることは明らかであるから，証明すべきことで残っているのは，単に g の連続性のみである．

t を区間 J に属する 1 つの数とし，簡単のため t は J の端点ではないとする．(t が端点である場合には以下の証明に微細な修正を加えればよい．) $g(t)=s$ すなわち $t=f(s)$ とすれば，s も I の端点ではない．いま $\varepsilon>0$ を十分小さくとって，$s-\varepsilon, s+\varepsilon$ がともに I に属するとする．$f(s-\varepsilon)=t'$，$f(s+\varepsilon)=t''$ とすれば，$t'<t<t''$ で，

$$\delta = \min\{t''-t, t-t'\}$$

とおけば，$\delta>0$ であり，y が $|y-t|<\delta$ を満たせば，y は区間 (t', t'') の中にあるから，$g(y)=x$ は区間 $(s-\varepsilon, s+\varepsilon)$ の中にある．すなわち

$$|y-t| < \delta \quad ならば \quad |g(y)-g(t)| < \varepsilon$$

である．ゆえに関数 g は t において連続である．これで g の連続性が証明された．□

定理 2 は f が“単調減少”である場合にももちろん成り立

つ．その場合には，結論の部分も g が“単調減少”におきかえられる．

具体的な一例を次に示しておく．

例 n を正の整数として，区間 $[0, +\infty)$ で定義された関数

$$f(x) = x^n$$

を考える．f は狭義単調増加かつ連続で，値域は区間 $[0, +\infty)$ である．よって，f の逆関数 g が $[0, +\infty)$ において定義される．g は，$y \geqq 0$ であるおのおのの y に，$y=x^n$ となるような区間 $[0, +\infty)$ に属するただ1つの数 x を対応させる関数である．この x を $\sqrt[n]{y}$ または $y^{\frac{1}{n}}$ と書く．すなわち

$$g(y) = y^{\frac{1}{n}}$$

である．定理に述べられているように，この関数もまた連続かつ単調増加で，値域は $[0, +\infty)$ である．

慣例に従って，g の独立変数を y から x に書きかえれば，“n 乗根関数”として

$$g(x) = x^{\frac{1}{n}}$$

を得る．そのグラフは，右図のように，$f(x)=x^n$ のグラフを直線 $y=x$ に関して対称に移動したものになる．

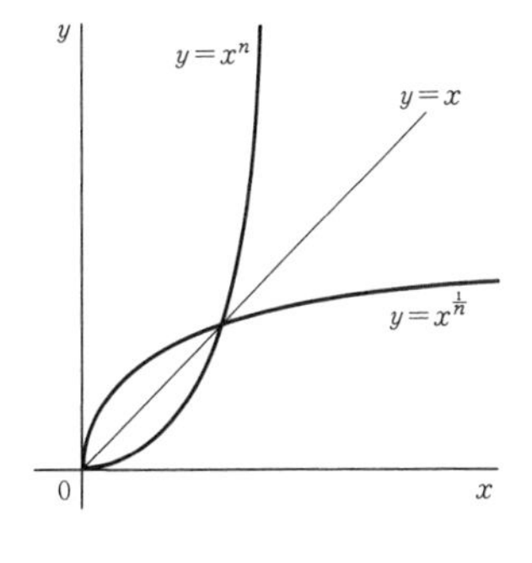

[**注意**：読者はここで上記により，はじめてわれわれは，正の整数 n と実数 $x \geqq 0$ に対して $\sqrt[n]{x}=x^{\frac{1}{n}}$ の正確な定義(存在証明!)を得たことに注意されたい．]

なお，この $x^{\frac{1}{n}}$ の定義にもとづいて，有理数 r と $x>0$ に対しては，$r=m/n$ (m, n は整数で $n>0$) とするとき，x^r の意味が

$$x^r = (x^{\frac{1}{n}})^m$$

として定義される．この定義が r の“分数表現”によらないこと，すなわち $r=m/n=m'/n'$ (m', n' も整数で $n'>0$) ならば $(x^{\frac{1}{n}})^m=(x^{\frac{1}{n'}})^{m'}$ であること，さらにまた，有理数 r, s を指数とする累乗に対しても，指数法則 $x^r x^s=x^{r+s}$, $(x^r)^s=x^{rs}$ が成り立つことは容易に証明される．(読者はこれらのことの証明をこころみられたい．)

ただし，一般の実数 α を指数とする累乗 x^α の意味については，なお5.1節D)，5.2節A)まで待たなければならな

い．

◆ F)　最大最小値の定理

次の定理は，閉区間で定義された実数値連続関数の値域はまた1つの閉区間であることを示すものである．この定理は**最大最小値の定理**とよばれる．

最大最小値の定理

> **定理3**　閉区間 $[a, b]$ で定義された連続な関数 f は，この区間において最大値および最小値をとる．(すなわち，値域に最大元・最小元がある．)

証明　f の値域を J とし，

$$\sup J = M$$

とする．(実際には J は上に有界であるが，もし J が上に有界でないならば $M=+\infty$ とする．) 各 $n=1, 2, \cdots$ に対し，$a_n \in [a, b]$ を，$M<+\infty$ の場合には $M-(1/n)<f(a_n)$ となるように取り，$M=+\infty$ の場合には $n<f(a_n)$ となるように取る．そうすれば

$$\lim_{n\to\infty} f(a_n) = M$$

である．この数列 (a_n) は $[a, b]$ の中に収束する部分列 (a_{n_k}) をもつが，その極限を c とすれば，f の連続性によって

$$\lim_{k\to\infty} f(a_{n_k}) = f(c)$$

である．一方 $(f(a_{n_k}))$ は $(f(a_n))$ の部分列であるから

$$\lim_{k\to\infty} f(a_{n_k}) = M$$

であり，したがって $f(c)=M$ となる．これで同時に $M<+\infty$ かつ $M \in J$ であることが証明された．すなわち M は値域 J の最大元である．

J が最小元をもつことも同様にして証明される．□

定理3においては，定義域が“閉区間”であることが本質的な要件である．開区間あるいは半閉区間で定義された連続関数に対しては，最大値や最小値の存在はもちろん保証されない．最大値や最小値の存在しない具体的な一例として，次に開区間 $(-1, 1)$ で定義された関数

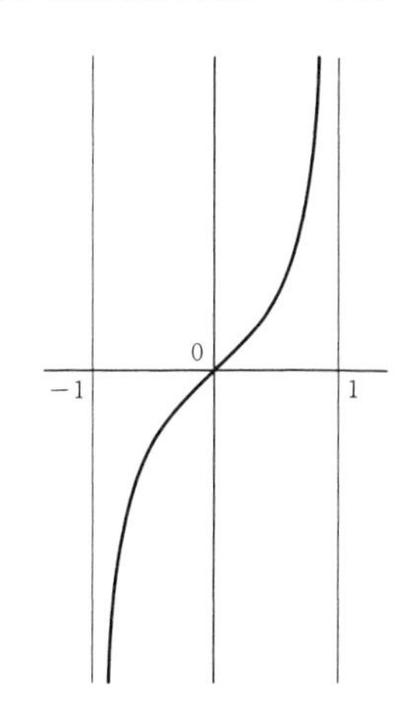

$$f(x)=\frac{x}{1-x^2}$$

のグラフを掲げる．この関数はこの区間で連続かつ狭義単調増加で，$f(x)$ の値は実数全体にわたる．すなわち値域は $(-\infty, +\infty)$ である．読者は容易にこのことを確かめることができるであろう．

◆ G) 一様連続性

関数 f が区間 I で連続ならば，任意の $a\in I$ および任意の $\varepsilon>0$ に対し，

(＊)　$|x-a|<\delta$　ならば　$|f(x)-f(a)|<\varepsilon$

となるような $\delta>0$ が存在する．しかし，この δ はもちろん ε に依存するほか一般には a にも依存する．よって次の問題が生ずる．

f が区間 I で連続であるとき，上記の(＊)を成り立たせる δ を，I の点 a には関係なく，与えられた正数 ε のみに依存してとることは可能であるか？　一般にはそれは不可能である．次にその例を示す．

例　$I=(0, M]$ (M は正の定数)とし，この区間 I で定義された関数 $f(x)=1/x$ を考える．$\varepsilon>0$ とし，a を I の点とする．$0<x<a$ とすれば，

$$f(x)-f(a)=\frac{1}{x}-\frac{1}{a}=\frac{a-x}{ax}>\frac{a-x}{a^2}.$$

よって，$f(x)-f(a)<\varepsilon$ が成り立つためには

$$a-x<a^2\varepsilon$$

でなければならない．ゆえにこの場合，a に無関係に一定の $\delta>0$ をとって，上記(＊)が成り立つようにすることは不可能である．なぜなら，$a\to0+$ のとき $a^2\varepsilon\to0$ となるからである．

上の例が示すように，一般には(＊)において δ を ε のみに依存してとることはできない．しかし実は，閉区間で連続な関数については，そのことが可能なのである．すなわち，次の定理が成立する．

定理 4　f を閉区間 $I=[a, b]$ で連続な関数とすれば，任意の $\varepsilon>0$ に対し，ある $\delta>0$ が存在して，$|u-v|<\delta$ を満たす任意の $u, v \in I$ に対し

$$|f(u)-f(v)| < \varepsilon$$

が成り立つ．

証明　定理の結論を否定すれば，ある $\varepsilon>0$ に対しては，どんな $\delta>0$ をとっても，

$$|u-v| < \delta \quad \text{かつ} \quad |f(u)-f(v)| \geqq \varepsilon$$

となるような $u, v \in I$ が必ず存在することになる．いま，そう仮定して矛盾を導こう．

われわれの仮定のもとに，特に $\delta=1/n$ $(n=1, 2, \cdots)$ に対して

$$|u_n-v_n| < \frac{1}{n} \quad \text{かつ} \quad |f(u_n)-f(v_n)| \geqq \varepsilon$$

を満たす $u_n, v_n \in I$ を取ることができる．このとき (u_n), (v_n) はともに I の中に収束する部分列をもつが，われわれは両者の収束部分列を共通の番号の項からなるようにとることができる．そのためには，(u_n) からまず収束する 1 つの部分列をとり，それに対応する番号の項からなる (v_n) の部分列からさらに収束する部分列をとり出せばよい．そうすれば，結局適当な狭義単調増加自然数列 $(n_k)_{k \in Z^+}$ に対して，$(u_{n_k}), (v_{n_k})$ はともに収束することがわかる．そのとき $|u_{n_k}-v_{n_k}|<1/n_k$ で，$k \to \infty$ のとき $1/n_k \to 0$ であるから，両者の極限は一致して，それを c とすれば，f の連続性によって

$$\lim_{k \to \infty} f(u_{n_k}) = \lim_{k \to \infty} f(v_{n_k}) = f(c)$$

である．しかし一方 $|f(u_{n_k})-f(v_{n_k})| \geqq \varepsilon$ であるから，極限へ行けば $|f(c)-f(c)| \geqq \varepsilon$ となる．これは明らかな矛盾である．これで定理が証明された．□

一様連続

定理 4 に述べた事実を，閉区間で連続な関数は**一様連続**であるといい表す．

一様連続性に関するもっと一般的な記述はのちの 12.2 節 I) で与えられるであろう．

◆ H)　合成関数の連続性

S, T を $\boldsymbol{R}$ の空でない部分集合，f, g をそれぞれ S, T で

定義された実数値関数とし，f の値域が T に含まれるとする．そのとき，$f:S\to T$，$g:T\to \boldsymbol{R}$ と考えられるから，合成写像 $g\circ f:S\to \boldsymbol{R}$ が定義される．これを f と g の**合成関数**という．

合成関数

定理5　f は区間 I で定義された関数，g は区間 J で定義された関数とし，f の値域が J に含まれるとする．このとき，f が $a\in I$ において連続，g が $f(a)\in J$ において連続ならば，合成関数 $g\circ f$ は a において連続である．特に f,g がそれぞれ I,J における連続関数ならば，合成関数 $g\circ f$ は I における連続関数である．

証明　任意の $\varepsilon>0$ に対し，g が $f(a)$ で連続であるから，J の元 y に対し

$$|y-f(a)|<\delta_1 \quad ならば \quad |g(y)-g(f(a))|<\varepsilon$$

となる $\delta_1>0$ がある．また，f が a で連続であるから，この δ_1 に対し，ある $\delta>0$ が存在して，I の元 x に対し

$$|x-a|<\delta \quad ならば \quad |f(x)-f(a)|<\delta_1$$

となる．よって $|x-a|<\delta$ ならば

$$|g(f(x))-g(f(a))|<\varepsilon.$$

これは合成関数 $g\circ f$ が a において連続であることを示している．

後段は前段からの直接の帰結である．□

問題 3.2

1　f は $(-\infty,+\infty)$ で連続な関数で，すべての $x,y\in\boldsymbol{R}$ に対し

$$f(x+y)=f(x)+f(y)$$

が成り立つとする．そのとき，$f(1)=c$ とおけば，$f(x)=cx$ であることを証明せよ．

2　f は $(-\infty,+\infty)$ で定義された関数で，すべての $x,y\in\boldsymbol{R}$ に対し

$$f(x+y)=f(x)+f(y)$$

が成り立ち，また，ある正の定数 M が存在して，区間 $[0,1]$ に属するすべての x に対して $|f(x)|\leqq M$ が成り立つとする．そのとき $f(x)=cx$，$c=f(1)$ であることを証明せよ．

3　f は $(-\infty,+\infty)$ で定義された関数で，定数0ではなく，すべての $x,y\in\boldsymbol{R}$ に対し

$$f(x+y) = f(x)+f(y),$$
$$f(xy) = f(x)f(y)$$

が成り立つとする．そのとき $f(x)=x$ であることを証明せよ．

（ヒント）　$x>0$ のとき $f(x)>0$ であることを示し，f が単調増加であることを導け．

4　f は区間 $I=[0,1]$ で定義された連続関数で，値域も I に含まれるとする．このとき，$f(x)=x$ となる x が存在することを証明せよ．

5　$f(x)=c_0+c_1x+\cdots+c_nx^n$ を実係数の奇数次の多項式(すなわち n が奇数で $c_n\neq0$)とする．方程式 $f(x)=0$ は少なくとも 1 つの実数解をもつことを示せ．

6　f は区間 $(0,+\infty)$ で連続な関数で，

$$\lim_{x\to+\infty}\{f(x+1)-f(x)\} = a$$

とする．そのとき

$$\lim_{x\to+\infty}\frac{f(x)}{x} = a$$

であることを証明せよ．

7　f は，無理数 x に対しては $f(x)=0$，有理数 $x=p/q$ (p, q は互いに素な整数で $q>0$)に対しては $f(x)=1/q$ と定義された関数とする．この関数 f の連続性について論ぜよ．

8　f は区間 I で定義された連続関数で，かつ単射であるとする．そのとき，f は I において強い意味で単調増加または強い意味で単調減少であることを証明せよ．

4 微分法

4.1 微分法の諸公式

本章では微分法について述べる.

まず, この 4.1 節では微分法の諸公式——和・差・積・商の微分法, 合成関数の微分法, 逆関数の微分法, などを述べる. これらは微分演算における基本的な手法である.

具体的な関数については, これらの手法の応用として, 指数が有理数である累乗関数の微分の公式がこの節で与えられる. 他の重要な諸関数の微分公式は次章で与えられるであろう.

◆ A) 微分可能性と連続性

f をある区間で定義された関数とし, a をその区間に属する1つの数とする. そのとき, 関数

$$\frac{f(x)-f(a)}{x-a}$$

が, a を除き, やはりその区間において定義される. もし, 有限の極限

$$\lim_{x\to a}\frac{f(x)-f(a)}{x-a}$$

が存在するならば, f は a において**微分可能**であるといい, この極限を f の a における**微分係数**という. これを記号 $f'(a)$ で表す. すなわち

微分可能

微分係数

$$f'(a) = \lim_{x \to a} \frac{f(x) - f(a)}{x - a}$$

である．

上の $f'(a)$ の定義の式において，$x=a+h$ とおけば，$h \neq 0$ で，x が a に近づくことは h が 0 に近づくことと同値であるから，この式はまた

$$f'(a) = \lim_{h \to 0} \frac{f(a+h) - f(a)}{h}$$

とも書きかえられる．

> **定理 1**　f が a において微分可能ならば，f は a において連続である．

証明　$x \neq a$ ならば，

$$f(x) - f(a) = \frac{f(x) - f(a)}{x - a}(x - a)$$

で，$x \to a$ のとき右辺は $f'(a) \cdot 0 = 0$ に近づく．よって $x \to a$ のとき $f(x) \to f(a)$ である．□

定理 1 の逆は成り立たない．

簡単な一例として，関数 $f(x) = |x|$ を考える．この関数は 0 において連続であるが，微分可能ではない．実際

$$\frac{f(x) - f(0)}{x - 0} = \frac{|x|}{x}$$

は，$x>0$ のときは 1，$x<0$ のときは -1 であるから，

$$\lim_{x \to 0+} \frac{f(x) - f(0)}{x - 0} = 1,$$

$$\lim_{x \to 0-} \frac{f(x) - f(0)}{x - 0} = -1$$

となって，

$$\lim_{x \to 0} \frac{f(x) - f(0)}{x - 0}$$

は存在しない．ゆえに関数 $f(x) = |x|$ は 0 において微分可能ではない．

ただし，この例では $(f(x) - f(0))/(x - 0)$ の $x \to 0+$，$x \to 0-$ のときの極限はともに存在している．

一般に，関数 f の定義域に属する 1 点 a において，有限の極限

$$\lim_{x \to a+} \frac{f(x)-f(a)}{x-a} = \lim_{h \to 0+} \frac{f(a+h)-f(a)}{h}$$

が存在するときには，f は a において**右側微分可能**であるといい，この極限を f の a における**右側微分係数**という．

右側微分可能
右側微分係数

左側微分可能，**左側微分係数**の意味も同様にして定義される．

左側微分可能
左側微分係数

関数 $f(x)=|x|$ は 0 において片側からは微分可能で，右側微分係数は 1，左側微分係数は -1 である．

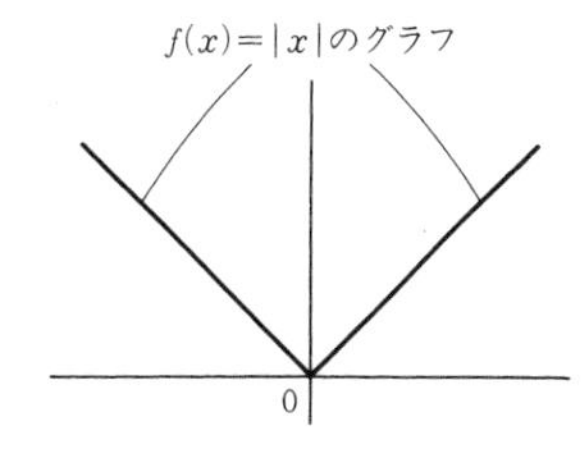

一般に関数 f が a の近傍で(a を含むある開区間で)定義されているとき，f が a において微分可能であるというのは，f が a において両側から微分可能で，かつ，右側微分係数と左側微分係数とが一致していることにほかならない．

◆ B) 接線

微分係数の幾何学的意味を考えよう．

関数 f が a のある近傍で定義されているとし，f のグラフを C とする．x をその近傍内にある a と異なる数とすれば，商

$$\frac{f(x)-f(a)}{x-a}$$

は，幾何学的には，曲線 C 上の定点 $A(a, f(a))$ と動点 $P(x, f(x))$ を結ぶ直線の傾きを表す．

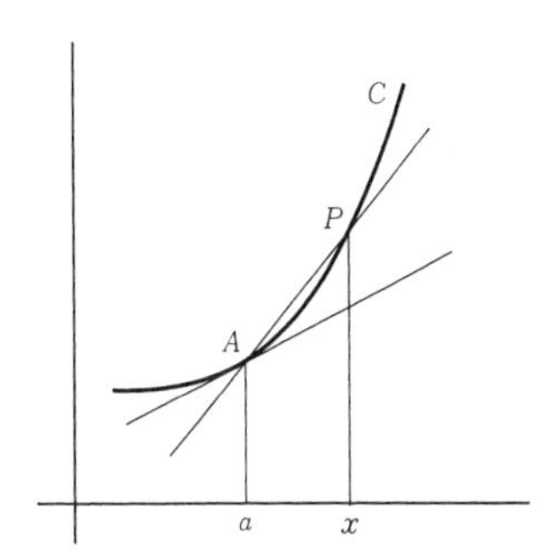

したがって，f が a において微分可能であることは，動点 P が C に沿って定点 A に限りなく近づくとき，直線 AP の傾きが限りなく一定の値 $f'(a)$ に近づいていくことを意味する．

そこで，われわれは，$f'(a)$ が存在するとき，点 A を通り傾き $f'(a)$ をもつ直線を点 A における曲線 C の**接線**と定義する．

接線

すなわち，f が a において微分可能であることは，曲線 C 上の点 $(a, f(a))$ において曲線 C に“(y 軸に平行でない)接線を引きうる”ことを意味しているのである．

◆ C) 導関数

関数 f がある区間 I のすべての点において微分可能であるとき，f は I において**微分可能**であるという．

微分可能

ただし，連続性の定義の場合と同様に，I が端点を含む区間であるときには，端点における微分可能性は“片側からの”微分可能性を意味している．たとえば，f が閉区間 $[a, b]$ において微分可能であるとは，f が $a<c<b$ を満たす任意の c において微分可能で，かつ，a においては右側微分可能，b においては左側微分可能である，という意味である．

f が区間 I において微分可能ならば，f は I において連続である．

f が区間 I において微分可能であるとき，I に属するおのおのの x に，x における微分係数 $f'(x)$ を対応させる関数 f' を f の**導関数**という．

導関数

定義によって，導関数 f' は次の式で与えられる：

$$f'(x) = \lim_{h \to 0} \frac{f(x+h)-f(x)}{h}.$$

なお，慣習によって，関数 f が $y=f(x)$ の形に書かれているときには，導関数 f' は，

$$\frac{df}{dx}, \qquad \frac{d}{dx}f(x), \qquad y', \qquad \frac{dy}{dx}$$

などの記号でも表される．

微分する

関数 f から導関数 f' を求めることを f を**微分する**という．f が $y=f(x)$ の形に書かれているときには，$f(x)$ を x で(または x について)微分する，y を x で(または x について)微分する，などともいう．

最も基本的な関数の導関数を次に求めておこう．

例 1　$f(x)=c$ を定数関数とする．そのとき

$$\lim_{h \to 0} \frac{f(x+h)-f(x)}{h} = \lim_{h \to 0} \frac{c-c}{h} = 0$$

であるから，$f'(x)=0$ である．

例 2　n を正の整数として，$f(x)=x^n$ とする．

$u=x+h$ とおけば

$$\frac{f(x+h)-f(x)}{h} = \frac{u^n-x^n}{u-x}$$

で，

$$u^n-x^n = (u-x)(u^{n-1}+u^{n-2}x+\cdots+ux^{n-2}+x^{n-1})$$

であるから，

$$\frac{f(x+h)-f(x)}{h} = u^{n-1}+u^{n-2}x+\cdots+ux^{n-2}+x^{n-1}.$$

そこで $h\to 0$, すなわち $u\to x$ とすれば, 右辺は nx^{n-1} に近づく. よって

$$f'(x) = \lim_{h\to 0}\frac{f(x+h)-f(x)}{h} = nx^{n-1}.$$

特に $f(x)=x$, $f(x)=x^2$, $f(x)=x^3$, … ならば, それぞれ $f'(x)=1$, $f'(x)=2x$, $f'(x)=3x^2$, … である.

◆ D)　定数倍・和・積・商の微分

f, g を同じ区間 I で定義された微分可能な関数とする. そのとき, 関数 cf (c は定数), $f+g$, fg, f/g――くわしく書けば, それぞれ, $x\in I$ に対し

$$(cf)(x) = cf(x),$$
$$(f+g)(x) = f(x)+g(x),$$
$$(fg)(x) = f(x)g(x),$$
$$\left(\frac{f}{g}\right)(x) = \frac{f(x)}{g(x)}$$

として定義された関数――の導関数について, 次の公式が成り立つ.

定理 2　f, g がともに区間 I において微分可能な関数ならば, $cf, f+g, fg$ も I において微分可能で,

(a)　$(cf)'(x)=cf'(x)$,

(b)　$(f+g)'(x)=f'(x)+g'(x)$,

(c)　$(fg)'(x)=f'(x)g(x)+f(x)g'(x)$.

また, $g(x)\neq 0$ なる $x\in I$ においては f/g も微分可能で,

(d)　$\left(\dfrac{f}{g}\right)'(x)=\dfrac{f'(x)g(x)-f(x)g'(x)}{\{g(x)\}^2}$.

証明　(a)　$\varphi=cf$ とおけば,

$$\frac{\varphi(x+h)-\varphi(x)}{h} = c\frac{f(x+h)-f(x)}{h}.$$

$h\to 0$ として $\varphi'(x)=cf'(x)$.

(b)　$\varphi=f+g$ とおけば,

$$\frac{\varphi(x+h)-\varphi(x)}{h} = \frac{f(x+h)-f(x)}{h}+\frac{g(x+h)-g(x)}{h}.$$

$h \to 0$ として $\varphi'(x) = f'(x) + g'(x)$.

（c）　$\varphi = fg$ とおけば,

$$\begin{aligned}\varphi(x+h) - \varphi(x) &= f(x+h)g(x+h) - f(x)g(x) \\ &= \{f(x+h) - f(x)\}g(x+h) \\ &\quad + f(x)\{g(x+h) - g(x)\}\end{aligned}$$

であるから, $\dfrac{\varphi(x+h) - \varphi(x)}{h}$ は

$$\frac{f(x+h) - f(x)}{h} g(x+h) + f(x) \frac{g(x+h) - g(x)}{h}$$

に等しい. $h \to 0$ のとき 2 つの商はそれぞれ $f'(x), g'(x)$ に近づく. また, g は微分可能したがって連続であるから, $g(x+h)$ は $g(x)$ に近づく. よって

$$\varphi'(x) = \lim_{h \to 0} \frac{\varphi(x+h) - \varphi(x)}{h} = f'(x)g(x) + f(x)g'(x).$$

（d）　まず $\varphi = \dfrac{1}{g}$ とおけば, $\varphi'(x) = -\dfrac{g'(x)}{\{g(x)\}^2}$ であることを示す.

$$\varphi(x+h) - \varphi(x) = \frac{1}{g(x+h)} - \frac{1}{g(x)} = -\frac{g(x+h) - g(x)}{g(x+h)g(x)}$$

であるから,

$$\frac{\varphi(x+h) - \varphi(x)}{h} = -\frac{1}{g(x+h)g(x)} \cdot \frac{g(x+h) - g(x)}{h}.$$

$h \to 0$ とすれば, 右辺は $-g'(x)/\{g(x)\}^2$ に近づく. ゆえに

$$\varphi'(x) = \left(\frac{1}{g}\right)'(x) = -\frac{g'(x)}{\{g(x)\}^2}.$$

一般の商 $\dfrac{f}{g} = f \cdot \dfrac{1}{g}$ に対しては, この結果と (c) によって

$$\begin{aligned}\left(\frac{f}{g}\right)'(x) &= f'(x) \cdot \frac{1}{g(x)} + f(x) \cdot \left(-\frac{g'(x)}{\{g(x)\}^2}\right) \\ &= \frac{f'(x)g(x) - f(x)g'(x)}{\{g(x)\}^2}.\end{aligned}$$

以上で証明が終わった. ▱

前項の例 1, 2 と定理 2 によって, われわれは x の任意の有理関数の導関数を計算することができる.

特に, m が正の整数であるとき, 関数 $x^{-m} = 1/x^m$ を微分すれば, 定理 2 の (d) によって

$$(x^{-m})' = \left(\frac{1}{x^m}\right)' = -\frac{mx^{m-1}}{(x^m)^2} = -mx^{-m-1}.$$

すなわち, 前項例 2 の公式

$$(x^n)' = nx^{n-1}$$

は n が負の整数のときにも成り立つ．ただし，もちろん n が負の整数の場合には，この公式は $x \neq 0$ のとき，より精密にいえば区間 $(-\infty, 0)$, $(0, +\infty)$ のそれぞれにおいて成り立つのである．

なお本項の最後に，定理 2(c) の公式 $(fg)' = f'g + fg'$ は，3 つ以上の関数の積に対しても容易に拡張されることに注意しておこう．実際，f, g, h が同じ区間 I で微分可能な関数ならば，

$$\begin{aligned}(fgh)' &= \{(fg)h\}' = (fg)'h + (fg)h' \\ &= (f'g + fg')h + fgh' \\ &= f'gh + fg'h + fgh'.\end{aligned}$$

一般に $\varphi = f_1 f_2 \cdots f_n$ ならば，

$$\varphi' = \sum_{k=1}^{n} f_1 \cdots f_{k-1} f_k' f_{k+1} \cdots f_n.$$

特に f_k $(k=1, 2, \cdots, n)$ がすべて同じ関数 f ならば，

$$(f^n)' = nf^{n-1}f'.$$

これらのことは厳密には数学的帰納法によって容易に証明される．

◆ E) 合成関数の微分法

> **定理 3** f, g をそれぞれ区間 I, J で定義された関数とし，f の値域は J に含まれるとする．このとき，f が I の点 a において微分可能，g が J の点 $b = f(a)$ において微分可能ならば，合成関数 $g \circ f$ は a において微分可能で，
>
> $$(g \circ f)'(a) = g'(b) f'(a)$$
>
> が成り立つ．

証明 g が b において微分可能であるから，$k \neq 0$ を $b + k \in J$ となる十分小さい数とするとき，

$$\lim_{k \to 0} \frac{g(b+k) - g(b)}{k} = g'(b)$$

である．よって

$$\frac{g(b+k) - g(b)}{k} = g'(b) + r(k) \qquad ①$$

とおけば，$k \to 0$ のとき $r(k) \to 0$ である．①の分母をはらえば

$$g(b+k)-g(b) = kg'(b)+kr(k). \qquad ②$$

① においては $k \neq 0$ でなければならないが，② では k が分母に現れていないから，$r(0)=0$ と定めれば ② は $k=0$ のときにも成り立つ．(微細なことながら，これが証明の 1 つの要点である．)

さて，いま $h \neq 0$ を $a+h \in I$ となる十分小さい数として $f(a+h)=b+k$ とおく．$f(a)=b$ であるから，そのとき

$$k = f(a+h)-f(a)$$

である．$h \neq 0$ でも h の値によっては k は 0 であるかもしれないが，② は $k=0$ のときにも成り立つから，② の $b+k, b$ にそれぞれ $f(a+h), f(a)$ を代入すれば，

$$\begin{aligned}&(g\circ f)(a+h)-(g\circ f)(a)\\&\quad = (f(a+h)-f(a))g'(b)+(f(a+h)-f(a))r(k).\end{aligned}$$

($r(k)$ の k は特に書きかえる必要がないのでそのままにしておいた．) これを h で割れば

$$\begin{aligned}&\frac{(g\circ f)(a+h)-(g\circ f)(a)}{h}\\&\quad = \frac{f(a+h)-f(a)}{h}g'(b)+\frac{f(a+h)-f(a)}{h}r(k).\end{aligned}$$

この式で $h \to 0$ とすれば，右辺の第 1 項は $f'(a)g'(b)$ に近づき，また f の a における微分可能性したがって連続性によって $h \to 0$ のとき $k \to 0$ であるから，第 2 項は $f'(a)\cdot 0=0$ に近づく．ゆえに

$$\lim_{h\to 0}\frac{(g\circ f)(a+h)-(g\circ f)(a)}{h} = g'(b)f'(a).$$

これが証明すべきことであった．□

定理 3 において，特に f, g がそれぞれ I, J における微分可能な関数ならば，合成関数 $g\circ f$ は I において微分可能で，任意の $x \in I$ に対し

$$(g\circ f)'(x) = g'(f(x))f'(x)$$

である．

もし，$u=f(x)$，$y=g(u)$ と書くならば，上記の結果は，“$u=f(x)$ が x について微分可能，$y=g(u)$ が u について微分可能ならば，$y=g(f(x))$ は x について微分可能で，

$$\frac{dy}{dx} = \frac{dy}{du}\cdot\frac{du}{dx}$$

である”と述べることができる．このように述べれば，定理3の公式の意味はきわめて簡明で，印象的である．

この意味において，合成関数の微分法は，しばしば**微分鎖律**または単に**鎖律**(chain rule)とよばれる．

微分鎖律(鎖律)

微分鎖律は，もちろん，3つ以上の関数の合成関数に対しても成り立つ．たとえば，関数 $u=f(x)$, $v=g(u)$, $y=h(v)$ がいずれも微分可能ならば，合成関数 $y=h(g(f(x)))$ は微分可能で，

$$\frac{dy}{dx} = \frac{dy}{dv}\cdot\frac{dv}{du}\cdot\frac{du}{dx}$$

である．

◆ F) 逆関数の微分法

定理4 関数 f は区間 I において強い意味で単調増加または単調減少な連続関数であるとし，その値域を J とする．g を f の逆関数とする．(3.2節の定理2によって，g は区間 J において強い意味で単調増加または単調減少な連続関数である．) このとき，f が I の点 a において微分可能で，$f'(a) \neq 0$ ならば，g は J の点 $b=f(a)$ において微分可能で，

$$g'(b) = \frac{1}{f'(a)}$$

である．

証明 $b=f(a)$ であるから $g(b)=a$ である．$k \neq 0$ を十分小さい数として $g(b+k)=a+h$ とおけば，$h \neq 0$ で，

$$k = f(a+h)-f(a)$$

であるから，

$$\frac{g(b+k)-g(b)}{k} = \frac{h}{f(a+h)-f(a)}$$

となる．g は連続であるから，$k\to 0$ のとき $h\to 0$，したがって $k\to 0$ のとき上式の右辺は $1/f'(a)$ に近づく．ゆえに

$$g'(b) = \lim_{k\to 0}\frac{g(b+k)-g(b)}{k} = \frac{1}{f'(a)}.$$

これで定理が証明された．◻

定理4により，もし f が I のすべての点 x で微分可能で $f'(x)\neq 0$ ならば，g は J のすべての点 $y=f(x)$ で微分可能で，

$$g'(y)=\frac{1}{f'(x)}=\frac{1}{f'(g(y))}$$

である．

慣用の記法を用いれば，上の結果は，“関数 $y=f(x)$ が逆関数 $x=g(y)$ をもつとき，y が x について微分可能で $\dfrac{dy}{dx}\neq 0$ ならば，x は y について微分可能で，

$$\frac{dx}{dy}=\frac{1}{\dfrac{dy}{dx}}$$

である”と述べることができる．この表現もまた簡明かつ印象的であろう．

◆ G)　有理数を指数とする累乗の微分

微分鎖律や逆関数の微分法は微分演算の骨子をなす基本的な技法であるが，その豊饒な応用例をみるためには，われわれはさらに多くの具体的な関数——三角関数，指数関数，対数関数，累乗関数など——を用意しなければならない．これらの関数に対する応用は第5章まで待つことにして，ここでは，われわれの既知の関数の範囲から，定理3,4の簡単な応用例を示しておこう．

例1　n を正の整数として，区間 $(0,+\infty)$ で関数

$$f(x)=x^{\frac{1}{n}}$$

を考える．(この関数の定義は113ページで述べた．)

$y=x^{\frac{1}{n}}$ とすれば $x=y^n$ で，$y>0$ ならば

$$\frac{dx}{dy}=ny^{n-1}\neq 0$$

である．よって定理4により，$x>0$ ならば

$$\frac{dy}{dx}=1\Big/\frac{dx}{dy}=\frac{1}{ny^{n-1}}=\frac{1}{n}(x^{\frac{1}{n}})^{1-n}=\frac{1}{n}x^{\frac{1}{n}-1}$$

となる．すなわち $\dfrac{d}{dx}(x^{\frac{1}{n}})=\dfrac{1}{n}x^{\frac{1}{n}-1}$ である．

例 2　r を有理数 $r=m/n$ (m, n は整数で $n>0$) とし，区間 $(0, +\infty)$ で関数

$$f(x) = x^r$$

を考える．定義によって $x^r=(x^{\frac{1}{n}})^m$ であるから，$y=x^r$ は

$$u = x^{\frac{1}{n}}, \qquad y = u^m$$

の合成関数である．したがって，微分鎖律と上の例 1 により

$$\frac{dy}{dx} = \frac{dy}{du}\cdot\frac{du}{dx} = mu^{m-1}\cdot\frac{1}{n}x^{\frac{1}{n}-1} = mx^{\frac{m}{n}-\frac{1}{n}}\cdot\frac{1}{n}x^{\frac{1}{n}-1}$$

$$= \frac{m}{n}x^{\frac{m}{n}-1},$$

すなわち

$$\frac{d}{dx}(x^r) = rx^{r-1}$$

である．この結果は，はじめ C) の例 2 (122-123 ページ) で n が正の整数のときに示した x^n の微分の公式が，任意の有理数を指数とする累乗の場合にまで延長されたことを示している．

問題 4.1

1　次の関数を微分せよ．

(1)　$(2x^2-2x+1)^3$　　(2)　$(x^2+1)^{10}(2x-5)^4$

(3)　$\dfrac{x^2-2x+6}{x^2+x+2}$　　(4)　$\dfrac{(3x+2)^3}{(2x-1)^2}$

(5)　$(x^2+2x)^{\frac{3}{2}}$　　(6)　$\dfrac{x}{\sqrt{2x^2-1}}$

2　$\alpha_1, \alpha_2, \cdots, \alpha_n$ を異なる実数として

$$f(x) = (x-\alpha_1)(x-\alpha_2)\cdots(x-\alpha_n)$$

とする．$A_k=1/f'(\alpha_k)$ $(k=1, 2, \cdots, n)$ とおけば，

$$\frac{1}{f(x)} = \frac{A_1}{x-\alpha_1} + \frac{A_2}{x-\alpha_2} + \cdots + \frac{A_n}{x-\alpha_n}$$

であることを証明せよ．

4.2 平均値の定理

導関数の最も基本的な効用の1つは，それを用いて関数の増加する範囲や減少する範囲を調べたり，極大点・極小点を求めたりすることができる点にあるが，こうした応用の基礎にあるのは平均値の定理である．これはおそらく微分積分法における最も基礎的な定理であって，今後いたるところで広汎な応用がみられるであろう．

◆ A) 極大点・極小点

f をある区間 I で定義された関数とし，c を I に属する1つの数とする．もし，I に属するすべての数 x に対して

$$f(c) \geqq f(x)$$

最大点，最大値

が成り立つならば，c を区間 I における f の**最大点**，$f(c)$ を f の**最大値**という．

最小点，最小値

不等号の向きを変えることによって，f の**最小点**や**最小値**も定義される．

f が区間 I で連続な関数であっても，一般には I における f の最大点や最小点の存在は保証されない．しかし，f が閉区間 $[a, b]$ で連続な関数であるならば，必ずその区間に f の最大点および最小点が存在することは，3.2節の定理3(最大最小値の定理)で示した．

ふたたび一般の場合に戻り，f をある区間 I で定義された関数，c を I の1つの数とする．もし，c の十分近くにある I の数 x に対して，すなわち，$a_1<c<b_1$ を満たす a_1, b_1 を c の十分近くにとるとき，区間 (a_1, b_1) に属する I のすべての数 x に対して

$$f(c) \geqq f(x)$$

局所的最大点(極大点)
極大値

が成り立つならば，c は f の**局所的最大点**あるいは**極大点**とよばれる．また $f(c)$ は f の**極大値**とよばれる．

もし，上の不等式より強く，c の十分近くにある c と異なるすべての x に対して

$$f(c) > f(x)$$

強い意味の(狭義の)極大点
強い意味の(狭義の)極大値

が成り立つならば，c は f の**強い意味の**(あるいは**狭義の**)**極大点**とよばれ，$f(c)$ は**強い意味の**(あるいは**狭義の**)**極大値**

とよばれる．

極小点(**局所的最小点**)，**極小値**などの概念も，不等号の向きを変えることによって同様に定義される．

極小点(局所的最小点)
極小値
極値点
極値

関数 f の極大点，極小点を合わせて f の**極値点**という．また，極大値，極小値を合わせて f の**極値**という．

最大点はもちろん1つの極大点であり，最小点は1つの極小点である．しかし，逆は真ではない．

たとえば，区間 $[a, b]$ で定義された連続な関数 f のグラフが下図のようになっているとする．

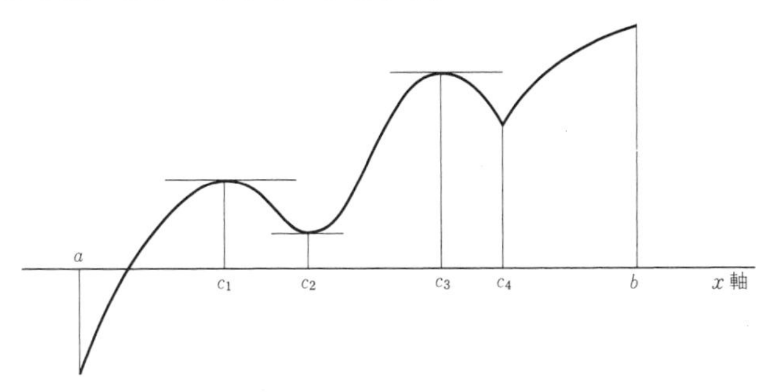

このとき，c_1, c_3 は f の極大点，c_2, c_4 は f の極小点である．(この図の場合，これらはすべて"強い意味の"極大点，極小点である．) 一方このグラフでは，区間 $[a, b]$ 全体における f の最大点，最小点はいずれも端点として現れる．すなわち，b が最大点，a が最小点である．

上の図で，極値点 c_1, c_2, c_3 におけるグラフの接線は水平(x 軸に平行)になっている．このことは，これらの値における f の微分係数が0であることを意味する．(点 c_4 も極値点であるが，ここでは f は微分可能でなく，グラフに接線をひくことができない．)

一般に次のことが成り立つ．

> **定理1**　f をある区間 I で定義された関数，c を I の1つの"内点"とする．すなわち，$c \in I$ で，c は I の端点ではないとする．もし，c が f の極値点で，f が c において微分可能であるならば，
>
> $$f'(c) = 0$$
>
> である．

証明　c が f の極大点であるとして証明する．

c は I の"内点"で，f は c において微分可能であるから，c における f の左右の微分係数が存在して，ともに $f'(c)$ に等しい．

一方 c は f の極大点であるから，h を絶対値が十分小さい正または負の数とすれば，$c+h \in I$，かつ

$$f(c) \geqq f(c+h)$$

である．これを書き直せば

$$f(c+h)-f(c) \leqq 0.$$

したがって，

$$h>0 \quad \text{ならば} \quad \frac{f(c+h)-f(c)}{h} \leqq 0,$$

$$h<0 \quad \text{ならば} \quad \frac{f(c+h)-f(c)}{h} \geqq 0$$

であり，極限へ行っても

$$\lim_{h\to 0+}\frac{f(c+h)-f(c)}{h} \leqq 0,$$

$$\lim_{h\to 0-}\frac{f(c+h)-f(c)}{h} \geqq 0$$

となる．上の2つの極限—— f の c における右側微分係数，左側微分係数——は一致して，それが $f'(c)$ に等しい．ゆえに $f'(c)\leqq 0$ かつ $f'(c)\geqq 0$，したがって $f'(c)=0$ でなければならない．□

◆　B)　ロルの定理

ロルの定理

次の定理は次項で述べる平均値の定理の特別な場合で，**ロル(Rolle)の定理**とよばれる．

> **定理 2**　関数 f が閉区間 $[a, b]$ で連続で，
>
> $$f(a) = f(b)$$
>
> であるとする．また，f は開区間 (a, b) で微分可能であるとする．そのとき，開区間 (a, b) に
>
> $$f'(c) = 0$$
>
> となるような c が(少なくとも1つ)存在する．

証明　f が閉区間 $[a, b]$ で定数ならば，(a, b) の任意の点を c として $f'(c)=0$ が成り立つから，f は $[a, b]$ で定数ではないとする．

そのとき，区間 (a, b) に $f(s) \neq f(a)$ となる s がある．いま $f(s) > f(a)$ とする．

f は閉区間 $[a, b]$ で連続であるから，最大最小値の定理によって，この区間に f の最大点が存在する．その点を c とすれば，

$$f(c) \geqq f(s) > f(a)$$

であるから，c は両端点 a, b と等しくない．すなわち c は開区間 (a, b) の点である．そして c は f の最大点，したがって1つの極大点で，かつ，仮定により f は c において微分可能であるから，定理1によって $f'(c)=0$ でなければならない．

$f(s) < f(a)$ である場合には，最大点のかわりに最小点を考えて，同様に論ずればよい．□

［**注意**：定理2で，f は"閉区間 $[a, b]$ で連続，開区間 (a, b) で微分可能"と仮定したが，この仮定はもちろん f が端点において微分可能である場合を除外するのではない．ただ，定理の結論の成立要件としては，端点 a, b においては f の連続性が仮定されていればよく，微分可能性までは要求する必要がない，というのである．

たとえば，閉区間 $[-1, 1]$ において関数

$$f(x) = \sqrt{1-x^2}$$

を考えると，f はこの閉区間で連続，開区間 $(-1, 1)$ で微分可能で，$f(-1)=f(1)=0$ である．端点 $-1, 1$ においては f は微分可能でない．しかし0において $f'(0)=0$ が成り立っている．(この関数のグラフは右図のような"半円"である．)］

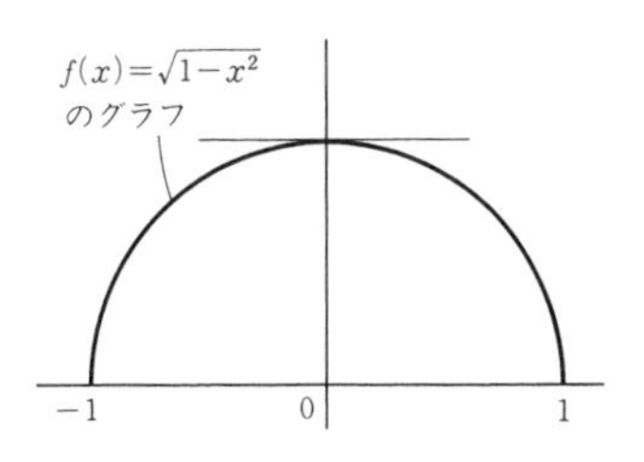

◆ C)　平均値の定理

ロルの定理では区間 $[a, b]$ の両端で f の値が等しいと仮定した．この仮定をとり除くと，一般の場合に次の**平均値の定理**とよばれる定理が成り立つ．

平均値の定理

> **定理3**　関数 f が閉区間 $[a, b]$ で連続，開区間 (a, b) で微分可能ならば，開区間 (a, b) に
>
> $$\frac{f(b)-f(a)}{b-a} = f'(c)$$
>
> を成り立たせる c が(少なくとも1つ)存在する．

証明　証明に先立って定理の幾何学的意味を述べておく．

定理の等式の左辺 $(f(b)-f(a))/(b-a)$ は区間 $[a,b]$ における関数 f のグラフの両端点 $(a,f(a)),(b,f(b))$ を結ぶ直線の傾きを表し，右辺 $f'(c)$ は点 $(c,f(c))$ におけるグラフの接線の傾きを表す．ゆえに定理の主張は幾何学的には次の内容を表していることになる：与えられた仮定のもとに，“グラフの両端点を結ぶ直線に平行な接線を両端点以外のグラフ上のある点においてグラフにひくことができる．”これが平均値の定理の幾何学的意味である．(ロルの定理は両端点を結ぶ直線が x 軸に平行である場合にほかならない．)

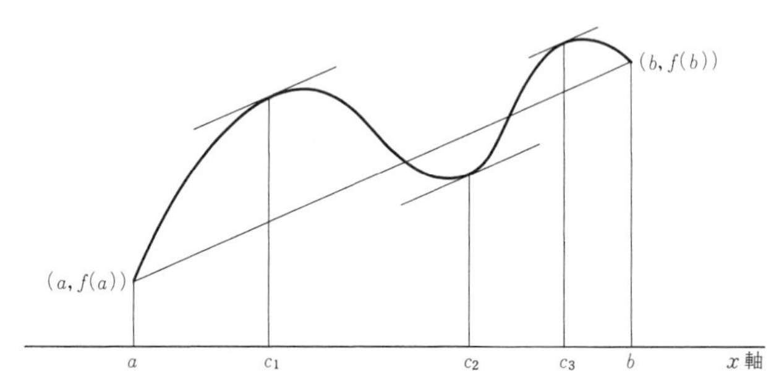

さて，証明にはいる．上の図のグラフの両端点を結ぶ直線は，1 次関数

$$g(x)=\frac{f(b)-f(a)}{b-a}(x-a)+f(a)$$

のグラフである．したがって $\varphi(x)=f(x)-g(x)$，すなわち

$$\varphi(x)=f(x)-\frac{f(b)-f(a)}{b-a}(x-a)-f(a)$$

とおけば，φ も閉区間 $[a,b]$ で連続，開区間 (a,b) で微分可能で，

$$\varphi(a)=\varphi(b)=0$$

である．ゆえに定理 2 によって，開区間 (a,b) に $\varphi'(c)=0$ となる c が存在する．しかるに

$$\varphi'(x)=f'(x)-\frac{f(b)-f(a)}{b-a}$$

である．よって $\varphi'(c)=0$ を書きあらためれば

$$\frac{f(b)-f(a)}{b-a}=f'(c)$$

を得る．これで定理が証明された．□

上の証明の基本のアイデアが関数 f のグラフの“水平化”

にあることはみやすい．すなわち，f から，グラフの両端点を結ぶ直線を表す関数 g をひいて，両端 a, b における値がともに0となる関数 φ を作り，それにロルの定理を適用したのである．

◆ D） 導関数の符号と関数の増減

次の定理を述べる前に簡単な用語を1つ用意する．

与えられた区間からその端点をとり除いた集合をその区間の"内部"という．たとえば，閉区間 $[a, b]$ の内部は開区間 (a, b)，区間 $[a, +\infty)$ の内部は $(a, +\infty)$ である．また，開区間 (a, b) の内部は (a, b) 自身である．

定理4 関数 f は区間 I で連続，I の内部で微分可能であるとする．そのとき

（1） I の内部でつねに $f'(x) \geqq 0$ ならば，f は区間 I で増加する．

（2） I の内部でつねに $f'(x) > 0$ ならば，f は区間 I で強い意味で増加する．

（3） I の内部でつねに $f'(x) \leqq 0$ ならば，f は区間 I で減少する．

（4） I の内部でつねに $f'(x) < 0$ ならば，f は区間 I で強い意味で減少する．

（5） I の内部でつねに $f'(x) = 0$ ならば，f は区間 I で定数である．

証明 x_1, x_2 を $x_1 < x_2$ を満たす I の任意の2数とする．そのとき，平均値の定理によって，区間 (x_1, x_2) に

$$\frac{f(x_2) - f(x_1)}{x_2 - x_1} = f'(c)$$

を成り立たせる c が存在する．c はもちろん I の内点（I の内部の点）であるから，(1), (2), (3), (4), (5) の仮定に応じてそれぞれ $f'(c) \geqq 0$, $f'(c) > 0$, $f'(c) \leqq 0$, $f'(c) < 0$, $f'(c) = 0$ である．そして $f(x_2) - f(x_1)$ は $f'(c)$ と同符号であるから，それぞれの場合に応じて

$$f(x_1) \leqq f(x_2), \qquad f(x_1) < f(x_2),$$
$$f(x_1) \geqq f(x_2), \qquad f(x_1) > f(x_2),$$
$$f(x_1) = f(x_2)$$

となる．これで定理の結論が導かれた．◻

> **系**　区間 I で 2 つの関数 F, G が微分可能で，すべての $x \in I$ に対して $F'(x)=G'(x)$ が成り立つとする．そのとき，2 つの関数の差 $F-G$ は定数である．

証明　関数 $F-G$ に定理 4 の(5)を適用すればよい．◻

◆ E)　例

定理 4 によれば，関数が微分可能である区間においては，関数の増加・減少や極値点に関する問題を，原理的には導関数の符号を調べることによって解決することができる．以下にごく初等的な二三の例を示しておく．

> **例 1**　3 次関数 $f(x)=x^3-3x+2$ の増減と極値について調べよ．

解　$f'(x)=3x^2-3=3(x^2-1)$ であるから，

$$f'(-1)=f'(1)=0,$$

区間 $(-\infty,-1)$ で $f'(x)>0$,

区間 $(-1,1)$ で $f'(x)<0$,

区間 $(1,+\infty)$ で $f'(x)>0$.

したがって f は区間 $(-\infty,-1]$ で増加，区間 $[-1,1]$ で減少，区間 $[1,+\infty)$ で増加する．$x=-1$ は極大点で $f(-1)=4$ は極大値，$x=1$ は極小点で $f(1)=0$ は極小値である．（ここで増加・減少，あるいは極大・極小というのは，どれも強い意味である．以後でも“強い意味で”ということが文脈から明らかである場合にはしばしばこの語を省略する．）グラフは下図のようになる．◻

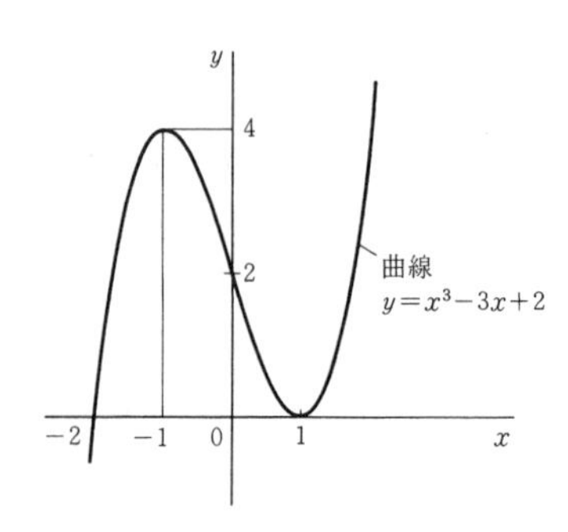

> **例 2** n を 2 以上の整数とする．$x>1$ のとき，不等式
> $$x^n-1 > n(x-1)$$
> が成り立つことを示せ．

証明 $f(x)=x^n-1-n(x-1)$ とおくと，
$$f'(x) = nx^{n-1}-n = n(x^{n-1}-1).$$
$n\geqq2$ であるから $n-1$ は正の整数で，よって $x>1$ ならば $x^{n-1}>1$，したがって $f'(x)>0$ である．ゆえに f は区間 $[1,+\infty)$ で増加する．そして $f(1)=0$ であるから，$x>1$ ならば $f(x)>f(1)=0$ となる．□

> **例 3** 放物線 $y=\dfrac{x^2}{4}$ 上の点で，点 $(3,0)$ に最も近い点を求めよ．

解 定点 $(3,0)$ を A とし，放物線上の動点 (x,y) を P とする．距離 AP の平方は
$$AP^2 = (x-3)^2+y^2.$$
これが最小となるように点 P を定めればよい．$y=x^2/4$ であるから，
$$AP^2 = \frac{x^4}{16}+(x-3)^2.$$

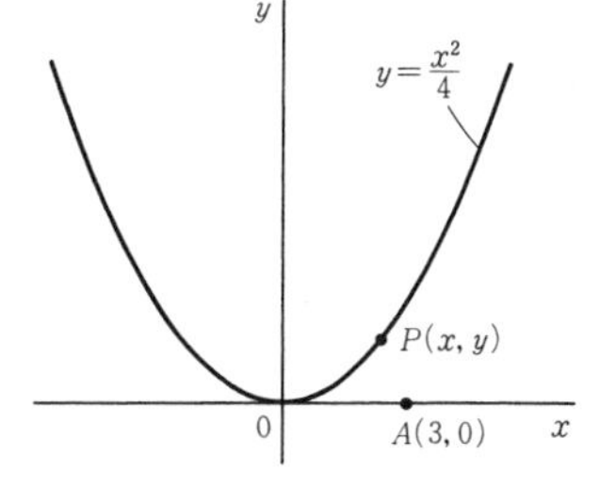

これを $f(x)$ とおき，x について微分すれば
$$f'(x) = \frac{x^3}{4}+2(x-3)$$
$$= \frac{1}{4}(x-2)(x^2+2x+12).$$
ゆえに $f'(2)=0$ で，$x<2$ ならば $f'(x)<0$，$x>2$ ならば $f'(x)>0$ である．よって f は区間 $(-\infty,2]$ で減少，区間 $[2,+\infty)$ で増加し，$x=2$ のときに最小となる．$x=2$ のとき $y=x^2/4=1$ であるから，求める点は $(2,1)$ である．□

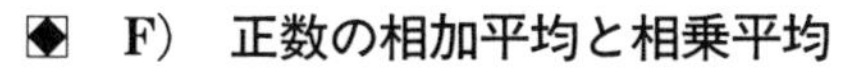

◆ F) 正数の相加平均と相乗平均

本節の最後に，定理 4 のもう 1 つの応用例として，正数の相加平均と相乗平均に関するよく知られた古典的な不等式を証明しておこう．

まず定義を述べる．$a_1, a_2, \cdots, a_n$ を正数とするとき，

$$\frac{a_1+a_2+\cdots+a_n}{n}$$

相加平均(算術平均)

をこれらの数の**相加平均**または**算術平均**といい,

$$(a_1a_2\cdots a_n)^{\frac{1}{n}}$$

相乗平均(幾何平均)

を**相乗平均**または**幾何平均**という.

われわれの目標は"相加平均≧相乗平均"という不等式の証明であるが,そのためにまず次の補題を証明する.(この補題の証明に定理4が用いられる.)

補題　b を正の定数,n を任意の正の整数とする.そのとき,$x>0$ であるすべての x に対して,不等式

$$\left(\frac{nb+x}{n+1}\right)^{n+1} \geqq b^n x$$

が成り立つ.等号が成り立つのは $x=b$ のときに限る.

証明　$x>0$ において定義された関数

$$f(x)=\left(\frac{nb+x}{n+1}\right)^{n+1}-b^n x$$

を考える.これを微分すれば

$$f'(x)=\left(\frac{nb+x}{n+1}\right)^{n}-b^n.$$

この符号は $\dfrac{nb+x}{n+1}-b=\dfrac{x-b}{n+1}$ の符号に応ずるから,

$$0<x<b \quad \text{ならば} \quad f'(x)<0,$$

$$f'(b)=0,$$

$$b<x \quad \text{ならば} \quad f'(x)>0$$

である.これより $f(x)$ は $x=b$ のとき最小で,$f(b)=0$ であるから,任意の $x>0$ に対して $f(x)\geqq 0$ となる.かつ明らかに $f(x)=0$ となるのは $x=b$ のときに限る.これが証明すべきことであった.□

定理5　任意の正数 $a_1, a_2, \cdots, a_n$ に対して,不等式

$$\frac{a_1+a_2+\cdots+a_n}{n} \geqq (a_1a_2\cdots a_n)^{\frac{1}{n}}$$

が成り立つ.

証明　n に関する帰納法による.$n=1$ のときには証明すべきことは何もないから,n 個の正数 $a_1, \cdots, a_n$ に対して定理の不等式が成り立つことを仮定し,$n+1$ 個の正数 a_1,

$\cdots, a_n, a_{n+1}$ に対しても，不等式

$$\frac{a_1+\cdots+a_n+a_{n+1}}{n+1} \geqq (a_1\cdots a_n a_{n+1})^{\frac{1}{n+1}}$$

が成り立つことを証明する．

そのために，補題の b, x にそれぞれ $(a_1+\cdots+a_n)/n, a_{n+1}$ を代入する．そうすれば

$$\left(\frac{a_1+\cdots+a_n+a_{n+1}}{n+1}\right)^{n+1} \geqq \left(\frac{a_1+\cdots+a_n}{n}\right)^n a_{n+1}.$$

ここで帰納法の仮定を用いれば

$$\left(\frac{a_1+\cdots+a_n+a_{n+1}}{n+1}\right)^{n+1} \geqq \left(\frac{a_1+\cdots+a_n}{n}\right)^n a_{n+1}$$
$$\geqq a_1\cdots a_n a_{n+1}.$$

よって $n+1$ 個の正数に対しても定理の不等式が成り立つ．

以上で帰納法により定理は証明された．□

問題 4.2

1　定理5の証明を吟味して，正数 $a_1, a_2, \cdots, a_n$ の相加平均と相乗平均が一致するのは $a_1=a_2=\cdots=a_n$ であるとき，またそのときに限ることを証明せよ．

2　3次関数 $f(x)=x^3+ax^2+bx+c$ は，全区間 $(-\infty, +\infty)$ で，$a^2-3b>0$ ならば極大値・極小値を1つずつもつこと，$a^2-3b \leqq 0$ ならば極値をもたないことを証明せよ．

3　座標平面上で，$P(a, b)$ を第1象限内にある定点とする．P を通り負の傾きをもつ直線が x 軸，y 軸の正の部分と交わる点をそれぞれ A, B とするとき，次の問に答えよ．ただし，O は座標の原点である．

（1）　三角形 OAB の面積の最小値を求めよ．

（2）　線分 AB の長さの最小値を求めよ．

4　放物線 $y=x^2$ 上の頂点と異なる点 A におけるこの放物線の法線(接線に垂直な直線)がふたたびこの放物線と交わる点を B とする．線分 AB の長さが最小となるように点 A の位置を定めよ．また，その長さの最小値を求めよ．

5　関数 f が $[a, b]$ を含む区間で微分可能で，$f'(a)<f'(b)$ であるとする．そのとき，$f'(a)<\gamma<f'(b)$ を満たす任意の γ に対して，区間 (a, b) に $f'(c)=\gamma$ となる c が存在することを証明せよ．

6　$c_0, c_1, \cdots, c_n$ が実数で，

$$c_0+\frac{c_1}{2}+\cdots+\frac{c_{n-1}}{n}+\frac{c_n}{n+1}=0$$

を満たすとする．そのとき，方程式

$$c_0+c_1x+\cdots+c_{n-1}x^{n-1}+c_nx^n=0$$

は，0と1の間に少なくとも1つ実数解をもつことを証明せよ．

7(ロルの定理の拡張)　f が区間 $[a, +\infty)$ で微分可能で，

$$\lim_{x\to+\infty}f(x)=f(a)$$

であるとする．そのとき，$a<c$, $f'(c)=0$ を満たす c が存在することを証明せよ．

4.3　関数の凹凸

関数のグラフを描くために，関数の増加する範囲や減少する範囲，また極値点などについて知ることは，第一義的に重要である．そして，それらの情報は原理的には導関数を用いて調べることができる．けれども第1次導関数だけでは，たとえばグラフが“下に凸”であるか“上に凸”であるかについての情報を得ることはできない．しかも関数のこうした性質を知ることは理論上も実際上もしばしば非常に重要なのである．

本節ではこうした関数の“凹凸(おうとつ)”の問題について論ずる．この問題に対して基本的な役割を演ずるのは関数の第2次導関数である．

◆ A)　凸関数

関数が“下に凸”であるとか“上に凸”であるとかいうのは，直観的にはグラフがそれぞれ下図の(a), (b)のようになっていることである．

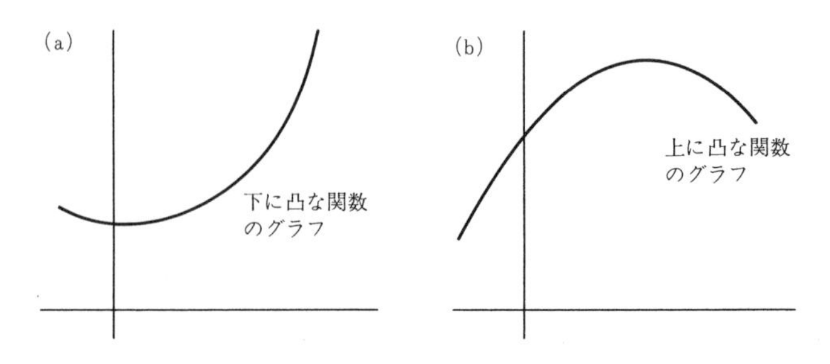

これらの概念の正確な定義を与えることからはじめよう．

関数 f が区間 I において定義されているとする．もし，I に属し，$a<c<b$ を満足する任意の3数 a, b, c に対して，不等式

$$\frac{f(c)-f(a)}{c-a} \leqq \frac{f(b)-f(c)}{b-c} \qquad ①$$

が成り立つならば，関数 f（あるいは f のグラフ）は I において**下に凸**であるという．

下に凸

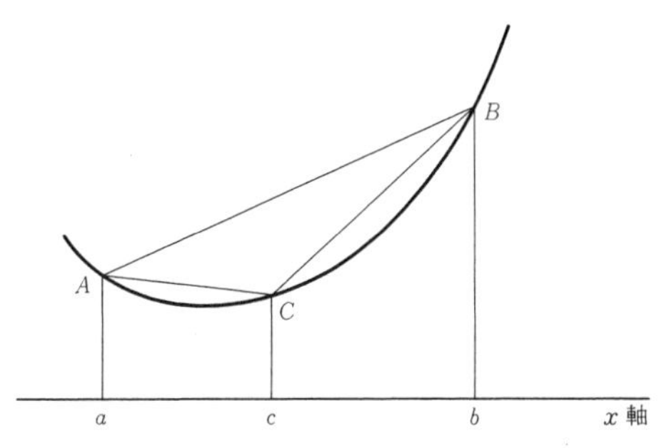

図形的にいえば，不等式①は，グラフ上の3点 $(a, f(a)), (c, f(c)), (b, f(b))$ をそれぞれ A, C, B とするとき，直線 CB の傾きが直線 AC の傾き以上であることを意味している．

直ちにわかるように，p, q, r, s が実数で $\dfrac{p}{q} \leqq \dfrac{r}{s}$，$q>0$，$s>0$ ならば，

$$\frac{p}{q} \leqq \frac{p+r}{q+s} \leqq \frac{r}{s}$$

であるから，不等式①からはさらに不等式

$$\frac{f(c)-f(a)}{c-a} \leqq \frac{f(b)-f(a)}{b-a} \leqq \frac{f(b)-f(c)}{b-c} \qquad ②$$

が導かれる．すなわち，直線 AB の傾きは直線 AC の傾きと直線 CB の傾きとの間にある．

もし，$a<c<b$ を満足する I の任意の3数 a, b, c に対し，①の $\leqq$ を強い不等号 $<$ におきかえた不等式が成り立つならば，f は I において**強い意味で下に凸**あるいは**狭義に下に凸**であるという．その場合には，②においても2つの不等号 $\leqq$ はともに強い不等号 $<$ におきかえられる．

強い意味で下に凸（狭義に下に凸）

一方，不等号 $\leqq$ を $\geqq$ にかえて①が成り立つ場合には，f は I において**上に凸**であるという．**強い意味で（狭義に）上**

上に凸

強い意味で上に凸(狭義に上に凸)

に凸の定義も同様である．f が上に凸または狭義に上に凸であることは，$-f$ が下に凸または狭義に下に凸であることと同じである．

上に凹，下に凹

下に凸，上に凸であることをそれぞれ**上に凹**，**下に凹**であるともいう．

凸関数
凹関数

下に凸な関数は単に**凸関数**とよばれる．また上に凸な関数は**凹関数**とよばれる．f が凸関数ならば $-f$ は凹関数，f が凹関数ならば $-f$ は凸関数である．

［**注意**：このような語法は慣習によるものであるが，これによれば，関数を単に凸，凹とよぶときには，“下向き”を基準としていうのである．したがって，一見漢字の凹の形をしたグラフをもつ関数が凸関数，漢字の凸の形をしたグラフをもつ関数が凹関数ということになる．］

凹関数はその符号を変えれば凸関数になるから，以下の命題は主として凸関数について述べる．

> **定理1**　区間 I において凸な関数 f は I の内部において連続である．

証明　c を I の1つの内点とする．$a<c<b$ なる I の点 a, b をとって

$$A=\frac{f(c)-f(a)}{c-a}, \qquad B=\frac{f(b)-f(c)}{b-c}$$

とおけば，凸関数の定義によって $A \leqq B$ である．また，区間 (a, b) に属する任意の x に対して，明らかに

$$A \leqq \frac{f(x)-f(c)}{x-c} \leqq B$$

が成り立つ．よって，$x<c$ ならば

$$A(x-c) \geqq f(x)-f(c) \geqq B(x-c),$$

$c<x$ ならば

$$A(x-c) \leqq f(x)-f(c) \leqq B(x-c)$$

で，$x \to c$ のとき $A(x-c) \to 0$，$B(x-c) \to 0$ であるから，$\lim_{x \to c} f(x)=f(c)$ となる．これで定理が証明された．◻

◆　B)　導関数の増減と凹凸

関数 f が導関数 f' をもつときには次のことが成り立つ．

> **定理2**　区間 I において関数 f が導関数 f' をもつとする．そのとき，次の(i)，(ii)，(iii)は互いに同値である．

(i) f は I において凸である．

(ii) f' は I において増加関数である．

(iii) 任意の $a, b \in I$ に対して

$$f(b)-f(a) \geqq f'(a)(b-a)$$

が成り立つ．

また，次の(i′), (ii′), (iii′)も互いに同値である．

(i′) f は I において狭義に凸である．

(ii′) f' は I において狭義増加関数である．

(iii′) I の任意の異なる2点 a, b に対して

$$f(b)-f(a) > f'(a)(b-a)$$

が成り立つ．

証明 ここでは(i′), (ii′), (iii′)が互いに同値であることを示す．((i), (ii), (iii)の同値性の証明もほとんど同様である．)

まず(i′)を仮定し，$a, b \in I$, $a<b$ とする．$a<x<b$ とすれば

$$\frac{f(x)-f(a)}{x-a} < \frac{f(b)-f(a)}{b-a} < \frac{f(b)-f(x)}{b-x}.$$

ここで $(f(x)-f(a))/(x-a)$ は，x を減少させつつ右から a に近づければ，減少しながら $f'(a)$ に近づき，また，$(f(b)-f(x))/(b-x)$ は，x を増加させつつ左から b に近づければ，増加しながら $f'(b)$ に近づく．よって

$$f'(a) < \frac{f(b)-f(a)}{b-a} < f'(b).$$

すなわち(ii′)が成り立つ．

次に(ii′)を仮定し，a, b を I の異なる2点とする．そのとき平均値の定理により，$a<b$ または $a>b$ に応じて，$a<c<b$ または $a>c>b$ を満たすある c に対して

$$\frac{f(b)-f(a)}{b-a} = f'(c)$$

が成り立つ．$a<b$ の場合には $b-a>0$, $f'(c)>f'(a)$; $a>b$ の場合には $b-a<0$, $f'(c)<f'(a)$ であるから，いずれの場合にも，これより

$$f(b)-f(a) > f'(a)(b-a)$$

を得る．これで(iii′)が導かれた．

最後に(iii′)を仮定する．$a, b, c \in I$, $a<c<b$ とすれば，(iii′)によって

$$f(b)-f(c) > f'(c)(b-c),$$
$$f(a)-f(c) > f'(c)(a-c).$$

後者の不等式は $f(c)-f(a)<f'(c)(c-a)$ と書きかえられ，$c-a>0$, $b-c>0$ であるから，

$$\frac{f(c)-f(a)}{c-a} < f'(c) < \frac{f(b)-f(c)}{b-c}.$$

ゆえに f は I において狭義に凸である．すなわち(i′)が成り立つ．

以上で(i′), (ii′), (iii′)はすべて同値であることが証明された．▨

定理 2(iii′)の不等式で，文字 b を x におきかえると，$x \neq a$ のとき

$$f(x) > f(a)+f'(a)(x-a)$$

となる．この右辺は点 $(a, f(a))$ における f の接線を表す関数であるから，この不等式は，f が I において狭義に凸である場合，“f のグラフ上の各点における接線は接点を除いて f のグラフより下にある”という事実を表している．

◆ C)　第 2 次導関数の符号と凹凸

ある区間で関数 f の導関数 f' がさらに微分可能ならば，f' の導関数を f の**第 2 次導関数**といい，f'' で表す．(それに対して f' を f の**第 1 次導関数**という．)

第 2 次導関数
第 1 次導関数

定理 3　関数 f が区間 I で第 2 次導関数 f'' をもつとする．そのとき

(1)　すべての $x \in I$ に対して $f''(x) \geqq 0$ ならば，f は I において凸である．

(2)　すべての $x \in I$ に対して $f''(x) > 0$ ならば，f は I において狭義に凸である．

(3)　すべての $x \in I$ に対して $f''(x) \leqq 0$ ならば，f は I において凹である．

(4)　すべての $x \in I$ に対して $f''(x) < 0$ ならば，f は I において狭義に凹である．

証明 4.2節の定理4によって，(1)の仮定のもとで f' は I において増加，(2)の仮定のもとで f' は I において狭義に増加である．ゆえに定理2から(1), (2)の結論が得られる．(3), (4)は(1), (2)の凹関数への翻訳である．□

定理3は実用上きわめて強力な定理である．実際，通常の場合，関数は第2次導関数をもつから，われわれはこの定理により，第2次導関数の符号を調べることによって，関数の凹凸の判定を得るのである．

簡単な一例として，4.2節E)例1の3次関数

$$f(x) = x^3 - 3x + 2$$

を考える．この関数では $f'(x) = 3x^2 - 3$, $f''(x) = 6x$ であるから，$f''(0) = 0$ で，$x < 0$ ならば $f''(x) < 0$, $x > 0$ ならば $f''(x) > 0$ である．よって f は区間 $(-\infty, 0)$ では上に凸，区間 $(0, +\infty)$ では下に凸で，0のところで関数の凹凸が入れかわる．(136ページのグラフ参照.) このようなとき，0において f の凹凸は**変曲する**，または0は f の**変曲点**であるという．また，0に対応するグラフ上の点 $(0, 2)$ を f のグラフの**変曲点**という．

変曲する，変曲点

◆ D) 第2次導関数と極値

第2次導関数はまた次のように関数の極大・極小の判定のために用いられる．

> **定理4** 関数 f が区間 I で第2次導関数 f'' をもつとし，f'' が連続であるとする．a を I の1つの内点とする．そのとき
>
> (1) $f'(a) = 0$, $f''(a) > 0$ ならば，a は f の狭義の極小点である．
>
> (2) $f'(a) = 0$, $f''(a) < 0$ ならば，a は f の狭義の極大点である．

証明 (1) $f'(a) = 0$, $f''(a) > 0$ とする．f'' が連続であるから，十分小さく $\rho > 0$ をとれば，f'' は a の近傍 $(a - \rho, a + \rho)$ で正の値をとる．したがって f' は $(a - \rho, a + \rho)$ で狭義に単調増加し，$f'(a) = 0$ であるから，区間 $(a - \rho, a)$ で $f'(x) < 0$, 区間 $(a, a + \rho)$ で $f'(x) > 0$ となる．ゆえに $f(x)$ は x が増加しながら a を通過するとき減少から増加に

変わる．よって a は f の狭義の極小点である．

(2) も同様にして証明される．☐

［**注意**：$f'(a)=f''(a)=0$ であるときには，a が極値点である場合もあり，そうでない場合もある．たとえば，$f(x)=x^3$ ならば，$f'(0)=f''(0)=0$ であるが，明らかに 0 は極値点ではない．一方 $f(x)=x^4$ ならば，$f'(0)=f''(0)=0$ で 0 は極小点である．一般に $f'(a)=f''(a)=0$ であるときには，a が極値点であるか否かの判定にさらに多くの情報を要する．］

◆　E）　凸関数の定義の別形式

凸関数の定義はすでに述べた通りであるが，応用上はこの定義を少し別の形に述べかえておいた方が便利なことが多い．すなわち次の通りである．

前に述べたように，関数 f が区間 I において凸関数であるとは，$a<c<b$ を満たす I の任意の 3 数 a, b, c に対して，不等式

$$\frac{f(c)-f(a)}{c-a} \leqq \frac{f(b)-f(c)}{b-c} \qquad ①$$

が(狭義の凸の場合には強い不等号 $<$ で)成り立つことであった．

いま，

$$\frac{c-a}{b-a}=t$$

とおいて，この不等式の書きかえをこころみる．

$a<c<b$ であるから，上のようにおけば $0<t<1$ で，

$$c-a=t(b-a), \qquad b-c=(1-t)(b-a)$$

である．これを ① の分母に代入して分母をはらえば

$$(1-t)(f(c)-f(a)) \leqq t(f(b)-f(c))$$

となり，移項して整理すれば

$$f(c) \leqq (1-t)f(a)+tf(b)$$

を得る．

さらに c は $c=a+t(b-a)=(1-t)a+tb$ と書くことができるから，これは

$$f((1-t)a+tb) \leqq (1-t)f(a)+tf(b) \qquad ②$$

と書きかえられる．これがすなわち ① を書きかえた不等式で，① が強い不等号 $<$ の不等式の場合には ② もやはり強い不等号 $<$ の不等式である．

② では c が表面に出ていないが，① における $a<c<b$ という条件が ② においては $0<t<1$ という条件で代用されているのである．

不等式 ② が不等式 ① よりもすぐれている理由の 1 つは，① のように $c-a$ や $b-c$ が分母に現れていないことである．したがって ② は $t=0$ や $t=1$ の場合にも，また $a=b$ の場合にも(いずれの場合も等号で)成り立つ．さらに ② で a と b をおきかえても——$t, 1-t$ がそれぞれ $1-t, t$ に代わるだけで——同じ不等式が得られるから，② では $b<a$ であってもさしつかえない．すなわち，② では a, b は I の任意の数でよく，ただ t に $0 \leqq t \leqq 1$ という条件が課せられていればよいのである．

ゆえにわれわれは凸関数の定義をあらためて次のように述べることができる．

定義　区間 I で定義された関数 f が I において凸であるとは，任意の $a, b \in I$ および $0 \leqq t \leqq 1$ を満たす任意の t に対して，

$$f((1-t)a+tb) \leqq (1-t)f(a)+tf(b)$$

が成り立つことである．また，f が I において狭義に凸であるとは，$a \neq b$ である任意の $a, b \in I$ と $0<t<1$ を満たす任意の t に対して，この不等式が強い不等号 $<$ で成り立つことである．

この定義に用いられている不等式は実質的には前の定義の不等式を書きかえただけのものにすぎないが，この不等式の方が形もよく，運用にも便利なのである．

この不等式で $1-t=s$ とおけば，これはより対称的な形になる．すなわち

$$f(sa+tb) \leqq sf(a)+tf(b).$$

この形では s, t は $s \geqq 0$，$t \geqq 0$，$s+t=1$ を満たす任意の実数である．

この形はさらに次のように“一般化”することができる．上述の定義の有効性を示すために，それを定理として述べておこう．

定理 5　関数 f が区間 I において凸ならば，I に属す

る任意の数 $a_1, \cdots, a_n$ と，$t_1 \geqq 0$, …, $t_n \geqq 0$, $t_1 + \cdots + t_n = 1$ を満たす任意の数 $t_1, \cdots, t_n$ に対して，不等式

$$f(t_1 a_1 + \cdots + t_n a_n) \leqq t_1 f(a_1) + \cdots + t_n f(a_n)$$

が成り立つ．

証明　n に関する帰納法による．$n=1$ のときは明らかであるから，$n \geqq 2$ とし，$n-1$ の場合には定理の不等式が成り立つと仮定する．

さて，n の場合，もし $t_n = 1$ ならば上の不等式の両辺はともに $f(a_n)$ となって成り立つから，$t_n < 1$ とする．そのとき

$$t_1 a_1 + \cdots + t_n a_n = (1-t_n)\left(\frac{t_1}{1-t_n}a_1 + \cdots + \frac{t_{n-1}}{1-t_n}a_{n-1}\right) + t_n a_n$$

であるから，$s_i = t_i/(1-t_n)$ $(i=1, \cdots, n-1)$ とおけば

$$\begin{aligned} & f(t_1 a_1 + \cdots + t_n a_n) \\ & \quad \leqq (1-t_n) f(s_1 a_1 + \cdots + s_{n-1} a_{n-1}) + t_n f(a_n). \end{aligned}$$

そして $s_1 \geqq 0$, …, $s_{n-1} \geqq 0$, $s_1 + \cdots + s_{n-1} = 1$ であるから，帰納法の仮定によって

$$f(s_1 a_1 + \cdots + s_{n-1} a_{n-1}) \leqq s_1 f(a_1) + \cdots + s_{n-1} f(a_{n-1}).$$

ゆえに

$$\begin{aligned} & f(t_1 a_1 + \cdots + t_n a_n) \\ & \quad \leqq (1-t_n)(s_1 f(a_1) + \cdots + s_{n-1} f(a_{n-1})) + t_n f(a_n) \\ & \quad = t_1 f(a_1) + \cdots + t_{n-1} f(a_{n-1}) + t_n f(a_n). \end{aligned}$$

これで定理が証明された．□

定理 5 で特に $t_1 = \cdots = t_n = 1/n$ とおけば

$$f\left(\frac{a_1 + \cdots + a_n}{n}\right) \leqq \frac{1}{n}\{f(a_1) + \cdots + f(a_n)\}$$

を得る．

もちろん凹関数の場合には上記の定義や定理の不等式はすべて反対の向きの不等号で成り立つ．

問題 4.3

1　関数 f が区間 I で凸ならば，f は I の任意の内点において右側微分係数，左側微分係数をもつことを証明せよ．

2　任意の 3 次関数 $f(x) = x^3 + ax^2 + bx + c$ はただ 1 つの変曲点をもつことを示せ．

3　$(-\infty, +\infty)$ で定義された関数 $f(x) = 2x/(1+x^2)$ の増減・極値，凹凸・変曲点を調べてグラフを描け．

4 関数 f は区間 I で第2次導関数 f'' をもつとし，a は I の内点で $f''(a)=0$ であって，a の十分近くで $x<a$ ならば $f''(x)<0$，$x>a$ ならば $f''(x)>0$ であるとする．そのとき，変曲点 $P(a,f(a))$ において f のグラフに接線をひけば，P の近くの $x<a$ の部分ではグラフは接線より下方にあり，$x>a$ の部分ではグラフは接線より上方にある．このことを証明せよ．

5 f,g はともに $(-\infty,+\infty)$ で定義された凸関数で，かつ g は増加関数であるとする．そのとき，合成関数 $g\circ f$ は凸関数であることを示せ．

6 f は区間 I において狭義に凸な関数とする．そのとき，定理5の不等式において，$t_1>0, \cdots, t_n>0$ ならば，この不等式が等号で成り立つのは $a_1=\cdots=a_n$ のときに限ることを証明せよ．

4.4 高次導関数

◆ A) 高次導関数とその記号

関数 f の第2次導関数 f'' がさらに微分可能ならば，f'' の導関数として f の第3次導関数 f''' が定義される．以下同様にして，第4次導関数，第5次導関数，…が漸次定義される．一般に，f を n 回微分して得られる関数を f の**第 n 次導関数**とよぶ．これは f の肩に $'$ を n 個つけた記号で表されるが，n が大きい場合には実際上この記法は不便である．よってこれを記号 $f^{(n)}$ で表す．(この記号によれば，特に $f^{(1)}$ は f' を，$f^{(2)}$ は f'' を表すことになる．しばしば f 自身も記号 $f^{(0)}$ で表される．)

第 n 次導関数

関数 f が $y=f(x)$ の形に書かれているときには，$f^{(n)}$ を

$$\frac{d^nf}{dx^n}, \quad \frac{d^n}{dx^n}f(x), \quad y^{(n)}, \quad \frac{d^ny}{dx^n}$$

などの記号でも表す．

ある区間において関数 f の第 n 次導関数 $f^{(n)}$ が存在するとき，f はその区間において **n 回微分可能**であるという．もしすべての $n=1,2,\cdots$ に対して $f^{(n)}$ が存在するならば，f は**無限回微分可能**であるという．

n 回微分可能

無限回微分可能

たとえば，x の多項式(整式)$f(x)$ は全区間 $(-\infty,+\infty)$ において無限回微分可能である．一般に多項式を微分すると次数が1だけ小さくなるから，$f(x)$ が n 次の多項式ならば，

$f^{(n)}(x)$ は(0でない)定数となり，$m>n$ ならば $f^{(m)}(x)=0$ となる．

以下本節では，さしあたり多項式とその高次導関数との係わりについて，二三の初等的事項を述べておくことにする．

◆ B) 多項式に関するテイラーの定理

$f(x)$ を x の多項式とし，その次数を n とする．a を1つの定数とすれば，$f(x)$ は"$x-a$ の多項式"として

$$f(x) = c_0+c_1(x-a)+\cdots+c_n(x-a)^n$$

の形にも書かれる．このとき，係数 $c_0, c_1, \cdots, c_n$ は，次の定理に示すように，$f(x)$ の高次導関数の a における値を用いて表すことができる．これは**多項式に関するテイラー(Taylor)の定理**とよばれる．

多項式に関するテイラーの定理

> **定理1** $f(x)$ を x の n 次の多項式，a を1つの定数とする．そのとき $f(x)$ は $x-a$ の多項式として
>
> $$f(x) = f(a)+\frac{f'(a)}{1!}(x-a)+\cdots+\frac{f^{(n)}(a)}{n!}(x-a)^n$$
>
> と表される．

証明 $f(x)=c_0+c_1(x-a)+\cdots+c_n(x-a)^n$ とおいて，n 回微分すれば，

$$f'(x) = c_1+2c_2(x-a)+\cdots+nc_n(x-a)^{n-1},$$
$$f''(x) = 2!c_2+3\cdot 2c_3(x-a)+\cdots+n(n-1)c_n(x-a)^{n-2},$$
$$\cdots\cdots$$
$$f^{(n)}(x) = n!c_n.$$

これらの式において，x に a を代入すれば，

$f(a) = c_0$, $f'(a) = c_1$, $f''(a) = 2!c_2$, $\cdots$, $f^{(n)}(a) = n!c_n$.

ゆえに

$$c_k = \frac{f^{(k)}(a)}{k!} \qquad (k=0, 1, \cdots, n)$$

これが証明すべきことであった．□

> **系** $f(x)$ を n 次の多項式，k を n 以下の1つの正の整数とする．a を定数とするとき，多項式 $f(x)$ が $(x-a)^k$ で割り切れるための必要十分条件は，
>
> $$f(a) = f'(a) = \cdots = f^{(k-1)}(a) = 0$$

である.

証明 定理1の"展開式"で$\dfrac{f^{(k)}(a)}{k!}(x-a)^k$以降の項は$(x-a)^k$で割り切れるから, $f(x)$を$(x-a)^k$で割ったときの余りは

$$f(a)+\frac{f'(a)}{1!}(x-a)+\cdots+\frac{f^{(k-1)}(a)}{(k-1)!}(x-a)^{k-1}$$

である. このことから直ちに結論が得られる. ◻

◆ C) 多項式の零点

$f(x)$をxの多項式, aを1つの定数とする. もし$f(a)=0$ならば, aは$f(x)$の**零点**とよばれる. aが$f(x)$の零点であることは$f(x)$が$x-a$で割り切れることと同値である.

零点

aが$f(x)$の零点であるとき, もし

(*) $f(a)=f'(a)=\cdots=f^{(k-1)}(a)=0,\ f^{(k)}(a)\neq 0$

であるならば, aは$f(x)$の**k次**(あるいは**k位**)**の零点**または**重複度kの零点**とよばれる. 定理1の系によれば, このことは$f(x)$が$(x-a)^k$で割り切れるが, $(x-a)^{k+1}$では割り切れないことと同値である. いいかえれば, $f(x)$が, $g(a)\neq 0$である多項式$g(x)$をもって$f(x)=(x-a)^k g(x)$と表されることと同値である.

k次の零点

重複度kの零点

aが多項式$f(x)$の零点であることを, aは"方程式$f(x)=0$"の**解**(または**根**)であるともいい, それがk次の零点ならば, 方程式$f(x)=0$の**k重解**(または**k重根**)であるという.

解(根)

k重解(k重根)

なお, 解や根の語は本来は方程式に対して用いるべきものであるが, 言語の短縮のため, しばしばこれを多項式にも流用して, 多項式のk重解というような表現も用いる. この語法によれば, aが多項式$f(x)$のk次の零点であることとk重解であることとは同義である.

1次の零点は**単解**とよばれる. また2次以上の零点は一般に**重解**とよばれる. aが方程式$f(x)=0$の単解であるための必要十分条件は

単解

重解

$$f(a)=0,\quad f'(a)\neq 0$$

であり, 重解であるための必要十分条件は

$$f(a)=f'(a)=0$$

である．

定義から明らかに，$k \geqq 2$ であるとき，a が $f(x)$ の k 重解ならば，a は $f'(x)$ の $(k-1)$ 重解である．(実際 $f'=g$ とおけば，上記(＊)は

$$g(a) = \cdots = g^{(k-2)}(a) = 0, \qquad g^{(k-1)}(a) \neq 0$$

を意味する．) 便宜上，多項式の解でない数をその多項式の 0 重解とよぶことにすれば，上の記述は $k=1$ のときにも通用する．

これらの考察結果の簡単な応用例を 1 つ示しておこう．

例　$a<b$ とし，n を任意の正の整数として，

$$f(x) = \frac{d^n}{dx^n}(x-a)^n(x-b)^n$$

とおく．方程式 $f(x)=0$ は開区間 (a, b) に n 個の単解をもつことを証明せよ．

証明　$F(x)=(x-a)^n(x-b)^n$ は $2n$ 次の多項式であるから，$f(x)$ は n 次の多項式である．

$F(x)$ は a, b をそれぞれ n 重解としてもつから，$F'(x)$ は a, b を $(n-1)$ 重解としてもつ．さらに $F(a)=F(b)=0$ であるから，ロルの定理によって $F'(x)$ は区間 (a, b) に少なくとも 1 つの解をもつが，次数を考慮に入れれば，その解 c_1 はただ 1 つで，しかも $F'(x)$ の単解であることがわかる．同様に考察すれば，$F''(x)$ は a, b をそれぞれ $(n-2)$ 重解としてもち，さらに区間 (a, c_1), (c_1, b) にそれぞれ 1 つずつ単解 c_2, c_2' をもつ．以下，同様な考察を続ければ，最後に $f=F^{(n)}$ は区間 (a, b) に n 個の単解をもつことが結論される．

□

問題 4.4

1　$n \geqq 2$ で $f(x)$ は n 次の多項式とする．$f(x)$ が n 個の相異なる実数解をもつならば $f'(x)$ は $(n-1)$ 個の相異なる実数解をもつことを示せ．

2　問 1 で $f(x)$ が重解をもつ場合にも，重解はその重複度だけ数える(たとえば 3 重解は 3 個の解と数える)ことにして $f(x)$ が n 個の実数解をもつならば，$f'(x)$ も $(n-1)$ 個の実数解をもつことを証明せよ．

3 $\dfrac{d^n}{dx^n}\left(\dfrac{1}{1+x^2}\right)=\dfrac{P_n(x)}{(1+x^2)^{n+1}}$ $(n=1,2,\cdots)$ とする．次のことを証明せよ．

（a） $P_n(x)=(1+x^2)P'_{n-1}(x)-2nxP_{n-1}(x)$ $(n=2,3,\cdots)$．

（b） $P_n(x)$ は n 次の多項式である．

（c） n が奇数ならば $P_n(x)$ は奇関数，n が偶数ならば $P_n(x)$ は偶関数である．（ただし，関数 f が奇関数，偶関数であるとは，それぞれ，すべての x に対して $f(-x)=-f(x)$，$f(-x)=f(x)$ が成り立つことをいう．）

（d） 方程式 $P_n(x)=0$ は実数の範囲に n 個の単解をもつ．かつ，$n\geqq 2$ ならば，$P_n(x)=0$ の n 個の解は $P_{n-1}(x)=0$ の $(n-1)$ 個の解によって分離される．すなわち，$P_n(x)=0$ の隣り合う 2 個の解の間に 1 つずつ $P_{n-1}(x)=0$ の解がある．

（ヒント） (a)の漸化式を用いて証明することもできるが，問題 4.2 の問 7 を応用した方が簡単である．

4（ライプニッツの公式） f, g をある区間で n 回微分可能な関数とする．そのとき fg もその区間で n 回微分可能で

$$(fg)^{(n)}=\sum_{r=0}^{n}\binom{n}{r}f^{(n-r)}g^{(r)}$$

であることを証明せよ．ただし

$$\binom{n}{r}=\frac{n(n-1)\cdots(n-r+1)}{r!}$$

である．

ライプニッツの公式

5 各種の初等関数

5.1 対数関数・指数関数

前章で平均値の定理とその応用，関数の凹凸とその判定法など，微分法における基本的な諸事項を述べたが，今までのところわれわれが知る関数は主として有理関数にとどまるから，これらの一般理論が応用される範囲ははなはだ狭小であった．本章で述べるように，各種の初等関数を導入することによって，はじめてこうした一般理論は具体的な広い応用の舞台を得るのである．

本章の5.1節では，まず対数関数と指数関数を導入する．これらの関数の数学における導入の仕方には各種の方法があるけれども，本書ではまず対数関数を導入し，その逆関数として指数関数を定義する．対数関数の導入には，双曲線の下の面積という幾何学的図形が援用されるが，これは実は積分の語を用いれば容易に合理化ができるのである．(7.2節参照.）5.2節では，指数関数と対数関数を組み合わせて一般の累乗関数を定義する．

さらに5.3, 5.4節では，三角関数とその逆関数が扱われるであろう．

◆ A) 対数関数の定義

われわれはまず対数関数を次のように幾何学的に定義する．

座標平面上，$x>0$ の部分で曲線 $y=1/x$ を考える．いま，

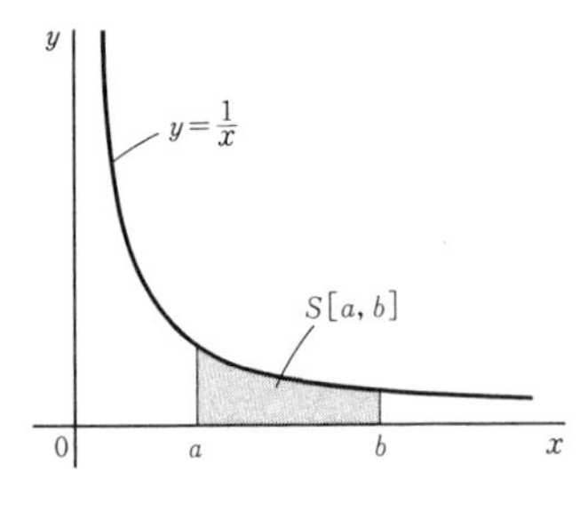

$0<a<b$ を満たす任意の実数 a, b に対し，この曲線と x 軸の間にあって，2 直線 $x=a$, $x=b$ にはさまれる部分の面積を $S[a, b]$ と書くことにして，x の関数 $\log x$ を次のように定める．

すなわち，$x>0$ なる x に対して，

$$0<x<1 \quad \text{のとき} \quad \log x = -S[x,1],$$
$$\log 1 = 0,$$
$$x>1 \quad \text{のとき} \quad \log x = S[1,x]$$

と定める．このようにして定義された関数 log を**対数関数**という．(log は logarithm の略である．)

対数関数

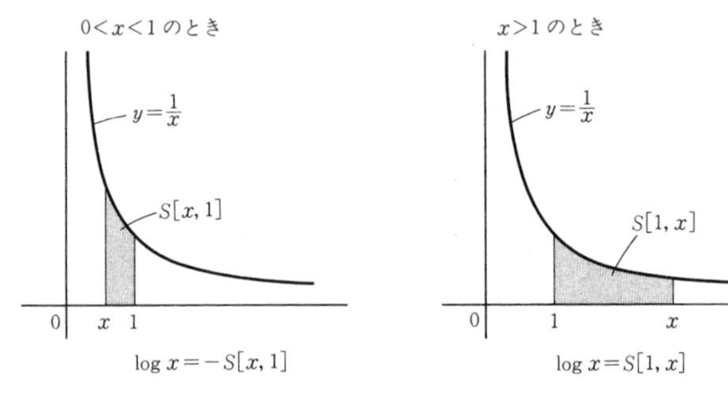

定義により，対数関数 log は区間 $(0, +\infty)$ で定義された関数で，

$$0<x<1 \quad \text{ならば} \quad \log x<0,$$
$$x>1 \quad \text{ならば} \quad \log x>0$$

である．

この関数についてまず次の定理が成り立つ．

> **定理 1**　対数関数 $\log x$ は区間 $(0, +\infty)$ で微分可能で
>
> $$\frac{d}{dx}(\log x) = \frac{1}{x}.$$

証明　$x>0$ なる任意の x に対して

$$\lim_{h\to 0}\frac{\log(x+h)-\log x}{h} = \frac{1}{x}$$

を証明すればよい．

いま，x を固定して，$h(\neq 0)$ を絶対値の十分小さい数とする．

そのとき $h>0$ ならば，$\log(x+h)-\log x=S[x, x+h]$ は，

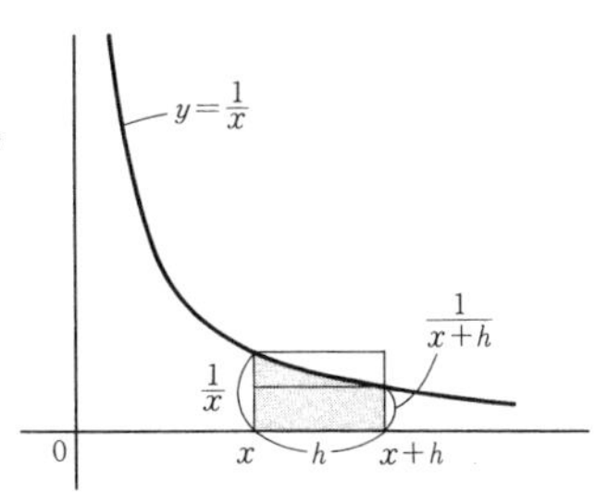

右図から明らかなように，垂直辺が $1/(x+h)$，水平辺が h である長方形の面積 $h/(x+h)$ よりは大きく，垂直辺が $1/x$，水平辺が h である長方形の面積 h/x よりは小さい．すなわち

$$\frac{h}{x+h} < \log(x+h) - \log x < \frac{h}{x}$$

である．したがって

$$\frac{1}{x+h} < \frac{\log(x+h) - \log x}{h} < \frac{1}{x}.$$

そこで h を 0 に近づければ，$1/(x+h)$ は $1/x$ に近づくから，$h\to 0+$ の場合

$$\lim_{h\to 0+} \frac{\log(x+h) - \log x}{h} = \frac{1}{x}$$

を得る．

また $h<0$ ならば，$\log(x+h) - \log x = -S[x+h, x]$ で，$S[x+h, x]$ は $(-h)/x$ よりは大きく，$(-h)/(x+h)$ よりは小さいから，

$$\frac{1}{x+h} > \frac{\log(x+h) - \log x}{h} > \frac{1}{x}.$$

よって h を 0 に近づければ，$h\to 0-$ の場合にも

$$\lim_{h\to 0-} \frac{\log(x+h) - \log x}{h} = \frac{1}{x}$$

となる．

ゆえに $\log x$ は任意の $x>0$ において微分可能で，微分係数は $1/x$ である．□

◆ B) 対数関数の性質

対数関数についてはさらに次のことが成り立つ．

定理 2 対数関数 $\log x$ は次の性質をもつ．

(a) 任意の $a>0$, $b>0$ に対して

$$\log(ab) = \log a + \log b.$$

(b) $\log x$ は区間 $(0, +\infty)$ で強い意味で増加し，

$$\lim_{x\to 0+} \log x = -\infty, \qquad \lim_{x\to +\infty} \log x = +\infty.$$

したがって $\log x$ の値域は $(-\infty, +\infty)$ である．

(c) $\log x$ は区間 $(0, +\infty)$ において凹関数である．

証明　(a)　$a>0$ を固定し，x を正の変数として

$$f(x) = \log(ax)$$

とおく．$ax=u$ とおいてこれを微分すれば，定理1および微分鎖律によって

$$f'(x) = \frac{d(\log u)}{du}\cdot\frac{du}{dx} = \frac{1}{u}\cdot a = \frac{1}{x}.$$

ゆえに4.2節の定理4の系によって，$f(x)-\log x$ は定数である．それを C とおけば

$$\log(ax) = \log x + C.$$

$x=1$ とおけば $\log 1=0$，したがって $C=\log a$ を得るから

$$\log(ax) = \log x + \log a.$$

この式の x に b を代入すれば，求める等式が得られる．

(b)　区間 $(0, +\infty)$ において

$$\frac{d}{dx}(\log x) = \frac{1}{x} > 0$$

であるから，$\log x$ は強い意味で増加である．

後半を示すために，まず，任意の $a>0$，任意の正の整数 n に対して

$$\log(a^n) = n\log a, \quad \log(a^{-n}) = -n\log a$$

であることに注意する．実際(a)から

$$\log(a^2) = \log a + \log a = 2\log a,$$
$$\log(a^3) = \log(a^2\cdot a) = \log(a^2) + \log a = 3\log a, \cdots,$$

一般に帰納法によって任意の $n\in \boldsymbol{Z}^+$ に対し

$$\log(a^n) = n\log a$$

を得る．さらに $a^n\cdot a^{-n}=1$ であるから

$$\log(a^n) + \log(a^{-n}) = \log 1 = 0,$$

したがって $\log(a^{-n})=-n\log a$ も得られる．

さて，たとえば $A=\log 2$ とおけば，$A>0$ で，$n\in \boldsymbol{Z}^+$ に対し

$$\log(2^n) = nA, \quad \log(2^{-n}) = -nA$$

であるから，$n\to\infty$ のとき

$$\log(2^n) = nA \to +\infty,$$
$$\log(2^{-n}) = -nA \to -\infty.$$

ゆえに $\displaystyle\lim_{x\to+\infty}\log x=+\infty$，$\displaystyle\lim_{x\to 0+}\log x=-\infty$ である．

(c)　$\dfrac{d^2}{dx^2}(\log x)=-\dfrac{1}{x^2}<0$ であるから，4.3節の定理3

によって $\log x$ は凹関数である．☐

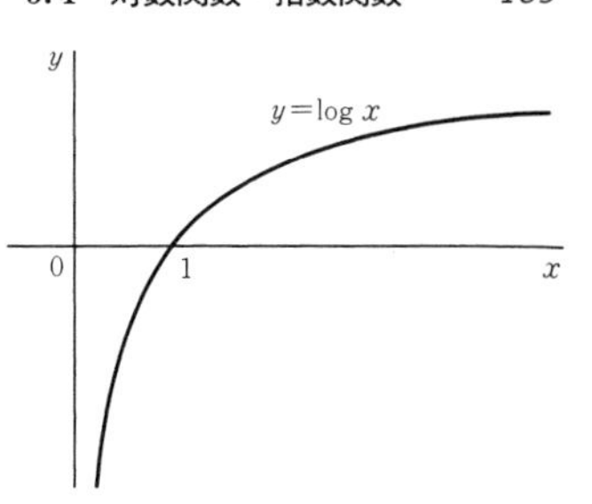

関数 $y=\log x$ のグラフの概形は右図のようになる．

［**注意**：上記の定理や証明で $+\infty$ を ∞ と略記すれば，たとえば $\lim_{x\to+\infty}\log x=+\infty$ は単に $\lim_{x\to\infty}\log x=\infty$ と書かれ，記述が少し簡単になる．以下においても同様である．］

◆ C) 指数関数とその性質

対数関数 log の定義域は $(0, +\infty)$，値域は $(-\infty, +\infty)$ で，強い意味で増加であるから，その逆関数が定義される．それを exp と書き，**指数関数**という．(exp は exponential の略である．)

指数関数

指数関数 exp の定義域は $(-\infty, +\infty)$，値域は $(0, +\infty)$ で，これも強い意味で増加である．関数 $y=\exp(x)$ のグラフは関数 $y=\log x$ のグラフと直線 $y=x$ に関して対称になっている．

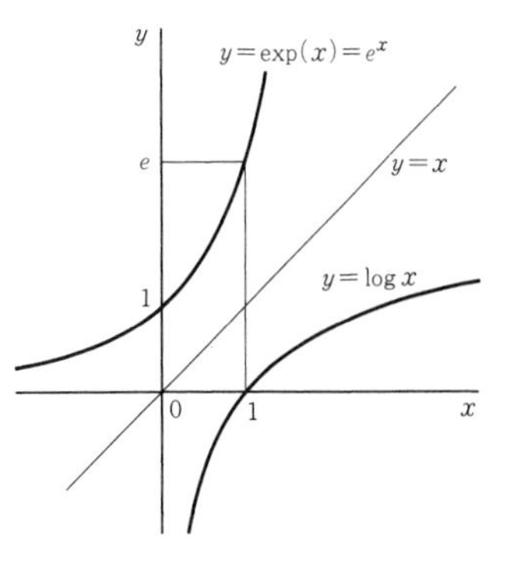

定義によって，$x\in(-\infty, +\infty)$，$y\in(0, +\infty)$ に対し，$y=\exp(x)$ であることと $x=\log y$ であることとは同値である．

このことを用いると，対数関数に関する定理 1, 2 から，それに対応する指数関数に関する定理が次のように導かれる．

> **定理 3** 指数関数 $\exp(x)$ は全区間で微分可能で
> $$\frac{d}{dx}\exp(x) = \exp(x).$$

証明 $y=\exp(x)$ とおけば，$y>0$，$x=\log y$ で，定理 1 により

$$\frac{dx}{dy} = \frac{1}{y}$$

であるから，逆関数の微分法によって

$$\frac{dy}{dx} = 1\Big/\frac{dx}{dy} = y = \exp(x).$$

これで定理が証明された．☐

> **定理 4** 指数関数 $\exp(x)$ は次の性質をもつ．
>
> (a) 任意の $u, v\in\boldsymbol{R}$ に対し
> $$\exp(u+v) = \exp(u)\cdot\exp(v).$$
>
> (b) $\exp(x)$ は $(-\infty, +\infty)$ で強い意味で増加し，

$$\lim_{x\to-\infty}\exp(x) = 0, \quad \lim_{x\to+\infty}\exp(x) = +\infty.$$

(c)　$\exp(x)$ は $(-\infty, +\infty)$ において凸関数である．

証明　(a)　$\exp(u)=a$, $\exp(v)=b$ とおけば $u=\log a$, $v=\log b$ で，定理 2(a)により

$$\log(ab) = \log a+\log b = u+v.$$

ゆえに $\exp(u+v)=ab=\exp(u)\cdot\exp(v)$.

(b)はすでに上に述べられている．

(c)　これも $y=\exp(x)$ のグラフが $y=\log x$ のグラフと直線 $y=x$ に関して対称なことから明らかであるが，実際に第 2 次導関数を用いても，$\dfrac{d^2}{dx^2}\exp(x)=\exp(x)>0$ であるから，たしかに $\exp(x)$ は凸関数である．□

定理 4 の(a)と $\exp(0)=1$ とを用いれば，任意の $u\in\boldsymbol{R}$ と任意の $n\in\boldsymbol{Z}$ に対して

$$\exp(nu) = \exp(u)^n$$

が成り立つことは――定理 2(b)の証明で任意の $a>0$ と任意の $n\in\boldsymbol{Z}$ に対して $\log(a^n)=n\log a$ を示したように――直ちに証明される．また有理数 $r=m/n$ (m, n は整数，$n>0$)に対しては，上式の u に ru を代入すれば，$\exp(ru)^n=\exp(mu)=\exp(u)^m$ となるから，$\exp(ru)=\exp(u)^{m/n}$，すなわち

$$(*)\qquad \exp(ru) = \exp(u)^r$$

である．特に $\exp(1)=e$ とおけば，任意の $r\in\boldsymbol{Q}$ に対して

$$\exp(r) = e^r$$

を得る．そこでわれわれは，無理数 x に対しても，$\exp(x)$ をもって“e の x 乗”e^x と定義する．すなわち，任意の $x\in\boldsymbol{R}$ に対して

$$\exp(x) = e^x$$

とするのである．これが“任意の実数”を指数とする e の累乗の定義である．

[**注意**：上では数 e を指数関数 exp の 1 における値と定義した．これは実は 2.3 節 E) 例 1, 2 で定義した数 e と等しい．この事実は少しのちに示される．なお $\exp(1)=e$ であるから $\log e=1$ である．]

この累乗の記法を用いれば，定理 3 および定理 4(a), (b)はそれぞれ

$$\frac{d}{dx}(e^x) = e^x,$$

$$e^{u+v} = e^u \cdot e^v,$$

$$\lim_{x \to -\infty} e^x = 0, \qquad \lim_{x \to +\infty} e^x = +\infty$$

と表される.

◆ D) 一般の指数関数

a を正の数とする. 有理数 r を指数とする a^r の定義は既知であるが, 前項の式(*)の $\exp(u)$ に a を, したがって u に $\log a$ を代入すれば

$$a^r = \exp(r \log a) = e^{r \log a}$$

である. そこで, 任意の実数 x に対しても

$$a^x = e^{x \log a}$$

と定義する. これを **a を底とする指数関数**という. これも全区間 $(-\infty, +\infty)$ で定義された関数である.

a を底とする指数関数

$a>1$ ならば $\log a>0$ であるから, a^x は狭義単調増加で

$$\lim_{x \to -\infty} a^x = 0, \qquad \lim_{x \to +\infty} a^x = +\infty,$$

$0<a<1$ ならば $\log a<0$ であるから, a^x は狭義単調減少で

$$\lim_{x \to -\infty} a^x = +\infty, \qquad \lim_{x \to +\infty} a^x = 0.$$

いずれの場合も値域は $(0, +\infty)$ である.

(もちろん $a=1$ の場合には a^x は定数関数 1 である.)

次の定理は定義からの直接の帰結である.

> **定理 5** $a>0$ のとき, 次のことが成り立つ.
> (a) $\dfrac{d}{dx}(a^x)=a^x \log a$.
> (b) 任意の $x, y \in \boldsymbol{R}$ に対して $a^{x+y}=a^x \cdot a^y$.
> (c) 任意の $x, y \in \boldsymbol{R}$ に対して $(a^x)^y=a^{xy}$.

証明 (a) $a^x=e^{x \log a}$ であるから, $u=x \log a$ とおけば,

$$\frac{d}{dx}(a^x) = \frac{d}{du}(e^u) \cdot \frac{du}{dx} = e^u \cdot \log a = a^x \log a.$$

(b) 定義と定理 4 の(a)によって

$$a^{x+y} = e^{(x+y)\log a} = e^{x \log a} \cdot e^{y \log a} = a^x \cdot a^y.$$

(c) 定義によって $a^x=e^{x \log a}$ であるから, $\log(a^x)=x \log a$ である. よって

$$(a^x)^y = e^{y\log(a^x)} = e^{y(x\log a)} = e^{(xy)\log a} = a^{xy}. \qquad \square$$

◆ E）一般の対数関数

a を底とする対数関数

$a>0$, $a \neq 1$ であるとき，a を底とする指数関数の逆関数を **a を底とする対数関数**といい，$\log_a$ と書く．

定義によって $\log_a$ は $(0, +\infty)$ を定義域とする関数で，$a>1$ ならば狭義単調増加，$0<a<1$ ならば狭義単調減少である．その値域は $(-\infty, +\infty)$ である．

また定義によって $y=\log_a x$ であることは $x=a^y$ であることと同値である．

自然対数関数

A)で定義した log は e を底とする対数関数 $\log_e$ にほかならない．他の対数関数と区別するためには，これを**自然対数関数**とよぶ．

常用対数

われわれが普通十進法を記数法に用いる関係上，実際の計算には 10 を底とする**常用対数**がしばしば便利に用いられる．しかし本書で今後対数関数というときには，ことわらない限りそれは常に自然対数関数である．

◆ F）二三の極限

本節の結果から直ちに得られる幾つかの基本的極限について述べておく．

例 1　$$\lim_{x\to1}\frac{\log x}{x-1} = 1.$$

証明　$\dfrac{\log x}{x-1} = \dfrac{\log x - \log 1}{x-1}$ であるから，この極限は

$$\frac{d}{dx}(\log x) = \frac{1}{x}$$

の 1 における値に等しい．$\square$

例 2　$$\lim_{h\to0}\frac{e^h-1}{h} = 1.$$

証明　$\dfrac{e^h-1}{h} = \dfrac{e^{0+h}-e^0}{h}$ であるから，この極限は

$$\frac{d}{dx}(e^x) = e^x$$

の 0 における値に等しい．$\square$

例 3　$$\lim_{h\to0}(1+h)^{\frac{1}{h}} = e.$$

証明　例1で $x=1+h$ とおけば

$$\lim_{h\to 0}\frac{\log(1+h)}{h}=\lim_{h\to 0}\log(1+h)^{\frac{1}{h}}=1.$$

ゆえに，関数 e^x の連続性によって，$h\to 0$ のとき

$$(1+h)^{\frac{1}{h}}\to e^1=e.$$

例4　$\displaystyle\lim_{x\to\pm\infty}\left(1+\frac{1}{x}\right)^x=e$．特に n を正の整数とするとき

$$\lim_{n\to\infty}\left(1+\frac{1}{n}\right)^n=e.$$

証明　例3で $1/h=x$ とおけば，$h\to 0+$，$h\to 0-$ に応じて $x\to+\infty$，$x\to-\infty$ であるから，$x\to\pm\infty$ のとき

$$\left(1+\frac{1}{x}\right)^x\to e.$$

後半は前半に含まれている．□

［**注意**：この結果によって，本節で定義した数 e は2.3節E）例1,2の数 e に等しいことがわかる．］

◆　G）　e が無理数であることの証明

ついでながら，ここで，e は無理数であることを証明しておこう．そのためには，上の例4の極限の式よりも，2.3節E）例1の定義の式

$$e=\sum_{n=0}^{\infty}\frac{1}{n!}$$

を用いた方が具合がよい．

定理6　e は無理数である．

証明　かりに e が有理数であったとして，$e=p/q$ とする．ここに p,q は正の整数である．いま

$$s_q=1+\frac{1}{1!}+\frac{1}{2!}+\cdots+\frac{1}{q!}$$

とおけば，$q!s_q$ は整数で，また仮定により $q!e$ も整数である．よって $q!(e-s_q)$ は整数となる．

しかるに

$$0<e-s_q=\frac{1}{(q+1)!}+\frac{1}{(q+2)!}+\frac{1}{(q+3)!}+\cdots$$
$$<\frac{1}{(q+1)!}\left\{1+\frac{1}{q+1}+\frac{1}{(q+1)^2}+\cdots\right\}$$

$$= \frac{1}{q!q}.$$

よって

$$0 < q!(e - s_q) < \frac{1}{q} \leqq 1.$$

これは 0 と 1 の間に整数が存在することを意味し，明らかな矛盾である．□

問題 5.1

1　$a>0$, $a \neq 1$ とする．$x>0$ に対し

$$\log_a x = \frac{\log x}{\log a}, \qquad \frac{d}{dx}(\log_a x) = \frac{1}{x \log a}$$

であることを示せ．

2　すべての $x>0$ に対し $x-1 \geqq \log x$ であることを示せ．等号はいつ成り立つか．

3　$x>1$ のとき，$\dfrac{1}{x} < \dfrac{\log x}{x-1} < 1$ であることを証明せよ．

4　$x>0$ のとき，$\dfrac{1}{x+1} < \log\dfrac{x+1}{x} < \dfrac{1}{x}$ であることを証明せよ．

5　帰納法によって $\dfrac{d^{n+1}}{dx^{n+1}}(x^n \log x) = \dfrac{n!}{x}$ を証明せよ．

6　帰納法によって $\dfrac{d^n}{dx^n}(xe^x) = (x+n)e^x$ を証明せよ．

7　(a)　f は $(-\infty, +\infty)$ で微分可能な関数で，ある定数 k に対して $f'(x) = kf(x)$ が成り立つとする．そのとき，ある定数 C が存在して $f(x) = Ce^{kx}$ であることを証明せよ．

(b)　f, φ は $(-\infty, +\infty)$ で微分可能な関数で

$$f'(x) = \varphi'(x) f(x)$$

が成り立つとする．そのとき，$f(x) = Ce^{\varphi(x)}$ であることを証明せよ．

8　f は $[a, b]$ で連続，(a, b) で微分可能で，$f(a) = f(b) = 0$ とする．そのとき，任意の実数 λ に対して，区間 (a, b) に

$$f'(c) = \lambda f(c)$$

となる c が存在することを証明せよ．

9　$x<1$, $x \neq 0$ ならば $1+x < e^x < \dfrac{1}{1-x}$ であることを証明せよ．

10　次の式を証明せよ．ただし $a>0$, $a \neq 1$ とする．

(1)　$\displaystyle\lim_{h \to 0} \frac{\log_a(1+h)}{h} = \frac{1}{\log a}.$

（2） $\lim_{h\to 0}\frac{a^h-1}{h}=\log a$.

11 $\frac{d^n}{dx^n}(e^{-x^2})=(-1)^n H_n(x)e^{-x^2}$ $(n=1,2,\cdots)$ とする．次のことを証明せよ．

（a） $H_n(x)$ は n 次の多項式で，n が奇数ならば奇関数，n が偶数ならば偶関数である．

（b） $H_n(x)$ は n 個の異なる実数解をもち，その解は $H_{n-1}(x)$ の解によって分離される．

[**注意**：$H_n(x)$ を**エルミート**(Hermite)**の多項式**という.]

エルミートの多項式

5.2 累乗関数，大きさの比較

◆ A） 一般の累乗関数

指数関数 a^x においては，a は1つの正の定数で，x がすべての実数を動く変数であった．逆に a^x において，x を1つの実数 α に固定し，a をすべての正数を動く変数 x に変えれば，α を指数とする**累乗関数**

累乗関数

$$x^\alpha$$

が定義される．これは区間 $(0,+\infty)$ で定義された関数で，e と log とを用いて表現すれば

$$x^\alpha = e^{\alpha\log x}$$

である．

定理1 関数 x^α は区間 $(0,+\infty)$ で微分可能で，

$$\frac{d}{dx}(x^\alpha) = \alpha x^{\alpha-1}.$$

証明 $x^\alpha=e^{\alpha\log x}$ であるから，$\alpha\log x=u$ とおけば，

$$\frac{d}{dx}(x^\alpha) = \frac{d}{du}(e^u)\cdot\frac{du}{dx} = e^u\cdot\frac{\alpha}{x} = x^\alpha\cdot\frac{\alpha}{x} = \alpha x^{\alpha-1}.$$

□

[**注意**：α が有理数である場合にはこの結果はすでに4.1節G)例2で示されている．定理1は累乗関数の微分について最終的な結果を与えるのである.]

累乗関数 x^α は，$\alpha>0$ ならば狭義単調増加で，$x\to 0+$，$x\to+\infty$ に応じて

$$x^\alpha \to 0, \qquad x^\alpha \to +\infty,$$

$\alpha<0$ ならば狭義単調減少で，$x\to 0+$，$x\to+\infty$ に応じて

$$x^\alpha\to+\infty,\qquad x^\alpha\to 0$$

である．

なお，上記のように，$\alpha>0$ のときには $\lim_{x\to 0+}x^\alpha=0$ であるから，われわれは

$$0^\alpha=0$$

と定義することができる．そうすれば，x^α は $[0,+\infty)$ で定義された関数となり，$x=0$ において連続となる．以後 $\alpha>0$ の場合には，x^α はいつもこのように $[0,+\infty)$ で定義された関数とする．

◆ B)　大きさの程度

$\alpha>0$ ならば，$x\to+\infty$ のとき $x^\alpha\to+\infty$ であるが，α が大きいほどこの増加の程度は速やかである．たとえば，関数 x^{100} は x が大きくなるときわめて急激に増加する．それに対し関数 $x^{\frac{1}{100}}$ の増加の状態はいたって緩やかである．

関数 $e^x,\log x$ もやはり $x\to+\infty$ のとき限りなく大きくなるが，これらの関数の増加の程度を関数 x^α と比較するとどうなるであろうか？　この問に答えるために，まず次の補題を証明する．

補題　$x>0$ ならば，任意の自然数 n に対して

$$e^x>1+\frac{x}{1!}+\frac{x^2}{2!}+\cdots+\frac{x^n}{n!}$$

が成り立つ．

証明　各 n に対して

$$f_n(x)=e^x-\left(1+\frac{x}{1!}+\frac{x^2}{2!}+\cdots+\frac{x^n}{n!}\right)$$

とおき，

$$x>0\quad ならば\quad f_n(x)>0$$

であることを，n に関する帰納法によって証明する．

$n=0$ のとき，$x>0$ ならば $e^x>1$ であるから，たしかに

$$f_0(x)=e^x-1>0$$

が成り立つ．そこで，ある n に対して上の主張が成り立つと仮定する．

いま，関数

$$f_{n+1}(x) = e^x - \left(1 + \frac{x}{1!} + \cdots + \frac{x^n}{n!} + \frac{x^{n+1}}{(n+1)!}\right)$$

を微分すると，

$$\frac{d}{dx}(e^x) = e^x, \qquad \frac{d}{dx}\left(\frac{x^k}{k!}\right) = \frac{x^{k-1}}{(k-1)!}$$

であるから，

$$f'_{n+1}(x) = f_n(x)$$

となる．ゆえに帰納法の仮定によって，$x>0$ ならば $f'_{n+1}(x)>0$，したがって区間 $[0, +\infty)$ で f_{n+1} は狭義単調増加である．そして $f_{n+1}(0)=0$ であるから，$x>0$ ならば $f_{n+1}(x)>0$ となる．

これで主張が証明された．◪

定理 2 任意の $\alpha>0$ に対し

$$\lim_{x\to+\infty} \frac{e^x}{x^\alpha} = +\infty$$

である．

証明 まず α が自然数 n である場合を証明する．

補題によって

$$e^x > \frac{x^{n+1}}{(n+1)!}$$

であるから

$$\frac{e^x}{x^n} > \frac{x}{(n+1)!}.$$

$x\to+\infty$ のとき右辺は限りなく大きくなるから，

$$\lim_{x\to+\infty} \frac{e^x}{x^n} = +\infty.$$

一般の実数 α の場合には，$\alpha<n$ なる自然数 n をとれば，$x>1$ のとき $x^\alpha<x^n$，したがって $\dfrac{e^x}{x^\alpha}>\dfrac{e^x}{x^n}$ であるから，上の結果によって $\lim\limits_{x\to+\infty} \dfrac{e^x}{x^\alpha}=+\infty$．◪

定理 3 任意の $\alpha>0$ に対し

$$\lim_{x\to+\infty} \frac{\log x}{x^\alpha} = 0$$

である．

証明 $x^\alpha=e^y$，すなわち $\alpha\log x=y$ とおけば，

$$\frac{\log x}{x^{\alpha}}=\frac{y}{\alpha e^{y}}$$

で，$x\to+\infty$ のとき $y\to+\infty$ であるから，定理 2 によって右辺は 0 に近づく．□

定理 2, 3 によれば，e^x はいかなる x^α よりも急速に増大し，$\log x$ はいかなる x^α よりも緩慢に増大する．このことは単純ながら重要な事実である．

［**注意**：たとえば $\log x$ の増加がきわめて遅々としていることは，対数の定義からほとんど自明である．実際，たとえば $\log x$ が 100 に達するには，x が e^{100}——これは，十進法で 44 桁の数である——という膨大な数にならなければならないからである．しかし上記によれば，$\log x$ の増加の遅さは，いかなる x^α (α はどんなに小さい正数でもよい)よりさらに緩慢なのである．一方，e^x の増加の速さは，いかなる x^α (α はどんなに大きい正数でもよい)よりさらに急激なのである．］

◆ C) 1つの応用

前項の極限は数学の各所で活用されるが，次にその一例をみておこう．

例　$(-\infty,+\infty)$ で関数 f を

$$f(x)=\begin{cases} e^{-\frac{1}{x}}, & x>0 \text{ のとき}, \\ 0, & x\leqq 0 \text{ のとき} \end{cases}$$

と定義する．この関数は $(-\infty,+\infty)$ で無限回微分可能で，$f^{(n)}$ は，ある有理式 $R_n(x)$ を用いて

$$f^{(n)}(x)=\begin{cases} R_n(x)e^{-\frac{1}{x}}, & x>0 \text{ のとき}, \\ 0, & x\leqq 0 \text{ のとき} \end{cases}$$

と表されることを証明せよ．

証明　証明のために，t の任意の有理式 $S(t)$ に対して

$$\lim_{t\to+\infty}\frac{S(t)}{e^t}=0$$

であることに注意する．このことは定理 2 から明らかである．

さて，$n=0$ のとき主張は自明であるから，ある n に対して $f^{(n)}$ が上の形で与えられると仮定する．

そのとき，$x<0$ ならばもちろん $f^{(n+1)}(x)=0$ であり，また $x>0$ ならば

$$f^{(n+1)}(x) = R'_n(x)e^{-\frac{1}{x}} + \frac{R_n(x)}{x^2}e^{-\frac{1}{x}}$$

である．よって $R_{n+1}(x) = R'_n(x) + (R_n(x)/x^2)$ とおけば，これも x の有理式で，$x>0$ の範囲で $f^{(n+1)}(x) = R_{n+1}(x) e^{-\frac{1}{x}}$ となる．

0においても明らかに $f^{(n)}$ の左側微分係数は0であるが，一方 $h>0$ とすれば

$$\frac{f^{(n)}(h)-f^{(n)}(0)}{h} = \frac{R_n(h)}{h}e^{-\frac{1}{h}}$$

で，$1/h=t$ とおけば $R_n(h)/h = tR_n(1/t)$ は t の有理式であるから，それを $S_n(t)$ とおけば，上式は $S_n(t)/e^t$ と書かれる．そして $h\to 0+$ のとき $t\to+\infty$ であるから，

$$\lim_{h\to 0+}\frac{f^{(n)}(h)-f^{(n)}(0)}{h} = \lim_{t\to+\infty}\frac{S_n(t)}{e^t} = 0$$

となる．ゆえに $f^{(n)}$ は0においても微分可能で $f^{(n+1)}(0)=0$ である．

以上で，$n+1$ の場合にも，$f^{(n+1)}$ が $R_{n+1}(x)$ をある有理式として

$$f^{(n+1)}(x) = \begin{cases} R_{n+1}(x)e^{-\frac{1}{x}}, & x>0 \text{ のとき}, \\ 0, & x \leqq 0 \text{ のとき} \end{cases}$$

と表されることが証明された．

ゆえに帰納法によってわれわれの主張はすべての n に対して成り立つ．□

◆ D） ある不等式の証明

本節の最後に，関数 log の凹性を利用して1つの不等式を証明しておく．この不等式も広く応用されるものである．

> **定理4**　任意の $a>0$, $b>0$ および $\alpha\geqq 0$, $\beta\geqq 0$, $\alpha+\beta=1$ を満たす任意の α, β に対して，
>
> $$\alpha a + \beta b \geqq a^\alpha b^\beta$$
>
> が成り立つ．もし $\alpha>0$, $\beta>0$ ならば，この不等式が等号で成り立つのは $a=b$ のときであり，しかもそのときに限る．

証明　log は区間 $(0, +\infty)$ において狭義の凹関数であ

るから，定理の仮定を満たす a, b, α, β に対して

$$\log(\alpha a+\beta b) \geqq \alpha\log a+\beta\log b$$

が成り立つ．この右辺は $\log(a^{\alpha}b^{\beta})$ に等しいから

$$\log(\alpha a+\beta b) \geqq \log(a^{\alpha}b^{\beta}).$$

log は狭義単調増加であるから，これより定理の不等式を得る．等号が成り立つのは，$\alpha=0$ または $\beta=0$ または $a=b$ の場合である．◻

定理 4 で特に $\alpha=\beta=1/2$ とおけば，

$$\frac{a+b}{2} \geqq (ab)^{\frac{1}{2}}$$

を得る．

また $\alpha>0$, $\beta>0$ の場合，

$$\alpha=\frac{1}{p}, \qquad \beta=\frac{1}{q}, \qquad a^{\alpha}=x, \qquad b^{\beta}=y$$

とおけば，この不等式は次の形になる：

$$\frac{x^p}{p}+\frac{y^q}{q} \geqq xy.$$

ただし $x>0$, $y>0$ で，p, q は $(1/p)+(1/q)=1$ を満たす正の数である．(伝統的にこの不等式はこの形で扱われることが多い．)

この形においては，等号が成立するのは $x^p=y^q$ という関係がある場合である．

なお，この不等式はもちろん $x=0$ または $y=0$ の場合にも成立する．

問題 5.2

1　$0<r<1$ とすれば，$n\to\infty$ のとき $nr^n\to 0$, $n^2r^n\to 0$, …，一般に任意の α に対して

$$\lim_{n\to\infty} n^{\alpha}r^n=0$$

であることを証明せよ．

(ヒント)　$1/r=a$ とおけば $a>1$．よって連続的変数 x に対し

$$\lim_{x\to+\infty}\frac{x^{\alpha}}{a^x}=0$$

を証明すればよい．$y=x\log a$ とおいて変形せよ．

2　m を実数の定数とする．方程式 $e^x=mx$ は何個の相異なる実数解をもつか．m の値によって分類せよ．

3　次の関数のグラフの概形を描け．

（1）　x^2e^{-x}　　（2）　$\dfrac{\log x}{x}$　　（3）　$e^{\frac{1}{x}}\ (x\neq 0)$

4　$\displaystyle\lim_{n\to\infty}\left(1+\frac{r}{n}\right)^n=e^r$ であることを証明せよ．

［**注意**：この極限に次のような興味ある解釈を与えることができる．いま，元金1単位を年利率 r で運用すれば1年後の元利合計は $1+r$ である．もし，半期ごとに利率を $r/2$ とし，そのかわりに複利で運用すれば，1年後の元利合計は $\left(1+\dfrac{r}{2}\right)^2$，1/3期ごとに利率を $r/3$ として複利で運用すれば1年後の元利合計は $\left(1+\dfrac{r}{3}\right)^3$，… となる．したがって上の極限は"間断なく"利子を元金に繰り入れながら複利運用した理想的状態における1年後の元利合計を表すと考えられる．それが e^r になるのである．］

5　$a<b$ とする．$x\leqq a$ または $b\leqq x$ ならば $f(x)=0$，$a<x<b$ ならば

$$f(x)=e^{\frac{1}{(x-a)(x-b)}}$$

とおいて，関数 f を定義する．この関数は $(-\infty,+\infty)$ で無限回微分可能であることを証明せよ．

6　区間 $(-\infty,+\infty)$ で関数 f を

$$f(x)=\begin{cases} e^{-1/x^2}, & x\neq 0 \text{ のとき}, \\ 0, & x=0 \text{ のとき} \end{cases}$$

と定義する．f は $x=0$ において無限回微分可能で，$f^{(n)}(0)=0$ $(n=0,1,2,\cdots)$ であることを証明せよ．

7　$a_1>0,\ \cdots,\ a_n>0,\ \alpha_1\geqq 0,\ \cdots,\ \alpha_n\geqq 0,\ \alpha_1+\cdots+\alpha_n=1$ とする．そのとき

$$\alpha_1a_1+\cdots+\alpha_na_n \geqq a_1{}^{\alpha_1}\cdots a_n{}^{\alpha_n}$$

が成り立つことを証明せよ．

［**注意**：特に $\alpha_1=\cdots=\alpha_n=1/n$ とすれば

$$\frac{a_1+\cdots+a_n}{n}\geqq (a_1\cdots a_n)^{\frac{1}{n}}$$

となる．］

8　$a_1>0,\ \cdots,\ a_n>0$ を定数とする．$\alpha>0$ に対し

$$F(\alpha)=\left(\frac{a_1{}^{\alpha}+\cdots+a_n{}^{\alpha}}{n}\right)^{\frac{1}{\alpha}}$$

と定義する．$F(\alpha)$ は区間 $(0,+\infty)$ で単調増加であることを示せ．

（ヒント）　まず $\alpha>1$ ならば $F(\alpha)\geqq F(1)$ であることを示せ．

9　前問の $F(\alpha)$ について

$$\lim_{\alpha\to+\infty}F(\alpha)=\max\{a_1,\cdots,a_n\}$$

となることを証明せよ.

[**注意**：$\lim_{\alpha \to 0+} F(\alpha)$ については 6.2 節に例6として掲げる.]

5.3 三角関数

角および三角関数についてはおそらく読者はすでに多くのことがらを学んでおられるであろう. しかし書物としての自己完結性のために, この節ではじめに, 三角関数の定義や基本的性質についてひと通り述べておくことにする. したがって読者はこの章を読むために, ごく初等的な平面幾何学の知識のほかには, 何ら特別な予備知識を要しない.

◆ A) 角と動径

角は半直線の回転と密接な関係がある.

いま, 平面上で点 O を中心として回転する半直線 OP を考え, そのような半直線を**動径**とよぶ. 動径 OP のはじめの位置を示す半直線 OX を**始線**という.

動径

始線

角とは, 動径 OP が始線 OX から回転してできる図形であり, また, その回転量である. 以下では, むしろ, 回転量としての角に注目する.

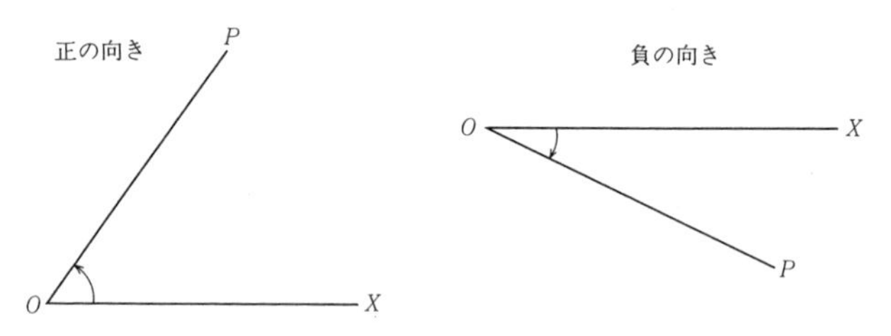

回転には2つの向きがある. 反時計回り(counter-clockwise)すなわち左回りの向きを**正の向き**, 時計回り(clockwise)すなわち右回りの向きを**負の向き**という. 正の向きの回転で生ずる角は正の角, 負の向きの回転で生ずる角は負の角である.

正の向き

負の向き

角の大きさ(回転量)を数で表すには, 普通, 直角を 90°, 平角(2直角)を 180°, 正の向きに1回転する角を 360° とする "360° 法" が用いられる. この 360° 法では角の単位 1°(1度)

は1回転する角の1/360である．しかし数学では，これよりもむしろ，正の向きに1回転する角の大きさを2πとする**弧度法**が用いられる．弧度法における角の単位は**ラジアン**(radian)とよばれる．1ラジアンは1回転の角の$1/2\pi$である．

弧度法
ラジアン

弧度法によれば，たとえば$\pi/2, \pi, 3\pi/2, 2\pi, -\pi/2, -3\pi/2$(ラジアン)はそれぞれ下図のような角を表している．

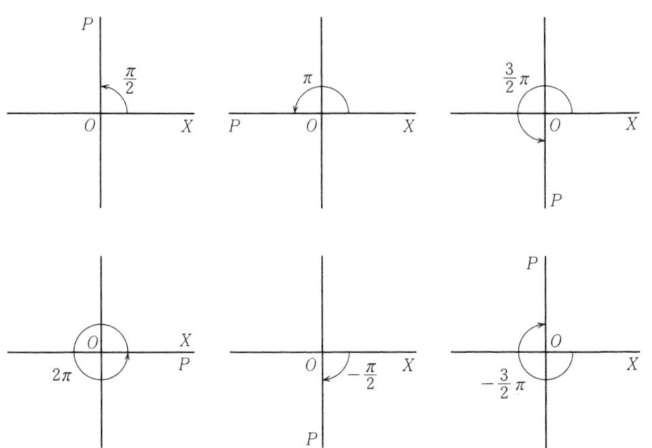

また初等平面幾何学でなじみの深いいくつかの角の360°法による表示と弧度法による表示との対応を示せば次のようになる．

$$30^\circ = \frac{\pi}{6},\quad 45^\circ = \frac{\pi}{4},\quad 60^\circ = \frac{\pi}{3},\quad 90^\circ = \frac{\pi}{2},$$

$$120^\circ = \frac{2}{3}\pi,\quad 135^\circ = \frac{3}{4}\pi,\quad 150^\circ = \frac{5}{6}\pi,\quad 180^\circ = \pi.$$

ここで弧度法による表し方では単位名のラジアンを省略した．弧度法では普通このように単位名を省略して書く．

今後，理論的な話においては，われわれはもっぱら弧度法を用いる．

なお，上記に例示した角は，正負いずれの向きにもみな1回転以内の角であったが，回転はもちろん1回転以内にとどまる必要はない．動径OPは，始線OXのまわりに，正の向きにも負の向きにも，何回でも自由に回転させることができる．そのとき，たとえば正の向きに2回転，3回転，…する角をそれぞれ$4\pi, 6\pi, \cdots$，負の向きに2回転，3回転，…する角をそれぞれ$-4\pi, -6\pi, \cdots$と定めるのはきわめて自然である．

したがってまた，角 $\pi/3$ が定める動径からさらに正の向きに2回転させた動径，負の向きに3回転させた動径が定める角はそれぞれ $(\pi/3)+4\pi$, $(\pi/3)-6\pi$ である．

このようにすれば，すべての角(回転量)がそれぞれ1つの実数で表され，逆に任意の実数にはそれぞれ1つの角が対応する．こうして角と数との1対1の対応が得られる．

しかし，動径 OP が占める位置とそれを定める角(あるいは実数)との対応は1対1ではない．実際，ある角 θ が定める動径の位置を OP とすると，

$$\theta+2n\pi$$

で表される角はすべて同じ動径 OP を定めるからである．ここに n は任意の整数である．

ただし，動径 OP の各位置に対して，それを定める角 θ を

$$0 \leqq \theta < 2\pi$$

の範囲から選ぶならば，明らかに θ はその位置に対して一意的に定まる．θ を，たとえば

$$-\pi < \theta \leqq \pi$$

の範囲から選ぶ場合も同様である．

単位円

本項の最後に“弧度法”の語義について一言する．半径1の円——これを以後しばしば**単位円**という——の周の長さが 2π であることはよく知られている．ゆえに弧度法とは，単位円の周長をもって1回転の角の大きさと定めた“角の測り方”にほかならない．したがって，弧度法によれば，$0<\theta\leqq 2\pi$ であるとき，単位円上で長さ θ をもつ円弧に対応する中心角の大きさがちょうど θ に等しい．いいかえれば弧長がそのまま対応する中心角の大きさを表すのである．これが“弧度法”とよばれるゆえんである．もちろん，同心円において等しい中心角をもつ円弧の長さは半径の長さに比例するから，半径 r，中心角 θ の円弧の長さは $r\theta$ である．

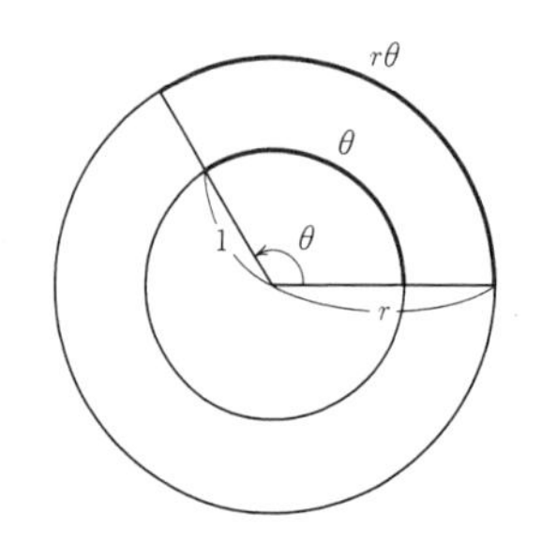

［**注意**：上ではわれわれは角を回転角として把握し，回転に正負二様の向きをつけて，正および負の角を考えた．しかし，角に向きをつけずに，単にその絶対量(絶対値)のみに注目する場合もある．同じ端点を共有する2本の半直線が与えられたとき，その2本の半直線のなす角という表現によってわれわれがイメージするのは，普通にはむしろ，この絶対量の意味での正の角——しかも多くの場合 $0\leqq\theta\leqq\pi$ の範囲にある角——のことであろう．本

書でも，今後初等幾何学的図形を取り扱う場合，この意味で角という語を用いることももちろんあり得る．けれども，そのことによって混乱が生ずる恐れはほとんどない．角の語がどちらの意味で用いられているかは，通常文脈から自然に理解されるからである．]

◆ B) 正弦(sine)・余弦(cosine)

実数 θ に対してその三角関数が以下のように定義される．これらはもちろん"角 θ"の関数でもある．解析的にはそれは数の関数であるが，その根底にあるのは"角"という幾何学的イメージである．

まず θ の**正弦** $\sin\theta$，**余弦** $\cos\theta$ を次のように定義する．

正弦，余弦

そのために，動径として，座標平面上の原点 O を端点とする半直線で，x 軸の正の部分を始線とするものを考える．

いま，角 θ の動径が原点を中心とする単位円——半径 1 の円——と交わる点を P とし，P の座標を (u, v) とする．そのとき

$$u = \cos\theta, \qquad v = \sin\theta$$

と定める．一般に，原点を中心とし半径が r である円と角 θ の動径との交点を Q，その座標を (x, y) とすれば，

$$x = ru = r\cos\theta, \qquad y = rv = r\sin\theta$$

であるから，

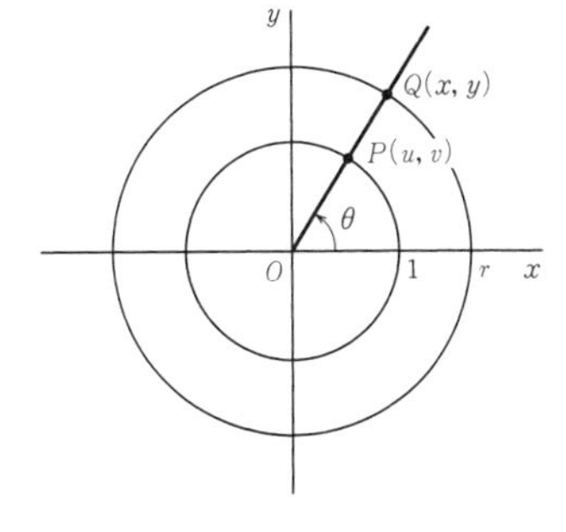

$$\sin\theta = \frac{y}{r} = \frac{y}{\sqrt{x^2+y^2}},$$

$$\cos\theta = \frac{x}{r} = \frac{x}{\sqrt{x^2+y^2}}$$

である．

たとえば，平面幾何学でわれわれになじみの深い角 $\frac{\pi}{6}$(=30°)，$\frac{\pi}{4}$(=45°)，$\frac{\pi}{3}$(=60°) の正弦・余弦の値は次のようになる．

$$\sin\frac{\pi}{4} = \cos\frac{\pi}{4} = \frac{1}{\sqrt{2}},$$

$$\sin\frac{\pi}{6} = \frac{1}{2}, \qquad \cos\frac{\pi}{6} = \frac{\sqrt{3}}{2},$$

$$\sin\frac{\pi}{3} = \frac{\sqrt{3}}{2}, \qquad \cos\frac{\pi}{3} = \frac{1}{2}.$$

これらは次ページの図から明らかである．

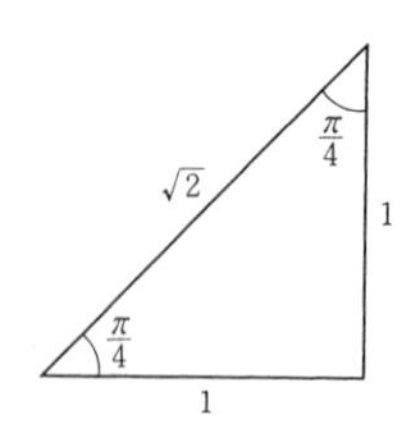

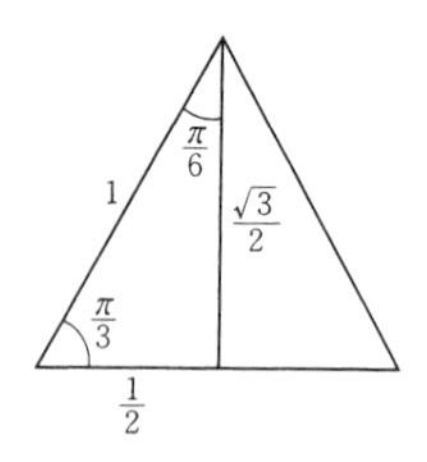

定義から次のことは直ちにわかる．

> (a)　任意の θ に対して
> $$\sin^2\theta+\cos^2\theta=1.$$

証明　上記の (u,v) は単位円上の点であるから，$u^2+v^2=1$ である．□

> (b)　任意の θ に対して
> $$\sin(-\theta)=-\sin\theta, \qquad \cos(-\theta)=\cos\theta.$$

証明　角 θ の動径と角 $-\theta$ の動径とは，始線(x 軸の正の部分)に対して対称の位置にある．ゆえに，それらが単位円と交わる点の座標をそれぞれ (u,v), (u',v') とすれば
$$u'=u, \qquad v'=-v.$$
よって上記の等式を得る．□

偶関数，奇関数

一般に，すべての x に対して $f(-x)=f(x)$ を満たす関数 f は**偶関数**，$f(-x)=-f(x)$ を満たす関数 f は**奇関数**とよばれる．(b)によって，関数 cos は偶関数，関数 sin は奇関数である．

> (c)　任意の θ に対して
> $$\sin\left(\theta+\frac{\pi}{2}\right)=\cos\theta, \qquad \cos\left(\theta+\frac{\pi}{2}\right)=-\sin\theta,$$
> $$\sin(\theta+\pi)=-\sin\theta, \qquad \cos(\theta+\pi)=-\cos\theta.$$

証明　平面幾何学の定理を用いて直ちに証明される．(次ページの図参照.)　□

> (d)　任意の θ，任意の整数 n に対して
> $$\sin(\theta+2n\pi)=\sin\theta, \qquad \cos(\theta+2n\pi)=\cos\theta.$$

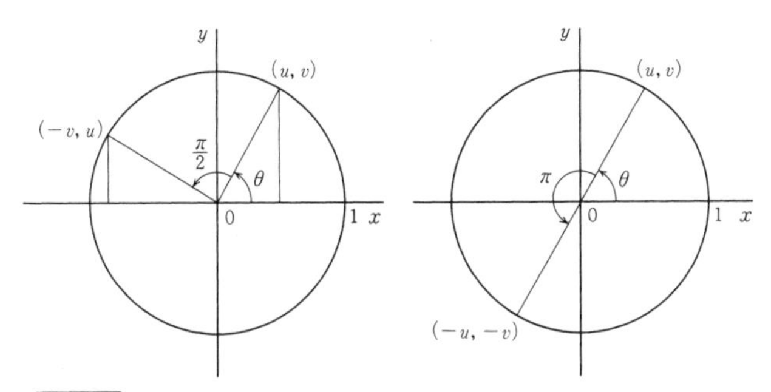

証明 θ の定める動径と $\theta+2n\pi$ の定める動径は同じであるから，これは明らかである．◪

一般に，関数 f に対し，0 でない定数 p があって，定義域に属するすべての x に対し

$$f(x+p) = f(x)$$

が成り立つとき，f は**周期関数**であるといい，この等式を満たす p を f の**周期**という．周期のうち正の最小の値を**基本周期**という．通常単に周期といえば基本周期のことである．$\sin, \cos$ は周期 2π の周期関数である．

周期関数

周期，基本周期

◆ C) 正接(tangent)

正接

実数 θ に対して，その**正接** $\tan\theta$ を

$$\tan\theta = \frac{\sin\theta}{\cos\theta}$$

と定義する．175 ページの図を用いれば

$$\tan\theta = \frac{v}{u} = \frac{y}{x}$$

である．

たとえば，$\frac{\pi}{6}, \frac{\pi}{4}, \frac{\pi}{3}$ の正接の値は，それぞれ

$$\tan\frac{\pi}{6} = \frac{1}{\sqrt{3}}, \quad \tan\frac{\pi}{4} = 1, \quad \tan\frac{\pi}{3} = \sqrt{3}$$

となる．

$\tan\theta$ は $\cos\theta \neq 0$ であるような θ に対してのみ定義される．B)の定義からわかるように，$\cos\theta$ は

$$\frac{\pi}{2}, \quad \frac{3}{2}\pi, \quad \frac{5}{2}\pi, \quad \cdots$$

およびこれらの符号を変えた値に対しては 0 となる．すなわち，一般に n を整数として $\frac{\pi}{2}+n\pi$ と表される θ に対して

は 0 となる．よって $\tan\theta$ は

$$\theta \neq \frac{\pi}{2}+n\pi \qquad (n\text{ は整数})$$

なる実数 θ に対して定義されるのである．

この関数について次のことが成り立つ．(以下の公式はもちろん $\tan\theta$ が定義されるような θ に対して成り立つのである.)

(a)　$\tan(-\theta) = -\tan\theta.$

証明　定義と前項 B) の (b) によって

$$\tan(-\theta) = \frac{\sin(-\theta)}{\cos(-\theta)} = \frac{-\sin\theta}{\cos\theta} = -\tan\theta. \qquad \square$$

(b)　任意の整数 n に対して $\tan(\theta+n\pi)=\tan\theta$.

証明　前項 B) の (c) より

$$\tan(\theta+\pi) = \frac{\sin(\theta+\pi)}{\cos(\theta+\pi)} = \frac{-\sin\theta}{-\cos\theta} = \tan\theta.$$

これから容易に結論を得る．$\square$

(c)　$1+\tan^2\theta = \dfrac{1}{\cos^2\theta}.$

証明　定義および前項 B) の (a) によって

$$1+\tan^2\theta = 1+\frac{\sin^2\theta}{\cos^2\theta} = \frac{\cos^2\theta+\sin^2\theta}{\cos^2\theta} = \frac{1}{\cos^2\theta}. \qquad \square$$

上でわれわれは 3 種類の三角関数 $\sin\theta, \cos\theta, \tan\theta$ を定義した．これらの逆数は，それぞれ

$$\operatorname{cosec}\theta = \frac{1}{\sin\theta}, \qquad \sec\theta = \frac{1}{\cos\theta}, \qquad \cot\theta = \frac{1}{\tan\theta}$$

余割，正割，余接

と書かれ，それぞれ θ の**余割**(cosecant)，**正割**(secant)，**余接**(cotangent) とよばれる．これらの三角関数もしばしば有効に用いられる．

◆ D)　三角関数のグラフ

今まで角を表すのに文字 θ を用いてきたが，これからは文字 x も用いる．

正弦関数

正弦関数 $\sin x$ のグラフを描いてみよう．

すでに知っているように，角 x の動径と単位円——原点を中心とする半径1の円——との交点を P とすると，P の y 座標が $\sin x$ に等しい．

したがって，x が0から $\pi/2$ まで増加すると $\sin x$ は0から1まで増加し，x が $\pi/2$ から π まで増加すると $\sin x$ は1から0まで減少する．続いて x が π から $3\pi/2$ まで増加すると $\sin x$ は0から -1 まで減少し，x が $3\pi/2$ から 2π まで増加すると $\sin x$ は -1 から0まで増加する．

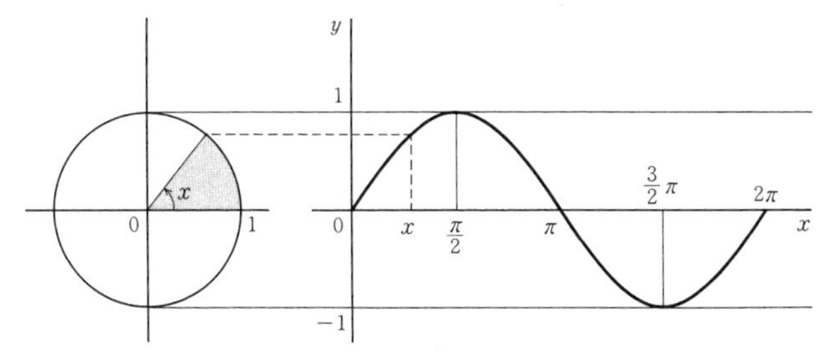

ゆえに，$\sin x$ の区間 $[0, 2\pi]$ におけるグラフは上図のようになる．

そして $\sin x$ は周期 2π の周期関数であるから，$x \leqq 0$ の範囲および $x \geqq 2\pi$ の範囲では，2π ごとに上と同じ形がくり返される．したがって全区間 $(-\infty, +\infty)$ における $\sin x$ のグラフは下図のようになる．

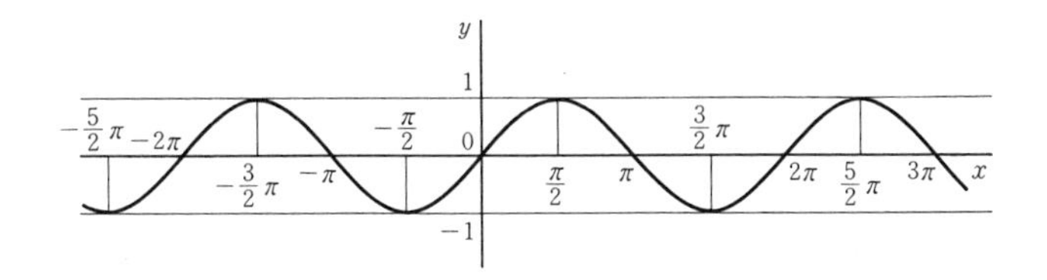

このグラフは**正弦曲線**または**サイン・カーブ**(sine curve)とよばれる．

正弦曲線(サイン・カーブ)

余弦関数 $\cos x$ のグラフを描くには，

$$\cos x = \sin\left(x + \frac{\pi}{2}\right)$$

である(176ページの(c)参照)ことに注意すればよい．このことを用いて $\cos x$ のグラフを描けば，次ページの図のようなグラフが得られる．

このグラフは**余弦曲線**または**コサイン・カーブ**(cosine

余弦曲線(コサイン・カーブ)

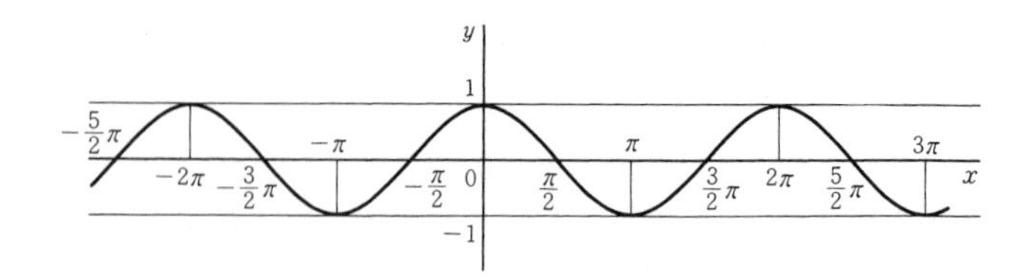

curve)とよばれる．しかし，$\cos x$ のグラフは $\sin x$ のグラフを x 軸の方向に $-\pi/2$ だけ(負の方向に $\pi/2$ だけ)平行移動したものであるから，形状としては余弦曲線は正弦曲線と全く同じである．

ついでながら，$\sin x$ のグラフは原点に関して対称，$\cos x$ のグラフは y 軸に関して対称であることに注意しておこう．このことは，$\sin x$ が奇関数，$\cos x$ が偶関数であることからの帰結である．

なお，定義から明らかに関数 $\sin x, \cos x$ は連続で，値域はともに $[-1,1]$ である．

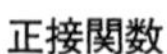
正接関数

次に，**正接関数** $\tan x$ のグラフについて考える．

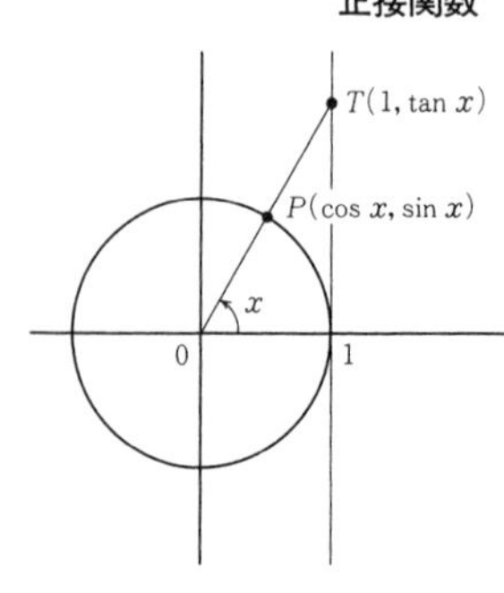

いま，点 $(1,0)$ において単位円に接線 $x=1$ をひき，角 x の動径が単位円およびこの接線と交わる点をそれぞれ P, T とする．そうすれば P の座標は $(\cos x, \sin x)$ で，定義より

$$\tan x = \frac{\sin x}{\cos x}$$

であるから，T の座標は $(1, \tan x)$ である．

このことを用いて $\tan x$ のグラフを描くことができる．まず，$-\pi/2<x<\pi/2$ の範囲を考える．

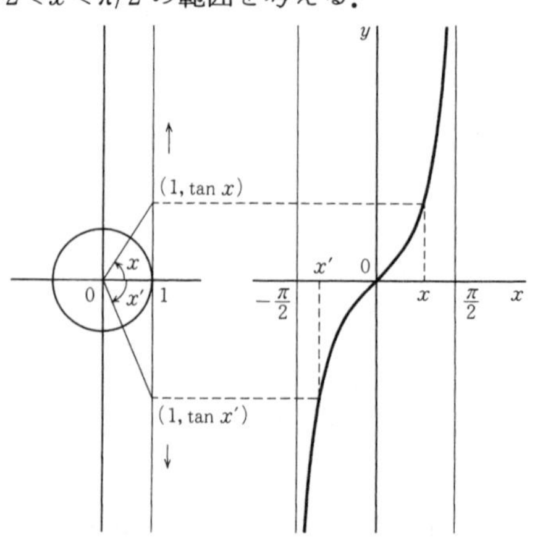

x が 0 から増大して $\pi/2$ にいたる間は図からわかるように，$\tan x$ は 0 から単調に(かつ連続的に)増加し，x が $\pi/2$ に近づくにつれて無限に大きくなる．反対に x' が 0 から減少して $-\pi/2$ にいたる間は $\tan x'$ は 0 から単調に減少し，x' が $-\pi/2$ に近づくにつれて $\tan x'$ は無限に小さく(負で絶対値が無限に大きく)なる．すなわち，区間 $(-\pi/2, \pi/2)$ において $\tan x$ は連続で $-\infty$ から $+\infty$ まで単調に増加し，値域は $(-\infty, +\infty)$ である．しかも $\tan x$ は奇関数(178 ページの(a))であるから，このグラフは原点に関して対称となっている．

全域における $\tan x$ のグラフをみるには，178 ページの(b)によって $\tan x$ が π を周期にもつことに注意すればよい．すなわち，区間 $(\pi/2, 3\pi/2), (3\pi/2, 5\pi/2), \cdots, (-3\pi/2, -\pi/2), (-5\pi/2, -3\pi/2), \cdots$ のそれぞれにおいて，区間 $(-\pi/2, \pi/2)$ におけるのと全く同じ形がくり返されるのである．したがって $\tan x$ のグラフは次のようになる．

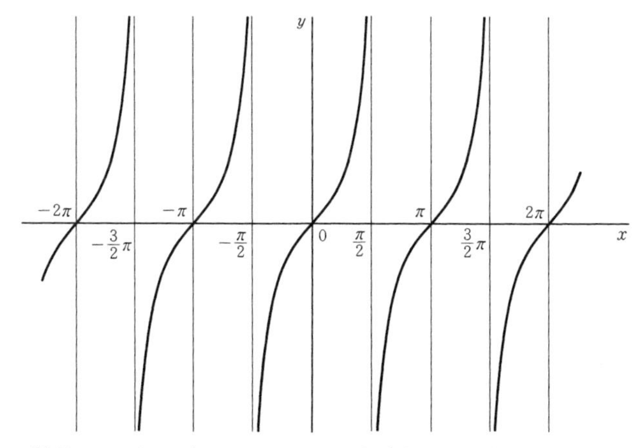

最後にもう一度，$\tan x$ は $x=(\pi/2)+n\pi$ $(n=0, \pm 1, \pm 2, \cdots)$ においては定義されないことに注意しておこう．そして，a が上記の値の 1 つであるとき，

$$\lim_{x\to a+} \tan x = -\infty, \qquad \lim_{x\to a-} \tan x = +\infty$$

である．

◆ E) 加法定理

次に述べる定理は三角関数に関する最も重要な定理で，**正**

正弦・余弦の加法定理

弦・余弦の加法定理とよばれる．

> **定理 1**　任意の α, β に対して次の公式が成り立つ．
>
> (a)　$\sin(\alpha+\beta) = \sin\alpha\cos\beta+\cos\alpha\sin\beta,$
>
> 　　$\sin(\alpha-\beta) = \sin\alpha\cos\beta-\cos\alpha\sin\beta.$
>
> (b)　$\cos(\alpha+\beta) = \cos\alpha\cos\beta-\sin\alpha\sin\beta,$
>
> 　　$\cos(\alpha-\beta) = \cos\alpha\cos\beta+\sin\alpha\sin\beta.$

証明　今までどおり，原点 O を端点，x 軸の正の部分を始線とする動径を考える．始線および角 $-\alpha, \beta, \alpha+\beta$ の定める動径が単位円の周と交わる点をそれぞれ E, A', B, C とする．点 A' の座標は

$$(\cos(-\alpha), \sin(-\alpha)) = (\cos\alpha, -\sin\alpha),$$

点 B の座標は $(\cos\beta, \sin\beta)$，また点 E, C の座標はそれぞれ

$$(1, 0), \qquad (\cos(\alpha+\beta), \sin(\alpha+\beta))$$

である．

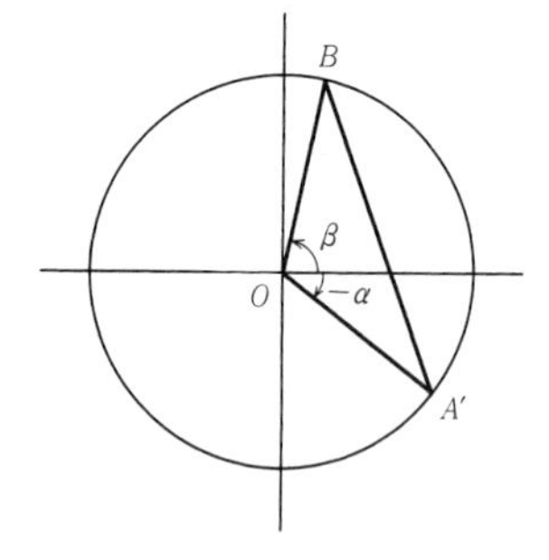

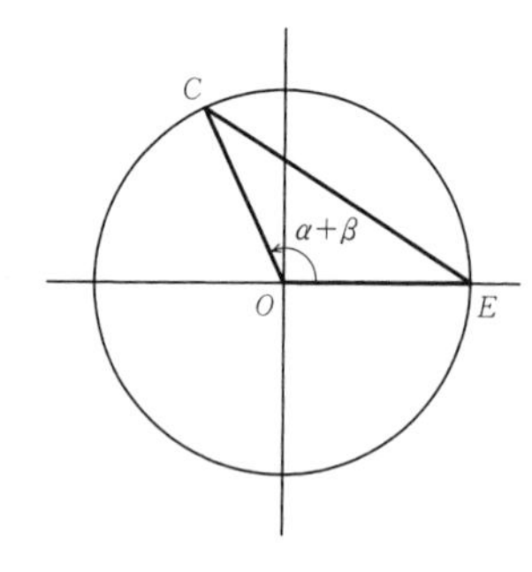

いま，この座標平面で原点を中心とする角 $\alpha+\beta$ の回転を行えば，始線 OE は半直線 OC に重なり，一方，半直線 OA' は半直線 OB に重なる．ゆえに三角形 OEC は三角形 $OA'B$ に合同で，線分 EC の長さは線分 $A'B$ の長さに等しい．よって $EC^2=A'B^2$ であるが，これらを計算すると

$$\begin{aligned} EC^2 &= (\cos(\alpha+\beta)-1)^2+(\sin(\alpha+\beta)-0)^2 \\ &= \cos^2(\alpha+\beta)-2\cos(\alpha+\beta)+1+\sin^2(\alpha+\beta) \\ &= 2-2\cos(\alpha+\beta), \\ A'B^2 &= (\cos\beta-\cos\alpha)^2+(\sin\beta+\sin\alpha)^2 \\ &= \cos^2\beta-2\cos\beta\cos\alpha+\cos^2\alpha \\ &\qquad +\sin^2\beta+2\sin\beta\sin\alpha+\sin^2\alpha \\ &= 2-2(\cos\alpha\cos\beta-\sin\alpha\sin\beta). \end{aligned}$$

したがって

$$2-2\cos(\alpha+\beta) = 2-2(\cos\alpha\cos\beta-\sin\alpha\sin\beta).$$

ゆえに

$$\cos(\alpha+\beta) = \cos\alpha\cos\beta-\sin\alpha\sin\beta.$$

これでまず(b)の第1式が証明された.

次に上式の β を $-\beta$ におきかえると，$\cos(-\beta)=\cos\beta$, $\sin(-\beta)=-\sin\beta$ であるから

$$\cos(\alpha-\beta) = \cos\alpha\cos\beta+\sin\alpha\sin\beta.$$

すなわち(b)の第2式が得られる.

さらに(b)の第1式，第2式で α を $(\pi/2)+\alpha$ におきかえれば，176ページの(c)によって，左辺はそれぞれ

$$-\sin(\alpha+\beta), \qquad -\sin(\alpha-\beta)$$

にかわり，右辺で $\cos\alpha$, $\sin\alpha$ がそれぞれ $-\sin\alpha$, $\cos\alpha$ にかわる．ゆえに

$$-\sin(\alpha+\beta) = -\sin\alpha\cos\beta-\cos\alpha\sin\beta,$$
$$-\sin(\alpha-\beta) = -\sin\alpha\cos\beta+\cos\alpha\sin\beta.$$

これらを書き直せば(a)の2つの等式が得られる.

以上で定理は完全に証明された. ☐

正弦・余弦の加法定理からさらに次の**正接の加法定理**が導かれる.

正接の加法定理

定理2 $\tan\alpha, \tan\beta$ が定義され，さらに $\tan(\alpha+\beta)$ が定義されるとき次の第1式が，$\tan(\alpha-\beta)$ が定義されるとき次の第2式が成り立つ.

$$\tan(\alpha+\beta) = \frac{\tan\alpha+\tan\beta}{1-\tan\alpha\tan\beta},$$

$$\tan(\alpha-\beta) = \frac{\tan\alpha-\tan\beta}{1+\tan\alpha\tan\beta}.$$

証明 定理1(a), (b)の第1式によって

$$\tan(\alpha+\beta) = \frac{\sin(\alpha+\beta)}{\cos(\alpha+\beta)} = \frac{\sin\alpha\cos\beta+\cos\alpha\sin\beta}{\cos\alpha\cos\beta-\sin\alpha\sin\beta}.$$

この最後の辺の分母・分子を $\cos\alpha\cos\beta$ で割れば，これは

$$\frac{\dfrac{\sin\alpha}{\cos\alpha}+\dfrac{\sin\beta}{\cos\beta}}{1-\dfrac{\sin\alpha}{\cos\alpha}\cdot\dfrac{\sin\beta}{\cos\beta}} = \frac{\tan\alpha+\tan\beta}{1-\tan\alpha\tan\beta}$$

に等しい．これでまず第1式が証明された.

第2式も定理1(a), (b)の第2式を用いて同様に証明される．あるいは第1式で β を $-\beta$ におきかえて $\tan(-\beta)=-\tan\beta$ であることを用いればよい．□

三角関数にはこのほかにも非常に多数の公式がある．しかしそれらは基本的にはすべて，本節ですでに述べた公式，特に加法定理から導かれるのである．以下の問にそれらの幾つかが掲げられている．

問題 5.3

1　次の等式を証明せよ．

$$\sin\left(\frac{\pi}{2}-\theta\right)=\cos\theta, \qquad \cos\left(\frac{\pi}{2}-\theta\right)=\sin\theta.$$

2　次の等式を証明せよ．

$$\sin(\pi-\theta)=\sin\theta, \qquad \cos(\pi-\theta)=-\cos\theta.$$

2倍角の公式

3　次の等式(**2倍角の公式**)を証明せよ．

$$\sin 2\alpha = 2\sin\alpha\cos\alpha,$$

$$\cos 2\alpha = \cos^2\alpha-\sin^2\alpha = 2\cos^2\alpha-1 = 1-2\sin^2\alpha,$$

$$\tan 2\alpha = \frac{2\tan\alpha}{1-\tan^2\alpha}.$$

半角の公式

4　次の公式(**半角の公式**)を証明せよ．

$$\sin^2\frac{\alpha}{2}=\frac{1-\cos\alpha}{2}, \qquad \cos^2\frac{\alpha}{2}=\frac{1+\cos\alpha}{2}.$$

5　次の3倍角の公式を証明せよ．

$$\sin 3\alpha = 3\sin\alpha-4\sin^3\alpha,$$

$$\cos 3\alpha = 4\cos^3\alpha-3\cos\alpha.$$

6　$\dfrac{\pi}{12}=\dfrac{\pi}{3}-\dfrac{\pi}{4}$ であることを用いて，$\dfrac{\pi}{12}$ の正弦・余弦・正接を求めよ．

7　$\dfrac{\pi}{8}$ の正弦・余弦・正接を求めよ．

三角関数の合成

8(**三角関数の合成**)　a, b を0でない定数とする．

(a)　P を (a, b) を座標とする点とし，動径 OP の定める1つの角を α とすれば，任意の θ に対して

$$a\sin\theta+b\cos\theta=\sqrt{a^2+b^2}\sin(\theta+\alpha)$$

が成り立つことを示せ．

(b)　Q を $(b, -a)$ を座標とする点とし，動径 OQ の定める1つの角を β とすれば，任意の θ に対して

$$a\sin\theta+b\cos\theta=\sqrt{a^2+b^2}\cos(\theta+\beta)$$

が成り立つことを示せ．

9　すべての x に対して定義された関数

$$f(x) = \cos^2 x - \sqrt{5}\sin x\cos x + 3\sin^2 x$$

の最大値・最小値を求めよ．

10 ある三角形の3つの角の正接はみな整数であるという．その3つの整数を求めよ．

11 座標平面の y 軸上に2定点 $A(0, a)$, $B(0, b)$ がある．ただし $a>b>0$ である．点 $P(x, 0)$ が x 軸の正の部分を動くとき，$\angle APB=\theta$ が最大になるのは x がいくらのときか．

(ヒント) 正接の加法定理を用いて $\tan\theta$ を x の関数で表せ．

12 座標平面上，上半平面，下半平面(すなわち x 軸より上の部分と下の部分)にそれぞれ定点 P_1, P_2 がある．いま，動点が P_1 を出発し下の左の図のような折れ線の径路 P_1XP_2 を通って P_2 まで進む．ただし，動点が上半平面を動く速度は v_1，下半平面を動く速度は v_2 であるとする．そのとき，動点が最短時間で P_1 から P_2 に到達する径路 P_1AP_2 がただ1つ存在すること，および，最短時間を与える点 A において x 軸に立てた垂線が P_1A, P_2A となす角をそれぞれ θ_1, θ_2 とすれば，

$$\frac{\sin\theta_1}{v_1} = \frac{\sin\theta_2}{v_2}$$

が成り立つことを示せ．

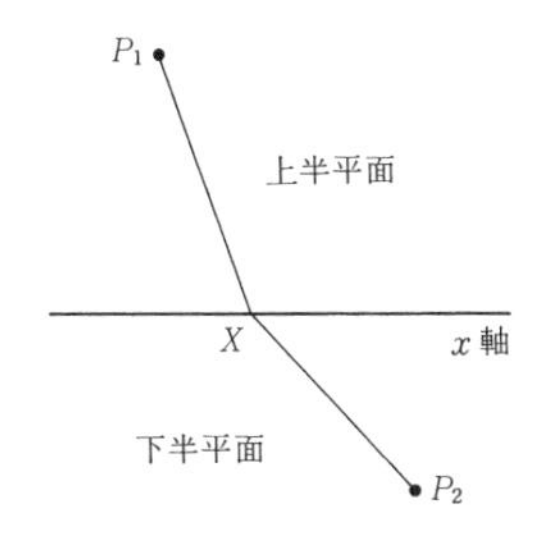

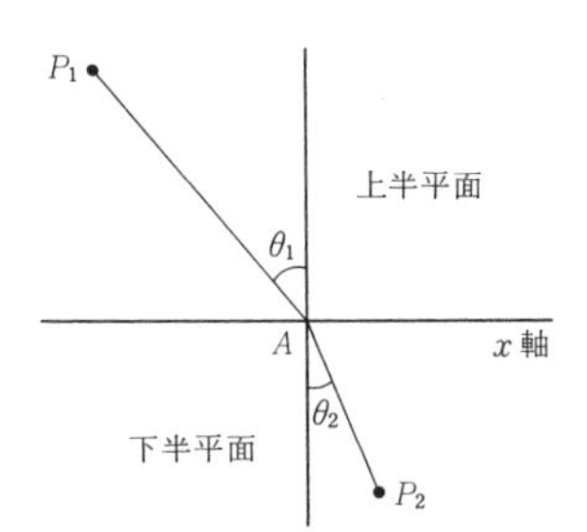

5.4 三角関数(続き)，逆三角関数

◆ A) 1つの基本的な極限

三角関数の微分について論ずるには，まず次の極限を証明しておかなければならない．この極限は三角関数の解析においてきわめて基本的である．

> **定理 1** $$\lim_{x\to 0}\frac{\sin x}{x} = 1.$$

証明 まず，x が正で0に近づく場合を考える．

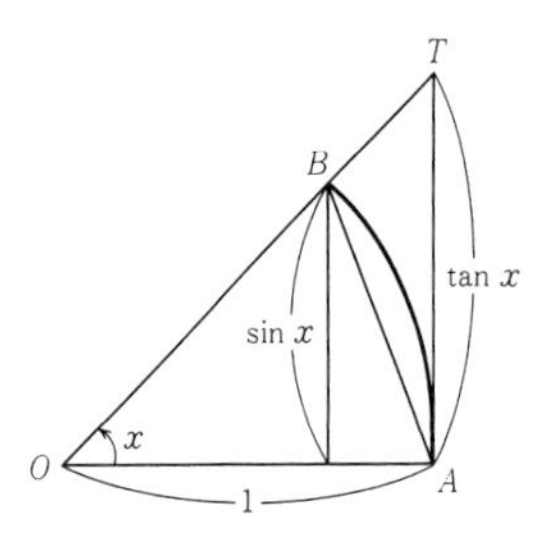

$0<x<\dfrac{\pi}{2}$ とし，左図のように，半径1の単位円 O の周上に $\angle AOB=x$ となるように2点 A, B をとり，A における円の接線が半直線 OB と交わる点を T とする．

このとき，明らかに，扇形 OAB の面積は三角形 OAB の面積よりは大きく，三角形 OAT の面積よりは小さい．

三角形 OAB と三角形 OAT は底辺 OA を共有し，その長さは1で，高さはそれぞれ $\sin x, \tan x$ である．よって

$$\text{三角形 } OAB \text{ の面積} = \frac{1}{2}\sin x,$$

$$\text{三角形 } OAT \text{ の面積} = \frac{1}{2}\tan x$$

である．一方，扇形 OAB の面積は単位円の面積の $\dfrac{x}{2\pi}$ 倍であるが，単位円の面積は π であるから，

$$\text{扇形 } OAB \text{ の面積} = \frac{1}{2}x$$

である．ゆえに不等式

$$\frac{1}{2}\sin x < \frac{1}{2}x < \frac{1}{2}\tan x$$

が得られる．

この各項を2倍し，$\sin x(>0)$ で割ると，$\dfrac{\tan x}{\sin x}=\dfrac{1}{\cos x}$ であるから，

$$1 < \frac{x}{\sin x} < \frac{1}{\cos x},$$

各項の逆数をとって

$$1 > \frac{\sin x}{x} > \cos x$$

を得る．そこで x を0に近づける．そのとき $\cos x$ は余弦関数の連続性によって $\cos 0=1$ に近づく．ゆえに

$$\lim_{x\to 0+}\frac{\sin x}{x} = 1$$

である．

x が負で0に近づくときには，$x=-u$ とおけば，u は正で0に近づき，

$$\frac{\sin x}{x} = \frac{\sin(-u)}{-u} = \frac{\sin u}{u}$$

であるから，

$$\lim_{x\to 0-}\frac{\sin x}{x}=\lim_{u\to 0+}\frac{\sin u}{u}=1.$$

これで証明は完成した．□

系
$$\lim_{x\to 0}\frac{\tan x}{x}=1.$$

証明 $\dfrac{\tan x}{x}=\dfrac{\sin x}{x}\cdot\dfrac{1}{\cos x}$ で，$x\to 0$ のとき $\cos x\to 1$ であるから，これは明らかである．□

◆ B)　正弦・余弦・正接の微分

正弦・余弦の微分については次の定理が成り立つ．

定理 2　関数 $\sin x, \cos x$ は全区間 $(-\infty, +\infty)$ で微分可能で，

$$\frac{d}{dx}(\sin x)=\cos x,$$

$$\frac{d}{dx}(\cos x)=-\sin x.$$

証明 $\sin x$ を微分するには，$h\to 0$ のときの

$$\frac{\sin(x+h)-\sin x}{h}$$

の極限を考察しなければならない．

まず，加法定理を用いてこの分子を次のように変形する．正弦の加法定理によれば，

$$\sin(\alpha+\beta)=\sin\alpha\cos\beta+\cos\alpha\sin\beta,$$
$$\sin(\alpha-\beta)=\sin\alpha\cos\beta-\cos\alpha\sin\beta.$$

この第1式から第2式を引けば

$$\sin(\alpha+\beta)-\sin(\alpha-\beta)=2\cos\alpha\sin\beta.$$

この式の $\alpha+\beta, \alpha-\beta$ にそれぞれ $x+h, x$ を代入すれば

$$\alpha=x+\frac{h}{2},\qquad \beta=\frac{h}{2}$$

であるから

$$\sin(x+h)-\sin x=2\cos\left(x+\frac{h}{2}\right)\sin\frac{h}{2}.$$

よって

$$\frac{\sin(x+h)-\sin x}{h} = \cos\left(x+\frac{h}{2}\right)\frac{\sin\frac{h}{2}}{\frac{h}{2}}.$$

ここで $h\to 0$ とすれば右辺の第1因子 $\cos\left(x+\frac{h}{2}\right)$ は $\cos x$ に近づき，定理1によって第2因子は1に近づく．ゆえに

$$\lim_{h\to 0}\frac{\sin(x+h)-\sin x}{h} = \cos x.$$

これで

$$\frac{d}{dx}(\sin x) = \cos x$$

が証明された．

$\cos x$ の導関数も同様にして求められる．あるいは

$$\cos x = \sin\left(x+\frac{\pi}{2}\right), \quad \cos\left(x+\frac{\pi}{2}\right) = -\sin x$$

であることを利用して，$x+\frac{\pi}{2}=u$ とおけば，合成関数の微分法によって

$$\frac{d}{dx}(\cos x) = \frac{d}{du}(\sin u)\cdot\frac{du}{dx} = \cos u = -\sin x.$$

これで後半も証明された．□

> **系**　関数 $\tan x$ はそれが定義されるすべての x において微分可能で，
>
> $$\frac{d}{dx}(\tan x) = \frac{1}{\cos^2 x}.$$

証明　定義によって $\tan x = \dfrac{\sin x}{\cos x}$ であるから，定理2と商の微分法を用いて容易に上の結果を得る．□

定理2を用いて $\sin x$ を2回微分すれば

$$\frac{d^2}{dx^2}(\sin x) = -\sin x$$

を得る．正弦の1つの周期，たとえば区間 $[0, 2\pi]$ で考えた場合，この第2次導関数の符号は $0<x<\pi$ の範囲では負，$\pi<x<2\pi$ の範囲では正となる．ゆえに，関数 $\sin x$ のグラフは区間 $[0, \pi]$ では上に凸，区間 $[\pi, 2\pi]$ では下に凸となる．点 $(\pi, 0)$ はこのグラフの変曲点である．上記のことは，われわれが前に179ページで描いた正弦曲線の形状の正当性を裏づけるものである．

同様に，関数 $\tan x$ を区間 $(-\pi/2, \pi/2)$ で考えると，

$$\frac{d^2}{dx^2}(\tan x) = \frac{1}{\cos^2 x}\cdot 2\tan x$$

であるから，この符号は $-\pi/2<x<0$ では負，$0<x<\pi/2$ では正である．よって $\tan x$ のグラフは区間 $(-\pi/2, 0]$ では上に凸，区間 $[0, \pi/2)$ では下に凸で，原点はグラフの変曲点となる．このこともまた181ページで描いた $\tan x$ のグラフの形状の正当性を保証する．

◆ C)　逆正弦関数

関数 $y=\sin x$ の定義域は $(-\infty, +\infty)$，値域は $[-1, 1]$ であるが，この対応は1対1ではない．値域に属するおのおのの y に対して $y=\sin x$ となる x は無限に存在するからである．したがって，このままでは正弦関数の逆関数は定義されない．

そこで，われわれは関数 sin の定義域を区間 $[-\pi/2, \pi/2]$ に制限して考える．そうすると，この区間では sin は狭義単調増加かつ連続で，値域が $[-1, 1]$ であるから，その逆関数が定義域を $[-1, 1]$ として定義される．この逆関数を arcsin で表し，**逆正弦関数**という．

逆正弦関数

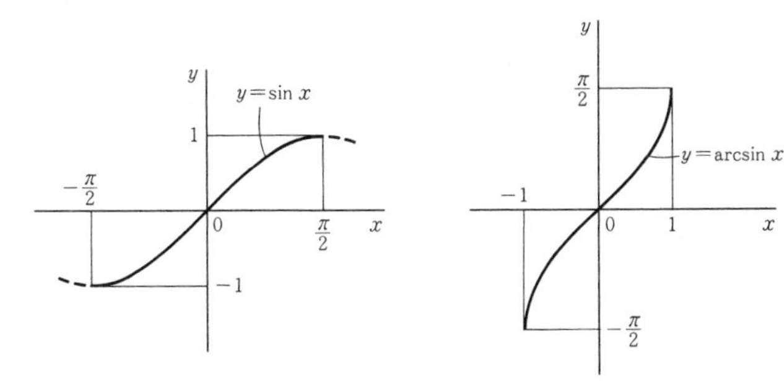

逆関数の定義によって，関数 $y=\arcsin x$ のグラフは関数 $y=\sin x$ のグラフを直線 $y=x$ に関して対称に移動したものである．

また定義によって，たとえば

$$\arcsin\frac{1}{2} = \frac{\pi}{6}, \qquad \arcsin\frac{1}{\sqrt{2}} = \frac{\pi}{4},$$

$$\arcsin\left(-\frac{\sqrt{3}}{2}\right) = -\frac{\pi}{3}, \qquad \arcsin(-1) = -\frac{\pi}{2}$$

である．

この関数について次のことが成り立つ．

> **定理 3**　逆正弦関数 $\arcsin x$ は区間 $[-1,1]$ で定義された狭義単調増加かつ連続な関数で，値域は $[-\pi/2, \pi/2]$ である．また，区間 $(-1,1)$ ではこの関数は微分可能で
>
> $$\frac{d}{dx}(\arcsin x)=\frac{1}{\sqrt{1-x^2}}$$
>
> となる．

証明　最後の部分以外の主張は明らかである．

最後の微分に関しては，$y=\arcsin x$ とおけば $x=\sin y$ で，

$$\frac{dx}{dy}=\cos y.$$

$-1<x<1$ すなわち $-\pi/2<y<\pi/2$ ならば $\cos y>0$ であるから

$$\frac{dy}{dx}=\frac{1}{\cos y}.$$

そして $-\pi/2<y<\pi/2$ の範囲で $\cos y=\sqrt{1-\sin^2 y}=\sqrt{1-x^2}$．ゆえに

$$\frac{dy}{dx}=\frac{1}{\sqrt{1-x^2}}.$$

これで主張が証明された．□

［**注意**：区間 $[-1,1]$ に属する x に対し $x=\sin y$ を満たす y を一般に

$$y=\arcsin x$$

と書くならば，x の 1 つの値に y の無限に多くの値が対応するから，arcsin は“無限多価”の関数である．y のとる値を区間 $[-\pi/2, \pi/2]$ に限定したときに，$y=\arcsin x$ は x に対して一意的に定まり，定理 3 に述べた性質をもつような 1 価関数となるのである．値を区間 $[-\pi/2, \pi/2]$ に限定した $\arcsin x$ は，くわしくは $\arcsin x$ の**主値**とよばれる．］

主値

◆　D)　逆正接関数

正接関数 $y=\tan x$ の逆関数を考えるためには，この関数の定義域を区間 $(-\pi/2, \pi/2)$ に制限する．すると，この区間では tan は狭義単調増加かつ連続であるから，その逆関数が

定義される．それを arctan で表し，**逆正接関数**という．

逆正接関数

定義によって，たとえば

$$\arctan 1 = \frac{\pi}{4}, \quad \arctan\sqrt{3} = \frac{\pi}{3}, \quad \arctan\left(-\frac{1}{\sqrt{3}}\right) = -\frac{\pi}{6}$$

である．

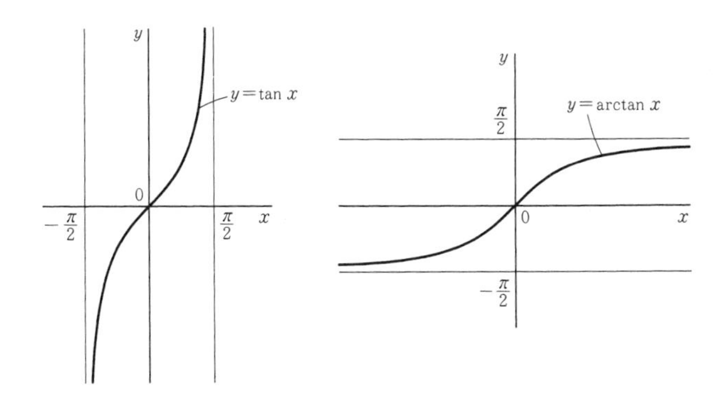

> **定理 4** 逆正接関数 $\arctan x$ は全区間で定義された狭義単調増加かつ連続な関数で，値域は $(-\pi/2, \pi/2)$ であり，
>
> $$\lim_{x\to-\infty} \arctan x = -\frac{\pi}{2}, \quad \lim_{x\to+\infty} \arctan x = \frac{\pi}{2}$$
>
> である．また，この関数は全区間で微分可能で
>
> $$\frac{d}{dx}(\arctan x) = \frac{1}{1+x^2}$$
>
> となる．

証明 定理 3 と同じく，最後の部分以外は明らかである．最後の微分に関しては，$y=\arctan x$ とおけば，$x=\tan y$ で

$$\frac{dx}{dy} = \frac{1}{\cos^2 y}.$$

178 ページの(c)によって，この右辺は $1+\tan^2 y=1+x^2$ に等しい．ゆえに

$$\frac{dy}{dx} = \frac{1}{1+x^2}.$$

これが証明すべきことであった．◪

[**注意**：前の場合と同じく，実数 x に対して $x=\tan y$ となる y を一般に

$$y = \arctan x$$

と書くならば，arctan は無限多価の関数である．しかし上のように y のとる値を区間 $(-\pi/2, \pi/2)$ に限定すれば，$y=\arctan x$ は x の 1 価関数となり，定理 4 に述べたような性質をもつ．値を $(-\pi/2, \pi/2)$ に限定した $\arctan x$ を $\arctan x$ の**主値**という．]

主値

問題 5.4

1 次の極限を求めよ．

(1) $\displaystyle\lim_{x\to 0}\frac{\sin bx}{\sin ax}$ $(a\neq 0,\ b\neq 0)$ (2) $\displaystyle\lim_{x\to 0}\frac{1-\cos x}{x^2}$

(3) $\displaystyle\lim_{x\to 0}\frac{\arctan x}{x}$ (4) $\displaystyle\lim_{x\to n\pi}\frac{(x-n\pi)^2}{\sin^2 x}$

2 θ を $0<\theta<\pi/2$ なる定数とする．次の極限を求めよ．

$$\lim_{n\to\infty}\left(\cos\frac{\theta}{2}\cos\frac{\theta}{2^2}\cos\frac{\theta}{2^3}\cdots\cos\frac{\theta}{2^n}\right).$$

（ヒント） 公式 $\sin 2\alpha=2\sin\alpha\cos\alpha$ を利用せよ．

3 a, b を 0 でない定数とする．次の等式が成り立つように定数 A, B を定めよ．

$$\frac{d}{dx}(Ae^{ax}\cos bx+Be^{ax}\sin bx) = e^{ax}\cos bx.$$

4 $\dfrac{d^n}{dx^n}(e^x\sin x)=(\sqrt{2})^n e^x\sin\left(x+\dfrac{n\pi}{4}\right)$ $(n=1, 2, \cdots)$ を証明せよ．

5 a, b を定数として

$$f(x) = a\cos(\log x)+b\sin(\log x)$$

とする．次のことを証明せよ．

(a) $x^2f''(x)+xf'(x)+f(x)=0$.

(b) 任意の $n\in\boldsymbol{Z}^+$ に対して，$x^nf^{(n)}(x)$ は，a_n, b_n を定数として

$$x^nf^{(n)}(x) = a_n\cos(\log x)+b_n\sin(\log x)$$

と表される．

6 関数 f を

$$f(x) = \begin{cases} x\sin\dfrac{1}{x}, & x\neq 0 \text{ のとき} \\ 0, & x=0 \text{ のとき}\end{cases}$$

と定義する．f は 0 において連続であるが微分可能でないことを証明せよ．

7 関数 f を

$$f(x) = \begin{cases} x^2\sin\dfrac{1}{x}, & x\neq 0 \text{ のとき} \\ 0, & x=0 \text{ のとき}\end{cases}$$

と定義する．f は全区間で微分可能であること，しかし f' は 0

において連続でないことを示せ．

［**注意**：この例によって，微分可能な関数の導関数は必ずしも連続でないことがわかる．すなわち，一般には，連続性は導関数には受け継がれない．］

8　一般に m, n を正の整数として，関数 f を

$$f(x) = \begin{cases} x^m \sin\dfrac{1}{x^n}, & x \neq 0 \text{ のとき} \\ 0, & x = 0 \text{ のとき} \end{cases}$$

と定義する．次のことを証明せよ．

（a）　f は 0 において連続である．

（b）　$f'(0)$ が存在するための必要十分条件は $m>1$ である．

（c）　f' が 0 において連続であるための必要十分条件は $m>n+1$ である．

（d）　$f''(0)$ が存在するための必要十分条件は $m>n+2$ である．

（e）　f'' が 0 において連続であるための必要十分条件は $m>2n+2$ である．

9　$x>0$ のとき

$$x - \frac{x^3}{3!} < \sin x < x, \qquad 1 - \frac{x^2}{2!} < \cos x < 1$$

であることを証明せよ．

10　一般に，正の整数 n に対して

$$f_n(x) = x - \frac{x^3}{3!} + \frac{x^5}{5!} - \cdots + (-1)^{n-1}\frac{x^{2n-1}}{(2n-1)!},$$

$$g_n(x) = 1 - \frac{x^2}{2!} + \frac{x^4}{4!} - \cdots + (-1)^{n-1}\frac{x^{2n-2}}{(2n-2)!}$$

とおく．$x>0$ のとき

$$f_{2n}(x) < \sin x < f_{2n-1}(x),$$

$$g_{2n}(x) < \cos x < g_{2n-1}(x)$$

であることを証明せよ．

（ヒント）　帰納法．

11　$0<x<\dfrac{\pi}{2}$ ならば $\sin x > \dfrac{2}{\pi}x$ であることを示せ．

12　右図のような台形がある．ただし a は定数である．この台形の面積が最大になるのは，図の角 θ $(0<\theta<\pi/2)$ がいくらのときか．また，その面積の最大値を求めよ．

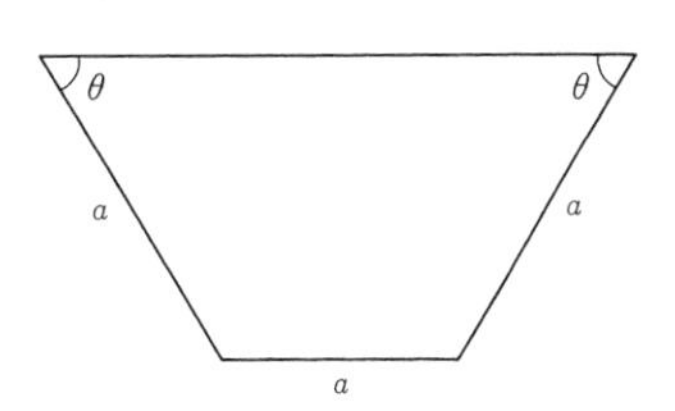

13　$y=\arctan x$ とおく．すべての $n=0, 1, 2, \cdots$ に対し

$$(1+x^2)y^{(n+2)} + 2(n+1)xy^{(n+1)} + (n+1)ny^{(n)} = 0$$

が成り立つことを証明し，これを用いて $x=0$ における $y^{(n)}$ の値を求めよ．

（ヒント）　定理 4 によって $(1+x^2)y'=1$．これにライプニ

ッツの公式(4.4 節の問題 4)を応用する．

双曲線関数

14　次の関数を**双曲線関数**という．

$$\sinh x = \frac{e^x - e^{-x}}{2}, \qquad \cosh x = \frac{e^x + e^{-x}}{2},$$

$$\tanh x = \frac{e^x - e^{-x}}{e^x + e^{-x}}.$$

次のことを証明せよ．

(a)　$\cosh^2 x - \sinh^2 x = 1, \quad 1 - \tanh^2 x = \dfrac{1}{\cosh^2 x}.$

(b)　$\sinh(x+y) = \sinh x \cosh y + \cosh x \sinh y.$

(c)　$\cosh(x+y) = \cosh x \cosh y + \sinh x \sinh y.$

(d)　$\dfrac{d}{dx}(\sinh x) = \cosh x, \quad \dfrac{d}{dx}(\cosh x) = \sinh x,$

$\dfrac{d}{dx}(\tanh x) = \dfrac{1}{\cosh^2 x}.$

5.5　複素数の幾何学的表現

本章の主題からはいささかはずれるが，この章の 5.3 節，5.4 節で三角関数について論じたのを機会に，ここで複素数の幾何学的表現について述べておく．複素数の定義はすでに 1.5 節で明確に与えられたけれども，そこで述べられているのは，主として複素数体の論理的構成という代数的な基礎部分のみに過ぎない．複素数に，より躍動的な生命を与えるためには，以下のように，これを幾何学的視点から考察することが必要である．すなわち，複素数を複素平面上の点あるいはベクトルとして表示し，複素数の演算に幾何学的な解釈を付与することが必要である．そういう視覚的なイメージが与えられることによって，複素数ははじめて真に実在感のある数となり，数学の世界で広汎な活躍の舞台をもつようになるのである．

◆ A)　複素平面

すでに知っているように，複素数 α は，a, b を実数，i を虚数単位として $\alpha = a + bi$ と表される．以下ではさらに，複素数の表現として $z = x + yi$，$w = u + vi$ のような書き方も用いる．これらはいずれも慣用的な記法であって，複素数 $\alpha = a + bi$，複素数 $z = x + yi$ などの表現をしたときには，とくにことわらなくても a, b あるいは x, y は実数を表すことが合意されているのである．またもちろん，ローマ字 $a, b, \cdots$ などによって複素数を表すこともある．しかし，どの文字が実数を表し，どの文字が複素数を表しているかは，文脈によって常に明白に把握されるであろう．

さて，幾何学的には実数は数直線上の点として表される．同様に，複素数は平面上の点によって表すことができる．すなわち，複素数

$$\alpha = a + bi$$

を座標平面上の点 (a, b) によって表すのである．そうすれば，任意の複素数は平面上の1つの点で表され，逆に平面上の任意の点にはそれぞれ1つの複素数が対応する．このように，その上の各点に複素数を対応させた平面を**複素平面**または**ガウス平面**といい，複素数 α を表す点を"点 α"という．

複素平面(ガウス平面)

[**注意**：上記のことを標語的にいうならば，実数は"1次元の数"であり，複素数は"2次元の数"である.]

複素平面においては，x 軸上の点 $(a, 0)$ は実数 a を表し，y 軸上の点 $(0, b)$ は純虚数 bi を表す．そこで x 軸，y 軸のことをそれぞれ**実軸**(あるいは実数軸)，**虚軸**(あるいは虚数軸)ともいう．

実軸，虚軸

複素数はまた複素平面上のベクトルでも表される．すなわち，原点 O から点 α に向かうベクトル $\overrightarrow{O\alpha}$ (O を始点，α を終点とするベクトル)をもって複素数 α を表し，それを"ベクトル α"とよぶのである．ベクトルは平面上の任意の点を始点として平行移動させることができるから，$\overrightarrow{O\alpha}$ と同じ向き，同じ大きさをもつベクトルはすべて α を表すことになる．

このように複素数をベクトルとして表せば，複素数およびベクトルの和や差の定義から明らかに，複素数としての α, β の和や差にはそれぞれベクトルとしての α, β の和や差が対応する．よって，複素数 α, β が与えられたとき，和 $\alpha+\beta$，差 $\alpha-\beta$ を表すベクトルは右の図のようにして作図することができる．この図において，ベクトル $\alpha+\beta$ と $\alpha-\beta$ は，α，β を2辺とする平行四辺形の対角線となっていることに注意されたい．

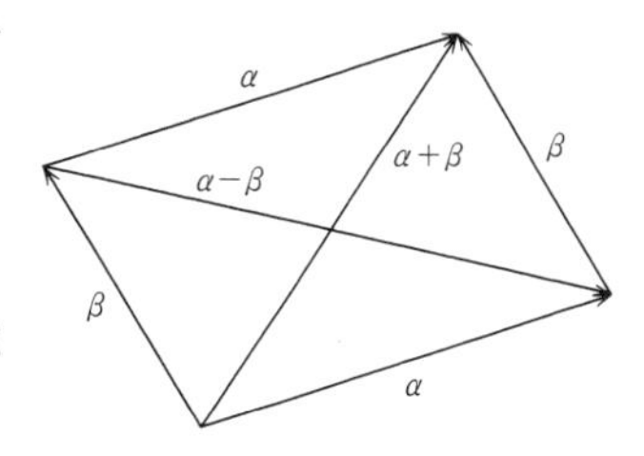

1.5節で，複素数 $\alpha=a+bi$ の絶対値 $|\alpha|$ を

$$|\alpha| = \sqrt{a^2+b^2}$$

によって定義した．これは幾何学的には原点 O と点 α との距離，いいかえれば，ベクトル α の長さを表している．よって，複素平面上の2点 α, β の間の距離は絶対値 $|\alpha-\beta|$ で与えられる．

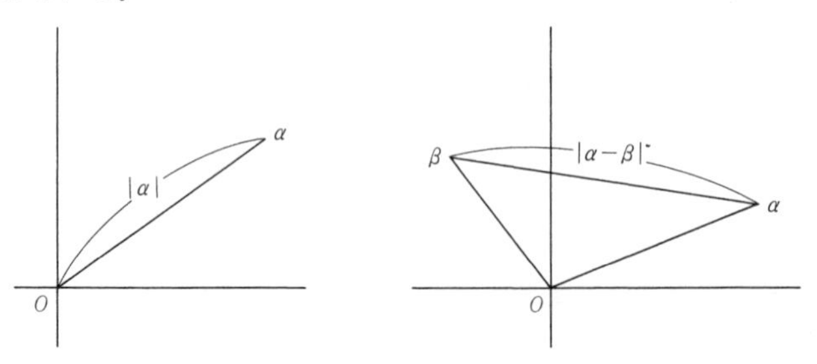

なお，上の $\alpha+\beta$ の作図によれば，1.5節の命題5で述べた絶対値に関する不等式

$$|\alpha+\beta| \leqq |\alpha|+|\beta|$$

は，一見して明らかである．すなわち，この不等式は“三角形の1辺の長さは他の2辺の長さの和をこえない”という平面幾何学の基本的定理を表すものにほかならない．（その意味でこの不等式は**三角不等式**とよばれる．）さらに $\alpha \neq 0$, $\beta \neq 0$ ならば，この不等式が等号で成り立つのはベクトル α とベクトル β とが同じ向きをもつときに限ることも明らかである．いいかえれば，α, β の一方が他方の正の実数倍であるとき，すなわち商 α/β が正の実数であるとき，またそのときに限って等号が成り立つのである．

三角不等式

◆　B)　複素数の極形式

複素数の和や差がベクトルとしての和や差の意味をもっていることは上に述べたが，複素数の積や商の幾何学的意味を鮮明にするには，複素数の極形式を導入しなければならない．

$z=x+yi$ を0でない複素数とする．実軸の正の部分を始線として動径 Oz の定める角を，複素数 z の**偏角**(argument)といい，$\arg z$ で表す．

偏角

偏角 $\arg z$ は z に対して一意的には定まらない．しかし，その1つを θ とすれば，$\arg z$ は一般に $\theta+2n\pi$ (n は整数) で表される．すなわち，$\arg z$ は 2π の整数倍の差を無視すれば一意的に定まる．

たとえば，正の実数，負の実数，純虚数の偏角はそれぞれ

$0, \pi, \pm\pi/2$（一般にはこれに $2n\pi$ を加えたもの）である．

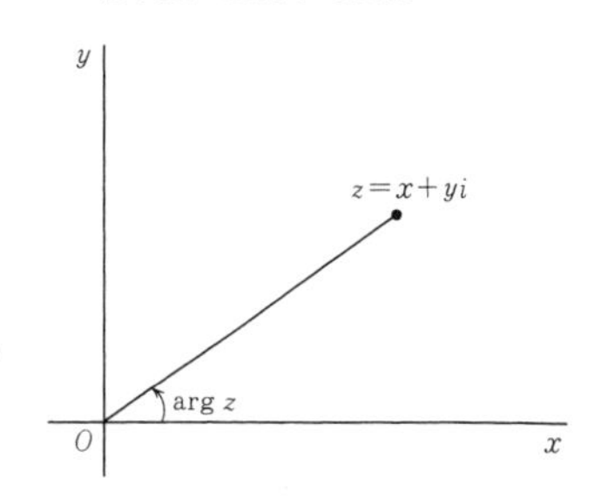

また，明らかに，等式

$$\arg(-z) = \arg z + \pi,$$

$$\arg \bar{z} = -\arg z$$

が成り立つ．ただし，このような偏角の間の等式ではいつも 2π の整数倍の差は無視して考えるのである．

いま，$z=x+yi$ を 0 でない複素数とし，その絶対値を r，偏角の 1 つを θ とすれば，

$$x = r\cos\theta, \qquad y = r\sin\theta$$

であるから，$z=x+yi$ を

$$z = r(\cos\theta + i\sin\theta)$$

と書くことができる．これを複素数 z の**極形式**または**極表示**という．

極形式（極表示）

逆に，r, θ を実数，$r>0$ として，$r(\cos\theta+i\sin\theta)$ と表される複素数の絶対値は r，偏角（の 1 つ）は θ である．実際，この複素数を $x+yi$ と書けば，

$$r = \sqrt{r^2\cos^2\theta + r^2\sin^2\theta} = \sqrt{x^2+y^2}$$

であるから，r はこの複素数の絶対値である．また

$$\cos\theta = \frac{x}{r}, \qquad \sin\theta = \frac{y}{r}$$

であるから，θ はこの複素数の 1 つの偏角である．

上記のことは複素数の極形式の一意性を示している．

複素数 0 に対しては偏角は定義されない．したがって極形式も定義されない．

さて，複素数の積や商を取り扱うときに極形式が有効であるのは，次の定理が成り立つからである．

定理 1 z_1, z_2 を 0 でない 2 つの複素数とし，その極形式を

$$z_1 = r_1(\cos\theta_1 + i\sin\theta_1), \qquad z_2 = r_2(\cos\theta_2 + i\sin\theta_2)$$

とする．そのとき

$$z_1z_2 = r_1r_2\{\cos(\theta_1+\theta_2) + i\sin(\theta_1+\theta_2)\},$$

$$\frac{z_1}{z_2} = \frac{r_1}{r_2}\{\cos(\theta_1-\theta_2) + i\sin(\theta_1-\theta_2)\}$$

が成り立つ．特に

$$\arg(z_1z_2) = \arg z_1 + \arg z_2,$$

$$\arg\left(\frac{z_1}{z_2}\right) = \arg z_1 - \arg z_2$$

である．

証明　z_1, z_2 の極形式が定理の仮定に述べたようなものであるならば，複素数の積の定義によって

$$z_1z_2 = r_1r_2[(\cos\theta_1\cos\theta_2 - \sin\theta_1\sin\theta_2) + i(\sin\theta_1\cos\theta_2 + \cos\theta_1\sin\theta_2)].$$

三角関数の加法定理を用いれば，これは

$$z_1z_2 = r_1r_2\{\cos(\theta_1+\theta_2) + i\sin(\theta_1+\theta_2)\}$$

と書かれる．よって z_1z_2 の絶対値は r_1r_2，偏角は $\theta_1+\theta_2$ に等しい．すなわち

$$|z_1z_2| = |z_1||z_2|,$$

$$\arg(z_1z_2) = \arg z_1 + \arg z_2$$

である．この積の絶対値に関する結果はすでに知っているが，偏角に関する結果は新しいものである．

商については，$z=z_1/z_2$ とおくとき，$|z|=|z_1|/|z_2|=r_1/r_2$ は既知である．また $z_1=zz_2$ であるから，

$$\arg z_1 = \arg z + \arg z_2,$$

したがって $\arg z=\arg z_1-\arg z_2=\theta_1-\theta_2$ となる．

以上で主張はすべて証明された．□

定理1によれば，点 z_1, z_2 が与えられたとき，点 z_1z_2 を作図するには次のようにすればよい．すなわち，動径 Oz_2 を O のまわりに $\arg z_1$ だけ回転し，さらに原点からの距離を $|z_1|$ 倍するのである．

したがって，3点 $O, 1, z_1$ を頂点とする三角形と3点 O, z_2, z_1z_2 を頂点とする三角形とは“同じ向きに相似”である．もっと精密にいえば，それぞれ対応する2辺の長さの比が等しく，さらに半直線 $O1$ を半直線 Oz_1 まで回転する角と，半直線 Oz_2 を半直線 $O(z_1z_2)$ まで回転する角とが，向きをも含めて等しい．

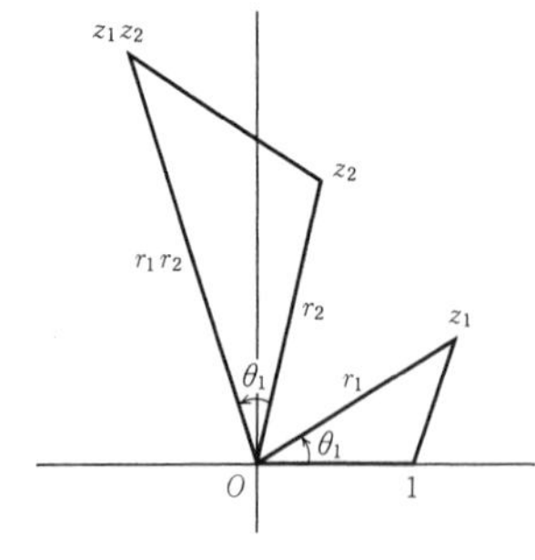

特に，複素数 $z(\neq 0)$ に対し，複素数 iz は z を原点のまわりに $\pi/2$ だけ回転した点を表すことに注意しておこう．

商については，同様に，3点 $O, 1, z_2$ を頂点とする三角形と3点 $O, z_1/z_2, z_1$ を頂点とする三角形とが同じ向きに相似となる．z_1/z_2 が純虚数となるのは，ベクトル $\overrightarrow{Oz_1}$ とベクトル $\overrightarrow{Oz_2}$ が直交する場合であることも容易にみられるであろう．

◆ C) 二項方程式

定理1から直ちに次の定理が得られる.

定理2 z を0でない複素数とし, その極形式を
$$z = r(\cos\theta + i\sin\theta)$$
とすれば, 任意の整数 n に対して
$$z^n = r^n(\cos n\theta + i\sin n\theta)$$
である.

証明 n が正の整数のときは定理1から帰納法によって直ちに導かれる.

$n=0$ のときも自明である.

また同じく定理1から
$$z^{-1} = r^{-1}\{\cos(-\theta) + i\sin(-\theta)\}$$
であるから, 正の整数 n に対して
$$z^{-n} = r^{-n}\{\cos(-n\theta) + i\sin(-n\theta)\}.$$
ゆえに等式は n が負の整数のときにも成り立つ. ☐

ド・モアブルの公式

系(ド・モアブル(de Moivre)の公式) 任意の整数 n に対して
$$(\cos\theta + i\sin\theta)^n = \cos n\theta + i\sin n\theta.$$

証明 定理2で $r=1$ とおけばよい. ☐

定理2を用いて, 0でない複素数 α と正の整数 n が与えられたとき, われわれは次のように, いわゆる“二項方程式”
$$z^n = \alpha$$
を解く——すなわち α の n 乗根を求める——ことができる.

定理3 $\alpha = r(\cos\theta + i\sin\theta)$ を0でない複素数, n を正の整数とする. そのとき, 二項方程式
$$z^n = \alpha$$
は, 複素数の範囲にちょうど n 個の解をもち, それらの解は
$$z = \sqrt[n]{r}\left(\cos\frac{\theta+2k\pi}{n} + i\sin\frac{\theta+2k\pi}{n}\right)$$
$$(k=0, 1, \cdots, n-1)$$
で与えられる.

証明 求める z の極形式を $z=\rho(\cos\varphi + i\sin\varphi)$ とす

ると，定理 2 によって

$$z^n = \rho^n(\cos n\varphi + i\sin n\varphi)$$

となるから，$z^n=\alpha$ であるためには，

$$\rho^n = r, \qquad n\varphi = \theta+2k\pi \qquad (k \text{ は整数})$$

となることが必要かつ十分である．ゆえに

$$\rho = \sqrt[n]{r}, \qquad \varphi = \frac{\theta+2k\pi}{n}.$$

よって

$$z_k = \sqrt[n]{r}\left(\cos\frac{\theta+2k\pi}{n} + i\sin\frac{\theta+2k\pi}{n}\right)$$

とおけば，これらが解の全体を与える．ただし，これらはすべて異なるわけではない．実際

$$\frac{\theta+2k\pi}{n} - \frac{\theta+2k'\pi}{n} = \frac{2(k-k')\pi}{n}$$

が 2π の倍数となるときには(またそのときに限り) $z_k=z_{k'}$ となるからである．そして $2(k-k')\pi/n$ が 2π の整数倍となるのは，$k-k'$ が n で割り切れることと同じである．ゆえに $z_0, z_1, \cdots, z_{n-1}$ はすべて互いに異なるが，他の z_k はこれらのいずれかと一致する．よって方程式 $z^n=\alpha$ のすべての解は $z_0, z_1, \cdots, z_{n-1}$ で与えられる．□

定理 3 によれば，方程式 $z^n=\alpha$ の n 個の解はすべて原点を中心とする半径 $\sqrt[n]{r}$ の円周上にあって，偏角は $2\pi/n$ ずつ異なっている．したがって，α の n 乗根は原点を中心とするある円の周上をちょうど n 等分するのである．

系　1 の n 乗根は複素数の範囲に n 個存在し，それらは

$$\cos\frac{2k\pi}{n} + i\sin\frac{2k\pi}{n} \qquad (k=0, 1, \cdots, n-1)$$

で与えられる．

証明　定理 3 から明らかである．□

上記の n 個の 1 の n 乗根は，

$$\omega = \cos\frac{2\pi}{n} + i\sin\frac{2\pi}{n}$$

とおけば，$1, \omega, \omega^2, \cdots, \omega^{n-1}$ と書くことができる．これらは単位円の周を 1 から出発して n 等分する点になっている．

(したがってそれらの点を結べば単位円に内接する正 n 角形が得られる.) 右に $n=5$ の場合の図を示す.

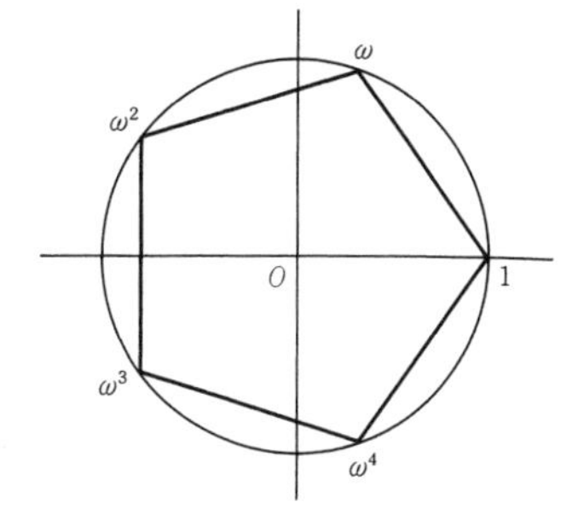

一般に, 複素数 $\alpha(\neq 0)$ の n 乗根は, その1つを z_0 とすれば, 上の ω を用いて

$$z_0,\ \ z_0\omega,\ \ z_0\omega^2,\ \ \cdots,\ \ z_0\omega^{n-1}$$

と書くことができる. 実際, 方程式 $z^n=\alpha$ は, 方程式

$$\left(\frac{z}{z_0}\right)^n=1$$

と同値になるからである.

◆ D)　平面幾何学への応用

複素数の演算はその幾何学的解釈をともなってはじめて満足すべき理解が得られるが, 逆に平面幾何学の定理の証明にしばしば複素数を巧妙に利用することができる. 以下に顕著な一例を掲げる.

ここでの主目的は例3の命題の証明であるが, 準備として例1,2からはじめる.

例1　a を0でない複素数とし, 点 a を通り, ベクトル $\overrightarrow{Oa}$ に垂直な直線を l とする. 点 z が l 上にあるためには,

$$\frac{z}{a}+\frac{\bar{z}}{\bar{a}}=2$$

の成り立つことが必要かつ十分である. (もちろん $\bar{a},\bar{z}$ は a,z の共役を表す.)

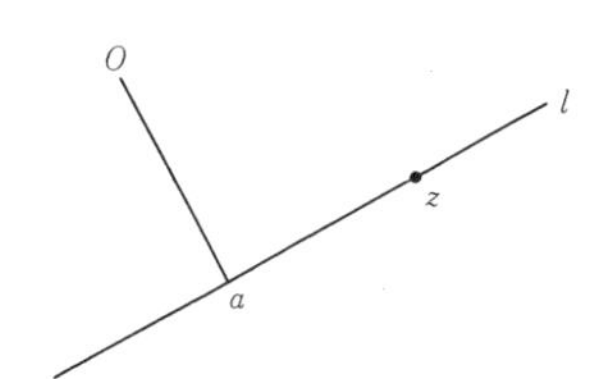

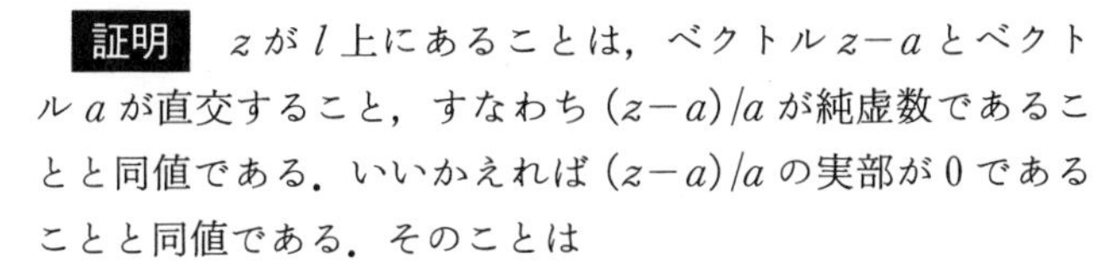

証明　z が l 上にあることは, ベクトル $z-a$ とベクトル a が直交すること, すなわち $(z-a)/a$ が純虚数であることと同値である. いいかえれば $(z-a)/a$ の実部が0であることと同値である. そのことは

$$\frac{z-a}{a}+\frac{\bar{z}-\bar{a}}{\bar{a}}=0$$

と書き表され, これを書きかえれば上の等式が得られる. ☐

例2　点0(原点 O)と点1を直径の両端とする円を C とする. 点 $z(\neq 0)$ が C 上にあるためには

$$\frac{1}{z}+\frac{1}{\bar{z}}=2$$

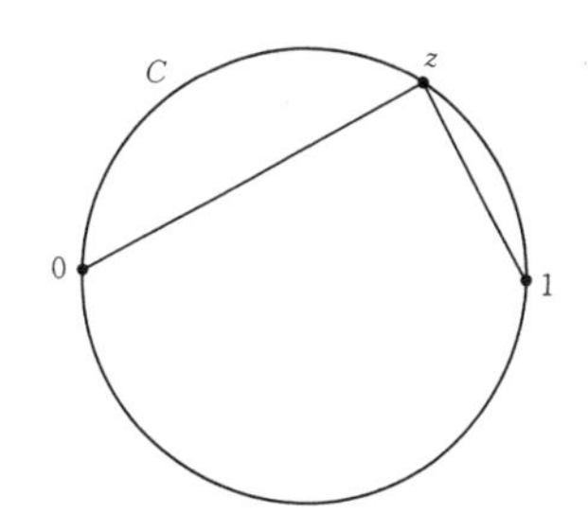

の成り立つことが必要かつ十分である．

証明 点 z が円 C の周上にあることは，ベクトル z とベクトル $1-z$ が直交すること，すなわち $(1-z)/z$ が純虚数であることと同値である．このことはまた

$$\frac{1-z}{z}+\frac{1-\bar{z}}{\bar{z}}=0$$

が成り立つこと，すなわち上記の等式が成り立つことと同値である．▨

例 3 $a_1, a_2, \cdots, a_n\ (n\geqq 2)$ を例 2 の円 C の周上の点とする．ただし $a_1, a_2, \cdots, a_n$ は互いに異なり，またすべて O とも異なるとする．いま

$$A = a_1a_2\cdots a_n,$$

$$A_k=\frac{A}{a_k}\qquad (k=1, 2, \cdots, n)$$

とおく．このとき，$A_1, A_2, \cdots, A_n$ はすべて，A を通り，OA に垂直な直線上にある．

証明 A を通り OA に垂直な直線を l とすると，例 1 によって l の方程式は

$$\frac{z}{A}+\frac{\bar{z}}{\bar{A}}=2$$

である．定義により，各 $k=1, 2, \cdots, n$ に対し

$$\frac{A_k}{A}=\frac{1}{a_k},\qquad \frac{\bar{A}_k}{\bar{A}}=\frac{1}{\bar{a}_k}$$

で，点 a_k は円 C 上にあるから，例 2 によって

$$\frac{1}{a_k}+\frac{1}{\bar{a}_k}=2.$$

よって

$$\frac{A_k}{A}+\frac{\bar{A}_k}{\bar{A}}=2.$$

ゆえに $A_k\,(k=1, 2, \cdots, n)$ はすべて直線 l 上にある．▨

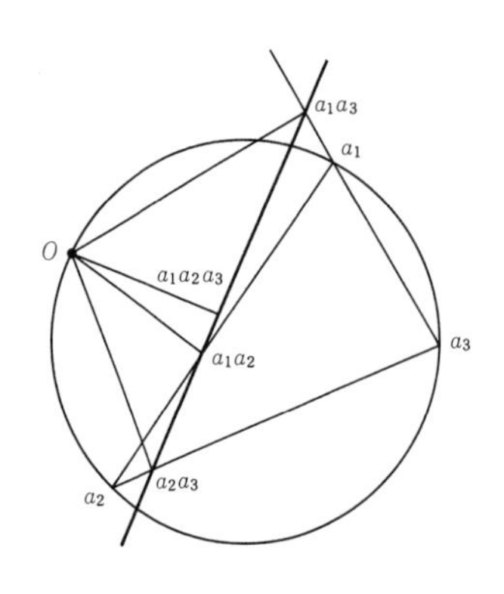

上の例 3 から次のことがわかる．

まず $n=2$ の場合，円 C 上の 2 点 a_1, a_2 に対して，a_1a_2 は O からその 2 点を結ぶ直線に下ろした垂線の足(垂線と直線との交点)となる．また $n=3$ の場合，円 C 上の 3 点 $a_1, a_2,$

a_3 に対して，この3点が作る三角形の3辺に O から下ろした垂線の足 a_1a_2, a_1a_3, a_2a_3 は同一直線上にあって，その直線に O から下ろした垂線の足が $a_1a_2a_3$ である．上記の3点 a_1a_2, a_1a_3, a_2a_3 が同一直線上にあるという事実が古典的な**シムソンの定理**で，その3点を通る直線は O に関するこの三角形の**シムソン線**である．

シムソンの定理
シムソン線

しかし例3の結果がいちじるしいのは，このことが $n=4, 5, \cdots$ と継続的に際限なく成立するという事実であろう．

いま，簡単のため，C 上に n 個の点 $a_1, a_2, \cdots, a_n$ が与えられたとき，$A=a_1a_2\cdots a_n$ をこの n 個の点が作る n 角形に O から下ろした垂線の足，あるいは短縮して，この n 角形の O に関する**垂点**とよぶことにする．そして，垂点 A を通り OA に垂直な直線をこの n 角形の O に関する**シムソン線**とよぶことにすれば，n 角形の1つの頂点を除いてできる n 個の $(n-1)$ 角形の垂点はすべてこの n 角形のシムソン線上にあるのである．

垂点
シムソン線

$n=4$ の場合はすでに相当複雑な図になるが，下にその図を掲げた．この図の ①, ②, ③, ④ はそれぞれ，O に関する $\triangle a_2a_3a_4, \triangle a_1a_3a_4, \triangle a_1a_2a_4, \triangle a_1a_2a_3$ のシムソン線，黒点を打った4点を通る直線は4角形 $a_1a_2a_3a_4$ のシムソン線である．

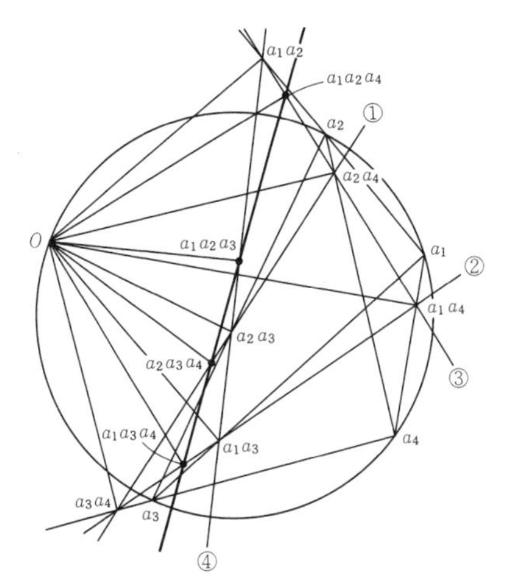

[**注意**：念のために再記するが，上記において円 C は複素平面上の原点 O と点1とを直径の両端とする円で，$a_1, a_2, \cdots, a_n$ は C 上の(O と異なる)点であった．このような設定のもとに，積

$a_1a_2, a_1a_2a_3, \cdots$ などに上記のような垂点としての幾何学的意味が与えられるのである．しかしながら，上に証明されたシムソン線に関する命題は，もちろんこうした特殊な設定とはなんら関係がない．それは純幾何学的な定理として，任意の円上の指定された1点とその円に内接する n 角形とに対して普遍的に成立するのである.]

問題 5.5

1　複素平面上で，点 α の x 軸，y 軸に関する対称点を求めよ．また，直線 $y=x$，直線 $y=-x$ に関する対称点を求めよ．

2　複素平面上の2つの三角形 $\triangle\alpha\beta\gamma$ と $\triangle\alpha'\beta'\gamma'$ とが同じ向きに相似であるための必要十分条件は，等式

$$\frac{\alpha-\gamma}{\alpha-\beta} = \frac{\alpha'-\gamma'}{\alpha'-\beta'}$$

が成り立つことである．このことを証明せよ．

3　α, β, γ を複素平面上の異なる3点とする．これらが正三角形の3頂点をなすための必要十分条件は

$$\alpha^2+\beta^2+\gamma^2 = \alpha\beta+\beta\gamma+\gamma\alpha$$

であることを証明せよ．

4　ド・モアブルの公式を用いて $\cos 4\theta$，$\sin 4\theta$，$\cos 5\theta$，$\sin 5\theta$ を $\cos\theta, \sin\theta$ で表せ．

5　$\omega=\cos\dfrac{2\pi}{n}+i\sin\dfrac{2\pi}{n}$ とする．h を整数とするとき，

$$1+\omega^h+\omega^{2h}+\cdots+\omega^{(n-1)h}$$

の値を求めよ．

6　$z\neq 1$ ならば

$$1+z+z^2+\cdots+z^n = \frac{1-z^{n+1}}{1-z}$$

が成り立つ．この等式を利用して

$$1+\cos\theta+\cos 2\theta+\cdots+\cos n\theta,$$
$$\sin\theta+\sin 2\theta+\cdots+\sin n\theta$$

を簡単にせよ．ただし $0<\theta<2\pi$ とする．

6 関数の近似，テイラーの定理

6.1 テイラーの定理

本章の主題は，関数の多項式による近似である．このとき，もとの関数と近似多項式との差を表現する式としてテイラーの定理を得る．さらにこの差(剰余項)を評価することによって，われわれは，ある場合には関数が近似多項式の“極限”として表示され得ること，すなわち関数が整級数に展開されることをみる．6.1節ではこれらの事項について述べる．

次の6.2節では，6.1節で得た結果その他の手法を動員して，いわゆる“不定形”の極限を求める問題を扱う．

◆ A) 近似多項式

関数のうちで最も簡単なものは，多項式(で表される関数)

$$P(x) = a_0 + a_1 x + \cdots + a_n x^n$$

である．なぜなら，これは変数 x と定数とから単に加法・乗法という基本的演算のみによって組み立てられているからである．

多項式 $P(x)$ は，1つの点 a に注目すると，$x-a$ の多項式として

$$P(x) = c_0 + c_1(x-a) + \cdots + c_n(x-a)^n$$

の形にも書くことができる．そのとき係数 c_k は，$P(x)$ の高次導関数の a における値を用いて，

$$c_k = \frac{P^{(k)}(a)}{k!} \qquad (k=0, 1, \cdots, n)$$

と表される．このことはすでに4.4節の定理1でみた．

さて，いま関数 f が a を含むある区間で定義されているとし，f は必要な回数だけ微分可能であると仮定する．そのとき，a の近傍で f を近似する多項式を作ることを考えよう．

まず，0次の近似式 $P_0(x)$ としては定数 $f(a)$ をとるべきであるのは当然である．また，1次の近似式 $P_1(x)$ としては

$$P_1(x) = f(a) + f'(a)(x-a)$$

をとるのが妥当であろう．なぜなら，この1次関数は，点 $(a, f(a))$ における関数 f のグラフの接線を表しているからである．この1次式 $P_1(x)$ は，明らかに

$$P_1(a) = f(a), \qquad P_1'(a) = f'(a)$$

という性質によって特徴づけられる．

1次式よりも2次式をとれば，さらによい近似が得られると考えられる．そのような2次近似式としては

$$P_2(a) = f(a), \qquad P_2'(a) = f'(a), \qquad P_2''(a) = f''(a)$$

を満たす2次式 $P_2(x)$ をとるのが妥当である．

もっと一般に，a の近傍で f を近似する n 次の多項式としては，

$$P_n^{(k)}(a) = f^{(k)}(a) \qquad (k=0, 1, \cdots, n)$$

を満たすような n 次式 $P_n(x)$ をとるのが最適であると考えられる．本項のはじめに述べた注意によれば，そのような n 次式 $P_n(x)$ は

$$P_n(x) = f(a) + \frac{f'(a)}{1!}(x-a) + \cdots + \frac{f^{(n)}(a)}{n!}(x-a)^n$$

によって与えられる．

一般には n を大きくすればするほど多項式 P_n は f のよい近似を与えるであろう．以後簡単のため，われわれは上の多項式 P_n を a における f の n 次の**近似多項式**とよぶことにする．(実際には $f^{(n)}(a)=0$ であることもあり得るから，P_n の次数は“n 以下”である．)

近似多項式

◆ B）テイラーの定理

前項で関数 f の近似多項式 P_{n-1} を定義したが(ここでは体裁上 P_n のかわりに P_{n-1} を考える)，近似の実際上の効用

をみるためには，誤差 $f(x)-P_{n-1}(x)$ を評価しておかなければならない．その問題に答えるのが次の**テイラー(Taylor)の定理**である．

テイラーの定理

> **定理 1** f を区間 I で定義された関数とし，f は I において n 回微分可能であるとする．a, b を I に属する2つの異なる点とし，
>
> $$P_{n-1}(x) = \sum_{k=0}^{n-1} \frac{f^{(k)}(a)}{k!}(x-a)^k,$$
>
> $$f(b) = P_{n-1}(b)+R_n$$
>
> とおく．そのとき
>
> $$R_n = \frac{f^{(n)}(c)}{n!}(b-a)^n$$
>
> となるような a と b の間の点 c が存在する．

証明 仮定のように $f(b)=P_{n-1}(b)+R_n$ とし，定数 M を

$$R_n = M(b-a)^n$$

によって定める．x を変数として，関数 g を

$$g(x) = f(x)-P_{n-1}(x)-M(x-a)^n$$

と定義する．M の定め方によって $g(b)=0$ である．また $k=0, 1, \cdots, n-1$ に対して

$$g^{(k)}(x) = f^{(k)}(x)-P_{n-1}{}^{(k)}(x)-\frac{n!M}{(n-k)!}(x-a)^{n-k}$$

で，$f^{(k)}(a)=P_{n-1}{}^{(k)}(a)$ であるから

$$g(a) = g'(a) = \cdots = g^{(n-1)}(a) = 0$$

である．さらに $P_{n-1}(x)$ は n 回微分すると 0 になるから，

$$g^{(n)}(x) = f^{(n)}(x)-n!M$$

となる．

さて，いま $g(a)=g(b)=0$ であるから，ロルの定理によって a と b の間に $g'(c_1)=0$ となる c_1 がある．すると $g'(a)=g'(c_1)=0$ であるから，ふたたびロルの定理によって a と c_1 の間に $g''(c_2)=0$ となる c_2 がある．こうしたステップを n 回重ねれば a と c_{n-1} の間に $g^{(n)}(c_n)=0$ となる c_n が存在することがわかる．$c_n=c$ とおけば，c は a と b の間にあって，$g^{(n)}(c)=f^{(n)}(c)-n!M=0$，したがって

$$M = \frac{f^{(n)}(c)}{n!}$$

である．これが証明すべきことであった．☐

定理1において特に $n=1$ とすれば，定理の結果は単に

$$f(b) = f(a)+f'(c)(b-a)$$

と書かれる．ただし c は a と b の間のある数である．これは平均値の定理にほかならない．すなわち，テイラーの定理は平均値の定理の拡張にあたるのである．

また定理1で，$b=a+h$ とおけば，$P_{n-1}(b)=P_{n-1}(a+h)$ は

$$\sum_{k=0}^{n-1} \frac{f^{(k)}(a)}{k!} h^k$$

と書かれ，また a と b の間の数 c は，$0<\theta<1$ を満たす適当な θ によって $c=a+\theta h$ と書かれるから，定理の式は

$$f(a+h) = \sum_{k=0}^{n-1} \frac{f^{(k)}(a)}{k!} h^k + \frac{f^{(n)}(a+\theta h)}{n!} h^n$$

の形に書きあらためられる．形式上この式は $h=0$ のときにも成り立つ．(そのとき θ は，$0<\theta<1$ を満たす任意の数でよい．)

さて，定理1において b をあらためて変数 x におきかえてみよう．そうすれば次の定理が得られる．これは実質的には単に定理1を書きかえただけのものに過ぎない．

定理2 f を区間 I で n 回微分可能な関数とし，a を I の1つの点とする．そのとき，I の任意の点 x に対し

$$f(x) = \sum_{k=0}^{n-1} \frac{f^{(k)}(a)}{k!} (x-a)^k + R_n$$

とおけば，R_n は a と x の間のある点 c，あるいは $0<\theta<1$ を満たすある θ によって

$$R_n = \frac{f^{(n)}(c)}{n!}(x-a)^n = \frac{f^{(n)}(a+\theta(x-a))}{n!}(x-a)^n$$

と表される．

この定理からつぎの系がえられる．

系 f は0を含む区間 I において n 回微分可能な関数とする．そのとき任意の $x \in I$ に対し

$$f(x) = \sum_{k=0}^{n-1} \frac{f^{(k)}(0)}{k!} x^k + R_n$$

とおけば，R_n は $0<\theta<1$ を満たすある θ によって

$$R_n = \frac{f^{(n)}(\theta x)}{n!} x^n$$

と書かれる．

証明 これは定理2で $a=0$ とした特別な場合である． ◩

定理2あるいは系の R_n は f と近似多項式 P_{n-1} との誤差である．これはしばしばテイラーの定理における**剰余項**とよばれる．また，上の系を特に**マクロ－リン**(Maclaurin)**の定理**とよぶことがある．

剰余項

マクロ－リンの定理

◆ C) 例

定理2(あるいはむしろその系)を指数関数および三角関数に応用してみよう．

例1 $f(x)=e^x$ とする．そのとき，すべての n に対し $f^{(n)}(x)=e^x$，したがって $f^{(n)}(0)=1$ である．ゆえに，関数 e^x の0における $n-1$ 次の近似多項式は

$$P_{n-1}(x) = 1+\frac{x}{1!}+\frac{x^2}{2!}+\cdots+\frac{x^{n-1}}{(n-1)!}$$

となり，剰余項は

$$R_n = \frac{e^{\theta x}}{n!} x^n$$

と表される．ただし θ は $0<\theta<1$ を満たすある数である．したがって

$$e^x = 1+\frac{x}{1!}+\frac{x^2}{2!}+\cdots+\frac{x^{n-1}}{(n-1)!}+\frac{e^{\theta x}}{n!} x^n$$

である．

例2 $f(x)=\sin x$ とすれば，

$$f'(x) = \cos x, \qquad f''(x) = -\sin x,$$
$$f'''(x) = -\cos x, \qquad f''''(x) = \sin x, \qquad \cdots$$

で，$f(0), f'(0), f''(0), f'''(0), \cdots$ の値は

$$0,\ 1,\ 0,\ -1,\ 0,\ 1,\ 0,\ -1,\ \cdots$$

となる．ゆえに，関数 $\sin x$ の0における $2n-1$ 次の近

似多項式は

$$P_{2n-1}(x) = x - \frac{x^3}{3!} + \frac{x^5}{5!} - \cdots + (-1)^{n-1}\frac{x^{2n-1}}{(2n-1)!}$$

である．そして

$$\sin x = P_{2n-1}(x) + R_{2n}, \qquad R_{2n} = (-1)^n \frac{\sin\theta x}{(2n)!}x^{2n}$$

となる．あるいは(この場合 $P_{2n-1}(x) = P_{2n}(x)$ であるから)

$$\sin x = P_{2n-1}(x) + R_{2n+1},$$
$$R_{2n+1} = (-1)^n \frac{\cos\theta' x}{(2n+1)!}x^{2n+1}$$

と書いてもよい．ここに θ, θ' はともに 0 と 1 の間の適当な数である．

例 3 例 2 と同様にして，関数 $\cos x$ の 0 における近似多項式および剰余項を求めることができる．結果を記せば，近似多項式は

$$P_{2n}(x) = 1 - \frac{x^2}{2!} + \frac{x^4}{4!} - \cdots + (-1)^n \frac{x^{2n}}{(2n)!}$$

である．剰余項についても $\sin x$ の場合とほとんど同様の表現を得ることができる．

◆ D) 剰余項の評価

定理 2 からさらに次の定理が得られる．

定理 3 区間 I において f は n 回微分可能であるとする．$a \in I$ とし，

$$P_n(x) = \sum_{k=0}^{n} \frac{f^{(k)}(a)}{k!}(x-a)^k,$$
$$f(x) = P_n(x) + R_{n+1}$$

とおく．そのとき

(a) $f^{(n)}$ が連続ならば

$$\lim_{x \to a} \frac{R_{n+1}}{(x-a)^n} = 0.$$

すなわち，x が a に近づくとき，R_{n+1} は $(x-a)^n$ より速く 0 に近づく．標語的にいえば，R_{n+1} は $(x-a)^n$ より“高位の無限小”である．

(b) $f^{(n+1)}$が存在し，Iにおいてその絶対値が定数Mをこえないならば

$$|R_{n+1}| \leqq \frac{M}{(n+1)!}|x-a|^{n+1}.$$

証明 (a) 定理2によって

$$f(x) = P_{n-1}(x) + \frac{f^{(n)}(c)}{n!}(x-a)^n$$

であるから，

$$R_{n+1} = f(x) - P_n(x) = \frac{f^{(n)}(c) - f^{(n)}(a)}{n!}(x-a)^n.$$

ただしcはaとxの間の適当な数である．よって

$$\frac{R_{n+1}}{(x-a)^n} = \frac{f^{(n)}(c) - f^{(n)}(a)}{n!}.$$

$x \to a$のとき，もちろん$c \to a$で，$f^{(n)}$が連続であるから，$f^{(n)}(c) \to f^{(n)}(a)$．ゆえに

$$\lim_{x \to a} \frac{R_{n+1}}{(x-a)^n} = 0.$$

(b) 定理2によって，aとxの間の適当な数cをとれば，R_{n+1}は

$$R_{n+1} = \frac{f^{(n+1)}(c)}{(n+1)!}(x-a)^{n+1}$$

と書かれる．ゆえに$|f^{(n+1)}(c)| \leqq M$ならば

$$|R_{n+1}| \leqq \frac{M}{(n+1)!}|x-a|^{n+1}.$$ ◪

◆ E) 関数のテイラー展開

関数fが区間Iにおいて無限回微分可能であるとし，aをIの1つの点とする．今までと同様に$P_{n-1}(x)$, R_nを

$$P_{n-1}(x) = \sum_{k=0}^{n-1} \frac{f^{(k)}(a)}{k!}(x-a)^k,$$

$$f(x) = P_{n-1}(x) + R_n$$

と定める．ここでもちろんR_nはxに依存するが，もしIのすべての点xに対して$n \to \infty$のとき$R_n \to 0$となるならば，$f(x)$はIにおいて，

$$\begin{aligned} f(x) &= \sum_{n=0}^{\infty} \frac{f^{(n)}(a)}{n!}(x-a)^n \\ &= f(a) + \frac{f'(a)}{1!}(x-a) + \cdots + \frac{f^{(n)}(a)}{n!}(x-a)^n + \cdots \end{aligned}$$

のように，無限級数として表されることになる．

一般に，x を変数として

$$\sum_{n=0}^{\infty} c_n(x-a)^n = c_0+c_1(x-a)+c_2(x-a)^2+\cdots$$

整級数(べき級数)

の形に書かれる級数は，a を中心とする x の**整級数**(または**べき級数**)とよばれる．特に 0 を中心とする整級数は

$$\sum_{n=0}^{\infty} a_n x^n = a_0+a_1x+a_2x^2+\cdots$$

の形の級数である．

標語的にいうならば，x の整級数は，"x の整式(多項式)の次数を無限に大きくしたもの" と述べることができるであろう．

もし，区間 I において関数 f が上のように

$$f(x) = \sum_{n=0}^{\infty} \frac{f^{(n)}(a)}{n!}(x-a)^n$$

整級数展開(テイラー展開)

テイラー級数

と表されるならば，これを f の a における(または a を中心とする)**整級数展開**あるいは**テイラー展開**といい，右辺の級数を f の**テイラー級数**とよぶ．

特に $a=0$ の場合には，f のテイラー展開は

$$f(x) = \sum_{n=0}^{\infty} \frac{f^{(n)}(0)}{n!}x^n$$

の形となる．

◆　F)　指数関数・三角関数のテイラー展開

われわれはここで最も基本的なテイラー展開として，指数関数・三角関数の(原点を中心とする)テイラー展開を述べておく．(他の関数のテイラー展開は必ずしもこの場所で扱うのは適当でない．それらについては後に第 9 章で述べる．)

まず次の補題を用意する．

> **補題**　a を正の定数とするとき
>
> $$\lim_{n\to\infty}\frac{a^n}{n!} = 0$$
>
> が成り立つ．

証明　$0<a\leqq 1$ の場合は $0<a^n\leqq 1$ であるから，この極限は明らかである．

次に $a>1$ とし，$2a-1$ より大きい自然数のうち最小のものを n_0 とする．そのとき，m を n_0 より大きい自然数とすれば，$m \geqq n_0+1>2a$ であるから

$$\frac{a}{m} < \frac{1}{2}$$

である．いま n を n_0 より大きい任意の自然数とすれば，

$$\frac{a^n}{n!} = \frac{a^{n_0}}{n_0!}\cdot\frac{a}{n_0+1}\cdot\frac{a}{n_0+2}\cdot\cdots\cdot\frac{a}{n}$$

で，右辺の $a^{n_0}/n_0!$ を除く $n-n_0$ 個の因数は上に注意したことによっていずれも 1/2 より小さい．したがって

$$\frac{a^n}{n!} < \frac{a^{n_0}}{n_0!}\left(\frac{1}{2}\right)^{n-n_0}.$$

上の不等式で $a^{n_0}/n_0!$ は定数であり，$(1/2)^{n-n_0}$ は $n\to\infty$ のとき 0 に近づく．よって

$$\lim_{n\to\infty}\frac{a^n}{n!} = 0$$

である．□

この補題を用いて次の定理が証明される．

定理 4　指数関数 e^x は全区間 $(-\infty, +\infty)$ で

$$e^x = 1+\frac{x}{1!}+\frac{x^2}{2!}+\cdots+\frac{x^n}{n!}+\cdots$$

とテイラー級数に展開される．

証明　C)の例 1 でみたように

$$e^x = 1+\frac{x}{1!}+\cdots+\frac{x^{n-1}}{(n-1)!}+R_n,$$

$$R_n = \frac{e^{\theta x}}{n!}x^n$$

である．任意の x に対し，$n\to\infty$ のとき $R_n\to 0$ であることをいえばよい．

$x\leqq 0$ のときは $\theta x\leqq 0$，したがって $0<e^{\theta x}\leqq 1$ であるから

$$|R_n| \leqq \frac{|x|^n}{n!}$$

で，補題により $n\to\infty$ のとき右辺は 0 に近づくから，$\lim_{n\to\infty} R_n=0$ である．

$0<x$ のときは，$0<\theta x<x$ であるから，$1<e^{\theta x}<e^x$ で，

$$0 < R_n < e^x\cdot\frac{x^n}{n!}$$

となる．ここで e^x は n に無関係な定数で，補題より $n\to\infty$ のとき $x^n/n!\to 0$ であるから，やはり $\lim_{n\to\infty} R_n=0$ となる．これで定理が証明された．▨

定理 4 の展開式で，特に $x=1$ とおけば

$$e = 1+\frac{1}{1!}+\frac{1}{2!}+\cdots+\frac{1}{n!}+\cdots$$

を得る．2.3 節 E) の例 1 ではじめて数 e を導入したときには，この級数の和をもって数 e と定義したのであった．

定理 5　三角関数 $\sin x, \cos x$ は全区間 $(-\infty, +\infty)$ で

$$\sin x = \sum_{n=1}^{\infty}(-1)^{n-1}\frac{x^{2n-1}}{(2n-1)!}$$
$$= x-\frac{x^3}{3!}+\frac{x^5}{5!}-\frac{x^7}{7!}+\cdots,$$
$$\cos x = \sum_{n=0}^{\infty}(-1)^{n}\frac{x^{2n}}{(2n)!}$$
$$= 1-\frac{x^2}{2!}+\frac{x^4}{4!}-\frac{x^6}{6!}+\cdots$$

と整級数に展開される．

証明　$\sin x$ については，C) の例 2 でみたように

$$P_{2n-1}(x) = x-\frac{x^3}{3!}+\frac{x^5}{5!}-\cdots+(-1)^{n-1}\frac{x^{2n-1}}{(2n-1)!}$$

で，剰余項は

$$R_{2n} = (-1)^n\frac{\sin\theta x}{(2n)!}x^{2n}$$

である．そして任意の x に対し $|\sin\theta x|\leqq 1$ であるから，

$$|R_{2n}| \leqq \frac{|x|^{2n}}{(2n)!}$$

となり，前と同じく補題によって $n\to\infty$ のとき $R_{2n}\to 0$ となる．これより定理に述べたような $\sin x$ のテイラー展開が得られる．

$\cos x$ についても全く同様である．▨

問題 6.1

1　区間 I において f は無限回微分可能で，適当な正の数 M をとれば，すべての $x\in I$ とすべての自然数 n に対して $|f^{(n)}(x)|\leqq M$ が成り立つとする．そのとき，テイラーの定理における

剰余項

$$R_n = f(x) - \sum_{k=0}^{n-1} \frac{f^{(k)}(a)}{k!}(x-a)^k$$

は，$n \to \infty$ のとき0に収束することを示せ．

2　f は a の近傍で2回微分可能で，f'' は a において連続，かつ $f''(a) \neq 0$ であるとする．そのとき，絶対値が十分小さい $h(\neq 0)$ に対し

$$f(a+h) = f(a) + hf'(a+\theta h), \quad 0 < \theta < 1$$

とすれば，θ は h に対して一意的に定まること，さらに $h \to 0$ のとき $\theta \to 1/2$ であることを証明せよ．

（ヒント）　$f'(a+\theta h)$ にもう一度平均値の定理を用いよ．また $f(a+h)$ にテイラーの定理を適用して R_2 までの式を作り，上の結果と比較せよ．

3　f は区間 $[-1, 1]$ で3回微分可能であるとし，

$$f(-1) = -1, \quad f(1) = 1, \quad f'(0) = 0$$

とする．そのとき，区間 $(-1, 1)$ に $f'''(x) \geqq 6$ となる x が存在することを示せ．

［**注意**：$f(x) = x^3$ ならば，ちょうど $f'''(x) = 6$ となる．］

（ヒント）　$a=0$, $b=\pm 1$ として定理1を用い，

$$f'''(c) + f'''(d) = 12$$

となるような $c \in (0, 1)$, $d \in (-1, 0)$ が存在することを示せ．

4　区間 $[a, b]$ で f は2回微分可能で，$f(a) < 0$, $f(b) > 0$ であり，また，ある定数 $\delta_1 > 0$, $\delta_2 > 0$ が存在してつねに $f'(x) \geqq \delta_1$, $0 < f''(x) \leqq \delta_2$ が成り立つとする．

（a）　区間 (a, b) に $f(\xi) = 0$ となる ξ がただ1つ存在することを示せ．

（b）　$b_1 = b$ とし，

$$b_{n+1} = b_n - \frac{f(b_n)}{f'(b_n)} \qquad (n = 1, 2, \cdots)$$

によって数列 (b_n) を定義する．この数列の幾何学的意味を解釈せよ．

（c）　数列 (b_n) は強い意味で単調減少し，

$$\lim_{n \to \infty} b_n = \xi$$

であることを証明せよ．

（d）　テイラーの定理を用いて，

$$b_{n+1} - \xi = \frac{f''(c_n)}{2f'(b_n)}(b_n - \xi)^2 \qquad (\xi < c_n < b_n)$$

となる c_n が存在することを証明せよ．

（e）　$A = \delta_2 / 2\delta_1$ とおけば

$$0 < b_{n+1}-\xi \leqq \frac{1}{A}[A(b_1-\xi)]^{2^n}$$

が成り立つことを証明せよ．

［**注意**：上の仮定のかわりにもし $f(a)>0$, $f(b)<0$, $-f'(x) \geqq \delta_1>0$, $0<f''(x)\leqq\delta_2$ なるときには，

$$a_1 = a, \quad a_{n+1} = a_n - \frac{f(a_n)}{f'(a_n)} \quad (n=1, 2, \cdots)$$

によって数列 (a_n) を定めれば，この数列は強い意味で単調増加して $\lim_{n\to\infty} a_n=\xi$ となる．

上のような数列 (b_n) または (a_n) を作って，方程式 $f(x)=0$ の解の近似値を求める方法を**ニュートン**(Newton)**の方法**という．］

ニュートンの方法

6.2　極限の計算

◆ A）　不定形の極限

われわれは極限の計算においてしばしば“不定形”に遭遇する．たとえば，$x\to a$ あるいは $x\to\pm\infty$ のとき，$u=f(x)$ と $v=g(x)$ がともに 0 に近づくならば，u/v は形式的に $0/0$ の形となって，その極限は通常の商の極限の計算法則からは直接には求められない．このような場合がいわゆる“不定形”である．

代表的な不定形をいくつか列記すると，

$$\frac{0}{0}, \quad \frac{\infty}{\infty}, \quad 0\cdot\infty, \quad 1^\infty, \quad 0^0, \quad \infty^0$$

不定形

などが挙げられる．これらの場合に u/v, uv, u^v などを**不定形**とよぶのである．

不定形の極限はもちろん存在しない場合もある．存在する場合にも，その求め方は一様ではない．しかし不定形の極限は，通常は，それを

$$\frac{0}{0} \quad \text{または} \quad \frac{\infty}{\infty}$$

の形に還元して考えるのが原則的な手段である．

たとえば，$0\cdot\infty$ の形の場合，すなわち $u\to 0$, $v\to\infty$ の場合には，uv を

$$\frac{u}{v^{-1}} \quad \text{または} \quad \frac{v}{u^{-1}}$$

と変形すれば，$\dfrac{0}{0}$ または $\dfrac{\infty}{\infty}$ の形になる．

また，u^v が $1^\infty, 0^0, \infty^0$ などの形になる場合は

$$\log(u^v) = v \log u$$

が上記の $\infty\cdot 0$ あるいは $0\cdot\infty$ の形になる．

このように不定形の極限は原則的には $\dfrac{0}{0}$ または $\dfrac{\infty}{\infty}$ の形に還元されるが，この形の不定形の極限を求めるには，たとえば前節 6.1 の定理 3 が有効に用いられる．さらに本節で述べるロピタルの定理を用いれば，多くの場合，さらに効率がよいであろう．

本節で以下ロピタルの定理について説明し，最後の項で極限計算の二三の実際例を掲げる．

◆ B) 平均値の定理の一般化

ロピタルの定理を証明する準備として，まず次の定理を証明する．これは平均値の定理の一般化にあたるもので，しばしば**コーシーの平均値定理**とよばれる．

コーシーの平均値定理

> **定理 1** 関数 f, g は区間 $[a, b]$ で連続，区間 (a, b) で微分可能で，(a, b) のすべての点 x に対し $g'(x) \neq 0$ であるとする．このとき，
>
> $$\frac{f(b)-f(a)}{g(b)-g(a)} = \frac{f'(c)}{g'(c)}$$
>
> となるような (a, b) の点 c が存在する．

証明 まず定理の式の左辺の分母は 0 にはならないこと，すなわち $g(a) \neq g(b)$ であることに注意する．実際，もし $g(a)=g(b)$ ならば，ロルの定理によって $g'(x)=0$ となる $x \in (a, b)$ が存在して仮定に反するからである．

さて，いま関数 φ を

$$\varphi(x) = (f(b)-f(a))(g(x)-g(a)) - (g(b)-g(a))(f(x)-f(a))$$

と定義する．そうすれば，φ も $[a, b]$ で連続，(a, b) で微分可能で，明らかに

$$\varphi(a) = \varphi(b) = 0$$

である．よって，区間 (a, b) に $\varphi'(c)=0$ となる c が存在するが，

$$\varphi'(x) = (f(b)-f(a))g'(x) - (g(b)-g(a))f'(x)$$

であるから，$\varphi'(c)=0$ を書きかえれば，定理の等式が得られる．□

［**注意**：上記の定理で特に $g(x)=x$ とした場合が本来の平均値の定理(4.2 節の定理 3)である．］

◆ C) ロピタルの定理

ロピタルの定理

次の定理——**ロピタル**(L'Hospital)**の定理**——においては，極限は拡大実数系の中で考える．すなわち定理の記述における A は $+\infty$ あるいは $-\infty$ であってもよい．

> **定理 2** $-\infty \leqq a < b \leqq +\infty$ とし(a は $-\infty$ であってもよく，b は $+\infty$ であってもよい)，f, g は区間 (a, b) で微分可能で，(a, b) でつねに $g'(x) \neq 0$ とする．また $x \to a$ のとき $f'(x)/g'(x)$ の極限が存在して
>
> $$\lim_{x\to a}\frac{f'(x)}{g'(x)} = A$$
>
> であるとする．(もちろん a が有限の値のときには，この lim は $x \to a+$ の意味である．) このとき，もし仮定
>
> (a) $\quad \lim_{x\to a} f(x) = 0, \quad \lim_{x\to a} g(x) = 0,$
>
> あるいは
>
> (b) $\quad \lim_{x\to a} g(x) = +\infty$ または $\lim_{x\to a} g(x) = -\infty$
>
> のいずれかが成り立つならば，$f(x)/g(x)$ の極限も存在して
>
> $$\lim_{x\to a}\frac{f(x)}{g(x)} = A$$
>
> である．

証明 まず $-\infty \leqq A < +\infty$ とし，r を $A < r$ を満たす任意の実数とする．$A < \rho < r$ なる ρ をとれば，$x \to a$ のとき $f'(x)/g'(x) \to A$ であるから，$a < c_1$ なる c_1 を適当にとるとき，$a < x < c_1$ を満たすすべての x に対して

$$\frac{f'(x)}{g'(x)} < \rho$$

が成り立つ．いま u, v を $a < u < v < c_1$ を満たす 2 つの数とすると，定理 1 によって

$$\frac{f(u)-f(v)}{g(u)-g(v)} = \frac{f'(w)}{g'(w)}$$

となる $w\in(u,v)$ が存在する．したがって

$$\frac{f(u)-f(v)}{g(u)-g(v)}<\rho \qquad ①$$

である．

そこでいま，(a)を仮定する．そのとき上の不等式で $u\to a$ とすれば，$f(u)\to 0$, $g(u)\to 0$ であるから

$$\frac{f(v)}{g(v)}\leqq\rho<r$$

を得る．

次に(b)を仮定する．もし $g(x)\to-\infty$ ならば g のかわりに $-g$ を考えればよいから，$\lim_{x\to a}g(x)=+\infty$ と仮定してさしつかえない．さて，そう仮定し，v を1つ固定すると，$a<c_2<v$ なる c_2 を適当にとるとき，$a<u<c_2$ である任意の u に対して $g(u)>0$, $g(u)-g(v)>0$ となるから，上の不等式①の両辺に $(g(u)-g(v))/g(u)$ を掛けると

$$\frac{f(u)-f(v)}{g(u)}<\rho-\rho\frac{g(v)}{g(u)},$$

したがって

$$\frac{f(u)}{g(u)}<\rho-\rho\frac{g(v)}{g(u)}+\frac{f(v)}{g(u)}$$

を得る．そこで $u\to a$ とすると $g(u)\to+\infty$ であるから，上の式で $g(u)$ を分母とする右辺の2つの項はいくらでも0に近づく．よって $a<c_3<c_2$ なる c_3 を適当にとれば，$a<u<c_3$ であるとき

$$-\rho\frac{g(v)}{g(u)}+\frac{f(v)}{g(u)}<r-\rho,$$

したがって

$$\frac{f(u)}{g(u)}<r$$

となる．

以上によって，仮定(a),(b)いずれの場合にも，$A<r$ を満たす任意の実数 r をとるとき，$a<M$ なる定数 M を適当にとれば，$a<x<M$ であるすべての x に対して

$$\frac{f(x)}{g(x)}<r$$

の成り立つことが証明された．($A=-\infty$ の場合にはこれで証明が終わったのである．)

同様に，もし $-\infty<A\leqq+\infty$ ならば，$s<A$ である任意の

実数 s をとるとき，$a<M'$ なる M' を適当にとれば，$a<x<M'$ を満たすすべての x に対して

$$s < \frac{f(x)}{g(x)}$$

が成り立つことが証明される．($A=+\infty$ の場合にはこれで証明が終わる．)

A が有限の場合には，以上によって，$s<A<r$ なる s, r を任意に与えたとき，上記のように M, M' を適当にとれば，$a<x<\min\{M, M'\}$ であるすべての x に対して

$$s < \frac{f(x)}{g(x)} < r$$

が成り立つから，

$$\lim_{x\to a}\frac{f(x)}{g(x)} = A$$

である．これで証明が完了した．□

なお上の定理では $x\to a$ の場合について記述したが，$x\to b$ のときにも，同様の仮定のもとに同様の結論が成立することはいうまでもない．

◆ D) 極限の計算

最後に不定形の極限のいくつかの計算例を示そう．

> **例 1**　α を正の定数とするとき $\lim_{x\to+\infty}\frac{\log x}{x^\alpha}=0$.

証明　この極限は実は 5.2 節の定理 3 で既知である．しかし，ロピタルの定理を用いて次のように計算することもできる．

すなわち，この極限は $\frac{\infty}{\infty}$ の形であるが，分母子の微分はそれぞれ

$$\frac{d}{dx}(\log x) = \frac{1}{x}, \qquad \frac{d}{dx}(x^\alpha) = \alpha x^{\alpha-1}$$

で，$x\to+\infty$ のとき

$$\frac{\frac{1}{x}}{\alpha x^{\alpha-1}} = \frac{1}{\alpha x^\alpha} \to 0.$$

ゆえにロピタルの定理によって $\lim_{x\to+\infty}\frac{\log x}{x^\alpha}=0$ である．□

例 2 α を正の定数とするとき $\lim_{x\to 0+} x^{\alpha}\log x=0$.

証明 $1/x=y$ とおけば，$x\to 0+$ のとき $y\to +\infty$ で，例1より

$$\lim_{x\to 0+} x^{\alpha}\log x = \lim_{y\to+\infty}\left(\frac{-\log y}{y^{\alpha}}\right) = 0. \qquad ◻$$

例 3 $$\lim_{x\to 0+} x^{x} = 1.$$

証明 $u=x^{x}$ とおくと，$\log u=x\log x$ で，例2により $x\to 0+$ のとき $x\log x\to 0$. よって $u\to e^{0}=1$. ◻

例 4 $$\lim_{x\to 0}\frac{x-\sin x}{x^{3}} = \frac{1}{6}.$$

証明 $\sin x=x-\dfrac{x^{3}}{3!}+\varepsilon$ とおくと，$\lim_{x\to 0}\dfrac{\varepsilon}{x^{3}}=0$. (前節6.1の定理3による.) よって

$$\lim_{x\to 0}\frac{x-\sin x}{x^{3}} = \lim_{x\to 0}\frac{x-\left(x-\frac{x^{3}}{6}+\varepsilon\right)}{x^{3}} = \frac{1}{6}.$$

あるいは，この極限は $\dfrac{0}{0}$ の形であるから，ロピタルの定理を用いることができる. すなわち $\dfrac{x-\sin x}{x^{3}}$ の分母子を微分すれば $\dfrac{1-\cos x}{3x^{2}}$，もう一度微分すれば $\dfrac{\sin x}{6x}$. そして $\lim_{x\to 0}\dfrac{\sin x}{6x}=\dfrac{1}{6}$ であるから

$$\lim_{x\to 0}\frac{1-\cos x}{3x^{2}} = \frac{1}{6},$$

したがってまた

$$\lim_{x\to 0}\frac{x-\sin x}{x^{3}} = \frac{1}{6}. \qquad ◻$$

例 5 $$\lim_{x\to 0}\frac{\tan x-x}{x(1-\cos x)} = \frac{2}{3}.$$

証明

$$\frac{\tan x-x}{x(1-\cos x)} = \frac{1}{\cos x}\cdot\frac{\sin x-x\cos x}{x(1-\cos x)}, \qquad \lim_{x\to 0}\frac{1}{\cos x} = 1$$

であるから，

$$\lim_{x\to 0}\frac{\sin x-x\cos x}{x(1-\cos x)}$$

を求めればよい．前節6.1の定理3によって

$$\sin x = x - \frac{x^3}{6} + \varepsilon_1, \qquad \lim_{x \to 0} \frac{\varepsilon_1}{x^3} = 0,$$

$$\cos x = 1 - \frac{x^2}{2} + \varepsilon_2, \qquad \lim_{x \to 0} \frac{\varepsilon_2}{x^2} = 0,$$

よって

$$\sin x - x\cos x = \left(x - \frac{x^3}{6}\right) - \left(x - \frac{x^3}{2}\right) + \delta_1 = \frac{x^3}{3} + \delta_1,$$

$$x(1-\cos x) = \frac{x^3}{2} + \delta_2$$

で，$\lim_{x \to 0} \frac{\delta_1}{x^3} = \lim_{x \to 0} \frac{\delta_2}{x^3} = 0$．ゆえに

$$\lim_{x \to 0} \frac{\sin x - x\cos x}{x(1-\cos x)} = \lim_{x \to 0} \frac{\dfrac{1}{3} + \dfrac{\delta_1}{x^3}}{\dfrac{1}{2} + \dfrac{\delta_2}{x^3}} = \frac{2}{3}. \qquad ◿$$

[**注意**：この極限を求めるにもロピタルの定理を用いることができる．計算は省略するが，その方がより簡単，少なくともより機械的である．]

例 6　$a_1, \cdots, a_n$ を正の定数とし，$\alpha > 0$ に対して

$$F(\alpha) = \left(\frac{a_1{}^\alpha + \cdots + a_n{}^\alpha}{n}\right)^{\frac{1}{\alpha}}$$

とおく．(この関数は問題5.2の問8,9で扱ったものである．) この関数について

$$\lim_{\alpha \to 0+} F(\alpha) = (a_1 \cdots a_n)^{\frac{1}{n}}$$

が成り立つ．

証明　$\log F(\alpha) = \frac{1}{\alpha} \log\left(\frac{a_1{}^\alpha + \cdots + a_n{}^\alpha}{n}\right)$．これを α の関数とみてロピタルの定理を適用すると，分母の微分は1で，分子の微分

$$\frac{d}{d\alpha} \log\left(\frac{a_1{}^\alpha + \cdots + a_n{}^\alpha}{n}\right)$$

$$= \frac{n}{a_1{}^\alpha + \cdots + a_n{}^\alpha} \cdot \frac{a_1{}^\alpha \log a_1 + \cdots + a_n{}^\alpha \log a_n}{n}$$

は，$\alpha \to 0+$ のとき $\frac{1}{n}(\log a_1 + \cdots + \log a_n) = \log(a_1 \cdots a_n)^{\frac{1}{n}}$ に近づく．よって

$$\lim_{\alpha \to 0+} \log F(\alpha) = \log(a_1 \cdots a_n)^{\frac{1}{n}}.$$

したがって

$$\lim_{\alpha \to 0+} F(\alpha) = (a_1 \cdots a_n)^{\frac{1}{n}}. \qquad ◿$$

問題 6.2

1　次の極限を求めよ．ただし $a>0$, $b>0$ とする．

（1）$\displaystyle\lim_{x\to+\infty} x(e^{\frac{1}{x}}-1)$　（2）$\displaystyle\lim_{x\to+\infty} x^{\frac{1}{x}}$

（3）$\displaystyle\lim_{x\to 0}\frac{a^x-b^x}{x}$　（4）$\displaystyle\lim_{x\to 0}\frac{x-\arcsin x}{x^3}$

（5）$\displaystyle\lim_{x\to\frac{\pi}{2}}\left(\tan x-\frac{1}{\cos x}\right)$　（6）$\displaystyle\lim_{x\to\frac{\pi}{2}}\frac{x\sin x-\frac{\pi}{2}}{\cos x}$

2　次の極限を求めよ．

（1）$\displaystyle\lim_{x\to 0}\frac{x-\log(1+x)}{x^2}$　（2）$\displaystyle\lim_{x\to 0}\left(\frac{1}{\sin^2 x}-\frac{1}{x^2}\right)$

（3）$\displaystyle\lim_{x\to 0}\frac{x-\sin x}{\tan x-x}$　（4）$\displaystyle\lim_{x\to+\infty}\frac{x}{\log x}(x^{\frac{1}{x}}-1)$

（5）$\displaystyle\lim_{x\to 0+}\left(\frac{1}{\sin x}\right)^x$　（6）$\displaystyle\lim_{x\to 0}\frac{e-(1+x)^{\frac{1}{x}}}{x}$

7

積分法

7.1 リーマン積分

積分法の起源は古代ギリシャにおけるアルキメデスの"求積法"である．それは17世紀に創始された微分法とは起源が異なるが，17世紀後半にニュートンやライプニッツにより，両者の間に介在する基本的な関係，今日"微分積分法の基本定理"とよばれる定理が発見されて以来，積分法は微分法と融合して解析学の壮大な体系が形づくられるようになった．

本節ではまず，有界閉区間において有界な関数についてリーマン積分の定義を厳密に述べる．次に関数が積分可能であるための1つの基本的条件を提示し，連続関数，単調関数などが積分可能であることを証明する．区間あるいは関数が非有界な場合に積分の定義を拡張する問題は7.3節で扱われるであろう．

◆ A) 上積分・下積分

f を区間 $[a, b]$ $(a<b)$ で定義された関数とし，f はこの区間で有界であるとする．しばらくの間は，この"有界性"が f に関する基本的な仮定である．

区間 $[a, b]$ の**分割**とは，　　**分割**

$$a = x_0 < x_1 < x_2 < \cdots < x_{n-1} < x_n = b$$

であるような有限個の点の列 $x_0, x_1, \cdots, x_n$ をいう．ここで n

は任意の自然数である．われわれは以下，分割を一般に P のような文字で表し，上記の分割をたとえば

$$P=(x_0, x_1, \cdots, x_n)$$

のように書く．

P を上記の分割とすれば，それによって区間 $[a, b]$ は n 個の小区間 $[x_{i-1}, x_i]$ $(i=1, \cdots, n)$ に分かれる．このとき，$i=1, \cdots, n$ に対し，小区間 $[x_{i-1}, x_i]$ の幅を

$$\varDelta x_i = x_i - x_{i-1},$$

また，この小区間における f の上限，下限をそれぞれ

$$\begin{aligned} M_i &= \sup f(x), \\ m_i &= \inf f(x) \end{aligned} \qquad (x_{i-1} \leqq x \leqq x_i)$$

として，

$$U(P, f) = \sum_{i=1}^{n} M_i \varDelta x_i,$$

$$L(P, f) = \sum_{i=1}^{n} m_i \varDelta x_i$$

とおく．$U(P, f)$ を区間 $[a, b]$ における分割 P に対する f の**上方和**，$L(P, f)$ を f の**下方和**という．$m_i \leqq M_i$，$\varDelta x_i > 0$ $(i=1, \cdots, n)$ であるから，

上方和，下方和

$$L(P, f) \leqq U(P, f)$$

である．

下に，区間 $[a, b]$ で $f(x) \geqq 0$ として，1つの分割に対する上方和，下方和の例を図示した．この図では f は連続であるから，各小区間における f の上限，下限はそれぞれその区間における最大値，最小値である．下方和 $L(P, f)$ は，小区間 $[x_{i-1}, x_i]$ を底辺，最小値 m_i を高さとする長方形の面積の和を表し，上方和 $U(P, f)$ は，$[x_{i-1}, x_i]$ を底辺，最大値 M_i を高さとする長方形の面積の和を表している．図で斜線をつけ

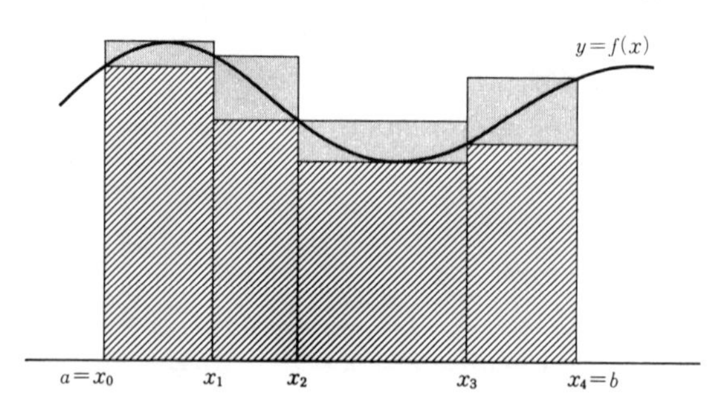

た部分の面積が $L(P,f)$，それに陰影部分の面積をつけ加えたものが $U(P,f)$ である．

一般論にもどる．

f は区間 $[a,b]$ で有界であるから，すべての $x\in[a,b]$ に対し

$$m \leqq f(x) \leqq M$$

となる定数 m, M が存在する．そして $i=1,\cdots,n$ に対し $m \leqq m_i$, $M_i \leqq M$ であるから，

$$L(P,f) = \sum m_i \varDelta x_i \geqq m\sum \varDelta x_i = m(b-a),$$
$$U(P,f) = \sum M_i \varDelta x_i \leqq M\sum \varDelta x_i = M(b-a),$$

したがって

$$m(b-a) \leqq L(P,f) \leqq U(P,f) \leqq M(b-a)$$

である．ゆえに，$[a,b]$ のすべての分割 P に対する上方和 $U(P,f)$ の集合，下方和 $L(P,f)$ の集合はともに有界である．

そこで，すべての分割 P に対する数 $U(P,f)$ の集合の下限，数 $L(P,f)$ の集合の上限をそれぞれ

$$\overline{\int_a^b} f = \inf U(P,f),$$

$$\underline{\int_a^b} f = \sup L(P,f)$$

とおき，前者を区間 $[a,b]$ における関数 f の**リーマン(Riemann)上積分**，後者を f の**リーマン下積分**という．

リーマン上積分

リーマン下積分

区間 $[a,b]$ における上積分，下積分は，この区間で有界な任意の関数に対して定義されることを注意しておこう．

◆ B) 積分の定義

上記のように，区間 $[a,b]$ で有界な任意の関数 f に対して，その上積分，下積分が定義されるが，一般に下積分は上積分をこえない．そのことを示すために，まず次の準備をする．

P を上のような $[a,b]$ の分割とする．P^* も $[a,b]$ の分割で，P のすべての分点が P^* の分点のうちに含まれているとき，P^* を P の**細分**という．そのとき，次のことが成り立つ．

細分

補題 1 P^* が P の細分ならば

$$U(P^*, f) \leqq U(P, f),$$
$$L(P^*, f) \geqq L(P, f).$$

すなわち，細分によって上方和は小さくなり，下方和は大きくなる．

証明　上方和について証明する．

$P=(x_0, x_1, \cdots, x_n)$ とし，P^* は P に1つの分点 x^* をつけ加えた細分で，$x_{i-1}<x^*<x_i$ であるとする．そのとき，和 $U(P, f)$ の項のうち

$$M_i \Delta x_i = M_i(x_i - x_{i-1})$$

以外の項は和 $U(P^*, f)$ においても不変であるが，上記の項は $U(P^*, f)$ においては

$$M_i'(x^* - x_{i-1}) + M_i''(x_i - x^*)$$

に変わる．ただし

$$M_i' = \sup f(x) \qquad (x_{i-1} \leqq x \leqq x^*),$$
$$M_i'' = \sup f(x) \qquad (x^* \leqq x \leqq x_i)$$

である．しかるに $M_i = \sup f(x)$ $(x_{i-1} \leqq x \leqq x_i)$ であるから，明らかに

$$M_i' \leqq M_i, \qquad M_i'' \leqq M_i$$

であり，したがって

$$M_i'(x^* - x_{i-1}) + M_i''(x_i - x^*)$$
$$\leqq M_i(x^* - x_{i-1}) + M_i(x_i - x^*) = M_i(x_i - x_{i-1})$$

である．ゆえに

$$U(P^*, f) \leqq U(P, f)$$

となる．

もし P^* が P に k 個の分点をつけ加えた細分であるならば，上の議論を k 回くり返せばよい．

下方和に関する主張も同様にして証明される．◻

補題2　$[a, b]$ の任意の2つの分割 P_1, P_2 に対して

$$L(P_1, f) \leqq U(P_2, f).$$

証明　P_1, P_2 の分点を合わせて得られる分割 $P_1 \cup P_2$ を P^* とすれば，P^* は P_1, P_2 の共通の細分となっている．したがって補題1により

$$L(P_1, f) \leqq L(P^*, f) \leqq U(P^*, f) \leqq U(P_2, f)$$

となる．◻

> **定理 1**　区間 $[a, b]$ で有界な関数 f に対して
> $$\underline{\int_a^b} f \leqq \overline{\int_a^b} f.$$

証明　補題 2 により，$[a, b]$ の任意の分割 P_1, P_2 に対して

$$L(P_1, f) \leqq U(P_2, f)$$

が成り立つ．分割 P_2 を 1 つ固定すれば，この不等式は，$U(P_2, f)$ が下方和の集合の 1 つの上界であることを意味する．したがって左辺の P_1 に関する上限をとって

$$\underline{\int_a^b} f \leqq U(P_2, f)$$

を得る．この不等式は $[a, b]$ の任意の分割 P_2 に対して成り立つ．ゆえに下積分は上方和の集合の 1 つの下界である．よって今度は上の不等式で右辺の P_2 に関する下限をとることにより

$$\underline{\int_a^b} f \leqq \overline{\int_a^b} f$$

を得る．□

$\underline{\int_a^b} f = \overline{\int_a^b} f$ が成り立つとき，f は $[a, b]$ で**リーマン積分可能**であるといい，この共通の値を

リーマン積分可能

$$\int_a^b f \quad \text{または} \quad \int_a^b f(x)\,dx$$

と書いて，関数 f の区間 $[a, b]$ における**リーマン積分** (Riemann integral) とよぶ．a はこの積分の**下端**，b は**上端**とよばれる．

リーマン積分

下端，上端

［**注意**：$\int_a^b f(x)\,dx$ は $\int_a^b f(t)\,dt$ などと書いても意味は同じである．］

以後本書では，リーマン積分を略して単に積分という．次節で述べる“不定積分”と区別するために，上に定義した積分をくわしくは**定積分**とよぶ．

定積分

f が $[a, b]$ で積分可能で，$f(x) \geqq 0$ ならば，定積分

$$\int_a^b f(x)\,dx$$

は，座標平面上で，不等式

$$a \leqq x \leqq b, \qquad 0 \leqq y \leqq f(x)$$

を満たす点 (x, y) 全体のなす点集合の面積を表すと考えられる．というより，この定積分をもってこの点集合の面積と定義する．この定義が正当である理由は，226 ページに描いた上方和，下方和の図からも，容易に了解されるであろう．

本項の最後に積分可能でない関数の簡単な一例を挙げておく．

例　区間 $[0,1]$ で，関数 f を

$$f(x)=\begin{cases}1, & x\text{ が有理数のとき},\\ 0, & x\text{ が無理数のとき}\end{cases}$$

と定義する．このとき，$[0,1]$ の任意の分割 P に対して小区間 $[x_{i-1}, x_i]$ における f の上限，下限は明らかに $M_i=1$，$m_i=0$ であるから，

$$U(P,f)=1,\qquad L(P,f)=0$$

となる．したがって

$$\overline{\int_0^1} f=\inf U(P,f)=1,$$

$$\underline{\int_0^1} f=\sup L(P,f)=0$$

であり，f は積分可能でない．

◆ C)　積分可能の条件

積分可能性の判定については次の定理が基本的である．

定理 2　f は区間 $[a,b]$ で有界な関数とする．f が $[a,b]$ で積分可能であるためには，任意の $\varepsilon>0$ に対し

$$U(P,f)-L(P,f)<\varepsilon$$

となるような $[a,b]$ の分割 P の存在することが必要かつ十分である．

証明　任意の分割 P に対して

$$L(P,f)\leqq \underline{\int_a^b} f\leqq \overline{\int_a^b} f\leqq U(P,f)$$

であるから，定理の不等式を成り立たせる P が存在するならば

$$0\leqq \overline{\int_a^b} f-\underline{\int_a^b} f<\varepsilon$$

である．よって，任意の $\varepsilon>0$ に対してこれが成り立つなら

ば

$$\underline{\int_a^b} f = \overline{\int_a^b} f$$

でなければならない．すなわち f は積分可能である．

逆に f が積分可能であるとすれば，$\int_a^b f$ は上方和の下限，かつ下方和の上限であるから，任意の $\varepsilon>0$ に対し

$$U(P_2, f) < \int_a^b f + \frac{\varepsilon}{2},$$

$$L(P_1, f) > \int_a^b f - \frac{\varepsilon}{2}$$

となるような $[a, b]$ の分割 P_1, P_2 が存在する．そこで $P=P_1 \cup P_2$ とおけば，$U(P, f) \leqq U(P_2, f)$，$L(P, f) \geqq L(P_1, f)$ であるから

$$\begin{aligned} U(P, f) - L(P, f) &\leqq U(P_2, f) - L(P_1, f) \\ &< \left(\int_a^b f + \frac{\varepsilon}{2}\right) - \left(\int_a^b f - \frac{\varepsilon}{2}\right) = \varepsilon. \end{aligned}$$

これで主張が証明された．◪

◆ D) 連続関数・単調関数の積分可能性

定理 2 を用いて次の基本的な定理が証明される．

> **定理 3** 区間 $[a, b]$ で連続な関数 f は $[a, b]$ で積分可能である．

証明 $\varepsilon>0$ を任意に与えた正数とし，$\eta=\varepsilon/(b-a)$ とおく．f は閉区間 $[a, b]$ で連続，したがって一様連続であるから，この η に対し，$\delta>0$ を，$x, y \in [a, b]$，$|x-y|<\delta$ ならば

$$|f(x)-f(y)| < \eta$$

となるようにとることができる．(3.2 節の定理 4 参照.)

そこで $[a, b]$ の分割 $P=(x_0, x_1, \cdots, x_n)$ を $\varDelta x_i<\delta$ $(i=1, \cdots, n)$ となるようにとる．そのとき $[x_{i-1}, x_i]$ における f の最大値 M_i，最小値 m_i は，それぞれある $c_i, d_i \in [x_{i-1}, x_i]$ によって $M_i=f(c_i)$，$m_i=f(d_i)$ と書かれるから，$M_i-m_i<\eta$ であり，したがって

$$U(P, f) - L(P, f) = \sum_{i=1}^{n} (M_i - m_i) \varDelta x_i$$

$$< \eta \sum_{i=1}^{n} \Delta x_i = \eta(b-a) = \varepsilon$$

となる．ゆえに定理2によって f は $[a, b]$ で積分可能である．☐

> **定理4**　関数 f が区間 $[a, b]$ で単調ならば f は $[a, b]$ で積分可能である．

証明　どちらでも同じであるから f は単調増加とする．また $f(a)=f(b)$ ならば f は定数となって定理は自明であるから，$f(a)<f(b)$ とする．

$\varepsilon>0$ を任意に与えた正数とし，

$$\eta = \frac{\varepsilon}{f(b)-f(a)}$$

とおく．分割 $P=(x_0, x_1, \cdots, x_n)$ を $\Delta x_i<\eta$ $(i=1, \cdots, n)$ となるようにとる．そうすれば，$M_i=f(x_i)$，$m_i=f(x_{i-1})$ であるから，

$$\begin{aligned} U(P, f)-L(P, f) &= \sum_{i=1}^{n}(f(x_i)-f(x_{i-1}))\Delta x_i \\ &< \eta\sum_{i=1}^{n}(f(x_i)-f(x_{i-1})) \\ &= \eta(f(b)-f(a)) = \varepsilon. \end{aligned}$$

ゆえに，ふたたび定理2によって f は積分可能である．☐

◆ E）不連続点がある場合

上の定理3――連続関数の積分可能性――は積分の理論における1つの基本的な命題であるが，実用上はこの連続性の仮定を少し緩和しておいた方が便利である．実際，区間の中に f の不連続点が有限個あっても f の積分可能性は失われない．さらに，不連続点が無限に存在しても，それらを，長さの和が任意に小なる有限個の区間の和集合のうちに包含させ得るならば，やはり f は積分可能である．すなわち次の命題が成り立つ．

> **定理5**　f は区間 $[a, b]$ で有界であるとし，$[a, b]$ における f の不連続点の集合を E とする．任意の $\varepsilon>0$ に対し，
>
> $$a \leqq u_1 < v_1 < u_2 < v_2 < \cdots < u_s < v_s \leqq b,$$

$$\sum_{j=1}^{s}(v_j-u_j) < \varepsilon$$

を満たす有限個の点 u_j, v_j $(j=1, \cdots, s)$ を適当にとれば，$E\cap(a, b)$ の点はすべて，開区間 $(u_1, v_1), \cdots, (u_s, v_s)$ の和集合に含まれると仮定する．そのとき，f は $[a, b]$ で積分可能である．

証明 仮定に述べた u_j, v_j は，もし $a\in E$ ならば $a=u_1$，また $b\in E$ ならば $v_s=b$ であるようにとることができる．以下そのように u_j, v_j をとったと仮定する．

さて，$[a, b]$ から $(u_1, v_1), \cdots, (u_s, v_s)$ の和集合をとり除いた集合を K とする．K は有限個の閉区間の和集合で，各閉区間において f は連続，したがって一様連続である．よって，与えられた $\varepsilon>0$ に対し，$\delta>0$ を，$x, y\in K$, $|x-y|<\delta$ ならば，

$$|f(x)-f(y)| < \varepsilon$$

となるようにとることができる．

そこで，$[a, b]$ の分割 $P=(x_0, x_1, \cdots, x_n)$ を次の(1), (2), (3)が満たされるように定める：

（1） u_j, v_j $(j=1, \cdots, s)$ はすべて P の分点のうちに現れる．

（2） 区間 (u_j, v_j) $(j=1, \cdots, s)$ に P の分点は現れない．

（3） 分点 x_{i-1} がどの u_j にも一致しないときには，$\Delta x_i=x_i-x_{i-1}<\delta$ である．

そのとき，$i=1, \cdots, n$ を，ある u_j に対して $x_{i-1}=u_j$ となるような i の集合 A と，どの u_j に対しても $x_{i-1}\neq u_j$ であるような i の集合 B とに分ければ，

$$\begin{aligned} U(P,f)-L(P,f) &= \sum_{i=1}^{n}(M_i-m_i)\Delta x_i \\ &= \sum_{i\in A}(M_i-m_i)\Delta x_i+\sum_{i\in B}(M_i-m_i)\Delta x_i \end{aligned}$$

であるが，$[a, b]$ における $|f(x)|$ の上限を M とすれば，$\sum_{i\in A}(M_i-m_i)\Delta x_i$ において $M_i-m_i\leqq 2M$ であるから

$$\sum_{i\in A}(M_i-m_i)\Delta x_i \leqq 2M\sum_{j=1}^{s}(v_j-u_j) < 2M\varepsilon.$$

一方 $i\in B$ ならば $M_i-m_i<\varepsilon$ であるから

$$\sum_{i\in B}(M_i-m_i)\Delta x_i < \varepsilon\sum_{i\in B}\Delta x_i \leqq \varepsilon(b-a).$$

よって

$$U(P,f)-L(P,f) < (2M+b-a)\varepsilon$$

である．ここで ε は任意の正数であった．ゆえに f は $[a,b]$ で積分可能である．□

［**注意**：定理 5 は f が積分可能であるための 1 つの十分条件を与えるものである．実際には，$[a,b]$ で有界な関数 f が $[a,b]$ でリーマン積分可能であるためには，不連続点の集合 E のルベーグ測度が 0 であることが必要かつ十分である．（第 26 章参照．）］

◆ F)　極限としての上積分・下積分

今までどおり，f は $[a,b]$ で有界な関数とする．

われわれは A)で，f の上積分を上方和の下限，下積分を下方和の上限として定義した．しかし，これらはまた次の意味で，それぞれ，上方和，下方和の"極限"として扱うこともできる．（その方が実際の計算には便利である．）そのことを説明するために，まず次の記号を用意する．

$P=(x_0, x_1, \cdots, x_n)$ を $[a,b]$ の分割とし，前のように

$$\Delta x_i = x_i - x_{i-1} \qquad (i=1, \cdots, n)$$

とする．そのとき数 $d(P)$ を

$$d(P) = \max\{\Delta x_1, \cdots, \Delta x_n\}$$

と定義する．$d(P)$ を 0 に近づけることは，分割を"一様に細かく"していくことであると考えられる．

このとき次の定理が成り立つ．

> **定理 6**　区間 $[a,b]$ で有界な任意の関数 f に対して
>
> $$\lim_{d(P)\to 0} U(P,f) = \overline{\int_a^b} f,$$
>
> $$\lim_{d(P)\to 0} L(P,f) = \underline{\int_a^b} f$$
>
> が成り立つ．くわしくいえば，任意の $\varepsilon>0$ に対し，適当に $\delta>0$ をとれば，$d(P)<\delta$ を満たす任意の P に対して
>
> $$0 \leqq U(P,f)-\overline{\int_a^b} f < \varepsilon,$$
>
> $$0 \leqq \underline{\int_a^b} f - L(P,f) < \varepsilon$$
>
> となる．

証明　下積分について証明する．（上積分の場合も全く同様である．）

まず，与えられた $\varepsilon>0$ に対し，下積分の定義によって

$$0 \leqq \underline{\int_a^b} f - L(P_0, f) < \frac{\varepsilon}{2}$$

となるような分割 P_0 が存在する．このような P_0 を1つ固定し，その分点の個数を n_0，P_0 における各小区間の幅(長さ)の最小値を δ_0 とする．また，正の定数 M をすべての $x \in [a, b]$ に対して $|f(x)| \leqq M$ となるようにとり，

$$\delta = \min\left\{\frac{\varepsilon}{4Mn_0}, \delta_0\right\}$$

とおく．そのとき，$d(P)<\delta$ ならば

$$0 \leqq \underline{\int_a^b} f - L(P, f) < \varepsilon$$

が成り立つのである．

実際，$P=(x_0, x_1, \cdots, x_n)$，$d(P)<\delta$ とすれば，$d(P)<\delta_0$ であるから，各小区間 $[x_{i-1}, x_i]$ は P_0 の点をたかだか1つしか含まない．$P^*=P \cup P_0$ とおけば，

$$L(P, f) \leqq L(P^*, f),$$
$$L(P_0, f) \leqq L(P^*, f)$$

で，$L(P, f)$ と $L(P^*, f)$ との差は P_0 の分点を含むような区間 $[x_{i-1}, x_i]$ から生ずるが，いま $x_{i-1}<x^*<x_i$，$x^* \in P_0$ とし，区間 $[x_{i-1}, x^*]$, $[x^*, x_i]$, $[x_{i-1}, x_i]$ における $\inf f(x)$ をそれぞれ m_i', m_i'', m_i とすれば

$$0 \leqq m_i' - m_i \leqq 2M, \qquad 0 \leqq m_i'' - m_i \leqq 2M$$

であるから，

$$\begin{aligned} & m_i'(x^* - x_{i-1}) + m_i''(x_i - x^*) - m_i(x_i - x_{i-1}) \\ & \quad = (m_i' - m_i)(x^* - x_{i-1}) + (m_i'' - m_i)(x_i - x^*) \\ & \quad \leqq 2M(x_i - x_{i-1}) < 2M\delta. \end{aligned}$$

そして P_0 の分点の個数が n_0 であるから

$$L(P^*, f) - L(P, f) < (2M\delta)\, n_0 \leqq \frac{\varepsilon}{2}$$

となる．したがって——$L(P, f)$ 等を $L(P)$ と略記して

$$\begin{aligned} 0 & \leqq \underline{\int_a^b} f - L(P) \\ & = \left(\underline{\int_a^b} f - L(P_0)\right) + (L(P_0) - L(P^*)) \\ & \quad + (L(P^*) - L(P)) \end{aligned}$$

$$\leqq \left(\underline{\int_a^b} f - L(P_0)\right) + (L(P^*) - L(P)) < \frac{\varepsilon}{2} + \frac{\varepsilon}{2}$$
$$= \varepsilon.$$

これで主張が証明された．□

◆ G) リーマン和の極限としての積分

f を区間 $[a, b]$ で有界な関数とし，$P=(x_0, x_1, \cdots, x_n)$ を $[a, b]$ の分割とする．各 $i=1, \cdots, n$ に対し，小区間 $[x_{i-1}, x_i]$ から1つずつ点 s_i をとって，和

$$\sum_{i=1}^{n} f(s_i) \Delta x_i = \sum_{i=1}^{n} f(s_i)(x_i - x_{i-1})$$

を作れば，これは明らかに $L(P, f)$ と $U(P, f)$ の間にある．このような和を分割 P に対する f の**リーマン和**という．

リーマン和

リーマン和は点 s_i の選び方に依存するから，分割 P から一意的には定まらないが，一般にこれを $S(P, f)$ と書くことにすれば，上にいったように

$$L(P, f) \leqq S(P, f) \leqq U(P, f)$$

である．

［**注意**：上方和，下方和は上限 M_i，下限 m_i を用いて定義されるから，一般には計算が困難で，その意味で理論的な概念である．それに対してリーマン和は具体的な関数値を用いて定義されるから，計算が容易である．その点にリーマン和の実用性がある．］

いま，ある定数 A が存在して，任意の $\varepsilon>0$ に対し，適当に $\delta>0$ をとれば，$d(P)<\delta$ である任意の P に対して，（点 s_i の選択には関係なく）

$$|S(P, f) - A| < \varepsilon$$

が成り立つとする．そのとき

$$\lim_{d(P)\to 0} S(P, f) = A$$

と書き，$d(P)\to 0$ のとき $S(P, f)$ は A に収束するという．明らかに，この意味でリーマン和が収束する場合，極限 A は一意的に定まる．

定理7　f を区間 $[a, b]$ で有界な関数とし，P を $[a, b]$ の分割とする．$d(P)\to 0$ のときリーマン和 $S(P, f)$ が収束するためには，f が $[a, b]$ で積分可能であることが必要かつ十分である．かつそのとき

$$\lim_{d(P)\to 0} S(P,f) = \int_a^b f$$

が成り立つ．

証明 f が積分可能ならば，定理6により

$$\lim_{d(P)\to 0} L(P,f) = \lim_{d(P)\to 0} U(P,f) = \int_a^b f$$

であって，$L(P,f) \leqq S(P,f) \leqq U(P,f)$ であるから

$$\lim_{d(P)\to 0} S(P,f) = \int_a^b f$$

となる．

逆に，$\lim_{d(P)\to 0} S(P,f) = A$ が存在するとしよう．そうすれば，$\varepsilon>0$ に対し，ある $\delta>0$ が存在して，$d(P)<\delta$ である限り

$$|S(P,f)-A| < \frac{\varepsilon}{2}$$

が成り立つ．いま，$P=(x_0, x_1, \cdots, x_n)$ を $d(P)<\delta$ を満たす分割とし，$M_i=\sup f(x)$ $(x_{i-1}\leqq x\leqq x_i)$ とすれば，

$$0 \leqq M_i - f(s_i) < \frac{\varepsilon}{2(b-a)}$$

となる $s_i \in [x_{i-1}, x_i]$ が存在するから，この s_i を用いてリーマン和

$$S(P,f) = \sum_{i=1}^{n} f(s_i)\Delta x_i$$

を作れば

$$\begin{aligned} U(P,f)-S(P,f) &= \sum_{i=1}^{n}(M_i-f(s_i))\Delta x_i \\ &< \frac{\varepsilon}{2(b-a)}\sum_{i=1}^{n}\Delta x_i = \frac{\varepsilon}{2}, \end{aligned}$$

したがって $d(P)<\delta$ なる限り

$$\begin{aligned} |U(P,f)-A| &= (U(P,f)-S(P,f))+|S(P,f)-A| \\ &< \frac{\varepsilon}{2}+\frac{\varepsilon}{2} = \varepsilon \end{aligned}$$

となる．ゆえに

$$A = \lim_{d(P)\to 0} U(P,f)$$

である．同様にして

$$A = \lim_{d(P)\to 0} L(P,f)$$

も得られるから，定理6によって $A=\overline{\int_a^b} f=\underline{\int_a^b} f$，すなわち f は積分可能で $A=\int_a^b f$ である．☐

◆ H) 積分可能関数の連続関数

次の定理は“積分可能関数の連続関数は積分可能である”ことを示すものである．

> **定理8**　f は区間 $[a, b]$ で積分可能な関数で，その値域が $[m, M]$ に含まれるとする．また φ は区間 $[m, M]$ で連続な関数とする．このとき合成関数 $h=\varphi\circ f$ は区間 $[a, b]$ で積分可能である．

[**注意**：上に“積分可能関数の連続関数”といったのは，この合成関数 $h=\varphi\circ f$ のことを印象的にそういったのである.]

証明　$\varepsilon>0$ を任意に与えた正数とする．φ は $[m, M]$ で一様連続であるから，$\delta>0$ を，$s, t\in[m, M]$，$|s-t|<\delta$ ならば $|\varphi(s)-\varphi(t)|<\varepsilon$ となるように選ぶことができる．ここで $\delta<\varepsilon$ と仮定してさしつかえない．

f は $[a, b]$ で積分可能であるから，$[a, b]$ の分割 $P=(x_0, x_1, \cdots, x_n)$ で

$$U(P, f)-L(P, f) = \sum_{i=1}^{n}(M_i-m_i)\Delta x_i < \delta^2$$

となるものが存在する．ただし

$$M_i = \sup f(x), \quad m_i = \inf f(x) \qquad (x_{i-1}\leqq x\leqq x_i)$$

である．いま

$$M_i^* = \sup h(x) = \sup \varphi(f(x)), \quad m_i^* = \inf h(x) = \inf \varphi(f(x)) \qquad (x_{i-1}\leqq x\leqq x_i)$$

とおいて，

$$U(P, h)-L(P, h) = \sum_{i=1}^{n}(M_i^*-m_i^*)\Delta x_i$$

を評価しよう．

そのために番号 $i=1, \cdots, n$ を2組に分けて，$M_i-m_i<\delta$ であるような i の集合を A，$M_i-m_i\geqq\delta$ であるような i の集合を B とする．そのとき

$$\delta\sum_{i\in B}\Delta x_i \leqq \sum_{i\in B}(M_i-m_i)\Delta x_i < \delta^2$$

であるから

$$\sum_{i\in B}\Delta x_i < \delta$$

である．

さて

$$U(P,h)-L(P,h) = \sum_{i\in A}(M_i^*-m_i^*)\Delta x_i + \sum_{i\in B}(M_i^*-m_i^*)\Delta x_i$$

であるが，$i\in A$ ならば $M_i-m_i<\delta$ であるから，$s,t\in[m_i, M_i]$ ならば $|\varphi(s)-\varphi(t)|<\varepsilon$ である．したがって $u,v\in[x_{i-1},x_i]$ ならば $|h(u)-h(v)|<\varepsilon$，よって $M_i^*-m_i^*\leqq\varepsilon$ である．したがって

$$\sum_{i\in A}(M_i^*-m_i^*)\Delta x_i \leqq \varepsilon\sum_{i\in A}\Delta x_i \leqq \varepsilon(b-a)$$

となる．一方，$m\leqq t\leqq M$ に対して $\sup|\varphi(t)|=K$ とおけば，$i\in B$ なる i に対して $M_i^*-m_i^*\leqq 2K$ であるから

$$\sum_{i\in B}(M_i^*-m_i^*)\Delta x_i \leqq 2K\sum_{i\in B}\Delta x_i < 2K\delta < 2K\varepsilon$$

を得る．ゆえに

$$U(P,h)-L(P,h) < \varepsilon(b-a+2K).$$

ここで ε は任意の正数であった．ゆえに定理2によって $h=\varphi\circ f$ は $[a,b]$ で積分可能である．◪

問題 7.1

1 f が区間 $[a,b]$ で積分可能ならば

$$\lim_{n\to\infty}\sum_{i=1}^{n} f\left(a+\frac{i(b-a)}{n}\right)\cdot\frac{b-a}{n} = \int_a^b f(x)\,dx$$

であることを証明せよ．

2 f が区間 $[a,b]$ で積分可能ならば，$f^2, f^3, \cdots, \exp(f(x))$，$\sin f(x)$ なども $[a,b]$ で積分可能であることを示せ．また $f(x)>0$ ならば，$\log f(x)$ や $(f(x))^{\alpha}$ (α は定数) も $[a,b]$ で積分可能であることを示せ．

7.2 積分の性質

この節では積分のいくつかの基本性質について述べる．特に重要なのは“微分積分法の基本定理”であって，これによって積分法と微分法との本質的な関係が明示されるのである．

◆ A)　積分の線形性と加法性

次の定理の(a)は積分の線形性，(b)は区間に関する加法性を述べるものである．

> **定理 1**　(a)　f_1, f_2 が区間 $[a, b]$ で積分可能ならば，f_1+f_2 も同じ区間で積分可能，また f が $[a, b]$ で積分可能ならば，定数 c に対して cf も同じ区間で積分可能で，
>
> $$\int_a^b (f_1+f_2) = \int_a^b f_1 + \int_a^b f_2,$$
>
> $$\int_a^b cf = c\int_a^b f.$$
>
> (b)　f が区間 $[a, b]$ で有界で $a<c<b$ なるとき，f が $[a, c], [c, b]$ のそれぞれで積分可能ならば f は $[a, b]$ で積分可能であり，逆も成り立つ．またそのとき
>
> $$\int_a^c f + \int_c^b f = \int_a^b f.$$

証明　(a)　$f=f_1+f_2$ とおく．$[a, b]$ の任意の分割 $P=(x_0, x_1, \cdots, x_n)$ に対し，区間 $[x_{i-1}, x_i]$ における f, f_1, f_2 の上限をそれぞれ M_i, M_i', M_i''；下限をそれぞれ m_i, m_i', m_i'' とすれば，明らかに

$$m_i'+m_i'' \leqq m_i \leqq M_i \leqq M_i'+M_i''$$

であるから，

$$\sum_{j=1}^{2} L(P, f_j) \leqq L(P, f) \leqq U(P, f) \leqq \sum_{j=1}^{2} U(P, f_j)$$

である．いま f_1, f_2 が積分可能ならば，任意の $\varepsilon>0$ に対し

$$U(P_j, f_j) - L(P_j, f_j) < \frac{\varepsilon}{2} \qquad (j=1, 2)$$

を満たす分割 P_1, P_2 が存在し，$P=P_1\cup P_2$ とおけば

$$U(P, f_j) - L(P, f_j) < \frac{\varepsilon}{2} \qquad (j=1, 2)$$

となるから，

$$U(P, f) - L(P, f) \leqq \sum_{j=1}^{2} (U(P, f_j) - L(P, f_j)) < \frac{\varepsilon}{2} + \frac{\varepsilon}{2} = \varepsilon$$

を得る．ゆえに f は積分可能である．

また，同じ P と $j=1,2$ に対し

$$\int_a^b f_j-\frac{\varepsilon}{2} < L(P,f_j) \leqq U(P,f_j) < \int_a^b f_j+\frac{\varepsilon}{2}$$

が成り立つから，

$$\int_a^b f_1+\int_a^b f_2-\varepsilon < \sum_{j=1}^{2} L(P,f_j) \leqq L(P,f) \leqq \int_a^b f,$$

$$\int_a^b f \leqq U(P,f) \leqq \sum_{j=1}^{2} U(P,f_j) < \int_a^b f_1+\int_a^b f_2+\varepsilon.$$

ε は任意であるから，これより定理の等式を得る．

後半の定数倍に関する主張の証明はより容易である．よってここでは省略する．

（b） 考察される区間を明示するため，以下たとえば区間 $[a,b]$ における上方和，下方和を U_a^b, L_a^b のように記すことにする．

さて，f が区間 $[a,c]$ および $[c,b]$ で積分可能ならば，任意の $\varepsilon>0$ に対し

$$U_a^c(Q_1,f)-L_a^c(Q_1,f) < \frac{\varepsilon}{2},$$

$$U_c^b(Q_2,f)-L_c^b(Q_2,f) < \frac{\varepsilon}{2}$$

を満たす $[a,c]$ の分割 Q_1，$[c,b]$ の分割 Q_2 が存在する．そのとき $P=Q_1\cup Q_2$ とおけば，P は $[a,b]$ の分割で，

$$U_a^c(Q_1,f)+U_c^b(Q_2,f) = U_a^b(P,f),$$
$$L_a^c(Q_1,f)+L_c^b(Q_2,f) = L_a^b(P,f).$$

よって

$$U_a^b(P,f)-L_a^b(P,f) = (U_a^c-L_a^c)+(U_c^b-L_c^b)$$
$$< \frac{\varepsilon}{2}+\frac{\varepsilon}{2} = \varepsilon.$$

ゆえに f は $[a,b]$ で積分可能である．

さらに上の Q_1, Q_2 に対し

$$\int_a^c f-\frac{\varepsilon}{2} < L_a^c(Q_1,f) \leqq U_a^c(Q_1,f) < \int_a^c f+\frac{\varepsilon}{2},$$

$$\int_c^b f-\frac{\varepsilon}{2} < L_c^b(Q_2,f) \leqq U_c^b(Q_2,f) < \int_c^b f+\frac{\varepsilon}{2}$$

が成り立つから

$$\int_a^c f+\int_c^b f-\varepsilon < L_a^b(P,f) \leqq \int_a^b f,$$

$$\int_a^b f \leqq U_a^b(P, f) < \int_a^c f + \int_c^b f + \varepsilon.$$

これより定理の等式が得られる．

逆に f が $[a, b]$ で積分可能ならば，$\varepsilon > 0$ に対し

$$U_a^b(P, f) - L_a^b(P, f) < \varepsilon$$

を満たす $[a, b]$ の分割 P が存在する．必要があれば，P をそれに点 c をつけ加えた細分におきかえて，P は分点 c を含むと仮定してさしつかえない．そうすれば，P は $[a, c]$ の分割 Q_1，$[c, b]$ の分割 Q_2 によって $P = Q_1 \cup Q_2$ と書かれ，

$$U_a^c(Q_1, f) - L_a^c(Q_1, f) < \varepsilon,$$
$$U_c^b(Q_2, f) - L_c^b(Q_2, f) < \varepsilon$$

となる．よって f は $[a, c], [c, b]$ のそれぞれにおいて積分可能である．□

系　f, g が区間 $[a, b]$ で積分可能ならば，fg も $[a, b]$ で積分可能である．

証明　定理1によって $f+g, f-g$ が積分可能であるから，7.1節の定理8によって $(f+g)^2, (f-g)^2$ も積分可能である．したがって

$$fg = \frac{1}{4}\{(f+g)^2 - (f-g)^2\}$$

は積分可能である．□

◆　B)　積分と不等式

積分と不等式については次の定理が成り立つ．

定理2　(a)　f が $[a, b]$ で積分可能で $m \leqq f(x) \leqq M$ ならば

$$m(b-a) \leqq \int_a^b f \leqq M(b-a).$$

(b)　f_1, f_2 が $[a, b]$ で積分可能で，$f_1(x) \leqq f_2(x)$ ならば

$$\int_a^b f_1 \leqq \int_a^b f_2.$$

(c)　f_1, f_2 が $[a, b]$ で連続かつ $f_1(x) \leqq f_2(x)$ で，恒等的に $f_1(x) = f_2(x)$ ではないならば，

$$\int_a^b f_1 < \int_a^b f_2.$$

(d) f が $[a,b]$ で連続ならば，$a<\xi<b$ を満たすある ξ に対して

$$\int_a^b f = f(\xi)(b-a).$$

[この命題は**積分に関する平均値の定理**とよばれる.]

(e) f が $[a,b]$ で積分可能ならば，$|f|$ も $[a,b]$ で積分可能で

$$\left|\int_a^b f\right| \leqq \int_a^b |f|.$$

積分に関する平均値の定理

証明 (a) $[a,b]$ の任意の分割 P に対して

$$m(b-a) \leqq L(P,f) \leqq U(P,f) \leqq M(b-a)$$

であるから，これは明らかである.

(b) $[a,b]$ で g が積分可能で $g(x)\geqq 0$ ならば，(a)によって

$$\int_a^b g \geqq 0.$$

この結果を $g=f_2-f_1$ に適用して，定理1の線形性を用いればよい.

(c) 証明すべきことは，g が $[a,b]$ で連続，$g(x)\geqq 0$ で，かつ $g(x_0)>0$ となる $x_0\in[a,b]$ が存在するならば，

$$\int_a^b g > 0$$

ということである．いま，g の連続性によって x_0 は $[a,b]$ の内点と仮定してよい．さらに g の連続性によって，$a<c<x_0<d<b$ なる c,d を x_0 の十分近くにとれば，区間 $[c,d]$ に属する任意の x に対して

$$g(x) > \frac{g(x_0)}{2}$$

が成り立つと仮定することができる．そうすれば

$$\int_c^d g \geqq \frac{g(x_0)}{2}(d-c) > 0.$$

そして積分の加法性により

$$\int_a^b f = \int_a^c f + \int_c^d f + \int_d^b f$$

で，右辺の第1項，第3項は $\geqq 0$ である．よって $\int_a^b g>0$ となる.

(d) $[a,b]$ において $\min f(x)=m$, $\max f(x)=M$ とすれば，(a)によって

$$m(b-a) \leqq \int_a^b f \leqq M(b-a).$$

もし f が $[a, b]$ で定数ならば，a と b の間の任意の値を ξ とすればよい．定数でないときには，$m<M$ で，(c)より

$$m(b-a) < \int_a^b f < M(b-a).$$

よって

$$\int_a^b f = \mu(b-a)$$

とおけば，$m<\mu<M$ である．ゆえに，c, d を $f(c)=m$, $f(d)=M$ となる $[a, b]$ の点とすれば，中間値の定理によって c と d の間に $f(\xi)=\mu$ となる ξ がある．

（e）f が積分可能ならば7.1節の定理8によって $|f|$ も積分可能である．かつ

$$f \leqq |f|, \qquad -f \leqq |f|$$

であるから，(b)によって

$$\int_a^b f \leqq \int_a^b |f|, \qquad -\int_a^b f = \int_a^b (-f) \leqq \int_a^b |f|.$$

これより(e)の不等式が得られる．□

◆ C）積分関数とその性質

f を区間 I で定義された関数とする．もし，$\alpha<\beta$ を満たす I の任意の2点 α, β に対して区間 $[\alpha, \beta]$ で f が有界かつ積分可能ならば，f は I で**積分可能**であるという．たとえば，区間 I で連続な関数は I で積分可能である．

積分可能

f が区間 I で積分可能であるときには，I において f の“積分関数”が定義されるが，そのことを説明する前に，まず1つの規約を述べておく．

われわれはこれまで積分 $\int_a^b f$ において，つねに $a<b$ としてきた．しかし今後，$a \geqq b$ の場合には，

$$a=b \quad のとき \quad \int_a^b f = 0,$$

$$a>b \quad のとき \quad \int_a^b f = -\int_b^a f$$

と定める．そうすれば，f が区間 I で積分可能であるとき，$\int_a^b f$ は，任意の $a, b \in I$ に対して意味をもつことになる．

さらに，この規約のもとに，定理1(b)の等式

$$(*)\qquad \int_a^c f+\int_c^b f=\int_a^b f$$

は，a, b, c の大小に関係なく，任意の $a, b, c \in I$ に対して成り立つ．

実際，たとえば $c<a<b$ としてみよう．そのとき，定理1(b)によって

$$\int_c^a f+\int_a^b f=\int_c^b f$$

であるが，規約により $\int_c^a f=-\int_a^c f$ であるから，これを上式に代入して移項すれば(＊)が得られる．

ここで，簡単なことながら，定理3の証明のために次の補題を述べておく．

> **補題** f は区間 I で積分可能とし，$\alpha, \beta \in I$，$\alpha \neq \beta$ とする．そのとき
>
> (a) α と β の間のすべての t に対して $|f(t)| \leqq M$ が成り立つならば，
>
> $$\left|\int_\alpha^\beta f\right| \leqq M|\beta-\alpha|.$$
>
> (b) α と β の間のすべての t に対して $m \leqq f(t) \leqq M$ が成り立つならば
>
> $$m \leqq \frac{\int_\alpha^\beta f}{\beta-\alpha} \leqq M.$$

証明 (a) $\alpha<\beta$ ならば，定理2の(e)，(a)によって

$$\left|\int_\alpha^\beta f\right| \leqq \int_\alpha^\beta |f| \leqq M(\beta-\alpha).$$

また $\alpha>\beta$ ならば

$$\left|\int_\alpha^\beta f\right| = \left|\int_\beta^\alpha f\right| \leqq \int_\beta^\alpha |f| \leqq M(\alpha-\beta).$$

よっていずれの場合にも補題の不等式が得られる．

(b) 定理2の(a)によって，$\alpha<\beta$ ならば

$$m(\beta-\alpha) \leqq \int_\alpha^\beta f \leqq M(\beta-\alpha).$$

また $\alpha>\beta$ ならば

$$m(\alpha-\beta) \leqq \int_\beta^\alpha f \leqq M(\alpha-\beta).$$

これらをそれぞれ $\beta-\alpha$ または $\alpha-\beta$ で割って，後者の場合は $\int_\beta^\alpha f=-\int_\alpha^\beta f$ であることに注意すればよい．☐

さて，f を区間 I で積分可能な関数とする．そのとき，下端 $a\in I$ を固定し，上端 x を変数として，積分

$$\int_a^x f$$

を考えれば，この値は x に応じて定まるから，x の関数となる．この関数を

$$F(x)=\int_a^x f=\int_a^x f(t)\,dt$$

積分関数

とおいて，f の**積分関数**という．

上式の最右辺で積分記号の中を $f(t)\,dt$ と書き，"見かけ上の変数"に x と異なる文字 t を用いたのは，ここでは，文字 x は積分の上端として実質的な変数になっているからである．

不定積分

［**注意**：積分関数は下端 a の取り方に依存するから一意的ではない．しかし 2 つの積分関数の差は定数である．実際，$F(x)=\int_a^x f$，$G(x)=\int_{a'}^x f$ とすれば，$G(x)-F(x)=\int_{a'}^a f$ となる．そこで，下端を特定しない意味で，1 つの積分関数に任意の定数を加えて得られる関数を総称して，f の**不定積分**ということがある．］

この積分関数について次の定理が成り立つ．

> **定理 3**　f を区間 I で積分可能な関数とし，a を I の定点，x を I の任意の点として
>
> $$F(x)=\int_a^x f(t)\,dt$$
>
> とおく．そのとき
>
> (a)　F は I において連続である．
>
> (b)　f が $x\in I$ において連続ならば，F は x において微分可能で，
>
> $$F'(x)=f(x)$$
>
> となる．

証明　(a)　x を I の任意の内点とし，$\delta>0$ を，$[x-\delta, x+\delta]\subset I$ となるように取って，$t\in[x-\delta, x+\delta]$ に対して $|f(t)|\leqq M$ とする．そのとき $|h|\leqq\delta$ ならば

$$F(x+h)-F(x)=\int_a^{x+h} f-\int_a^x f=\int_x^{x+h} f$$

で，補題の(a)を $\alpha=x$，$\beta=x+h$ として適用すれば

$$\left|\int_x^{x+h} f\right| \leqq M|h|,$$

したがって

$$|F(x+h)-F(x)| \leqq M|h|$$

である．$h\to 0$ のとき $M|h|\to 0$ であるから，$F(x+h)\to F(x)$．すなわち F は x において連続である．

x が I の端点であるときには，同様にして片側からの連続性が証明される．

（b） f が $x\in I$ において連続であるとし，x は I の内点であるとする．そのとき，任意の $\varepsilon>0$ に対し，$\delta>0$ を，t が $|t-x|\leqq\delta$ を満たすならば，$|f(t)-f(x)|\leqq\varepsilon$，すなわち

$$f(x)-\varepsilon \leqq f(t) \leqq f(x)+\varepsilon$$

が成り立つように，取ることができる．そこで $h\neq 0$, $|h|\leqq\delta$ のとき，補題の(b)を $\alpha=x$，$\beta=x+h$，$m=f(x)-\varepsilon$，$M=f(x)+\varepsilon$ として適用すれば

$$f(x)-\varepsilon \leqq \frac{\int_x^{x+h} f}{h} \leqq f(x)+\varepsilon$$

を得る．書きかえれば

$$f(x)-\varepsilon \leqq \frac{F(x+h)-F(x)}{h} \leqq f(x)+\varepsilon,$$

すなわち

$$\left|\frac{F(x+h)-F(x)}{h}-f(x)\right| \leqq \varepsilon$$

である．これは $h\to 0$ のとき $(F(x+h)-F(x))/h\to f(x)$ であることを意味している．すなわち F は x において微分可能で，$F'(x)=f(x)$ である．

x が I の端点であるときには，片側からの極限を考えて同様の結論を得る．□

◆ D） 原始関数

f を区間 I で定義された関数とする．もし，F が同じ区間 I で微分可能な関数で，

$$F'=f$$

が成り立つならば，F を f の**原始関数**という．

原始関数

もちろん任意の関数が原始関数をもつとはいえない．しか

し，もし f が区間 I において原始関数 F をもつならば，定数の微分は 0 であるから，F に任意の定数 C を加えて得られる関数

$$G(x) = F(x)+C$$

もまた f の原始関数である．逆に I における f の原始関数はこの形の関数に限る．実際，G もまた f の原始関数ならば，$F'=f$, $G'=f$ であるから，$(G-F)'=0$，ゆえに 4.2 節の定理 4 の系によって $G-F$ は定数である．

約言すれば，区間 I で f が原始関数をもつときには，それは，定数の差を除いて一意的に定まるのである．

たとえば，$\dfrac{d}{dx}\left(\dfrac{1}{3}x^3\right)=x^2$ であるから，$\dfrac{1}{3}x^3$ は x^2 の 1 つの原始関数である．したがって，x^2 の任意の原始関数は

$$\frac{1}{3}x^3+C$$

と表される．ここに C は任意の定数である．

前項 C) の定理 3 から次の重要な定理が導かれる．これは微分法と積分法とを結びつける 1 つの基本的な命題である．

> **定理 4**　区間 I で連続な関数 f の積分関数は f の原始関数である．

証明　定理 3 の (b) から明らかである．□

この定理によって，任意の連続関数は必ず原始関数をもつことがわかる．

またこの定理によれば，一般に，ある区間で連続な関数が与えられたとき，その積分関数を考えることによって，もとの関数を導関数にもつような微分可能な関数を定義することができる．たとえば，区間 $(0, +\infty)$ で関数 $f(x)=1/x$ は連続であるから，その積分関数を（下端を 1 として）

$$F(x) = \int_1^x \frac{1}{t}\,dt \qquad (x>0)$$

と定義すれば，F は $(0, +\infty)$ で微分可能で，

$$F'(x) = \frac{1}{x}$$

となる．この関数 F は実は対数関数 log にほかならない．実際に 5.1 節でわれわれは対数関数を——そこでは“積分”の語は用いなかったが——まさにこのようにして定義したの

であった．

◆ E) 微分積分法の基本定理

関数 f に対し，(前項までに述べた積分関数とはべつに)なんらかの方法によってその1つの原始関数 F があらかじめ知られている場合には，次の定理によって f の定積分の値を簡単に求めることができる．この定理は**微分積分法の基本定理**とよばれる．

微分積分法の基本定理

定理5 f を区間 I で連続な関数，F を f の1つの原始関数とする．そのとき，任意の $a, b \in I$ に対して

$$\int_a^b f = F(b) - F(a)$$

が成り立つ．

証明 いま，a を固定し，上端 x を I の任意の点として

$$F_0(x) = \int_a^x f$$

とおけば，定理4によって F_0 も f の1つの原始関数である．したがって

$$F_0(x) = F(x) + C$$

となるような定数 C が存在する．$F_0(a)=0$ であるから，$C=-F(a)$，よって $F_0(x)=F(x)-F(a)$，すなわち

$$\int_a^x f = F(x) - F(a)$$

である．この式の x に b を代入すれば定理の等式が得られる．□

定理の中の等式は**微分積分法の基本公式**とよばれる．実際に計算を行うときの便宜上，この公式の右辺 $F(b)-F(a)$ を通常

微分積分法の基本公式

$$F(x)\Big|_a^b \quad \text{または} \quad [F(x)]_a^b$$

と書く．

この公式の利便さはいうまでもない．実際この公式によれば，関数 f の定積分の計算が，その本来の定義の繁雑さから解放されて，1つの原始関数 F を見いだすこと——われわれが普通に取り扱う関数については多くの場合にそのことが可能である——に帰着させられるからである．

さしあたって簡単な例を挙げておく.

例 1　$\displaystyle\int_1^2 x^2dx = \frac{1}{3}x^3\Big|_1^2 = \frac{8}{3}-\frac{1}{3} = \frac{7}{3}.$

例 2　$\displaystyle\int_0^\pi \sin x\,dx = -\cos x|_0^\pi = -\cos\pi+\cos 0 = 2.$
——この結果によれば，正弦関数の 1 つの弧が x 軸と囲む図形の面積は 2 である.

[**注意**：実は，f が I で連続でなくても，f が積分可能で，しかも I においてその原始関数 F が存在するならば，やはり基本公式が成立する.（次の問題 7.2 の問 5.）しかし連続関数以外では基本公式は必ずしも実用的ではない.]

問題 7.2

1　定理 1(a)の後半

$$\int_a^b cf = c\int_a^b f$$

をくわしく証明せよ.

2　区間 $[a, b]$ で $|f|$ が積分可能のとき，f も積分可能であるといえるか？

3　$[a, b]$ で f, g は積分可能で $f \geqq 0$, $g \geqq 0$ とする．また p, q は $\dfrac{1}{p}+\dfrac{1}{q}=1$ を満たす正の数とする．もし

$$\int_a^b f^p = 1, \qquad \int_a^b g^q = 1$$

ならば

$$\int_a^b fg \leqq 1$$

であることを証明せよ.

（ヒント）　5.2 節の定理 4 のあとに注意したように，$u \geqq 0$, $v \geqq 0$ のとき

$$uv \leqq \frac{u^p}{p}+\frac{v^q}{q}$$

である．これを用いる.

4　$[a, b]$ で f, g は積分可能とし，p, q は問 3 と同じとする．そのとき

$$\left|\int_a^b fg\right| \leqq \left(\int_a^b |f|^p\right)^{\frac{1}{p}}\left(\int_a^b |g|^q\right)^{\frac{1}{q}}$$

が成り立つことを証明せよ.

［**注意**：この不等式を**ヘルダー**(Hölder)**の不等式**という． ヘルダーの不等式

特に $p=q=2$ の場合，不等式

$$\left|\int_a^b fg\right| \leqq \left(\int_a^b f^2\right)^{\frac{1}{2}}\left(\int_a^b g^2\right)^{\frac{1}{2}}$$

は**シュヴァルツ**(Schwarz)**の不等式**とよばれる．］ シュヴァルツの不等式

5 f が区間 I で積分可能で，原始関数 F をもつとする．そのとき，任意の $a, b \in I$ に対し

$$\int_a^b f = F(b)-F(a)$$

が成り立つことを証明せよ．

（ヒント） $[a, b]$ の任意の分割 $P=(x_0, x_1, \cdots, x_n)$ に対して

$$F(b)-F(a) = \sum_{i=1}^{n}(F(x_i)-F(x_{i-1})).$$

この右辺の和の各項に平均値の定理を用い，$d(P)\to 0$ とせよ．

6 f が区間 I で積分可能で，原始関数 F をもつとする．そのとき，$a \in I$ を固定して

$$F_0(x) = \int_a^x f$$

とおけば，F_0 も f の原始関数であることを示せ．

7.3 不定積分，広義積分

◆ A) 不定積分とその基本公式

前節 7.2 で述べたように，関数 f に対し，$F'=f$ となる関数 F は f の**原始関数**とよばれる．原始関数のことを**不定積分**ともいう．関数 f の不定積分を，一般に 原始関数，不定積分

$$\int f \quad \text{または} \quad \int f(x)\,dx$$

で表す．もちろん後者の記法は f の独立変数が文字 x で表されているときに用いるのである．

［**注意**：不定積分の本来の語義は下端を特定しない積分関数の意であって(246 ページ)，原始関数とは若干意味が異なる．しかし，連続関数に関しては，7.2 節の定理 4 によって両者は本質的に同意語である．われわれは今後主として連続関数に対してのみ不定積分の語を用いるつもりであるから，両者を混用してもよいであろう．］

関数 f の不定積分を求めることを f を**積分する**という． 積分する

(定積分 $\int_a^b f$ を求めることは，f を“a から b まで積分する”といわれる.) 今後は不定積分のことも，しばしば略して単に積分という.

不定積分を求める意味での積分法は微分法の逆演算であるから，第4章，第5章で述べた各種の関数の微分法の公式を転換すれば，逆に積分法の公式が得られる.

次の定理1でその最も基本的なものを列記する.

定理1　次の積分公式が成り立つ.

(a)　n が自然数であるとき

$$\int x^n dx = \frac{x^{n+1}}{n+1}.$$

n が負の整数であるときにも，$n \neq -1$ ならば，$x>0$, $x<0$ のおのおのの範囲でこの公式が成り立つ.

また，α が一般の実数の場合にも，$\alpha \neq -1$ ならば，$x>0$ の範囲で

$$\int x^\alpha dx = \frac{x^{\alpha+1}}{\alpha+1}.$$

(b)　$x>0$, $x<0$ のおのおのの範囲で

$$\int \frac{dx}{x} = \log|x|.$$

(c)　$k \neq 0$ のとき

$$\int e^{kx} dx = \frac{1}{k} e^{kx},$$

$$\int \sin kx\, dx = -\frac{1}{k}\cos kx,$$

$$\int \cos kx\, dx = \frac{1}{k}\sin kx.$$

(d)　$a>0$ のとき，区間 $(-a, a)$ で

$$\int \frac{dx}{\sqrt{a^2-x^2}} = \arcsin\frac{x}{a}.$$

(e)　$a \neq 0$ のとき

$$\int \frac{dx}{x^2+a^2} = \frac{1}{a}\arctan\frac{x}{a}.$$

証明　いずれも単に右辺の関数を微分して左辺の関数が得られることを確かめればよい. 下に2つだけ例示する.

(b)　$x>0$ のとき，5.1節の定理1によって

$$\frac{d}{dx}(\log x) = \frac{1}{x}.$$

$x<0$ のとき，$-x=u$ とおけば，微分鎖律によって

$$\frac{d}{dx}\log(-x) = \frac{d}{du}(\log u)\cdot\frac{du}{dx} = \frac{1}{u}\cdot(-1) = \frac{1}{x}.$$

（d） $x/a=u$ とおけば，5.4 節の定理 3 および微分鎖律によって

$$\frac{d}{dx}\left(\arcsin\frac{x}{a}\right) = \frac{1}{\sqrt{1-u^2}}\cdot\frac{1}{a} = \frac{1}{\sqrt{a^2-x^2}}$$ ☐

なお，上記のような基本的関数の積分公式のほかに，一般的に

$$\int(f_1+f_2) = \int f_1 + \int f_2,$$

$$\int cf = c\int f \qquad (c \text{ は定数})$$

などの公式が成り立つことはいうまでもない．

◆ B） 積分定数

定理 1 の公式では不定積分が 1 つしか書かれていないが，これは正確な書き方ではない．実際，ある区間で関数 $f(x)$ が 1 つの不定積分 $F(x)$ をもつならば，その区間におけるすべての不定積分は C を任意の定数として $F(x)+C$ と表されるからである．このことを明示するためには

$$\int f(x)\,dx = F(x)+C$$

と書く．この記法における C を**積分定数**という．

積分定数

たとえば，正確に書けば，n が自然数のとき

$$\int x^n dx = \frac{x^{n+1}}{n+1}+C$$

である．

ただし，上のような書き方は本来“1 つの区間”で考えた場合にのみ正当なものであることに注意しておかなければならない．

たとえば，

$$(*) \qquad \int\frac{dx}{x} = \log|x|+C$$

と書くのは，厳密にいえば間違いである．なぜなら，関数 $1/x$ の定義域は $(-\infty, 0)$, $(0, +\infty)$ の 2 つの区間に分かれており，区間 $(0, +\infty)$ においては

$$\int \frac{dx}{x} = \log x + C_1,$$

区間 $(-\infty, 0)$ においては

$$\int \frac{dx}{x} = \log(-x) + C_2$$

であるが，ここで C_1 と C_2 が等しい定数である必要はないからである．ゆえに，(*)は――慣習的にはやはりこのような書き方をすることが多いが――，正確には

$$\int \frac{dx}{x} = \begin{cases} \log x + C_1, & x > 0 \text{ のとき}, \\ \log(-x) + C_2, & x < 0 \text{ のとき} \end{cases}$$

の意味に解釈しなければならない．

定義域が幾つかの区間に分かれている関数の積分を取り扱う場合には，つねにこうした注意が必要である．

[**注意**：ついでながら，微分積分法の基本公式も 1 つの区間で考えたときにのみ適用し得るものであることを，あらためて強調しておこう．たとえば

$$\int_{-1}^{1} \frac{dx}{x^2} = -\frac{1}{x}\Big|_{-1}^{1} = -2$$

と計算するのは，もちろん間違いである．関数 $1/x^2$ は $x=0$ では定義されないから，この積分は次項 C)に述べる 2 つの広義積分の和として

$$\int_{-1}^{1} \frac{dx}{x^2} = \int_{-1}^{0} \frac{dx}{x^2} + \int_{0}^{1} \frac{dx}{x^2}$$

としなければならないが，この 2 つの積分はいずれも収束しない．よって $\int_{-1}^{1} \frac{dx}{x^2}$ の値は存在しないのである．]

◆ C)　積分の定義の拡張

7.1 節，7.2 節では，われわれは有界な閉区間で有界な関数，特に連続な関数の定積分を扱ってきた．しかし応用上は今少し広い範囲の積分について考える必要がある．ここでは，関数または区間が有界でない場合に積分の定義を拡張することをこころみる．

以下，実際上の観点から，考察される関数の性格を限定して，それらは，与えられた区間の任意の有界な部分において

は有限個の点を除いて連続であるとし，それら有限個の点の近傍においてのみ有界性を失うと仮定する．そのような点を仮に関数の“特異点”とよぶことにしよう．

さて，拡張された積分の定義は次のようなものである．

a) 関数 f が区間 $(a, b]$ で連続で a が特異点である場合．

$a<a+\varepsilon<b$ を満たす $\varepsilon>0$ をとれば，今までの意味で積分 $\int_{a+\varepsilon}^{b} f$ が定義される．もし，$\varepsilon\to 0+$ のとき $\int_{a+\varepsilon}^{b} f$ が有限の極限に収束するならば，その極限をもって $\int_a^b f$ と定義する．すなわち

$$\int_a^b f = \lim_{\varepsilon\to 0+}\int_{a+\varepsilon}^{b} f.$$

b) 関数 f が区間 $[a, b)$ で連続で b が特異点である場合．

上と同様に

$$\int_a^b f = \lim_{\varepsilon\to 0+}\int_{a}^{b-\varepsilon} f.$$

c) 関数 f が区間 (a, b) で連続で a も b も特異点である場合．

$$\int_a^b f = \lim_{\varepsilon\to 0+,\ \varepsilon'\to 0+}\int_{a+\varepsilon}^{b-\varepsilon'} f.$$

ただし，上式の極限は $\varepsilon, \varepsilon'$ がそれぞれ独立に 0 に近づくときに存在するものとする．

d) 関数 f が $[a, b]$ において有限個の特異点 $c_1, c_2, \cdots, c_n$ $(a\leqq c_1<c_2<\cdots<c_n\leqq b)$ を除いて連続である場合．

$$\int_a^b f = \int_a^{c_1} f + \int_{c_1}^{c_2} f + \cdots + \int_{c_n}^{b} f.$$

ただし，右辺の各積分は a), b), c) の意味で存在するとする．

e) 関数 f が区間 $[a, +\infty)$ で連続である場合．

$a<b$ なる b をとって積分 $\int_a^b f$ を考える．もし $b\to+\infty$ のときこれが有限の極限に収束するならば，その極限をもって $\int_a^{+\infty} f$ と定義する．すなわち

$$\int_a^{+\infty} f = \lim_{b\to+\infty}\int_a^b f.$$

f) 関数 f が区間 $(-\infty, b]$ で連続である場合．

上と同様に

$$\int_{-\infty}^{b} f = \lim_{a\to-\infty}\int_a^b f.$$

g)　関数 f が全区間 $(-\infty, +\infty)$ で連続である場合．

$$\int_{-\infty}^{+\infty} f = \lim_{a\to-\infty,\, b\to+\infty}\int_a^b f.$$

ただし，上の極限は a, b がそれぞれ独立に $a\to-\infty$, $b\to+\infty$ となる場合に存在するものとする．

h)　関数 f が区間 $[a, +\infty)$ において特異点をもつ場合．

任意の有界区間 $[a, b]$ $(a<b)$ のうちに含まれる特異点の個数が有限で，**d**)の意味で $\int_a^b f$ が存在し，しかも $b\to+\infty$ のとき有限の極限 $\lim_{b\to+\infty}\int_a^b f$ が存在するならば，

$$\int_a^{+\infty} f = \lim_{b\to+\infty}\int_a^b f$$

と定義する．

他の場合もこれに準ずる．——

[**注意**：$\int_a^{+\infty} f$, $\int_{-\infty}^{+\infty} f$ は $\int_a^{\infty} f$, $\int_{-\infty}^{\infty} f$ とも書く．]

広義(の)積分　収束　発散

上に定義したような積分を**広義(の)積分**といい，広義の積分が存在する場合，その積分が**収束**する，存在しない場合，**発散**するという．

広義積分についても，それが存在する場合には，区間についての加法性が成り立つ．そのことは上述の広義積分の定義から明らかであろう．

◆　D)　基本的な例

広義積分が収束するか否かについて基本的な2つの例を挙げる．

例1　$\alpha>0$ とする．積分 $\int_0^1 \frac{dx}{x^\alpha}$ の収束・発散を調べよ．

解　(i)　$0<\alpha<1$ のとき．$0<\varepsilon<1$ とすれば

$$\int_\varepsilon^1 \frac{dx}{x^\alpha} = \left.\frac{x^{1-\alpha}}{1-\alpha}\right|_\varepsilon^1 = \frac{1}{1-\alpha}(1-\varepsilon^{1-\alpha}).$$

$1-\alpha>0$ であるから，$\varepsilon\to0+$ のとき $\varepsilon^{1-\alpha}\to0$．よって $\lim_{\varepsilon\to0+}\int_\varepsilon^1 \frac{dx}{x^\alpha}$ が存在して，極限は $\frac{1}{1-\alpha}$ である．すなわち，この場合は積分は収束して

$$\int_0^1 \frac{dx}{x^\alpha} = \frac{1}{1-\alpha}$$

である．

(ii) $\alpha=1$ のとき．$0<\varepsilon<1$ とすれば

$$\int_\varepsilon^1 \frac{dx}{x} = \log x\Big|_\varepsilon^1 = -\log \varepsilon.$$

$\varepsilon\to 0+$ のとき $\log\varepsilon\to -\infty$，よって $\displaystyle\int_\varepsilon^1 \frac{dx}{x}\to +\infty$．ゆえにこの場合は積分は発散する．

(iii) $\alpha>1$ のとき．この場合は $0<x<1$ において $1/x^\alpha > 1/x$ であるから

$$\int_\varepsilon^1 \frac{dx}{x^\alpha} > \int_\varepsilon^1 \frac{dx}{x}.$$

$\varepsilon\to 0+$ のとき右辺が $+\infty$ に発散するから，左辺も $+\infty$ に発散する．

(ii), (iii) を合わせれば，$\alpha\geqq 1$ のとき積分は発散する．□

例 2 $\alpha>0$ とする．積分 $\displaystyle\int_1^{+\infty} \frac{dx}{x^\alpha}$ の収束・発散を調べよ．

解 (i) $\alpha>1$ のとき．$1<b$ とすれば

$$\int_1^b \frac{dx}{x^\alpha} = -\frac{1}{\alpha-1}\cdot\frac{1}{x^{\alpha-1}}\Big|_1^b = \frac{1}{\alpha-1}\left(1-\frac{1}{b^{\alpha-1}}\right).$$

$\alpha-1>0$ であるから，$b\to+\infty$ のとき $1/b^{\alpha-1}\to 0$．よって $\displaystyle\lim_{b\to+\infty}\int_1^b \frac{dx}{x^\alpha}$ が存在して極限は $\dfrac{1}{\alpha-1}$ である．すなわち，この場合は積分は収束して

$$\int_1^{+\infty} \frac{dx}{x^\alpha} = \frac{1}{\alpha-1}$$

である．

(ii) $\alpha=1$ のとき．$1<b$ とすれば

$$\int_1^b \frac{dx}{x} = \log x\Big|_1^b = \log b.$$

$b\to+\infty$ のとき $\log b\to+\infty$．よって積分は発散する．

(iii) $0<\alpha<1$ のとき．この場合は $(1, +\infty)$ において $1/x^\alpha>1/x$ であるから

$$\int_1^b \frac{dx}{x^\alpha} > \int_1^b \frac{dx}{x}.$$

$b\to+\infty$ のとき右辺が $+\infty$ に発散するから，左辺も $+\infty$ に

発散する．

(ii), (iii)を合わせれば，$0<\alpha\leqq 1$ のとき積分は発散する．

□

例1，例2の結果は次のような図にして表すと印象的であろう．すなわち，α が正の定数であるとき，曲線 $y=1/x^{\alpha}$ の形状は一見どれも似ているけれども，$0<\alpha<1$ のときには，図の斜線部分の面積が有限であるのに対して，陰影部分の面積は無限大になる．$\alpha>1$ のときには，反対に斜線部分の面積が無限大で，陰影部分の面積が有限となる．$\alpha=1$ のときには，両者の面積はともに無限大である．

この意味で，曲線 $y=1/x^{\alpha}$ は，やはり α の値の違いによって，顕著な性格上の相違をもつのである．

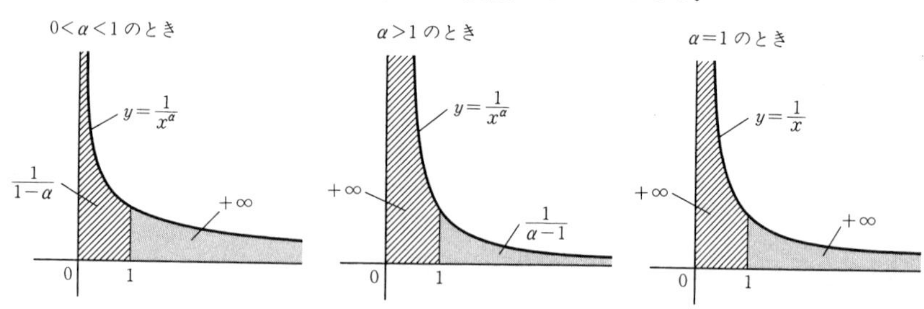

［**注意**：上の例1，例2によれば

$$0<\alpha<1 \quad のとき \quad \int_0^1 \frac{dx}{x^{\alpha}} = \frac{1}{1-\alpha},$$

$$\alpha>1 \quad のとき \quad \int_1^{+\infty} \frac{dx}{x^{\alpha}} = \frac{1}{\alpha-1}$$

であるが，これらはそれぞれ

$$\int_{\varepsilon}^1 \frac{dx}{x^{\alpha}} = \left.\frac{x^{1-\alpha}}{1-\alpha}\right|_{\varepsilon}^1 = \frac{1}{1-\alpha}(1-\varepsilon^{1-\alpha}),$$

$$\int_1^b \frac{dx}{x^{\alpha}} = -\left.\frac{1}{\alpha-1}\cdot\frac{1}{x^{\alpha-1}}\right|_1^b = \frac{1}{\alpha-1} - \frac{1}{\alpha-1}\cdot\frac{1}{b^{\alpha-1}}$$

の，$\varepsilon\to 0+$，$b\to+\infty$ としたときの極限であった．この意味でこれらの結果を

$$\int_0^1 \frac{dx}{x^{\alpha}} = \left.\frac{x^{1-\alpha}}{1-\alpha}\right|_0^1 = \frac{1}{1-\alpha} \qquad (0<\alpha<1)$$

$$\int_1^{+\infty} \frac{dx}{x^{\alpha}} = -\left.\frac{1}{\alpha-1}\cdot\frac{1}{x^{\alpha-1}}\right|_1^{+\infty} = \frac{1}{\alpha-1} \qquad (\alpha>1)$$

と書くことができる．すなわち，形式的に微分積分法の基本公式的な書き方が，広義積分の場合にも許されるのである．今後“定

積分の計算”においては，このような書き方も多くみられるであろう.]

◆ E) 積分の収束に関するコーシーの条件

コーシーの条件

広義の積分の収束に関しては次の**コーシーの条件**(定理 2)が基本的である. (以下，定理 2〜5 では基本的な 2 つの場合について述べる.)

定理 2 (a) f が $(a, b]$ で連続のとき，積分 $\int_a^b f$ が収束するための必要十分条件は，任意の $\varepsilon>0$ に対し，適当に $\delta>0$ をとれば，$a<p<q<a+\delta(<b)$ を満たす任意の p, q に対して

$$\left|\int_p^q f\right| < \varepsilon$$

となることである.

(b) f が $[a, +\infty)$ で連続のとき，積分 $\int_a^{+\infty} f$ が収束するための必要十分条件は，任意の $\varepsilon>0$ に対し，適当に $M(>a)$ をとれば，$M<p<q$ を満たす任意の p, q に対して

$$\left|\int_p^q f\right| < \varepsilon$$

となることである.

証明 (a) 積分 $\int_a^b f$ が収束することは，

$$F(x) = \int_x^b f(t)\,dt \qquad (a<x<b)$$

とおくとき，有限の極限 $\lim_{x\to a+} F(x)$ が存在することにほかならない. 3.1 節の定理 5 によれば，そのための必要十分条件は，任意の $\varepsilon>0$ に対し，ある $\delta>0$ が存在して，$a<p<q<a+\delta$ を満たす任意の p, q に対して

$$|F(p)-F(q)| < \varepsilon$$

が成り立つことである. ここで $F(p)-F(q)$ を書きかえれば

$$F(p)-F(q) = \int_p^b f - \int_q^b f = \int_p^q f.$$

ゆえに定理の主張が得られる.

(b) 積分 $\int_a^{+\infty} f$ が収束することは，$x\to+\infty$ のとき

$$F(x)=\int_a^x f(t)\,dt$$

が有限の極限をもつことである．よって問題3.1の問5を用いれば，(a)と同様にして定理の主張が得られる．□

定理3　(a)　f が $(a,b]$ で連続のとき，積分 $\int_a^b |f|$ が収束すれば $\int_a^b f$ も収束して

$$\left|\int_a^b f\right| \leqq \int_a^b |f|.$$

(b)　f が $[a,+\infty)$ で連続のとき，積分 $\int_a^{+\infty} |f|$ が収束すれば $\int_a^{+\infty} f$ も収束して

$$\left|\int_a^{+\infty} f\right| \leqq \int_a^{+\infty} |f|.$$

証明　(a)　$a<p<q<b$ のとき

$$\left|\int_p^q f\right| \leqq \int_p^q |f|.$$

これと定理2の(a)の条件を用いれば，$|f|$ の積分が収束するとき f の積分も収束することがわかる．かつ，$a<x<b$ を満たす任意の x に対して

$$\left|\int_x^b f\right| \leqq \int_x^b |f|$$

であるから，$x\to a+$ として

$$\left|\int_a^b f\right| \leqq \int_a^b |f|$$

を得る．

(b)も全く同様である．□

定理3の仮定のもとに，積分 $\int_a^b |f|$, $\int_a^{+\infty} |f|$ が収束するとき，積分 $\int_a^b f$, $\int_a^{+\infty} f$ は**絶対収束**するという．

絶対収束

[**注意**：$\int_a^b f$, $\int_a^{+\infty} f$ が収束しても，$\int_a^b |f|$, $\int_a^{+\infty} |f|$ は発散することがある．それはいわゆる**条件収束**の場合である．その例については8.2節F)を見られたい．]

条件収束

◆ F)　比較定理

積分が絶対収束するかどうかをみるには，非負の値をとる関数について考えればよいが，その場合，収束条件ははなはだ簡単である．

定理 4 (a) 区間 $(a,b]$ で f は連続で $f \geqq 0$ とする．そのとき $\int_a^b f$ が収束するための必要十分条件は，$a<x<b$ である任意の x に対し，積分 $\int_x^b f$ の値が有界であることである．

(b) 区間 $[a,+\infty)$ で f は連続で $f \geqq 0$ とする．そのとき $\int_a^{+\infty} f$ が収束するための必要十分条件は，$a<x$ である任意の x に対し，積分 $\int_a^x f$ の値が有界であることである．

証明 (b)について証明する．((a)も同様である．)

いま $a<x$ として

$$F(x) = \int_a^x f$$

とおけば，$x<x'$ であるとき，

$$F(x)+\int_x^{x'} f = F(x'), \qquad \int_x^{x'} f \geqq 0$$

であるから，F は単調増加である．ゆえに $x \to +\infty$ のとき $F(x)$ が収束するためには，$F(x)$ が有界であることが必要かつ十分である．(問題 3.1 の問 4 参照．) ◻

系 (a) 区間 $(a,b]$ で f, g が連続で $0 \leqq f \leqq g$ とする．そのとき，$\int_a^b g$ が収束すれば $\int_a^b f$ も収束する．

(b) 区間 $[a,+\infty)$ で f, g が連続で $0 \leqq f \leqq g$ とする．そのとき，$\int_a^{+\infty} g$ が収束すれば $\int_a^{+\infty} f$ も収束する．

証明 (b)について証明する．((a)も同様．)

$a<x$ とすれば，$0 \leqq f \leqq g$ であるから

$$\int_a^x f \leqq \int_a^x g.$$

もし $\int_a^{+\infty} g$ が収束するならば，右辺は有界，したがって左辺も有界である．ゆえに $\int_a^{+\infty} f$ も収束する．◻

次の定理はこの系と D)の例とから導かれる．

定理 5 (a) 区間 $(a,b]$ で f は連続とする．もし，$0<\alpha<1$ を満たすある定数 α とある正の定数 M が存在して a の近傍で $(x-a)^\alpha|f(x)| \leqq M$ が成り立つならば，$\int_a^b f$ は絶対収束する．

(b) 区間 $[a,+\infty)$ で f は連続とする．もし，$\alpha>1$

を満たすある定数 α とある正の定数 M が存在して十分大きな x に対して $x^{\alpha}|f(x)| \leqq M$ が成り立つならば，$\int_a^{+\infty} f$ は絶対収束する．

証明　(a)　積分の収束性は a の近傍のみに関係するから，$(a, b]$ で $(x-a)^{\alpha}|f(x)| \leqq M$ が成り立つと仮定してよい．そのとき

$$|f(x)| \leqq \frac{M}{(x-a)^{\alpha}}$$

で，$0<\alpha<1$ であるから，D)の例1により

$$\int_a^b \frac{dx}{(x-a)^{\alpha}}$$

は収束する．ゆえに定理4の系(a)により $\int_a^b |f(x)|dx$ は収束する．

(b)　$a>0$ であって $[a, +\infty)$ で $x^{\alpha}|f(x)| \leqq M$ が成り立つと仮定してよい．そのとき

$$|f(x)| \leqq \frac{M}{x^{\alpha}}$$

で，$\alpha>1$ であるから，D)の例2により

$$\int_a^{+\infty} \frac{dx}{x^{\alpha}}$$

は収束する．ゆえに定理4の系(b)により $\int_a^{+\infty} |f(x)|dx$ は収束する．□

◆　G)　無限級数との比較

次の定理は広義の積分の収束と級数の収束との類似性を明らかにするものである．

定理6　関数 f は $[1, +\infty)$ で定義され，正の値をとる単調減少な連続関数とする．そのとき，級数

$$\sum_{n=1}^{\infty} f(n)$$

が収束するためには，広義積分

$$\int_1^{+\infty} f(x)\,dx$$

の収束することが必要かつ十分である．

証明　f は単調減少であるから，k を1つの自然数(ただ

し $k\geqq 2$) とするとき，区間 $[k-1,k]$ で

$$f(k) \leqq f(x) \leqq f(k-1)$$

であり，したがってこれらをこの区間で積分すれば

$$f(k) \leqq \int_{k-1}^{k} f(x)\,dx \leqq f(k-1)$$

を得る．(右の図はこの不等式の幾何学的意味を示す．)

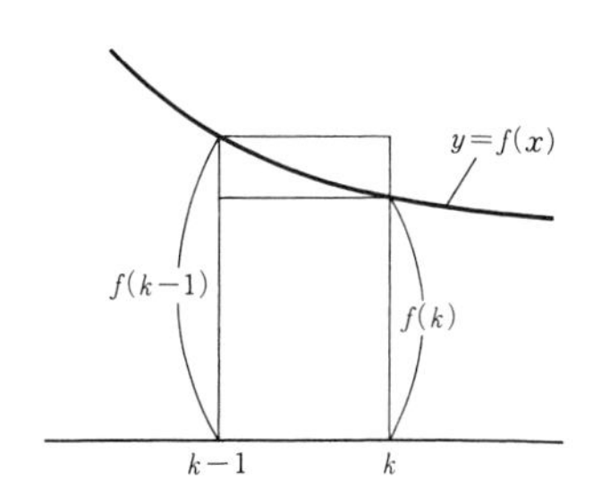

上の不等式を $k=2,\cdots,n$ について加えれば

(∗)
$$\sum_{k=2}^{n} f(k) \leqq \int_{1}^{n} f(x)\,dx \leqq \sum_{k=1}^{n-1} f(k).$$

いま，級数 $\sum_{n=1}^{\infty} f(n)$ が収束するならば，その和を S とすると，上の右側の不等式から，任意の整数 $n(\geqq 2)$ に対して

$$\int_{1}^{n} f(x)\,dx \leqq S$$

を得る．積分 $\int_{1}^{b} f$ は b について単調増加で，任意の実数 b に対し $b\leqq n$ となる自然数 n が存在するから，

$$\int_{1}^{b} f(x)\,dx \leqq S.$$

すなわち $\int_{1}^{b} f$ は有界である．ゆえに定理4の(b)によって $\int_{1}^{+\infty} f$ は収束する．

逆に，$\int_{1}^{+\infty} f$ が収束して $\int_{1}^{+\infty} f=L$ ならば，不等式(∗)の左側の部分から，任意の n に対して

$$\sum_{k=2}^{n} f(k) \leqq L$$

を得る．よって級数 $\sum_{n=1}^{\infty} f(n)$ は収束する．◻

一般に，級数の収束・発散よりも積分の収束・発散の方が判定が容易であるから，定理6は通常，級数の収束・発散を積分のそれに帰着させて判定するために用いられる．これがいわゆる**積分判定法**(integral test)である．最も著しい例を次に挙げておく．

積分判定法

例　$\alpha>0$ とするとき，$(0,+\infty)$ で定義された関数

$$f(x) = \frac{1}{x^{\alpha}}$$

は正で単調減少である．ゆえに級数

$$\sum_{n=1}^{\infty} \frac{1}{n^{\alpha}}$$

の収束・発散は，積分

$$\int_1^{+\infty}\frac{dx}{x^\alpha}$$

の収束・発散と同じであるが，D)の例2によれば，この広義積分は $\alpha>1$ のとき収束し，$0<\alpha\leqq 1$ のとき発散する．よって，上記の級数も $\alpha>1$ のとき収束し，$0<\alpha\leqq 1$ のとき発散する．

この結果はすでに2.3節の定理7でみたものであるが，そこで用いた証明は技巧的であった．それにくらべて上記の積分と比較する証明ははるかに自然なものといえるであろう．

問題 7.3

1　次の積分の値を求めよ．ただし a は正の定数とする．

(1)　$\displaystyle\int_0^a\frac{dx}{\sqrt{a^2-x^2}}$　　(2)　$\displaystyle\int_{-\infty}^{+\infty}\frac{dx}{a^2+x^2}$

2　次の式で定義される数列 (a_n) の極限を求めよ．

(1)　$\displaystyle a_n=\frac{1}{n}\sum_{k=1}^{n}\left(\frac{k}{n}\right)^\alpha$ $(\alpha>0)$

(2)　$\displaystyle a_n=\frac{1}{n}\sum_{k=1}^{n}\sin\frac{k\pi}{n}$

(3)　$\displaystyle a_n=\frac{1}{n+1}+\frac{1}{n+2}+\cdots+\frac{1}{2n}$

(4)　$\displaystyle a_n=\frac{1}{n\sqrt{n}}(\sqrt{1}+\sqrt{2}+\cdots+\sqrt{n})$

(5)　$\displaystyle a_n=\frac{1}{\sqrt{n^2+n}}+\frac{1}{\sqrt{n^2+2n}}+\cdots+\frac{1}{\sqrt{n^2+n^2}}$

(ヒント)　問題7.1の問1を用いよ．

3　$\alpha>0$, $\beta>0$ のとき

$$\lim_{n\to\infty}\frac{(1^\alpha+2^\alpha+\cdots+n^\alpha)^{\beta+1}}{(1^\beta+2^\beta+\cdots+n^\beta)^{\alpha+1}}$$

を求めよ．

4　(1)　n が2以上の自然数のとき

$$\log(n+1)<1+\frac{1}{2}+\cdots+\frac{1}{n}<1+\log n$$

であることを示せ．

(2)　次の極限を証明せよ：

$$\lim_{n\to\infty}\frac{1+\frac{1}{2}+\cdots+\frac{1}{n}}{\log n}=1.$$

（3）　$a_n = 1+\frac{1}{2}+\cdots+\frac{1}{n}-\log n, \quad b_n = a_n-\frac{1}{n}$

とおけば，$0<b_n<a_n$ で，(a_n) は単調減少，(b_n) は単調増加して同じ極限に収束することを証明せよ．

［**注意**：(3)の極限を，通常

$$\lim_{n\to\infty}\left(1+\frac{1}{2}+\cdots+\frac{1}{n}-\log n\right) = C$$

と書き，C を**オイラー(Euler)の定数**という．］

オイラーの定数

5　$R(n)=1+\frac{1}{2}+\cdots+\frac{1}{n}$ $(n=1, 2, \cdots)$ を満足する有理式は存在しないことを証明せよ．

（ヒント）　仮にそのような有理式が存在するとして矛盾を導け．そのために問 4 の(2)を用いよ．

6　区間 $[1, +\infty)$ で f が正の値をとる単調減少連続関数ならば

$$\lim_{n\to\infty}\left(\sum_{k=1}^{n} f(k)-\int_1^n f(x)\,dx\right) = \alpha$$

なる極限 α が存在することを証明せよ．

7　次のことを証明せよ．

（a）　区間 $(a, b]$ で f が連続で $f\geqq 0$ とする．$\alpha\geqq 1$ を満たすある定数 α と正の定数 M が存在して，$(a, b]$ で $(x-a)^{\alpha}f(x)\geqq M$ が成り立つならば，積分 $\int_a^b f$ は収束しない．($+\infty$ に発散する．)

（b）　区間 $[a, +\infty)$ で f が連続で $f\geqq 0$ とする．$0<\alpha\leqq 1$ を満たすある定数 α と正の定数 M が存在して，十分大きな x に対して $x^{\alpha}f(x)\geqq M$ が成り立つならば，積分 $\int_a^{+\infty} f$ は収束しない．($+\infty$ に発散する．)

（ヒント）　D)の例による．

8　有理関数 $R(x)=\frac{P(x)}{Q(x)}$ $(P(x), Q(x)$ は整式$)$において，$P(x), Q(x)$ の次数をそれぞれ m, n とする．そのとき，積分

$$\int_a^{+\infty} R(x)\,dx$$

が収束するための必要十分条件は，$m+2\leqq n$ であることを示せ．ただし，区間 $[a, +\infty)$ において $Q(x)\neq 0$ とする．

9　有理関数 $R(x)=\frac{P(x)}{Q(x)}$ において，$P(x), Q(x)$ は共通因数をもたない整式とする．このとき，$Q(x)$ の解 γ を含む区間 $[a, b]$ において $\int_a^b R(x)\,dx$ は収束しないことを示せ．

10　関数 $f(x)=\frac{P(x)}{\sqrt{Q(x)}}$ において $P(x), Q(x)$ は整式とする．a が $Q(x)$ の単解で，$(a, b]$ において $Q(x)>0$ ならば，積分 $\int_a^b f(x)\,dx$ は絶対収束することを示せ．

11　問 10 の $f(x)$ について，区間 $[a, +\infty)$ で $Q(x)>0$ とする．

そのとき，積分 $\int_a^{+\infty} f(x)\,dx$ が収束するための必要十分条件を求めよ．

8 積分の計算

8.1 不定積分の計算

前章では主として積分の理論面について述べた．本章では積分を実際に計算する問題を取り扱う．

まず，この節では不定積分の求め方について述べる．不定積分の計算には一般に多様な技巧を要するが，ここではそれらを網羅的には述べない．場合によっては，“積分表”の利用も可能であろうからである．しかしながら，標準的な計算方法について，原理的な部分や最小限の技法を習得しておくことは，やはり必要である．以下に述べるのは，そのような基本的な不定積分の計算技法である．

◆ A） 置換積分法

7.3 節の定理 1 でわれわれは基本的関数の不定積分を列記した．一般の関数を積分するには，適当な手段によって，求める積分をこれらの基本的な不定積分に帰着させるのである．そのような手段の代表的なものは“置換積分法”と“部分積分法”である．

置換積分法とは，関数 $f(x)$ を積分するのに，$x=\varphi(t)$ とおいて，x に関する積分を新しい変数 t に関する積分に変形して計算する方法である．これは合成関数の微分法に対応する．

応用上は次の仮定が満たされる場合が普通である．

1°)　$f(x)$ は区間 I において連続である．

2°)　$\varphi(t)$ は区間 J において連続かつ微分可能で，$\varphi'(t)$ は J において連続である．

3°)　$\varphi(t)$ の値域は I となる．

このとき，

$$\int f(x)\,dx = F(x)$$

とし，$F(x)$ と $x=\varphi(t)$ の合成関数 $F(\varphi(t))$ を t に関して微分すれば，微分鎖律によって

$$\begin{aligned}\frac{d}{dt}F(\varphi(t)) &= \frac{d}{dx}F(x)\cdot\frac{dx}{dt} = f(x)\frac{dx}{dt}\\ &= f(\varphi(t))\varphi'(t),\end{aligned}$$

したがって

$$\int f(\varphi(t))\varphi'(t)\,dt = F(\varphi(t))$$

である．この意味において

$$[\mathbf{I}]\qquad \int f(x)\,dx = \int f(\varphi(t))\varphi'(t)\,dt$$

が成り立つ．ただし，ここでわれわれは積分定数を省略して書いていることに注意しておこう．

置換積分法

この公式[**I**]による積分法を**置換積分法**という．

以下に幾つかの例を挙げる．(以下積分定数は省略して書く．)

> **例 1**　$\displaystyle\int\frac{dx}{e^x+e^{-x}}$ を求めよ．

解　$e^x=t$ とおけば $x=\log t$, $\dfrac{dx}{dt}=\dfrac{1}{t}$．したがって

$$\begin{aligned}\int\frac{dx}{e^x+e^{-x}} &= \int\frac{1}{t+t^{-1}}\cdot\frac{1}{t}\,dt = \int\frac{dt}{t^2+1}\\ &= \arctan t = \arctan(e^x).\end{aligned}$$ ◪

> **例 2**　$\displaystyle\int\frac{(\log x)^n}{x}\,dx$ を求めよ．ただし n は自然数とする．

解　$\log x=t$ とおけば $\dfrac{dt}{dx}=\dfrac{1}{x}$，よって $\dfrac{dx}{x}=dt$．し

たがって

$$\int \frac{(\log x)^n}{x}dx = \int t^n dt = \frac{t^{n+1}}{n+1} = \frac{(\log x)^{n+1}}{n+1}. \qquad \square$$

[**注意**：置換積分法で計算する場合には，上記のように，機械的に

$$dx = \frac{dx}{dt}dt \quad \text{あるいは} \quad dt = \frac{dt}{dx}dx$$

のような書き方をしてさしつかえない.]

例 3 $\int \sqrt{a^2-x^2}dx$ を求めよ．ただし $a>0$ とする.

解 x の変域は $I=[-a,a]$ である．いま $J=[-\pi/2, \pi/2]$ とし，$x=a\sin t$ とおけば，64 ページの 1°), 2°), 3°) が満足される．このとき J において $\cos t \geqq 0$ であるから

$$\sqrt{a^2-x^2} = a\cos t, \qquad dx = a\cos t\,dt.$$

したがって

$$\begin{aligned}\int \sqrt{a^2-x^2}dx &= \int a\cos t\cdot a\cos t\,dt = a^2\int \cos^2 t\,dt \\ &= a^2\int \frac{\cos 2t+1}{2}dt = \frac{a^2}{2}\left(\frac{1}{2}\sin 2t + t\right) \\ &= \frac{a^2}{2}(\sin t\cos t + t) \\ &= \frac{1}{2}\left(x\sqrt{a^2-x^2} + a^2\arcsin\frac{x}{a}\right).\end{aligned} \qquad \square$$

例 4 $\int \frac{dx}{\sqrt{x^2+a}}$ を求めよ．ただし $a\neq 0$ とする.

解 $x+\sqrt{x^2+a}=t$ とおくと

$$dt = \left(1+\frac{x}{\sqrt{x^2+a}}\right)dx = \frac{t}{\sqrt{x^2+a}}dx.$$

よって

$$\int \frac{dx}{\sqrt{x^2+a}} = \int \frac{dt}{t} = \log|t| = \log|x+\sqrt{x^2+a}|. \qquad \square$$

◆ B) 部分積分法

置換積分法は合成関数の微分法に対応するものであったが，部分積分法は積の微分法に対応する.

いま f, g がともに区間 I で微分可能で，f', g' は連続であるとする．そのとき，積の微分法によって

$$(fg)' = f'g + fg'$$

であるから，両辺を積分すれば

$$fg = \int f'g + \int fg'.$$

したがって次の公式が成り立つ．

$$\text{[II]} \quad \int f(x)g'(x)\,dx = f(x)g(x) - \int f'(x)g(x)\,dx.$$

特に $g(x)=x$ とすれば $g'(x)=1$ であるから

$$\text{[II}'\text{]} \qquad \int f(x)\,dx = xf(x) - \int xf'(x)\,dx.$$

部分積分法

これらの公式[II], [II′]による積分法を**部分積分法**という．(ここでも積分定数は省略して書いていることに注意されたい．)

例 1　$\int \log x\,dx$ を求めよ．

解　公式[II′]によって

$$\int \log x\,dx = x\log x - \int x\cdot\frac{1}{x}\,dx = x\log x - x. \qquad \boxslash$$

例 2　次の積分を求めよ．ただし $a\neq 0,\ b\neq 0$ とする．

$$I_1(x) = \int e^{ax}\cos bx\,dx, \qquad I_2(x) = \int e^{ax}\sin bx\,dx.$$

解　公式[II]において $f(x)=e^{ax}$, $g'(x)=\cos bx$ とすれば

$$f'(x) = ae^{ax}, \qquad g(x) = \frac{1}{b}\sin bx$$

であるから，

$$\begin{aligned} I_1(x) &= \int e^{ax}\cos bx\,dx = \frac{1}{b}e^{ax}\sin bx - \frac{a}{b}\int e^{ax}\sin bx\,dx \\ &= \frac{1}{b}e^{ax}\sin bx - \frac{a}{b}I_2(x). \end{aligned}$$

同様に[II]において $f(x)=e^{ax}$, $g'(x)=\sin bx$ とおけば

$$I_2(x) = \int e^{ax}\sin bx\,dx$$
$$= -\frac{1}{b}e^{ax}\cos bx + \frac{a}{b}\int e^{ax}\cos bx\,dx$$
$$= -\frac{1}{b}e^{ax}\cos bx + \frac{a}{b}I_1(x).$$

これらより

$$bI_1(x)+aI_2(x) = e^{ax}\sin bx,$$
$$-aI_1(x)+bI_2(x) = -e^{ax}\cos bx.$$

この連立方程式を解いて

$$I_1(x) = \frac{e^{ax}}{a^2+b^2}(b\sin bx + a\cos bx),$$
$$I_2(x) = \frac{e^{ax}}{a^2+b^2}(a\sin bx - b\cos bx).$$ ☐

例 3 $a>0$ として $\int\sqrt{a^2-x^2}dx$ を求めよ.

解 これは前項 A)の例 3 と同じ積分であるが，部分積分法を用いて次のように計算することもできる．いま

$$F(x) = \int\sqrt{a^2-x^2}dx$$

とおくと，公式 [II′] によって

$$F(x) = x\sqrt{a^2-x^2} - \int x\cdot\frac{-x}{\sqrt{a^2-x^2}}dx$$
$$= x\sqrt{a^2-x^2} - \int\frac{-a^2+(a^2-x^2)}{\sqrt{a^2-x^2}}dx$$
$$= x\sqrt{a^2-x^2} + a^2\int\frac{dx}{\sqrt{a^2-x^2}} - \int\sqrt{a^2-x^2}dx$$
$$= x\sqrt{a^2-x^2} + a^2\arcsin\frac{x}{a} - F(x).$$

ゆえに

$$F(x) = \frac{1}{2}\left(x\sqrt{a^2-x^2} + a^2\arcsin\frac{x}{a}\right).$$ ☐

◆ C) 有理関数の積分 (1)——部分分数分解

すでに知っているように，任意の連続関数は原始関数(不定積分)をもつが，その原始関数はわれわれに既知の関数で与えられるとは限らない．ここで既知の関数というのは，有

理関数，指数関数，対数関数，累乗関数，三角関数，逆三角関数，およびそれらの合成によって得られる関数，などをいうのであって，これらは総称して**初等関数**とよばれる．

初等関数

初等関数の導関数はまた初等関数であるが，逆は真ではない．ある初等関数 f の原始関数がふたたび初等関数の範囲内に求められるとき，しばしば，"f は不定積分できる"といわれる．

任意の有理式(有理関数)はこの意味で"不定積分できる"．これは積分論における1つの基本的な結果である．以下にそのことを説明する．なお，ここで考える有理式はもちろん実数を係数とする有理式である．

いま，$P(x)/Q(x)$ を与えられた有理式($P(x)$, $Q(x)$ は整式)とする．もし，分子 $P(x)$ の次数が分母 $Q(x)$ の次数以上であるならば，$P(x)$ を $Q(x)$ で割って，商を $F(x)$，余りを $P_1(x)$ とすれば，$P_1(x)$ は $Q(x)$ より次数が低い整式で，

$$P(x) = Q(x)F(x)+P_1(x),$$

したがって

$$\frac{P(x)}{Q(x)} = F(x)+\frac{P_1(x)}{Q(x)}$$

となる．ここに $P_1(x)/Q(x)$ は分子の次数が分母の次数より小さい有理式，いわゆる"真分数式"である．整式 $F(x)$ の積分は問題ないから，有理式の積分を考えるには，はじめからそれが真分数式である場合を考えればよい．

さて真分数式の積分の基礎となるのは，次の補題である．

補題　任意の真分数式は，

$$\frac{A}{(x-a)^l}, \qquad \frac{Bx+C}{(x^2+px+q)^m}$$

$$(p^2-4q<0)$$

の2つの形の分数式の和として表すことができる．ここに A, B, C, a, p, q は定数，l, m は自然数である．

部分分数に分解する

真分数式をこのような和として表すことを**部分分数に分解する**という．

われわれはここではこの補題の証明は述べない．その証明にくわしく立ち入るのは本章の流れをいささか阻害するおそ

れがあるからである．ただ以下に，真分数式を部分分数に分解する具体的な手続きについて——といってもこれも理論上のもので実際に計算し得るのは特殊な場合に限るが——述べておこう．

まず，与えられた真分数式 $P(x)/Q(x)$ の分母 $Q(x)$ を，実数の範囲において，1次の整式と2次の既約な(すなわち実数解をもたない)整式との積として，

$$Q(x) = c(x-a_1)^{l_1}\cdots(x-a_s)^{l_s}\cdot (x^2+p_1x+q_1)^{m_1}\cdots(x^2+p_tx+q_t)^{m_t},$$

$$\text{ただし}\quad p_j^2-4q_j < 0 \qquad (j=1,\cdots,t)$$

と因数分解する．(実数係数の任意の整式が実数の範囲でこのように因数分解されることは，いわゆる“代数学の基本定理”から保証される．このことについては後にまた述べる機会があるであろう．)

さて，$Q(x)$ が上のように因数分解されるとすれば，真分数式 $P(x)/Q(x)$ は次のような和として表される：

$$\frac{P(x)}{Q(x)} = \sum_{i=1}^{s}\left\{\frac{A_{i,1}}{x-a_i}+\cdots+\frac{A_{i,l_i}}{(x-a_i)^{l_i}}\right\} + \sum_{j=1}^{t}\left\{\frac{B_{j,1}x+C_{j,1}}{x^2+p_jx+q_j}+\cdots+\frac{B_{j,m_j}x+C_{j,m_j}}{(x^2+p_jx+q_j)^{m_j}}\right\}.$$

これが $P(x)/Q(x)$ の“部分分数分解”である．ここに未知定数 A, B, C の個数は $Q(x)$ の次数 $d=\sum_{i=1}^{s}l_i+2\sum_{j=1}^{t}m_j$ に等しいが，これらを定めるには一般に次の方法によればよい．すなわち，上の等式の両辺に $Q(x)$ を掛けて分母を払えば，左辺は $d-1$ 次以下の式，右辺は $d-1$ 次式になる．よって両辺の x の同じ累乗の係数を比較すれば，A, B, C についての d 個の連立1次方程式が得られる．それを解くことによって A, B, C が定められるのである．もちろん個々の場合にはもっと簡単な方法によって A, B, C を求めることもできる．

◆ D) 有理関数の積分(2)

上述したように，有理式を部分分数に分解すれば，有理式を積分するには，整式の積分，および

$$\frac{A}{(x-a)^l},\qquad \frac{Bx+C}{(x^2+px+q)^m}$$

の形の分数式の積分を行えばよいことになる．これらの分数式の積分は次のようになる．

まず $\dfrac{1}{(x-a)^l}$ の積分は簡単である．実際

$$\int\frac{dx}{(x-a)^l}=\begin{cases}\log|x-a| & (l=1),\\ -\dfrac{1}{(l-1)(x-a)^{l-1}} & (l\neq 1)\end{cases}$$

となる．

次に $\dfrac{Bx+C}{(x^2+px+q)^m}$ $(p^2-4q<0)$ の積分であるが，これは $x+\dfrac{p}{2}$ を新しい変数とすることによって

$$\frac{x}{(x^2+b^2)^m},\qquad \frac{1}{(x^2+b^2)^m}$$

の 2 つの積分に帰せられる．ただし $b\neq 0$ である．

このうち，$\dfrac{x}{(x^2+b^2)^m}$ の積分はやはり簡単である．実際，$x^2+b^2=t$ とおけば $2x\,dx=dt$，したがって

$$\int\frac{x\,dx}{(x^2+b^2)^m}=\frac{1}{2}\int\frac{dt}{t^m}$$

となるからである．結果を記せば

$$\int\frac{x}{(x^2+b^2)^m}\,dx=\begin{cases}\dfrac{1}{2}\log(x^2+b^2) & (m=1),\\ -\dfrac{1}{2(m-1)(x^2+b^2)^{m-1}} & (m\neq 1)\end{cases}$$

となる．

最後に $\dfrac{1}{(x^2+b^2)^m}$ の積分であるが，これは

$$I_m(x)=\int\frac{dx}{(x^2+b^2)^m}$$

とおけば，

$$I_1(x)=\frac{1}{b}\arctan\frac{x}{b}$$

であり，$m\geqq 2$ のときには漸化式

$$(*)\qquad I_m(x)=\frac{1}{2(m-1)b^2}\left\{\frac{x}{(x^2+b^2)^{m-1}}+(2m-3)I_{m-1}(x)\right\}$$

が成り立つから，これを用いて順次 $I_2(x), I_3(x), \cdots$ を求めて行くことができる．

上の漸化式$(*)$の証明は次のようにする．

$m\geqq 2$ のとき，部分積分法の公式 [II′] によって

$$I_{m-1}=\int\frac{dx}{(x^2+b^2)^{m-1}}=\frac{x}{(x^2+b^2)^{m-1}}-\int x\cdot\frac{2(1-m)x}{(x^2+b^2)^m}dx$$
$$=\frac{x}{(x^2+b^2)^{m-1}}+2(m-1)\int\frac{x^2+b^2-b^2}{(x^2+b^2)^m}dx$$
$$=\frac{x}{(x^2+b^2)^{m-1}}+2(m-1)(I_{m-1}-b^2I_m).$$

これを変形すれば(*)が得られる.

以上によって，原理的には有理関数の積分が完成した.

なお，上記の結果を総合すれば，有理関数の不定積分は，有理関数，対数関数，逆正接関数の 3 種の関数を用いて表されることも，同時に確定したのである.

◆ E) 二三の例

部分分数分解の実例も合わせて，有理関数の積分の幾つかの計算例を挙げておく.

例 1 $a\neq b$ として $\int\frac{dx}{(x-a)(x-b)}$ を求めよ.

解 与えられた関数は

$$\frac{1}{(x-a)(x-b)}=\frac{A}{x-a}+\frac{B}{x-b}$$

と部分分数分解される. この分母を払えば

$$1=A(x-b)+B(x-a) \qquad ①$$

両辺の x の係数，定数項を比較して

$$A+B=0,$$
$$-bA-aB=1.$$

この連立方程式を解いて $A=1/(a-b)$, $B=-1/(a-b)$. よって

$$\frac{1}{(x-a)(x-b)}=\frac{1}{a-b}\left(\frac{1}{x-a}-\frac{1}{x-b}\right).$$

[あるいはもっと簡単に，① が恒等式であることに注目して，x にそれぞれ a, b を代入すれば，直ちに A, B が求められる.] したがって

$$\int\frac{dx}{(x-a)(x-b)}=\frac{1}{a-b}\log\left|\frac{x-a}{x-b}\right|. \qquad ⊿$$

例 2　$\displaystyle\int\frac{dx}{x(x^2+1)^2}$ を求めよ．

解　部分分数分解は

$$\frac{1}{x(x^2+1)^2}=\frac{a}{x}+\frac{bx+c}{x^2+1}+\frac{dx+e}{(x^2+1)^2}$$

である．分母を払い，前に述べた方法によって定数 a, b, c, d, e を定めれば

$$a=1,\quad b=-1,\quad c=0,\quad d=-1,\quad e=0$$

を得る．よって

$$\int\frac{dx}{x(x^2+1)^2}=\int\frac{dx}{x}-\int\frac{x}{x^2+1}dx-\int\frac{x}{(x^2+1)^2}dx$$
$$=\log|x|-\frac{1}{2}\log(x^2+1)+\frac{1}{2(x^2+1)}.$$ □

例 3　$\displaystyle\int\frac{dx}{x^4+1}$ を求めよ．

解　x^4+1 を(実数の範囲で)因数分解すれば

$$x^4+1=(x^2+\sqrt{2}x+1)(x^2-\sqrt{2}x+1)$$

で，部分分数分解は

$$\frac{1}{x^4+1}=\frac{1}{2\sqrt{2}}\cdot\frac{x+\sqrt{2}}{x^2+\sqrt{2}x+1}-\frac{1}{2\sqrt{2}}\cdot\frac{x-\sqrt{2}}{x^2-\sqrt{2}x+1}$$

となる．ここで

$$\frac{x+\sqrt{2}}{x^2+\sqrt{2}x+1}=\frac{1}{2}\cdot\frac{2x+\sqrt{2}}{x^2+\sqrt{2}x+1}+\frac{1}{\sqrt{2}}\cdot\frac{1}{\left(x+\frac{1}{\sqrt{2}}\right)^2+\left(\frac{1}{\sqrt{2}}\right)^2}$$

であるから

$$\int\frac{x+\sqrt{2}}{x^2+\sqrt{2}x+1}dx=\frac{1}{2}\log(x^2+\sqrt{2}x+1)+\arctan(\sqrt{2}x+1).$$

同様にして

$$\int\frac{x-\sqrt{2}}{x^2-\sqrt{2}x+1}dx=\frac{1}{2}\log(x^2-\sqrt{2}x+1)-\arctan(\sqrt{2}x-1).$$

よって

$$\int \frac{dx}{x^4+1} = \frac{1}{4\sqrt{2}}\log\left(\frac{x^2+\sqrt{2}x+1}{x^2-\sqrt{2}x+1}\right) + \frac{1}{2\sqrt{2}}\{\arctan(\sqrt{2}x+1) + \arctan(\sqrt{2}x-1)\}.$$ ◻

◆ F) ある種の有理化の方法

ある種の無理関数の積分は適当な変数の置換によって有理関数の積分に直せる場合がある．このように有理関数の積分に直すことを“積分の有理化”という．ここでは代表的に2つの例を挙げておく．

例1 積分 $\int R\left(x, \sqrt[n]{\frac{ax+b}{cx+d}}\right)dx$．ただし $R(u, v)$ は u, v の有理式，n は自然数，$ad-bc\neq 0$ とする．

$\sqrt[n]{\frac{ax+b}{cx+d}}=t$ とおけば

$$x = \varphi(t) = \frac{dt^n-b}{-ct^n+a}$$

は t の有理式，したがって $\frac{dx}{dt}=\varphi'(t)$ も t の有理式である．よって

$$\int R\left(x, \sqrt[n]{\frac{ax+b}{cx+d}}\right)dx = \int R(\varphi(t), t)\varphi'(t)\,dt$$

は t に関する有理式の積分になる．

例2 積分 $\int R(x, \sqrt{ax^2+bx+c})\,dx$．ただし $R(u, v)$ は u, v の有理式で，$a\neq 0$ とする．

(i) $a>0$ の場合．

$$\sqrt{ax^2+bx+c} = t-\sqrt{a}\,x$$

とおけば，

$$x = \varphi(t) = \frac{t^2-c}{2\sqrt{a}\,t+b}$$

は t の有理式で，

$$\int R(x, \sqrt{ax^2+bx+c})\,dx = \int R(\varphi(t), t-\sqrt{a}\,\varphi(t))\varphi'(t)\,dt$$

は t の有理式の積分になる．

[**注意**：A)の例4はこの置換法によったのである．]

(ii)　$a<0$ の場合．

$b^2-4ac\leqq 0$ ならば，ax^2+bx+c はたかだか1点を除いて負の値をとるから，このような場合は考える必要がない．そこで $b^2-4ac>0$ とし，方程式 $ax^2+bx+c=0$ の2つの実数解を $\alpha, \beta\ (\alpha<\beta)$ とする．そのとき

$$\sqrt{\frac{a(x-\alpha)}{x-\beta}}=t \qquad ①$$

とおけば，

$$x=\varphi(t)=\frac{\beta t^2-a\alpha}{t^2-a}$$

は t の有理式で，

$$\sqrt{ax^2+bx+c}=(\beta-x)\sqrt{\frac{a(x-\alpha)}{x-\beta}}=(\beta-\varphi(t))t$$

も t の有理式であるから，

$$\int R(x, \sqrt{ax^2+bx+c})\,dx$$
$$=\int R(\varphi(t), (\beta-\varphi(t))t)\varphi'(t)\,dt$$

は t の有理式の積分になる．

[**注意**：$ax^2+bx+c=0$ が2つの実数解 α, β をもつ場合には，$a>0$ であっても，上記の置換①によって積分は有理化される．]

なお，もちろん個々の場合にはより簡便な工夫もあり得るから，上記の原則的方法に拘泥すべきではない．

◆　G)　三角関数の積分

三角関数を含む式の積分については，それがある種の特殊な形をしているときに，興味ある計算が可能である．幾つか最も単純な形(累乗)の例を挙げよう．

例1　$\int \cos^2 x\,dx$ を求めよ．

解　$\cos^2 x=\dfrac{1+\cos 2x}{2}$ であるから，

$$\int \cos^2 x\,dx=\frac{1}{2}\int(1+\cos 2x)\,dx=\frac{1}{2}x+\frac{1}{4}\sin 2x. \quad \square$$

例 2　$\int \sin^3 x\,dx$ を求めよ．

解　$\sin^3 x = \sin^2 x \cdot \sin x = (1-\cos^2 x)\sin x$ であるから，$\cos x = t$ とおけば

$$\int \sin^3 x\,dx = \int (1-t^2)(-dt) = \frac{t^3}{3} - t = \frac{1}{3}\cos^3 x - \cos x.$$

□

例 3　$I_n = \int \sin^n x\,dx$（n は自然数）とおくと，$n \geqq 2$ のとき

$$I_n = -\frac{1}{n}\sin^{n-1} x\cos x + \frac{n-1}{n} I_{n-2}.$$

証明　I_n を

$$I_n = \int \sin^{n-1} x \cdot \sin x\,dx$$

と書き，$f(x) = \sin^{n-1} x$，$g'(x) = \sin x$ として部分積分法を用いる．そのとき

$$f'(x) = (n-1)\sin^{n-2} x\cos x, \qquad g(x) = -\cos x$$

であるから，

$$\begin{aligned} I_n &= -\sin^{n-1} x\cos x + (n-1)\int \sin^{n-2} x\cos x \cdot \cos x\,dx \\ &= -\sin^{n-1} x\cos x + (n-1)\int \sin^{n-2} x(1-\sin^2 x)\,dx \\ &= -\sin^{n-1} x\cos x + (n-1)(I_{n-2} - I_n). \end{aligned}$$

これより上の漸化式を得る．□

例 3 において $I_0 = \int dx = x$，$I_1 = \int \sin x\,dx = -\cos x$ であるから，原理的には，この漸化式によってすべての I_n を求めることができる．

例 4　$\int \tan x\,dx$ を求めよ．

解　$\tan x = \sin x/\cos x$ であるから，$\cos x = t$ とおけば

$$\begin{aligned} \int \tan x\,dx &= \int \frac{\sin x\,dx}{\cos x} = \int \frac{-dt}{t} = -\log|t| \\ &= -\log|\cos x|. \end{aligned}$$

□

例 5　$\displaystyle\int \frac{dx}{\sin x}$ を求めよ．

解　$1/\sin x$ を変形すると

$$\frac{1}{\sin x} = \frac{1}{2\sin\frac{x}{2}\cos\frac{x}{2}} = \frac{1}{2\tan\frac{x}{2}\cos^2\frac{x}{2}}.$$

よって $\tan\frac{x}{2}=t$ とおくと，$dt=\dfrac{dx}{2\cos^2\frac{x}{2}}$ であるから，

$$\int \frac{dx}{\sin x} = \int \frac{dt}{t} = \log|t| = \log\left|\tan\frac{x}{2}\right|. \qquad \square$$

問題 8.1

1　次の有理関数の積分を求めよ．

（1）$\dfrac{1}{x^3-x}$　（2）$\dfrac{x^3}{x^3-7x+6}$　（3）$\dfrac{1}{x^4-1}$

（4）$\dfrac{x^3-1}{x(x+1)^3}$　（5）$\dfrac{1}{x^3+1}$　（6）$\dfrac{1}{(x^3+1)^2}$

2　$P(x)/Q(x)$ は真分数式で

$$Q(x) = (x-a_1)(x-a_2)\cdots(x-a_n)$$

とする．ただし $a_1, a_2, \cdots, a_n$ は異なる数である．このとき

$$\alpha_k = \frac{P(a_k)}{Q'(a_k)} \qquad (k=1, \cdots, n)$$

とおけば，

$$\int \frac{P(x)}{Q(x)}dx = \log|(x-a_1)^{\alpha_1}\cdots(x-a_n)^{\alpha_n}|$$

であることを証明せよ．

3　次の関数を積分せよ．（ただし $a\neq 0$.）

（1）$\sqrt{x^2+a}$　（2）$\sqrt{\dfrac{1-x}{1+x}}$

（3）$\dfrac{1}{x\sqrt{x^2+1}}$ $(x>0)$　（4）$\dfrac{1}{(x-1)\sqrt{x^2-1}}$ $(x>1)$

（ヒント）(1)　部分積分法と A)の例 4 を用いる．(2)　分母子に $\sqrt{1-x}$ を掛ける．(3)　$\sqrt{x^2+1}=t-x$ あるいは $x=\dfrac{1}{t}$ とおく．(4)　$\sqrt{\dfrac{x+1}{x-1}}=t$ とおく．

4　m, n を整数として

$$I(m, n) = \int \sin^m x \cos^n x\,dx$$

とおく．次のことを示せ．

（a）　$m+n\neq 0$ のとき

$$I(m,n)=\frac{\sin^{m+1}x\cos^{n-1}x}{m+n}+\frac{n-1}{m+n}I(m,n-2),$$

$$I(m,n)=-\frac{\sin^{m-1}x\cos^{n+1}x}{m+n}+\frac{m-1}{m+n}I(m-2,n).$$

（b）　$n\neq -1$ のとき

$$I(m,n)=-\frac{\sin^{m+1}x\cos^{n+1}x}{n+1}+\frac{m+n+2}{n+1}I(m,n+2),$$

$m\neq -1$ のとき

$$I(m,n)=\frac{\sin^{m+1}x\cos^{n+1}x}{m+1}+\frac{m+n+2}{m+1}I(m+2,n).$$

5　問 4 の漸化式を用いて次の積分を求めよ．

（1）　$\int\tan^3x\,dx$　　（2）　$\int\sin^2x\cos^2x\,dx$

（3）　$\int\frac{dx}{\sin^3x\cos^3x}$

6　次の積分を求めよ．ただし $a\neq 0,\ b\neq 0$ とする．

（1）　$\int\frac{dx}{a^2\cos^2x+b^2\sin^2x}$　　（2）　$\int\frac{dx}{a^2\cos^2x-b^2\sin^2x}$

7　一般に $\tan\frac{x}{2}=t$ とおけば

$$\sin x=\frac{2t}{1+t^2},\qquad \cos x=\frac{1-t^2}{1+t^2},\qquad \frac{dx}{dt}=\frac{2}{1+t^2}$$

であることを示せ．

したがって，$R(u,v)$ が u,v の有理式であるとき，積分 $\int R(\sin x,\cos x)\,dx$ において，$\tan\frac{x}{2}=t$ とおけば

$$\int R(\sin x,\cos x)\,dx=\int R\left(\frac{2t}{1+t^2},\frac{1-t^2}{1+t^2}\right)\frac{2}{1+t^2}\,dt$$

は t の有理式の積分になる．この置換法を用いて次の積分を求めよ．

（1）　$\int\frac{dx}{1+\cos x}$　　（2）　$\int\frac{dx}{\cos x}$

（3）　$\int\frac{\sin x}{1+\sin x}dx$

8　次の関数を積分せよ．

（1）　$e^{-x}\cos^2x$　　（2）　$\frac{1}{(x^2+1)^{\frac{3}{2}}}$　　（3）　$\frac{(\log x)^{\alpha}}{x}$

（4）　$\sqrt{e^x-1}$　　（5）　$\sin(\log x)$

（6）　$\frac{1}{a+b\tan x}$　$(a\neq 0,\ b\neq 0)$

（ヒント）　次の置換を用いよ．

(2)　$x=\tan t$　　(4)　$\sqrt{e^x-1}=t$　　(5)　$\log x=t$

8.2 定積分の計算

前節に続いて，この節では定積分の計算について述べる．

定積分の計算の基本はいうまでもなく微分積分法の基本公式にあって，258-259 ページに注意したように適当な配慮のもとにそれは広義積分に対しても適用される．また定積分に対しても，不定積分の場合と同様に，置換積分法や部分積分法によって積分の簡易化が行われる．さらに，与えられた関数の不定積分が求められない場合にも，定積分は，積分の限界(上端および下端)の特殊な値に対しては適当な工夫によって求められることがある．

この節では定積分の幾つかの例，特に古典的で応用の広い二三の積分，定積分に関連して求められる極限，定積分によって定義される重要な関数，などについて述べる．

◆ A) 置換積分法・部分積分法

定積分の置換積分法と部分積分法について次の定理が成り立つ．

定理 1 関数 f は区間 I で連続，関数 φ は区間 J で微分可能，導関数 φ' は J で連続とし，φ の値域は I に含まれるとする．

そのとき，$\alpha, \beta \in J$ に対し，$\varphi(\alpha)=a$，$\varphi(\beta)=b$ ならば

$$\int_a^b f(x)\,dx = \int_\alpha^\beta f(\varphi(t))\,\varphi'(t)\,dt$$

が成り立つ．

証明 $f(x)$ の原始関数を $F(x)$ とすれば，不定積分に関する置換積分法の公式により $F(\varphi(t))$ は $f(\varphi(t))\varphi'(t)$ の原始関数である．したがって

$$\int_\alpha^\beta f(\varphi(t))\,\varphi'(t)\,dt = F(\varphi(\beta)) - F(\varphi(\alpha))$$

$$= F(b) - F(a) = \int_a^b f(x)\,dx. \quad \square$$

定理 1 で，たとえば $J=[\alpha, +\infty)$ で，$\lim_{\beta \to +\infty} \varphi(\beta) = b$ となる場合には，

$$\int_a^b f(x)\,dx = \int_\alpha^{+\infty} f(\varphi(t))\varphi'(t)\,dt$$

が成り立つ．このことも明らかであろう．すなわち，置換積分法は適当な注意のもとに広義積分に対しても応用し得るのである．

定理 2 関数 f, g がともに区間 I で微分可能で，f', g' も I で連続とする．そのとき任意の $a, b \in I$ に対し

$$\int_a^b f(x)g'(x)\,dx = f(x)g(x)|_a^b - \int_a^b f'(x)g(x)\,dx$$

が成り立つ．

証明 不定積分に関する部分積分法の公式から明らかである．◻

この公式もまた，適当な注意のもとに，たとえば

$$\int_a^{+\infty} f(x)g'(x)\,dx = f(x)g(x)|_a^{+\infty} - \int_a^{+\infty} f'(x)g(x)\,dx$$

のように，広義積分に対しても適用することができる．

◆ B) 簡単な例

例 1 関数 f は区間 $[-a, a]$ で連続とする．もし

f が偶関数ならば $\displaystyle\int_{-a}^a f(x)\,dx = 2\int_0^a f(x)\,dx,$

f が奇関数ならば $\displaystyle\int_{-a}^a f(x)\,dx = 0$

であることを示せ．

証明 $\displaystyle\int_{-a}^a = \int_{-a}^0 + \int_0^a$ の右辺の第 1 項 $\displaystyle\int_{-a}^0 f(x)\,dx$ において，$x=-t$ とおけば，定理 1 によって

$$\int_{-a}^0 f(x)\,dx = \int_a^0 f(-t)(-dt) = \int_0^a f(-x)\,dx.$$

f が偶関数ならば $f(-x)=f(x)$，f が奇関数ならば $f(-x)=-f(x)$ であるから，それぞれの場合に応じてこの積分は $\displaystyle\int_0^a f(x)\,dx$，$\displaystyle-\int_0^a f(x)\,dx$ に等しい．これから結論が得られる．◻

例 2 f が $[0, 1]$ を含む区間で連続であるとき，

(1)　$\displaystyle\int_0^{\frac{\pi}{2}} f(\sin x)\,dx = \int_0^{\frac{\pi}{2}} f(\cos x)\,dx,$

(2)　$\displaystyle\int_0^{\pi} f(\sin x)\,dx = 2\int_0^{\frac{\pi}{2}} f(\sin x)\,dx,$

(3)　$\displaystyle\int_0^{\pi} xf(\sin x)\,dx = \frac{\pi}{2}\int_0^{\pi} f(\sin x)\,dx$

が成り立つことを示せ．

証明　(1)　左辺の積分で $x=\pi/2-t$ とおけば，

$$\int_0^{\frac{\pi}{2}} f(\sin x)\,dx = \int_{\frac{\pi}{2}}^{0} f(\cos t)(-dt) = \int_0^{\frac{\pi}{2}} f(\cos x)\,dx.$$

(2)　$\displaystyle\int_0^{\pi} = \int_0^{\frac{\pi}{2}} + \int_{\frac{\pi}{2}}^{\pi}$ とし，後者の積分で $x=\pi-t$ とおけば

$$\int_{\frac{\pi}{2}}^{\pi} f(\sin x)\,dx = \int_{\frac{\pi}{2}}^{0} f(\sin t)(-dt) = \int_0^{\frac{\pi}{2}} f(\sin x)\,dx.$$

これより求める等式を得る．

(3)　左辺の積分で $x=\pi-t$ とおけば

$$\int_0^{\pi} xf(\sin x)\,dx = \int_{\pi}^{0} (\pi-t) f(\sin t)(-dt)$$
$$= \pi\int_0^{\pi} f(\sin x)\,dx - \int_0^{\pi} xf(\sin x)\,dx.$$

よって標記の等式が成り立つ．□

［**注意**：単純なことながら，例1や例2の(1)，(2)などの結果はしばしば積分の計算の簡易化のために有効である．］

例 3　$\displaystyle\int_0^{\pi} \frac{x\sin x}{1+\cos^2 x}\,dx$ を求めよ．

解　例2の(3)によって

$$\int_0^{\pi} \frac{x\sin x}{1+\cos^2 x}\,dx = \frac{\pi}{2}\int_0^{\pi} \frac{\sin x}{1+\cos^2 x}\,dx$$

で，右辺は

$$\frac{\pi}{2}(-\arctan(\cos x))\Big|_0^{\pi} = \frac{\pi^2}{4}$$

に等しい．□

例 4　n を自然数として $J_n = \displaystyle\int_0^{\frac{\pi}{2}} \sin^n x\,dx$ を求めよ．

解　8.1節G)の例3の漸化式および定理2によって，

$n \geqq 2$ のとき

$$\int_0^{\frac{\pi}{2}} \sin^n x\, dx = \left[-\frac{\sin^{n-1}x \cos x}{n}\right]_0^{\frac{\pi}{2}} + \frac{n-1}{n}\int_0^{\frac{\pi}{2}} \sin^{n-2} x\, dx.$$

ゆえに

$$J_n = \frac{n-1}{n} J_{n-2}.$$

この漸化式を用いて n の値を 2 つずつ減らしてゆけば，最後に

$$J_0 = \int_0^{\frac{\pi}{2}} dx = \frac{\pi}{2}, \qquad J_1 = \int_0^{\frac{\pi}{2}} \sin x\, dx = 1$$

のいずれかに到達する．したがって，$n \geqq 2$ のとき，

$$J_n = \begin{cases} \dfrac{\pi}{2}\cdot\dfrac{1}{2}\cdot\dfrac{3}{4}\cdot\cdots\cdot\dfrac{n-1}{n} & (n:\text{偶数}) \\ \dfrac{2}{3}\cdot\dfrac{4}{5}\cdot\cdots\cdot\dfrac{n-1}{n} & (n:\text{奇数}) \end{cases}$$ ◿

◆ C) ウォリスの公式

前項 B) の例 4 を用いて，次のようにウォリス (Wallis) の公式が導かれる．

いま，区間 $(0, \pi/2)$ において

$$0 < \sin^{2n+1} x < \sin^{2n} x < \sin^{2n-1} x$$

であるから，前項の例 4 の記号を用いれば $J_{2n+1} < J_{2n} < J_{2n-1}$，よって

$$1 < \frac{J_{2n}}{J_{2n+1}} < \frac{J_{2n-1}}{J_{2n+1}} = \frac{2n+1}{2n}.$$

ゆえに

$$\lim_{n\to\infty} \frac{J_{2n}}{J_{2n+1}} = 1 \qquad ①$$

である．ここで

$$J_{2n} = \frac{\pi}{2}\cdot\frac{1}{2}\cdot\frac{3}{4}\cdot\frac{5}{6}\cdot\cdots\cdot\frac{2n-1}{2n}, \qquad ②$$

$$J_{2n+1} = \frac{2}{3}\cdot\frac{4}{5}\cdot\frac{6}{7}\cdot\cdots\cdot\frac{2n}{2n+1} \qquad ③$$

であるから

$$\frac{J_{2n}}{J_{2n+1}} = \frac{\pi}{2}\cdot\frac{1\cdot 3}{2^2}\cdot\frac{3\cdot 5}{4^2}\cdot\cdots\cdot\frac{(2n-1)(2n+1)}{(2n)^2}$$

$$= \frac{\pi}{2} \prod_{k=1}^{n} \left(1 - \frac{1}{(2k)^2}\right).$$

ただし，記号 $\prod_{k=1}^{n} a_k$ は積 $a_1 a_2 \cdots a_n$ を表す．これより

$$\lim_{n \to \infty} \prod_{k=1}^{n} \left(1 - \frac{1}{(2k)^2}\right) = \frac{2}{\pi},$$

あるいは“無限積”として

[$\mathbf{W}_1$]
$$\prod_{n=1}^{\infty} \left(1 - \frac{1}{(2n)^2}\right) = \frac{2}{\pi}.$$

ウォリスの積公式

これを**ウォリスの積公式**という．

また，②,③ より

$$J_{2n} J_{2n+1} = \frac{\pi}{2} \cdot \frac{1}{2} \cdot \frac{2}{3} \cdot \frac{3}{4} \cdot \frac{4}{5} \cdot \cdots \cdot \frac{2n-1}{2n} \cdot \frac{2n}{2n+1} = \frac{\pi}{2(2n+1)}$$

であるから，

$$\pi = 2(2n+1) J_{2n} J_{2n+1},$$

$$\sqrt{\pi} = \sqrt{2(2n+1)} J_{2n+1} \sqrt{\frac{J_{2n}}{J_{2n+1}}}. \qquad ④$$

一方

$$J_{2n+1} = \frac{\{2 \cdot 4 \cdot \cdots \cdot (2n)\}^2}{(2n+1)!} = \frac{2^{2n} (n!)^2}{(2n)!} \cdot \frac{1}{2n+1} \qquad ⑤$$

であるから，

$$\sqrt{2(2n+1)} J_{2n+1} = \frac{1}{\sqrt{n}} \cdot \frac{2^{2n} (n!)^2}{(2n)!} \sqrt{\frac{2n}{2n+1}}. \qquad ⑥$$

明らかに $2n/(2n+1) \to 1$ であるから，①,④,⑥ より

[$\mathbf{W}_2$]
$$\lim_{n \to \infty} \frac{2^{2n} (n!)^2}{\sqrt{n}\,(2n)!} = \sqrt{\pi}$$

ウォリスの公式

を得る．この結果も**ウォリスの公式**とよばれる．

◆ D)　スターリングの公式

次の定理は，自然数 n が大きくなるとき階乗 $n!$ がどの程度に大きくなるか，その大きさの程度についての評価を与えるものである．これは**スターリング**(Stirling)**の公式**とよばれ，ウォリスの公式と近密な関係がある．

スターリングの公式

> **定理 3**　次の極限が成り立つ：
>
> $$\lim_{n \to \infty} \frac{n!}{n^{n+\frac{1}{2}} e^{-n}} = \sqrt{2\pi}.$$

 $a_n = \dfrac{n!}{n^{n+\frac{1}{2}}e^{-n}}$ とおく．このとき，直ちに計算されるように

$$\frac{a_n}{a_{n+1}} = \left(\frac{n+1}{n}\right)^{n+\frac{1}{2}} e^{-1}$$

である．

さて，この数列 (a_n) は単調減少で 1 を下界にもつことを証明しよう．それには

$$(*)\quad \log a_n = \log n! - \left(n+\frac{1}{2}\right)\log n + n > 0$$

および

$$(**)\quad \log\left(\frac{a_n}{a_{n+1}}\right) = \left(n+\frac{1}{2}\right)\log\left(\frac{n+1}{n}\right) - 1 > 0$$

を証明すればよい．

まず，下の左の図からわかるように，$k=1, 2, \cdots$ に対して

$$\log k > \int_{k-\frac{1}{2}}^{k+\frac{1}{2}} \log x\, dx.$$

これを $k=1, 2, \cdots, n$ について加えれば

$$\begin{aligned}\log n! &> \int_{\frac{1}{2}}^{n+\frac{1}{2}} \log x\, dx = \Big[x \log x - x\Big]_{\frac{1}{2}}^{n+\frac{1}{2}} \\ &= \left(n+\frac{1}{2}\right)\log\left(n+\frac{1}{2}\right) - n + \frac{1}{2}\log 2 \\ &> \left(n+\frac{1}{2}\right)\log n - n.\end{aligned}$$

よって(∗)が成り立つ．

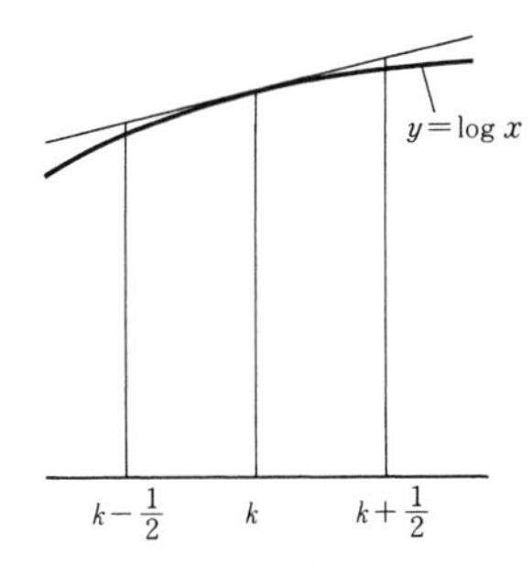

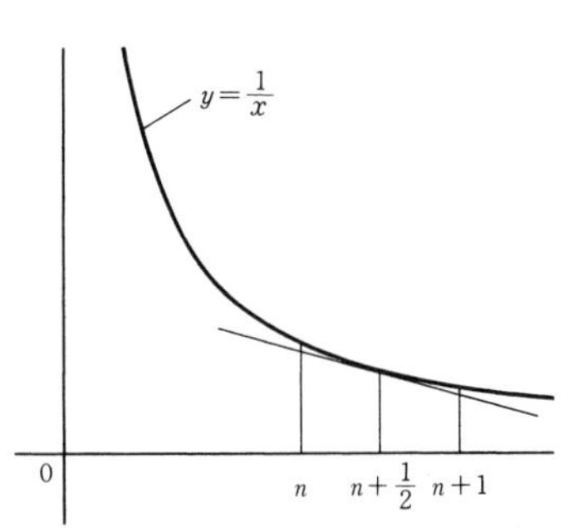

一方，上の右の図から

$$\frac{1}{n+\frac{1}{2}} < \int_n^{n+1} \frac{dx}{x} = \log\frac{n+1}{n}.$$

よって(∗∗)が成り立つ．

以上で $a_1>a_2>a_3>\cdots>1$ であることが示された．よって

$$\lim_{n\to\infty} a_n = \alpha$$

が存在して $\alpha\geqq 1$ である．

α を計算するには次のようにすればよい．a_n の定義から

$$(n!)^2 = {a_n}^2 n^{2n+1}e^{-2n}, \qquad (2n)! = a_{2n}(2n)^{2n+\frac{1}{2}}e^{-2n}.$$

ゆえに

$$\frac{2^{2n}(n!)^2}{\sqrt{n}\,(2n)!} = \frac{{a_n}^2}{\sqrt{2}\,a_{2n}}.$$

したがってウォリスの公式 [W_2] より

$$\sqrt{\pi} = \lim_{n\to\infty}\frac{2^{2n}(n!)^2}{\sqrt{n}\,(2n)!} = \frac{\alpha}{\sqrt{2}}.$$

ゆえに $\alpha=\sqrt{2\pi}$．これで証明が完結した．□

◆　E)　幾つかの積分の計算

前に B)の例 4 で積分

$$J_n = \int_0^{\frac{\pi}{2}} \sin^n x\,dx$$

を計算し，その結果からウォリスの公式を導いた．

この積分に関連して，また次のような興味ある結果を導くことができる．

まず次の例 1, 2 からはじめる．

> **例 1**　n を正の整数とするとき，$\int_0^1 (1-x^2)^n dx = J_{2n+1}$.

証明　$x=\sin\theta$ $(0\leqq\theta\leqq\pi/2)$ とおけば

$$\int_0^1 (1-x^2)^n dx = \int_0^{\frac{\pi}{2}} \cos^{2n}\theta\cdot\cos\theta\,d\theta = \int_0^{\frac{\pi}{2}}\cos^{2n+1}\theta\,d\theta$$
$$= J_{2n+1}.$$

□

[B)の例 2 の(1)参照.]

> **例 2**　n を正の整数とするとき，$\int_0^{+\infty}\frac{dx}{(1+x^2)^n} = J_{2n-2}$.

証明　この積分が収束することは既知である．(問題 7.3 の問 8.)　さて，$x=\tan\theta$ とすれば

$$\int_0^{+\infty}\frac{dx}{(1+x^2)^n}=\int_0^{\frac{\pi}{2}}\cos^{2n}\theta\cdot\frac{1}{\cos^2\theta}d\theta=J_{2n-2}.\qquad\square$$

以上の例に挙げた積分とウォリスの公式とを用いて，次の重要な結果が得られる．

例 3　$$\int_{-\infty}^{+\infty}e^{-x^2}dx=\sqrt{\pi}.$$

証明　$x\to\pm\infty$ のとき $x^2e^{-x^2}\to 0$ であるから，7.3 節の定理 5(b) により，この積分は収束する．

さて，$e^x=1+x+\dfrac{e^{\theta x}}{2}x^2\ (0<\theta<1)$ であるから，$x\neq 0$ ならば $1+x<e^x$．この x に $-x^2$ または x^2 を代入して

$$1-x^2<e^{-x^2}<\frac{1}{1+x^2}$$

を得る．これより，$n=1,2,\cdots$ として

$$0\leqq x\leqq 1 \text{ のとき，} (1-x^2)^n<e^{-nx^2}$$

$$0\leqq x\leqq +\infty \text{ のとき，} e^{-nx^2}<\frac{1}{(1+x^2)^n},$$

したがって

$$\int_0^1(1-x^2)^ndx<\int_0^{+\infty}e^{-nx^2}dx<\int_0^{+\infty}\frac{dx}{(1+x^2)^n}.$$

ゆえに例 1，例 2 によって

$$J_{2n+1}<\int_0^{+\infty}e^{-nx^2}dx<J_{2n-2}.$$

中央の項の積分で x を $x/\sqrt{n}$ におきかえれば，これは $\dfrac{1}{\sqrt{n}}\displaystyle\int_0^{+\infty}e^{-x^2}dx$ に等しいから，

$$\sqrt{n}J_{2n+1}<\int_0^{+\infty}e^{-x^2}dx<\sqrt{n}J_{2n-2}.$$

$n\to\infty$ のとき $J_{2n-2}/J_{2n+1}\to 1$ で，C) の ④ からわかるように上の不等式の左項と右項は $n\to\infty$ のときともに $\sqrt{\pi}/2$ に収束する．ゆえに

$$\int_0^{+\infty}e^{-x^2}dx=\frac{\sqrt{\pi}}{2}.$$

e^{-x^2} は偶関数であるから，これより標記の結果を得る．$\square$

[**注意**：上の例 3 の積分の計算はずいぶん技巧的であった．後に示すように，二重積分を用いればこれらはもっと“自然な形”で計算される．(24.3 節 B) の例 3 参照.)]

◆　F)　条件収束の例

前に 7.3 節の E) で，広義積分の収束には絶対収束と条件収束の別があることを述べた．次に条件収束する積分の一例を掲げる．

> **例**　次の積分
>
> $$\int_0^{+\infty} \frac{\sin x}{x} dx$$
>
> は収束する．しかし絶対収束ではない．このことを証明せよ．

証明　まず，この無限区間の積分が収束することを，7.3 節の定理 2(b) を用いて証明する．($x=0$ も一見特異点にみえるが，$x \to 0+$ のとき $\sin x/x \to 1$ であるから，実際には特異点ではない．) いま $0<p<q$ とすれば，部分積分法によって

$$\int_p^q \frac{\sin x}{x} dx = -\frac{\cos x}{x}\bigg|_p^q - \int_p^q \frac{\cos x}{x^2} dx$$
$$= \frac{\cos p}{p} - \frac{\cos q}{q} - \int_p^q \frac{\cos x}{x^2} dx.$$

$|\cos x| \leqq 1$ であるから，

$$\left|\int_p^q \frac{\sin x}{x} dx\right| \leqq \frac{1}{p} + \frac{1}{q} + \int_p^q \frac{dx}{x^2}$$
$$= \frac{1}{p} + \frac{1}{q} + \left[-\frac{1}{x}\right]_p^q = \frac{2}{p}.$$

よって与えられた $\varepsilon>0$ に対し，p を $2/\varepsilon$ より大きくとれば

$$\left|\int_p^q \frac{\sin x}{x} dx\right| < \varepsilon$$

となる．ゆえに 7.3 節の定理 2(b) により積分 $\displaystyle\int_0^{+\infty} \frac{\sin x}{x} dx$ は収束する．

次に，積分 $\displaystyle\int_0^{+\infty} \frac{|\sin x|}{x} dx$ は収束しないことを示す．k を整数とするとき，積分 $\displaystyle\int_{k\pi}^{(k+1)\pi} \frac{|\sin x|}{x} dx$ において $x=k\pi+t$ とおけば

$$\int_{k\pi}^{(k+1)\pi} \frac{|\sin x|}{x} dx = \int_0^{\pi} \frac{\sin t}{k\pi+t} dt$$

$$> \frac{1}{(k+1)\pi}\int_0^{\pi}\sin t\,dt = \frac{2}{(k+1)\pi}$$
$$> \frac{2}{\pi}\int_{k+1}^{k+2}\frac{dx}{x},$$

よって

$$\int_0^{n\pi}\frac{|\sin x|}{x}dx > \frac{2}{\pi}\int_1^{n+1}\frac{dx}{x} = \frac{2}{\pi}\log(n+1).$$

$n\to\infty$ のとき $\log(n+1)\to+\infty$ であるから，$\int_0^{+\infty}\frac{|\sin x|}{x}dx$ は発散する．□

［**注意**：実は $\int_0^{+\infty}\frac{\sin x}{x}dx=\frac{\pi}{2}$ である．この積分の値を求めるのは今の段階でも不可能ではないが，いささか技巧を要する．いずれ適当な時期にこの積分の計算に接する機会があるであろう．］

◆ G） ガンマ関数

数学では初等関数のほかにいわゆる"特殊関数"なるものがしばしば重用されるが，それらの多くは積分によって定義される．次に述べるのはその重要な一例である．

まず次の定理を証明する．

> **定理 4** $s>0$ とするとき，積分 $\int_0^{+\infty}e^{-x}x^{s-1}dx$ は収束する．

証明 $f(x)=e^{-x}x^{s-1}$ とおき，与えられた積分を

$$\int_0^1 f(x)\,dx+\int_1^{+\infty}f(x)\,dx$$

の2つの部分に分けて考察する．

はじめの積分は $s\geqq 1$ のときには通常の意味の積分であるが，$0<s<1$ ならば $x\to 0+$ のとき $f(x)\to+\infty$ となるから，広義の積分である．しかし $\alpha=1-s$ とおけば，$0<\alpha<1$ で，$x\to 0+$ のとき

$$x^{\alpha}f(x) = e^{-x}\to 1$$

であるから，7.3節の定理5(a)により $\int_0^1 f(x)\,dx$ は収束する．

また，後者の無限区間における積分 $\int_1^{+\infty}f(x)\,dx$ は，$x\to+\infty$ のとき

$$x^2 f(x) = e^{-x}x^{s+1}\to 0$$

であるから，7.3節の定理5(b)によって収束する．□

定理 4 により，$s>0$ のとき

$$\Gamma(s) = \int_0^{+\infty} e^{-x}x^{s-1}dx$$

とおけば，区間 $(0, +\infty)$ において 1 つの関数が定義される．

Γ 関数（ガンマ関数）

この関数を **Γ 関数（ガンマ関数）** とよぶ．

> **定理 5**　Γ 関数は次の性質をもつ．
> （1）　任意の $s>0$ に対して $\Gamma(s+1)=s\Gamma(s)$．
> （2）　n を正の整数とするとき $\Gamma(n)=(n-1)!$．
> （3）　$\log\Gamma(s)$ は凸関数である．

証明　（1）　$0<a<b$ とするとき，

$$\int_a^b e^{-x}x^s dx = -e^{-x}x^s\Big|_a^b + s\int_a^b e^{-x}x^{s-1}dx$$

で，$a\to 0+$，$b\to +\infty$ のとき左辺の積分は $\Gamma(s+1)$ に，右辺の積分は $\Gamma(s)$ に収束し，また $\lim_{a\to 0+} e^{-a}a^s=0$，$\lim_{b\to +\infty} e^{-b}b^s=0$ である．ゆえに

$$\Gamma(s+1) = \int_0^{+\infty} e^{-x}x^s dx = s\int_0^{+\infty} e^{-x}x^{s-1}dx = s\Gamma(s).$$

（2）　(1)をくり返し用いれば，正の整数 n に対して

$$\begin{aligned}\Gamma(n) &= (n-1)\Gamma(n-1)\\ &= (n-1)(n-2)\Gamma(n-2)\\ &\cdots\cdots\cdots\\ &= (n-1)!\,\Gamma(1).\end{aligned}$$

そして

$$\Gamma(1) = \int_0^{+\infty} e^{-x}dx = -e^{-x}\Big|_0^{+\infty} = 1.$$

ゆえに $\Gamma(n)=(n-1)!$．

（3）　$s, t>0$ とし，また p, q を $\dfrac{1}{p}+\dfrac{1}{q}=1$ を満たす正の数とする．そのとき

$$\Gamma\left(\frac{s}{p}+\frac{t}{q}\right) = \int_0^{+\infty} e^{-x}x^{\frac{s}{p}+\frac{t}{q}-1}dx$$

であるが，

$$e^{-x}x^{\frac{s}{p}+\frac{t}{q}-1} = e^{-\frac{1}{p}x}x^{\frac{1}{p}(s-1)}\cdot e^{-\frac{1}{q}x}x^{\frac{1}{q}(t-1)}$$

であるから，$f(x)=e^{-\frac{1}{p}x}x^{\frac{1}{p}(s-1)}$，$g(x)=e^{-\frac{1}{q}x}x^{\frac{1}{q}(t-1)}$ とおけば

$$\Gamma\left(\frac{s}{p}+\frac{t}{q}\right)=\int_0^{+\infty} f(x)g(x)\,dx$$

となる．ここで問題 7.2 の問 4 のヘルダーの不等式

$$\int_0^{+\infty} f(x)g(x)\,dx \leqq \left(\int_0^{+\infty}\{f(x)\}^p dx\right)^{\frac{1}{p}}\left(\int_0^{+\infty}\{g(x)\}^q dx\right)^{\frac{1}{q}}$$

を応用する．(問 4 の不等式は有限区間の積分についてであるが，$0<a<b<+\infty$ なる区間 $[a, b]$ における不等式から $a\to 0+$，$b\to+\infty$ とすればよい．) そうすれば

$$\int_0^{+\infty}\{f(x)\}^p dx=\int_0^{+\infty} e^{-x}x^{s-1}dx=\Gamma(s),$$
$$\int_0^{+\infty}\{g(x)\}^q dx=\int_0^{+\infty} e^{-x}x^{t-1}dx=\Gamma(t)$$

であるから

$$\Gamma\left(\frac{s}{p}+\frac{t}{q}\right)\leqq \Gamma(s)^{\frac{1}{p}}\Gamma(t)^{\frac{1}{q}}.$$

よって

$$\log\Gamma\left(\frac{s}{p}+\frac{t}{q}\right)\leqq \frac{1}{p}\log\Gamma(s)+\frac{1}{q}\log\Gamma(t).$$

これは $\log\Gamma(s)$ が凸関数であることを示している．□

[**注意 1**：定理 5 の(2)は，ガンマ関数が階乗関数 $n!$——これは n の自然数値のみに対して定義される——の定義域を $(0, +\infty)$ に拡張したものと解釈し得ることを示している．]

[**注意 2**：定理 5 の(3)は証明にやや工夫を要する命題であったが，これをここに掲出したのは，実はガンマ関数が定理 5 の性質(1), (2), (3)によって特徴づけられるからである．すなわち，$\varphi(s)$ が $s>0$ に対して定義された正の値をとる関数で，

$\varphi(s+1)=s\varphi(s)$,　　$\varphi(1)=1$,　　$\log\varphi(s)$ は凸

という性質を満たすならば，$\varphi(s)=\Gamma(s)$ となるのである．ガンマ関数についてはまた後に述べる機会があるから，このことの証明はそのときに述べるであろう．]

◆ H) ルジャンドルの球関数

本節の最後にもう 1 つ，部分積分法を用いて証明される次の興味ある命題を述べておく．

定理 6　$a\neq b$ とするとき，$(n-1)$ 次以下のすべての整式 $Q(x)$ に対して

$$\int_a^b Q(x)P_n(x)\,dx = 0$$

となるような n 次の整式 $P_n(x)$ が存在する．そのような $P_n(x)$ は

$$P_n(x) = c\frac{d^n}{dx^n}(x-a)^n(x-b)^n \qquad (c \text{ は定数})$$

の形で与えられ，またこの形の関数に限る．

証明　まず，

$$F(x) = (x-a)^n(x-b)^n,$$
$$P_n^*(x) = F^{(n)}(x) = \frac{d^n}{dx^n}(x-a)^n(x-b)^n$$

とおけば，任意の $(n-1)$ 次以下の整式 $Q(x)$ に対して

$$\int_a^b Q(x)P_n^*(x)\,dx = 0$$

が成り立つことを示そう．

$Q(x)$ は $(n-1)$ 次以下であるから，$Q^{(n)}(x)=0$．よって部分積分法をくり返し適用すると

$$\begin{aligned}\int_a^b QP_n^* &= \int_a^b QF^{(n)}\\ &= [QF^{(n-1)}]_a^b - \int_a^b Q'F^{(n-1)}\\ &= [QF^{(n-1)} - Q'F^{(n-2)}]_a^b + \int_a^b Q''F^{(n-2)}\\ &\quad \cdots\cdots\\ &= [QF^{(n-1)} - Q'F^{(n-2)} + Q''F^{(n-3)}\\ &\quad -\cdots+(-1)^{n-1}Q^{(n-1)}F]_a^b\end{aligned}$$

を得る．しかるに明らかに

$$F(a) = F'(a) = \cdots = F^{(n-1)}(a) = 0,$$
$$F(b) = F'(b) = \cdots = F^{(n-1)}(b) = 0$$

である．よって上式の最終辺は 0 に等しい．ゆえに

$$\int_a^b Q(x)P_n^*(x)\,dx = 0$$

である．

次に，$(n-1)$ 次以下の任意の整式 $Q(x)$ に対して

$$\int_a^b Q(x)P_n(x)\,dx = 0$$

を満足する n 次の整式 $P_n(x)$ は $P_n^*(x)$ の定数倍となるこ

とを示そう．

$P_n(x)$ をそのような整式とし，定数 c を $Q(x)=P_n(x)-cP_n^*(x)$ が $(n-1)$ 次以下となるように定めれば，$\int_a^b QP_n=0$, $\int_a^b QP_n^*=0$ であるから，

$$\int_a^b Q^2 = \int_a^b Q(P_n-cP_n^*) = 0.$$

よって $[a,b]$ において $Q(x)=0$ である．$Q(x)$ は整式であるからこれは恒等的に0に等しい．すなわち $P_n(x)=cP_n^*(x)$ である．□

特に区間 $[a,b]$ が $[-1,1]$ であるとき，整式

$$P_n(x) = \frac{1}{2^n n!}\cdot\frac{d^n}{dx^n}(x^2-1)^n$$

は**ルジャンドル**(Legendre)**の球関数**とよばれる．定理6によれば，この関数は $(n-1)$ 次以下の任意の整式 $Q(x)$ に対して

ルジャンドルの球関数

$$\int_{-1}^1 Q(x)P_n(x)\,dx = 0$$

が成り立つような n 次の整式として特徴づけられる．(この関数の他の二三の性質については以下の問12をみられたい．)

問題 8.2

1 次の積分を求めよ．

(1) $\int_0^a \sqrt{a^2-x^2}\,dx$ $(a>0)$

(2) $\int_0^a \frac{dx}{\sqrt{a^2-x^2}}$ $(a>0)$

(3) $\int_0^1 \frac{dx}{1+x+x^2}$　(4) $\int_{-1}^1 \frac{dx}{(1+x^2)^2}$

(5) $\int_0^\pi \frac{d\theta}{1+a\cos\theta}$ $(|a|<1)$　(6) $\int_{-1}^1 \frac{x\arcsin x}{\sqrt{1-x^2}}dx$

(7) $\int_0^{+\infty} e^{-ax}\sin bx\,dx$ $(a>0,\ b\neq 0)$

(ヒント) いずれも不定積分ができる．(5)は $\tan\frac{\theta}{2}=t$ とおくとよい．(6)は部分積分法を用いる．

2 f は $(-\infty,+\infty)$ で連続でかつ周期 $p(>0)$ をもつ周期関数とする．そのとき，$b-a=p$ を満たす任意の a,b に対して

$$\int_a^b f(x)\,dx = \int_0^p f(x)\,dx$$

であることを示せ．

（ヒント）　$\int_a^b = \int_0^p - \int_0^a + \int_p^{a+p}$ とすれば，第2と第3の積分は相殺する．

3　m, n を $\geqq 0$ である整数とするとき，次の積分を求めよ．

（1）　$\displaystyle\int_{-\pi}^{\pi} \sin mx \sin nx \, dx$

（2）　$\displaystyle\int_{-\pi}^{\pi} \sin mx \cos nx \, dx$

（3）　$\displaystyle\int_{-\pi}^{\pi} \cos mx \cos nx \, dx$

（ヒント）　三角関数の加法定理を用いて積を和の形に直せ．

4　$f(x)$ が3次以下の整式ならば

$$\int_a^b f(x)\, dx = \frac{b-a}{6}\left\{f(a) + 4f\left(\frac{a+b}{2}\right) + f(b)\right\}$$

が成り立つことを証明せよ．

（ヒント）　直接でもよいが，$x = \dfrac{a+b}{2} + t$, $f(x) = g(t)$, $\dfrac{b-a}{2} = h$ とおくと，証明すべき等式は

$$\int_{-h}^{h} g(t)\, dt = \frac{h}{3}(g(-h) + 4g(0) + g(h))$$

となる．

5　次の等式を証明せよ．

（1）　$\displaystyle\int_a^b \frac{dx}{\sqrt{(x-a)(b-x)}} = \pi$　$(a<b)$

（2）　$\displaystyle\int_0^1 \frac{\log x}{x^a} dx = -\frac{1}{(1-a)^2}$　$(a<1)$

（3）　$\displaystyle\int_{-1}^1 \frac{dx}{(1-2ax+a^2)\sqrt{1-x^2}} = \frac{\pi}{|1-a^2|}$　$(|a| \neq 1)$

（4）　$\displaystyle\int_0^{\frac{\pi}{2}} \frac{\sin\theta}{\sin\theta + \cos\theta} d\theta = \frac{\pi}{4}$

（ヒント）　(1)　$x = \dfrac{a+b}{2} + t$, $\dfrac{b-a}{2} = h$ とおくと計算が簡単になる．(3)　$\sqrt{\dfrac{1+x}{1-x}} = t$ とおけ．(4)　B)の例2参照．

6　次の積分を求めよ．

（1）　$\displaystyle\int_1^{+\infty} \frac{dx}{(x+a)\sqrt{x^2-1}}$

（2）　$\displaystyle\int_0^{\pi} \frac{\sin\theta}{\sqrt{1+2a\cos\theta + a^2}} d\theta$

7　n を $\geqq 0$ である整数とするとき，次の積分の値を求めよ．

（1）　$\displaystyle\int_0^{+\infty} x^{2n+1} e^{-x^2} dx$

（2）　$\displaystyle\int_0^1 x^a (\log x)^n dx$　$(a>-1)$

（ヒント）部分積分法を用いて漸化式を作る．

8 次の式を証明せよ．

(1) $\displaystyle\int_0^{+\infty} e^{-x}|\sin x|dx=\frac{1}{2}\cdot\frac{e^{\pi}+1}{e^{\pi}-1}$

(2) $\displaystyle\int_0^{\frac{\pi}{2}}\log\sin\theta\, d\theta=-\frac{\pi}{2}\log 2$

（ヒント）(1) まず $\displaystyle\int_{k\pi}^{(k+1)\pi} e^{-x}|\sin x|dx$ (k は整数)を $x=k\pi+t$ とおいて計算せよ．

(2) はじめにこの積分が収束することを示せ．次に，この積分の値を I とすれば $I=\dfrac{1}{2}\displaystyle\int_0^{\pi}\log\sin\theta\, d\theta$ であることを示し，$\theta=2\varphi$ とおけ．

9 $0<\alpha<2$ ならば，積分 $\displaystyle\int_0^{+\infty}\frac{\sin x}{x^{\alpha}}dx$ は収束することを示せ．また，$1<\alpha<2$ であるときには絶対収束，$0<\alpha\leqq 1$ であるときには絶対収束ではないことを示せ．

（ヒント）F)の例の方法にならえ．

10 f が 0 を含む区間 I において連続であるとき，自然数 n に対し

$$g(x)=\int_0^x f(t)(x-t)^n dt$$

とおけば，g は I において $n+1$ 回微分可能で

$$\frac{d^{n+1}}{dx^{n+1}}g(x)=n!f(x)$$

であることを証明せよ．

（ヒント）帰納法と部分積分法．

11 f は区間 I で n 回微分可能で $f^{(n)}$ は連続とする．そのとき，$a, b\in I$ に対し

$$f(b)=f(a)+(b-a)f'(a)+\cdots+\frac{(b-a)^{n-1}}{(n-1)!}f^{(n-1)}(a)+R_n$$

とおけば，

$$R_n=\frac{1}{(n-1)!}\int_a^b (b-x)^{n-1}f^{(n)}(x)\,dx$$

であることを証明せよ．

[**注意**：この結果によれば，テイラーの定理における剰余項が積分の形で与えられる．]

（ヒント）帰納法と部分積分法．

12 ルジャンドルの球関数

$$P_n(x)=\frac{1}{2^n n!}\cdot\frac{d^n}{dx^n}(x^2-1)^n$$

について，次のことを証明せよ．

（a）　$P_n(x)$ は n が奇数ならば奇関数，n が偶数ならば偶関数である．

（b）　$P_n(1)=1$，$P_n(-1)=(-1)^n$．

（c）　$P_n(x)$ は積分に関して次の“直交条件”を満たす．

$$\int_{-1}^{1} P_m(x)P_n(x)\,dx = \begin{cases} 0 & (m \neq n), \\ \dfrac{2}{2n+1} & (m=n). \end{cases}$$

（d）　$y=P_n(x)$ は次の微分方程式を満たす．

$$(x^2-1)y''+2xy'-n(n+1)y = 0.$$

（e）　$P_n(x)$ に関して次の循環公式が成り立つ．

$$(n+1)P_{n+1}(x)-(2n+1)xP_n(x)+nP_{n-1}(x) = 0 \qquad (n=1, 2, 3, \cdots)$$

ただし $P_0(x)=1$ とする．

（ヒント）　(b)　$P_n(x)=\dfrac{1}{2^n n!}\cdot\dfrac{d^n}{dx^n}(x-1)^n(x+1)^n$ としてライプニッツの公式を用いる．(問題 4.4 の問 4 参照．)

(c)　$F(x)=(x^2-1)^n$ とすれば，$2^n n!\displaystyle\int_{-1}^{1}P_n{}^2dx=\int_{-1}^{1}P_nF^{(n)}dx$．これに部分積分法をくり返し，最後に $\displaystyle\int_0^{\frac{\pi}{2}}\sin^{2n+1}x\,dx$ に帰着させる．

(d)　ライプニッツの公式の応用．

(e)　最高次の係数を比較し，(a)に注意すれば

$$(n+1)P_{n+1}(x)-(2n+1)xP_n(x)$$

は $n-1$ 次以下の多項式である．したがって $P_{n-1}(x)$ の適当な定数倍を引けば $n-2$ 次以下の多項式になる．

エルミートの多項式

13　$\dfrac{d^n}{dx^n}(e^{-x^2})=(-1)^n e^{-x^2}H_n(x)$ とおけば，$H_n(x)$ は n 次の整式——**エルミート**(Hermite)**の多項式**(問題 5.1 の問 11)——で，次の“直交条件”を満たすことを示せ．

$$\int_{-\infty}^{+\infty} H_m(x)H_n(x)e^{-x^2}dx = \begin{cases} 0 & (m \neq n), \\ 2^n n!\sqrt{\pi} & (m=n). \end{cases}$$

ラゲールの多項式

14　$\dfrac{d^n}{dx^n}(x^n e^{-x})=e^{-x}L_n(x)$ とおけば，$L_n(x)$ は n 次の整式——これを**ラゲール**(Laguerre)**の多項式**という——で，次の“直交条件”を満たすことを示せ．

$$\int_0^{+\infty} L_m(x)L_n(x)e^{-x}dx = \begin{cases} 0 & (m \neq n), \\ (n!)^2 & (m=n). \end{cases}$$

15　次のような関数 f が存在することを示せ：f は全区間 $(-\infty, +\infty)$ で無限回微分可能で，$x \leqq 0$ ならば $f(x)=0$，$0 \leqq x \leqq 1$ ならば $0 \leqq f(x) \leqq 1$，$1 \leqq x$ ならば $f(x)=1$ である．

9
関数列と関数級数

9.1 一様収束

第2章で扱った数列および級数は“数”を項とするものであった．この章では，関数を項とする関数列，関数を項とする関数級数を取り扱う．このような関数列や関数級数においても，収束する場合にのみ主要な関心が向けられるのは当然のことであるが，単なる収束だけでは，連続性や微分可能性など，注目すべき解析的性質が必ずしも極限の関数には遺伝しない．この点に関して重要な役割を演ずるのは“一様収束”の概念である．本節ではそれについて述べる．

◈ A) 関数列あるいは関数級数の収束

E を $\boldsymbol{R}$ の空でない部分集合とする．各自然数 n に対し，関数 $f_n: E \to \boldsymbol{R}$ が与えられたとき，(f_n) を E における，または E で定義された関数列(くわしくは実関数列)という．

(f_n) が E における関数列ならば，E の各点 x に対して $(f_n(x))$ は実数列である．おのおのの $x \in E$ に対し，この数列 $(f_n(x))$ が収束するならば，

$$\lim_{n\to\infty} f_n(x) = f(x)$$

として，関数 $f: E \to \boldsymbol{R}$ が定義される．このとき，関数列 (f_n) は E で関数 f に**収束**するといい，f を (f_n) の**極限**あるいは**極限関数**という．

収束，極限
極限関数

関数列 (f_n) からは，また関数項の級数——簡単に“関数級数”ともいう——$\sum f_n$ が定義される．それは，各 $x \in E$ に対して，実数項の級数

$$\sum_{n=0}^{\infty} f_n(x)$$

を対応させるものである．もし，この級数がすべての $x \in E$ に対して収束するならば，その和を

$$\sum_{n=0}^{\infty} f_n(x) = s(x)$$

として，関数 $s: E \to \boldsymbol{R}$ が定義される．このとき，関数級数

収束，和

$\sum f_n$ は E で s に**収束**するといい，s をこの級数の**和**とよぶ．

関数級数 $\sum f_n$ が s に収束することは，各 $x \in E$ に対して級数 $\sum f_n(x)$ の部分和

$$s_n(x) = \sum_{k=0}^{n} f_k(x)$$

を作るとき，関数列 (s_n) が関数 s に収束することにほかならない．したがって関数級数の収束に関する問題は原則的に関数列の収束の問題に還元して考えることができる．

さて上記のように関数列の極限や関数級数の和を定義したとき，まず次のような問題が生ずる．——すべての n に対して f_n が連続であるとき，関数列 (f_n) の極限 f あるいは関数級数 $\sum f_n$ の和 s もやはり連続であるか？　f_n が微分可能であるとき，f や s も微分可能であるか？　それらが微分可能であるとして，(f_n') や $\sum f_n'$ は f' や s' に収束するか？　関数の積分可能性についてはどうか？　等々．——要するに，関数 f_n の解析的な性質がどの程度に極限や和に遺伝するかという問題である．

これらの問題に対する答は一般に肯定的ではない．次項でまず二三の反例を掲げる．

◆　B)　幾つかの例

例 1　区間 $[0, 1]$ において $f_n(x) = x^n$ とすれば，関数列 (f_n) は収束して，極限関数 f は

$$f(x) = \begin{cases} 0 & (0 \leqq x < 1), \\ 1 & (x = 1) \end{cases}$$

である．f_n はすべて連続(さらに微分可能)であるが，f は1において連続でない．

例2 各 $n=0,1,2,\cdots$ に対し

$$f_n(x) = \frac{x^2}{(1+x^2)^n}$$

とおき，

$$s(x) = \sum_{n=0}^{\infty} f_n(x) = \sum_{n=0}^{\infty} \frac{x^2}{(1+x^2)^n}$$

とする．容易に計算されるように

$$s(x) = \begin{cases} 1+x^2 & (x \neq 0), \\ 0 & (x=0) \end{cases}$$

である．よって和 s は0において連続でない．この場合にも連続性は和に遺伝していない．

例3 $n=1,2,\cdots$ に対して

$$f_n(x) = \lim_{m\to\infty} (\cos n!\pi x)^{2m}$$

とおく．$n!x$ が整数であるときには $\cos n!\pi x = \pm 1$ であるが，そうでないときには $|\cos n!\pi x|<1$ である．したがって

$$f_n(x) = \begin{cases} 1 & (n!x \text{ が整数であるとき}), \\ 0 & (n!x \text{ が整数でないとき}) \end{cases}$$

となる．いま

$$f(x) = \lim_{n\to\infty} f_n(x)$$

とおく．x が無理数ならばどんな n に対しても $n!x$ が整数とはならないから，すべての n に対して $f_n(x)=0$，したがって $f(x)=0$ である．一方，x が有理数のとき $x=p/q$ (p, q は整数，$q>0$) とすれば，$n \geqq q$ である整数 n に対しては $n!x$ は整数であるから $f_n(x)=1$，したがって $f(x)=1$ となる．ゆえに

$$f(x) = \begin{cases} 1 & (x \text{ が有理数のとき}), \\ 0 & (x \text{ が無理数のとき}) \end{cases}$$

で，極限関数 f は“いたるところ不連続”である．

例3では f_n も連続ではないが，f_n の不連続点は k を整数として $k/n!$ と表される数であるから，たとえば区間 $[0,1]$ で考えた場合そのような数は有限個しかない．(実際 $0 \leqq$

$k/n!\leqq 1$ ならば $0\leqq k\leqq n!$ である.）ゆえに f_n は $[0,1]$ でリーマン積分可能で

$$\int_0^1 f_n(x)\,dx = 0$$

である. しかし, 極限関数 f はリーマン積分可能ではない. (7.1節B)の例参照.）

すなわち, 積分可能関数の極限は必ずしも積分可能ではない.

例4　$n=1,2,\cdots$ に対し

$$f_n(x) = \frac{\sin n^2 x}{n}$$

とすれば,

$$f(x) = \lim_{n\to\infty} f_n(x) = 0,$$

したがって $f'(x)=0$ である. 一方

$$f_n'(x) = n\cos n^2 x$$

で, $n\to\infty$ のとき $f_n'(x)$ は収束しない.

この例によれば, $f_n\to f$, かつ f_n, f が微分可能, でも, 必ずしも $f_n'\to f'$ ではない.

例5　区間 $[0,1]$ において

$$f_n(x) = n^2 x(1-x^2)^n$$

とする. $f_n(1)=0$ で, また $0\leqq x<1$ のとき問題5.2の問1によって $\lim_{n\to\infty} f_n(x)=0$. よって

$$f(x) = \lim_{n\to\infty} f_n(x) = 0,$$

したがって

$$\int_0^1 f(x)\,dx = 0$$

である. 一方

$$\int_0^1 f_n(x)\,dx = -\frac{n^2}{2(n+1)}(1-x^2)^{n+1}\Big|_0^1 = \frac{n^2}{2(n+1)}$$

で, これは $n\to\infty$ のとき $+\infty$ に発散する.

この例によれば, $f_n\to f$, かつ f_n, f が連続, でも, f_n の積分は必ずしも f の積分に収束しない.

◆ C) 一様収束

E における関数列 (f_n) が関数 f に収束することは，正確には次のように述べられる：

任意の $\varepsilon>0$ および任意の $x\in E$ に対し，適当に自然数 N をとれば，$n\geqq N$ であるすべての自然数 n に対して

$$|f_n(x)-f(x)|<\varepsilon$$

が成り立つ．

ここで N はもちろん ε に依存して定まるが一般には当然 x にも依存する．その意味で N は“ε と x の関数” $N(\varepsilon, x)$ である．

もし，この N が ε のみに依存して x には無関係にとれるならば，(f_n) は E において f に**一様収束**するという．すなわち，(f_n) が f に一様収束するとは，

一様収束

任意の $\varepsilon>0$ に対し，適当に自然数 N をとれば，$n\geqq N$ であるすべての自然数 n およびすべての $x\in E$ に対して

$$|f_n(x)-f(x)|<\varepsilon$$

が成り立つ，

ことをいうのである．

収束するが一様収束しない簡単な一例は，区間 $[0,1]$ で定義されたB)の例1の関数列 $f_n(x)=x^n$ $(n=1,2,\cdots)$ である．この関数列は

$$f(x)=\begin{cases}0 & (0\leqq x<1),\\ 1 & (x=1)\end{cases}$$

に収束するが，区間 $[0,1]$ において収束は一様でない．実際，たとえば ε を $\varepsilon=e^{-1}$ ととるとき，$0<x<1$ なる x について $x^n<\varepsilon=e^{-1}$ となるためには，$n\log x<-1$ であることを要し，$\log x<0$ であるから

$$n>\frac{-1}{\log x}$$

となる．x が1に左から近づくとき $\log x$ は負で0に近づくから，x が1に近づくにつれて上の式を成り立たせる n は限りなく大きくならなければならない．ゆえに一定の N をとって，$n\geqq N$ を満たすすべての n および $0<x<1$ であるす

べての x に対して $x^n<e^{-1}$ ならしめることは不可能である．すなわち，この収束は一様収束ではない．

点別収束
単純収束

一様収束(uniform convergence)と区別するために，一般の収束はしばしば**点別収束**(pointwise convergence)または**単純収束**とよばれる．

関数項の級数に対してももちろん一様収束が定義されるが，その意味は明らかであろう．すなわち，級数

$$\sum_{n=0}^{\infty} f_n(x)$$

に対し，部分和を

$$s_n(x) = \sum_{k=0}^{n} f_k(x)$$

とするとき，関数列 (s_n) が E で s に一様収束するならば，級数 $\sum f_n$ は E で s に一様収束するというのである．

◆ D) 一様収束に関するコーシーの条件

コーシーの条件

関数列の一様収束についても，やはり**コーシーの条件**が適用される．それは次のように述べられる．

定理1　E で定義された関数列 (f_n) が E において一様収束するための必要十分条件は，任意の $\varepsilon>0$ に対し，適当に自然数 N をとれば，$m \geqq N$, $n \geqq N$ を満たすすべての自然数 m, n およびすべての $x \in E$ に対して

$$|f_m(x)-f_n(x)| < \varepsilon$$

が成り立つことである．

証明　f_n が E において関数 f に一様収束するならば，任意の $\varepsilon>0$ に対し，ある N が存在して，$n \geqq N$ を満たすすべての n およびすべての $x \in E$ に対して

$$|f_n(x)-f(x)| < \frac{\varepsilon}{2}$$

が成り立つ．よって $m \geqq N$, $n \geqq N$ ならば，すべての $x \in E$ に対して

$$\begin{aligned} |f_m(x)-f_n(x)| &\leqq |f_m(x)-f(x)|+|f(x)-f_n(x)| \\ &< \frac{\varepsilon}{2}+\frac{\varepsilon}{2} = \varepsilon \end{aligned}$$

となる．

逆に定理の仮定が成り立つとする．そのとき，各 $x \in E$ に対し，数列 $(f_n(x))$ はコーシー列となるから収束する．そこで

$$\lim_{n\to\infty} f_n(x) = f(x)$$

とし，不等式

$$|f_m(x) - f_n(x)| < \varepsilon$$

において $n \to \infty$ とすれば，$f_n(x) \to f(x)$ であるから，

$$|f_m(x) - f(x)| < \varepsilon$$

となる．これが $m \geqq N$ であるすべての m とすべての $x \in E$ に対して成り立つから，f_m は f に一様収束する．◸

系 E において関数級数 $\sum f_n(x)$ が一様収束するための必要十分条件は，任意の $\varepsilon > 0$ に対し，ある N が存在して，$m \geqq n \geqq N$ を満たすすべての m, n およびすべての $x \in E$ に対して

$$\left|\sum_{k=n}^{m} f_k(x)\right| < \varepsilon$$

が成り立つことである．

証明 $\sum f_n$ が一様収束することは，部分和

$$s_n(x) = \sum_{k=0}^{n} f_k(x)$$

が一様収束することであるから，定理1を関数列 (s_n) に適用すれば直ちに結論が得られる．◸

次の定理は実用上はなはだ有用である．

定理2 $\sum f_n$ を E において与えられた関数級数とする．もし，すべての $x \in E$ に対し

$$|f_n(x)| \leqq M_n$$

を満たし，かつ $\sum M_n$ が収束するような正項級数 $\sum M_n$ が存在するならば，$\sum f_n$ は E において一様かつ絶対に収束する．

証明 $\sum M_n$ が収束するから，与えられた $\varepsilon > 0$ に対し，$m \geqq n \geqq N$ ならば

$$\sum_{k=n}^{m} M_k < \varepsilon$$

となる自然数 N がある．よって定理の仮定が成り立つならば，すべての $x\in E$ に対し

$$\left|\sum_{k=n}^{m} f_k(x)\right| \leqq \sum_{k=n}^{m}|f_k(x)| \leqq \sum_{k=n}^{m} M_k < \varepsilon.$$

ゆえに定理1の系によって $\sum f_n$ は一様収束する．しかも $\sum|f_n|$ が収束するからこれは絶対収束である．◪

◆ E）一様収束と連続

次の定理は実はもっと一般な状況において述べることもできるが，さしあたり G）一様収束と微分の項の定理6の証明に必要な形で命題を述べておく．

> **定理3**　I を1つの区間とし，x_0 を I の1つの点(I の端点でもよい)，I から x_0 をとり除いた集合を E とする．(f_n) を E で定義された関数列とし，(f_n) は E において関数 f に一様収束するとする．また，$n=1, 2, \cdots$ について，有限の極限
>
> $$\lim_{x\to x_0} f_n(x) = A_n$$
>
> が存在するとする．そのとき，数列 (A_n) は収束し，その極限を A とすれば，
>
> $$\lim_{x\to x_0} f(x) = A$$
>
> である．

証明　f_n は E で一様収束するから，定理1により，与えられた $\varepsilon>0$ に対し，ある N が存在して，$m\geqq N$，$n\geqq N$ ならば，すべての $x\in E$ に対して

$$|f_m(x)-f_n(x)| < \varepsilon$$

が成り立つ．ここで $x\to x_0$ とすれば，$f_m(x)\to A_m$，$f_n(x)\to A_n$ であるから，

$$|A_m-A_n| \leqq \varepsilon.$$

ゆえに数列 (A_n) はコーシー列である．したがって (A_n) は収束する．その極限を A とする．

f_n は f に E で一様収束し，また $A_n\to A$ であるから，自然数 n を十分大きく選んで，すべての $x\in E$ に対し

$$|f(x)-f_n(x)| < \frac{\varepsilon}{3}$$

が成り立ち，かつ

$$|A_n - A| < \frac{\varepsilon}{3}$$

が成り立つようにすることができる．さらにこの n に対し，$\lim_{x\to x_0} f_n(x) = A_n$ であるから，$\delta > 0$ を，$|x - x_0| < \delta$, $x \in E$ ならば，

$$|f_n(x) - A_n| < \frac{\varepsilon}{3}$$

が成り立つように選ぶことができる．そうすれば，$|x - x_0| < \delta$, $x \in E$ のとき

$$|f(x) - A| \leqq |f(x) - f_n(x)| + |f_n(x) - A_n| + |A_n - A|$$
$$< \frac{\varepsilon}{3} + \frac{\varepsilon}{3} + \frac{\varepsilon}{3} = \varepsilon.$$

これは $\lim_{x\to x_0} f(x) = A$ であることを意味する．□

定理3の結果は，形式的に

$$\lim_{x\to x_0}\left(\lim_{n\to\infty} f_n(x)\right) = \lim_{n\to\infty}\left(\lim_{x\to x_0} f_n(x)\right)$$

と書くことができる．すなわち，定理の仮定のもとに，このような“極限の順序の交換”が許されるのである．

定理4 区間 I で f_n が連続で，関数列 (f_n) が I において f に一様収束するならば，極限関数 f も I で連続である．

証明 x_0 を I の任意の点とすれば，

$$\lim_{n\to\infty} f_n(x_0) = f(x_0)$$

で，f_n は x_0 で連続であるから

$$\lim_{x\to x_0} f_n(x) = f_n(x_0)$$

である．よって定理3の A_n, A をそれぞれ $f_n(x_0), f(x_0)$ として

$$\lim_{x\to x_0} f(x) = f(x_0)$$

を得る．ゆえに f も x_0 において連続である．□

系 区間 I で f_n が連続で，級数

$$\sum_{n=0}^{\infty} f_n(x) = s(x)$$

が I において一様収束するならば，s も I において連続である．

証明　定理4から明らかである．□

◆ F)　一様収束と積分

定理5　区間 $[a, b]$ で f_n がリーマン積分可能で，f に一様収束するならば，f も $[a, b]$ でリーマン積分可能で，

$$\lim_{n\to\infty}\int_a^b f_n(x)\,dx = \int_a^b f(x)\,dx$$

が成り立つ．

証明　まず区間 $[a, b]$ で関数 φ, ψ が有界で，$\varphi \leqq \psi$ ならば

$$\underline{\int_a^b}\varphi \leqq \underline{\int_a^b}\psi, \qquad \overline{\int_a^b}\varphi \leqq \overline{\int_a^b}\psi$$

であることに注意する．実際，$[a, b]$ の任意の分割 P に対して，明らかに

$$U(P, \varphi) \leqq U(P, \psi)$$

で，$\overline{\int_a^b}\varphi \leqq U(P, \varphi)$ であるから，

$$\overline{\int_a^b}\varphi \leqq U(P, \psi).$$

ゆえに右辺の P に関する下限をとって $\overline{\int_a^b}\varphi \leqq \overline{\int_a^b}\psi$ を得る．

下積分に対する主張も同様である．

さて，$\varepsilon>0$ を与えられた正数とし，$\eta=\varepsilon/(b-a)$ とおく．f_n は $[a, b]$ で f に一様収束するから，ある N が存在して，$n \geqq N$ ならば，すべての $x \in [a, b]$ に対して

$$|f_n(x)-f(x)| \leqq \eta \qquad ①$$

が成り立つ．よって $|f(x)| \leqq |f_n(x)|+\eta$ で，f_n は $[a, b]$ で有界であるから f も $[a, b]$ で有界である．また①より

$$f_n(x)-\eta \leqq f(x) \leqq f_n(x)+\eta.$$

ゆえに上に注意したことによって

$$\underline{\int_a^b}(f_n-\eta) \leqq \underline{\int_a^b} f \leqq \overline{\int_a^b} f \leqq \overline{\int_a^b}(f_n+\eta).$$

仮定により f_n は積分可能で $\int_a^b \eta = \eta(b-a) = \varepsilon$ であるから，

これより

$$\int_a^b f_n - \varepsilon \leqq \underline{\int_a^b} f \leqq \overline{\int_a^b} f \leqq \int_a^b f_n + \varepsilon \qquad ②$$

を得る．ε は任意であるから，この不等式から

$$\underline{\int_a^b} f = \overline{\int_a^b} f$$

であることがわかる．すなわち f も $[a, b]$ で積分可能である．さらに②より，$n \geqq N$ であるとき

$$\left| \int_a^b f_n - \int_a^b f \right| \leqq \varepsilon$$

が成り立つ．ゆえに $\lim_{n\to\infty} \int_a^b f_n = \int_a^b f$ である．□

［**注意**：f_n が $[a, b]$ で連続である場合には，証明はもっと単純である．すなわち定理4によって f も $[a, b]$ で連続で，①より直接に

$$\left| \int_a^b f_n - \int_a^b f \right| \leqq \int_a^b |f_n - f| \leqq \eta(b-a) = \varepsilon$$

を得る．］

項別積分の定理

> **系(項別積分の定理)** 区間 $[a, b]$ で f_n がリーマン積分可能で，級数
>
> $$\sum_{n=0}^{\infty} f_n(x)$$
>
> が $[a, b]$ で一様収束するならば，和も $[a, b]$ で積分可能で，
>
> $$\int_a^b \left(\sum_{n=0}^{\infty} f_n(x) \right) dx = \sum_{n=0}^{\infty} \int_a^b f_n(x)\, dx$$
>
> である．

証明 級数 $\sum f_n(x)$ の部分和を $s_n(x)$，和を $s(x)$ とすれば，s_n は s に一様収束するから，定理5によって s も積分可能で

$$\int_a^b s = \lim_{n\to\infty} \int_a^b s_n = \lim_{n\to\infty} \sum_{k=0}^{n} \int_a^b f_k = \sum_{n=0}^{\infty} \int_a^b f_n$$

となる．□

◆ G) 一様収束と微分

関数列の収束と微分との関係はやや複雑である．たとえば，B)の例4からわかるように，微分可能な関数 f_n が微分可能

な関数 f に一様収束しても，f_n' が f' に収束するとはいえない．

しかし，次の定理が成立する．この定理における重要な仮定は f_n' の一様収束性である．

定理 6　(f_n) は区間 $[a, b]$ で微分可能な関数列で，次の仮定 1°), 2°) を満たすとする．

1°)　$[a, b]$ の 1 点 x^* において数列 $(f_n(x^*))$ は収束する．

2°)　関数列 (f_n') は $[a, b]$ において一様収束する．

そのとき (f_n) は $[a, b]$ で一様収束し，その極限を f とすれば，f も $[a, b]$ で微分可能で，$[a, b]$ の任意の点 x において

$$\lim_{n\to\infty} f_n'(x) = f'(x)$$

が成り立つ．

証明　$\varepsilon>0$ を与えられた正数とする．

仮定 1°), 2°) によって，自然数 N を適当に選んで，$m \geqq N$, $n \geqq N$ を満たすすべての m, n に対して

$$|f_m(x^*) - f_n(x^*)| \leqq \frac{\varepsilon}{2},$$

さらに $m \geqq N$, $n \geqq N$ なるすべての m, n およびすべての $x \in [a, b]$ に対して

$$|f_m'(x) - f_n'(x)| \leqq \frac{\varepsilon}{2(b-a)}$$

が成り立つようにすることができる．以下 N はそのような 1 つの自然数とし，m, n は N 以上の自然数とする．

関数 $f_m - f_n$ に平均値の定理を適用すれば，任意の $x, y \in [a, b]$ に対して

$$\begin{aligned}(f_m(x) - f_n(x)) &- (f_m(y) - f_n(y)) \\ &= (f_m'(s) - f_n'(s))(x-y)\end{aligned} \qquad ①$$

を満たす x と y の間の点 s が存在する．よって

$$\begin{aligned}&|(f_m(x) - f_n(x)) - (f_m(y) - f_n(y))| \\ &\leqq \frac{\varepsilon}{2(b-a)}|x-y| \leqq \frac{\varepsilon}{2}.\end{aligned}$$

特に y として x^* をとれば，任意の $x \in [a, b]$ に対して

$$|f_m(x)-f_n(x)| \leqq |f_m(x^*)-f_n(x^*)|+\frac{\varepsilon}{2} \leqq \varepsilon$$

を得る．ゆえに関数列 (f_n) は $[a, b]$ において一様収束する．その極限関数を

$$f(x) = \lim_{n\to\infty} f_n(x)$$

とする．

次に x_0 を $[a, b]$ の任意に固定された1点とし，$[a, b]$ から x_0 をとり除いた集合を E とする．① の y として x_0 をとり，x を E の任意の点とすれば，① は

$$\begin{aligned}&(f_m(x)-f_m(x_0))-(f_n(x)-f_n(x_0))\\&\quad= (f_m'(s)-f_n'(s))(x-x_0)\end{aligned}$$

と書きかえられる．ただし s は x と x_0 の間の適当な点である．よって

$$\varphi_n(x) = \frac{f_n(x)-f_n(x_0)}{x-x_0}$$

とおけば，

$$\varphi_m(x)-\varphi_n(x) = f_m'(s)-f_n'(s).$$

ゆえに $m \geqq N$, $n \geqq N$ であるとき

$$|\varphi_m(x)-\varphi_n(x)| \leqq \frac{\varepsilon}{2(b-a)}$$

となる．よって関数列 (φ_n) は E において一様収束する．その極限関数は

$$\varphi(x) = \frac{f(x)-f(x_0)}{x-x_0}$$

である。

一方，$\lim_{x\to x_0} \varphi_n(x) = f_n'(x_0)$ であるから，E)の定理3によって $\lim_{n\to\infty} f_n'(x_0)$ が存在し，それは

$$\lim_{x\to x_0} \varphi(x) = \lim_{x\to x_0} \frac{f(x)-f(x_0)}{x-x_0}$$

に等しい．ゆえに f は x_0 において微分可能で

$$f'(x_0) = \lim_{n\to\infty} f_n'(x_0)$$

である．この結果は $[a, b]$ の任意の点 x_0 において成り立つ．以上で定理の証明が完結した．□

系(項別微分の定理) (f_n) は区間 $[a, b]$ で微分可能

項別微分の定理

な関数列で，次の仮定 1°), 2°) を満たすとする．

1°) $[a, b]$ のある点 x^* において級数 $\sum_{n=0}^{\infty} f_n(x^*)$ は収束する．

2°) 級数 $\sum_{n=0}^{\infty} f_n'(x)$ は $[a, b]$ で一様収束する．

このとき，級数 $\sum_{n=0}^{\infty} f_n(x)$ は $[a, b]$ で一様収束し，

$$\frac{d}{dx}\left(\sum_{n=0}^{\infty} f_n(x)\right) = \sum_{n=0}^{\infty} f_n'(x)$$

である．

証明 定理 6 を級数の部分和とその極限に対して適用すればよい．□

◆ H) いたるところ微分不可能な連続関数

本節の最後に，一様収束性の 1 つの応用として，ワイエルシュトラス(Weierstrass)によって最初に発見された古典的に有名な命題を述べておく．次の証明は Rudin による．

定理 7 全区間 $(-\infty, +\infty)$ で連続で，いたるところ微分不可能であるような関数が存在する．

証明 関数 φ を区間 $[-1, 1]$ で

$$\varphi(x) = |x|$$

と定義し，さらにすべての x に対し

$$\varphi(x+2) = \varphi(x)$$

として φ の定義域を $\boldsymbol{R}$ 全体に拡張する．これは全区間で連続な周期 2 をもつ周期関数で，定義から明らかに，$s, t \in \boldsymbol{R}$ に対し，$s-t$ が偶数ならば $\varphi(s)-\varphi(t)=0$，また s, t の間に整数が存在しなければ

$$|\varphi(s)-\varphi(t)| = |s-t|$$

である．(下図参照．)

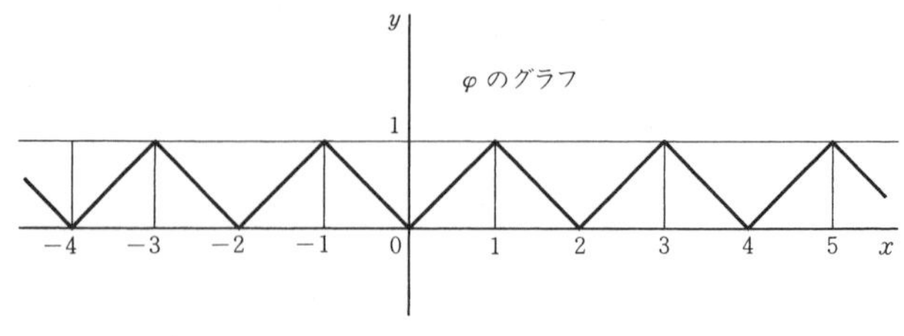

次にこの関数 φ を用いて，関数 f を

$$f(x)=\sum_{n=0}^{\infty}\left(\frac{3}{4}\right)^n\varphi(4^n x)$$

と定義する．$0\leqq\varphi\leqq 1$ であるから，定理2によってこの級数は全区間で一様収束し，したがって定理4の系により f は全区間で連続な関数である．

この関数 f はいたるところ微分不可能であることを証明しよう．

x を任意に固定された1点とする．任意に与えられた正の整数 p に対し，

$$h_p=\pm\frac{1}{2\cdot 4^p}$$

を，$4^p(x+h_p)$ と $4^p x$ の間に整数がないようにとる．($4^p h_p=\pm 1/2$ であるから，符号 $\pm$ のどちらかを選べばそのことは可能である．) このとき，定義によって

$$f(x+h_p)-f(x)=\sum_{n=0}^{\infty}\left(\frac{3}{4}\right)^n\{\varphi(4^n(x+h_p))-\varphi(4^n x)\}$$

であるが，$n>p$ ならば $4^n(x+h_p)-4^n x=\pm 4^{n-p}/2$ は偶数であるから，

$$\varphi(4^n(x+h_p))-\varphi(4^n x)=0,$$

したがって

$$f(x+h_p)-f(x)=\sum_{n=0}^{p}\left(\frac{3}{4}\right)^n\{\varphi(4^n(x+h_p))-\varphi(4^n x)\}$$

となる．よって

$$\gamma_n=\frac{\varphi(4^n(x+h_p))-\varphi(4^n x)}{h_p}\qquad(0\leqq n\leqq p)$$

とおけば，

$$\begin{aligned}\frac{f(x+h_p)-f(x)}{h_p}&=\sum_{n=0}^{p}\left(\frac{3}{4}\right)^n\gamma_n\\&=\left(\frac{3}{4}\right)^p\gamma_p+\sum_{n=0}^{p-1}\left(\frac{3}{4}\right)^n\gamma_n\end{aligned}$$

である．

しかるに h_p の定め方から，$0\leqq n\leqq p$ なる n に対しては $4^n(x+h_p)$ と $4^n x$ の間には整数は存在しない．したがって

$$|\varphi(4^n(x+h_p))-\varphi(4^n x)|=|4^n(x+h_p)-4^n x|=|4^n h_p|,$$

よって

$$|\gamma_n|=4^n\qquad(0\leqq n\leqq p)$$

である．ゆえに

$$\left|\frac{f(x+h_p)-f(x)}{h_p}\right| \geqq \left(\frac{3}{4}\right)^p|\gamma_p|-\sum_{n=0}^{p-1}\left(\frac{3}{4}\right)^n|\gamma_n|$$
$$= 3^p-\sum_{n=0}^{p-1}3^n > \frac{3^p}{2}.$$

ここで $p\to\infty$ とする．そのとき $h_p\to 0$ であるが，$3^p/2\to+\infty$ であるから，$(f(x+h_p)-f(x))/h_p$ は有限の極限をもたない．ゆえに f は x において微分可能ではない．

これで証明が完了した．□

問題 9.1

一様有界

1　集合 E 上で定義された関数列 (f_n) が**一様有界**であるとは，ある正の定数 M が存在して，すべての自然数 n およびすべての $x\in E$ に対して

$$|f_n(x)| \leqq M$$

が成り立つことをいう．

E 上の有界な関数列 (f_n) が E で一様収束するならば，(f_n) は E で一様有界であることを証明せよ．

2　関数列 (f_n), (g_n) がともに E で一様収束するならば，(f_n+g_n) も E で一様収束することを示せ．さらにもし (f_n), (g_n) がともに有界な関数列ならば (f_ng_n) も E で一様収束することを示せ．

（ヒント）　積に関しては一様収束する有界関数列の一様有界性(問1による)を用いよ．

3　関数列 (f_n), (g_n) はともに E で一様収束するが，(f_ng_n) は E で一様収束しないような例を示せ．

4　(f_n) は区間 $I=[\alpha,\beta]$ でリーマン積分可能な関数列で，関数 f に一様収束するとする．(定理5によって f もリーマン積分可能である．) そのとき，$a\in I$ を固定し，$x\in I$ に対して

$$F_n(x) = \int_a^x f_n(t)\,dt, \qquad F(x) = \int_a^x f(t)\,dt$$

とおけば，(F_n) は I で F に一様収束することを証明せよ．

5　$n=1,2,\cdots$ に対して

$$f_n(x) = \frac{x}{1+nx^2}$$

とおけば，(f_n) は $(-\infty,+\infty)$ である関数 f に一様収束することを示せ．また $x\neq 0$ ならば

$$\lim_{n\to\infty} f_n'(x) = f'(x)$$

が成り立つこと，$x=0$ では成り立たないことを示せ．

9.2 整級数(べき級数)

関数級数のうちで最も重要なものは整級数(power series)(またはべき級数ともいう)である．整級数については第6章のテイラー展開の部分ですでに一半を述べたが，そこでの主要な目標は指数関数や三角関数のテイラー展開であった．この章では整級数そのものによって定義される関数について論ずる．

◆ A) 根判定法・比判定法

はじめに，以下の準備のため，実数 a_n を項とする級数 $\sum a_n$ の収束・発散に関して2つの基本的な判定法を述べておく．これらは第2章では未記述であったものである．

根判定法(ルート・テスト)

> **定理1(根判定法**または**ルート・テスト**——root test)
> 級数 $\sum a_n$ において
> $$\limsup_{n\to\infty} \sqrt[n]{|a_n|} = \alpha$$
> とする．(一般に $0 \leqq \alpha \leqq +\infty$ である．) このとき
> (a) $\alpha<1$ ならば $\sum a_n$ は収束，しかも絶対収束する．
> (b) $\alpha>1$ ならば $\sum a_n$ は発散する．

証明 (a) $\alpha<1$ ならば，$\alpha<r<1$ なる r をとるとき，上極限の性質(問題2.2の問6(a))によって，ほとんどすべての n について $\sqrt[n]{|a_n|} \leqq r$ が成り立つ．いいかえれば，ある自然数 N が存在して，$n \geqq N$ なるすべての n について

$$\sqrt[n]{|a_n|} \leqq r,$$

したがって

$$|a_n| \leqq r^n$$

である．$r<1$ であるから級数 $\sum r^n$ は収束する．よって比較定理(2.3節の定理6)により $\sum |a_n|$ は収束する．

(b) $\alpha>1$ ならば，同じく上極限の性質(問題2.2の問6(b))によって，無限に多くの n に対して

$$\sqrt[n]{|a_n|} \geqq 1,$$

したがって $|a_n| \geqq 1$ である．ゆえに (a_n) は 0 に収束しない．よって $\sum a_n$ は発散する．▨

ルート・テストで $\alpha=1$ となる場合には，収束・発散は判定できない．たとえば，級数

$$\sum \frac{1}{n}, \qquad \sum \frac{1}{n^2}$$

では，ともに $\alpha=1$ であるが，前者は発散し，後者は収束する．

比判定法

> **定理 2**（**比判定法**——ratio test）　級数 $\sum a_n$ において，すべての n に対し $a_n \neq 0$ とする．このとき
>
> （a）$\displaystyle\limsup_{n\to\infty}\left|\frac{a_{n+1}}{a_n}\right|<1$ ならば，$\sum a_n$ は収束，しかも絶対収束する．
>
> （b）ほとんどすべての n について $\displaystyle\left|\frac{a_{n+1}}{a_n}\right| \geqq 1$ が成り立つならば，$\sum a_n$ は発散する．

証明　（a）仮定のもとに $\displaystyle\limsup_{n\to\infty}\left|\frac{a_{n+1}}{a_n}\right|<r<1$ なる r をとれば，ある N が存在して，$n \geqq N$ を満たすすべての n について $\displaystyle\left|\frac{a_{n+1}}{a_n}\right| \leqq r$ が成り立つ．よって

$$|a_{N+1}| \leqq r|a_N|,$$
$$|a_{N+2}| \leqq r|a_{N+1}| \leqq r^2|a_N|,$$
$$|a_{N+3}| \leqq r|a_{N+2}| \leqq r^3|a_N|, \qquad \cdots$$

一般に $n \geqq N$ ならば

$$|a_n| \leqq r^{n-N}|a_N|$$

となる．そして $\displaystyle\sum_{n=N}^{\infty} r^{n-N}|a_N|$ は収束するから，比較定理によって $\sum |a_n|$ は収束する．

（b）仮定のもとに，ある N が存在して，$n \geqq N$ であるとき $|a_{n+1}| \geqq |a_n|$ である．したがって $n \geqq N$ ならば $|a_n| \geqq |a_N| > 0$．よって (a_n) は 0 に収束しない．ゆえに $\sum a_n$ は発散する．▨

比判定法によれば，

$$\lim_{n\to\infty}\left|\frac{a_{n+1}}{a_n}\right| = \beta$$

が存在する場合には，$\beta<1$ ならば $\sum a_n$ は絶対収束し，$\beta>1$ ならば発散する．しかし，$\beta=1$ の場合にはやはり収束・発散の判定はできない．実際，前の例の級数

$$\Sigma\frac{1}{n},\qquad \Sigma\frac{1}{n^2}$$

では，β もともに1になっている．

実際上，n 乗根を計算するより比を計算する方が簡単であるから，比判定法の方が便利ではあるが，理論的な応用面ではむしろ根判定法の方が優れている．ついでながら，両者の比較のために次の定理を述べておこう．

> **定理3** 級数 $\sum a_n$ において，すべての n に対し $a_n>0$ とする．そのとき
>
> $$\liminf_{n\to\infty}\frac{a_{n+1}}{a_n}\leqq\liminf_{n\to\infty}\sqrt[n]{a_n},$$
>
> $$\limsup_{n\to\infty}\sqrt[n]{a_n}\leqq\limsup_{n\to\infty}\frac{a_{n+1}}{a_n}$$
>
> が成り立つ．

証明 上極限に関する不等式について証明する．(下極限の場合も同様である．) いま

$$\limsup_{n\to\infty}\frac{a_{n+1}}{a_n}=\beta$$

とおく．$\beta=+\infty$ の場合には証明すべきことは何もないから，$\beta<+\infty$ とする．$\beta<\rho$ なる実数 ρ をとれば，ある N が存在して，$n\geqq N$ ならば

$$\frac{a_{n+1}}{a_n}\leqq\rho$$

が成り立つ．よって

$$a_{N+1}\leqq\rho a_N,$$
$$a_{N+2}\leqq\rho a_{N+1}\leqq\rho^2 a_N,\qquad\cdots$$

一般に $n\geqq N$ ならば

$$a_n\leqq\rho^{n-N}a_N=\rho^n\cdot\frac{a_N}{\rho^N}$$

となる．したがって

$$\sqrt[n]{a_n}\leqq\rho\cdot\sqrt[n]{\frac{a_N}{\rho^N}}.$$

a_N/ρ^N は定数であるから，$n\to\infty$ のとき上式の右辺は ρ に収束する．よって

$$\limsup_{n\to\infty}\sqrt[n]{a_n}\leqq\rho$$

である．これが $\beta<\rho$ を満たす任意の ρ について成り立つから

$$\limsup_{n\to\infty}\sqrt[n]{a_n} \leqq \beta$$

でなければならない．☐

> **系**　正項級数 $\sum a_n$ において，
>
> $$\lim_{n\to\infty}\frac{a_{n+1}}{a_n}$$
>
> が存在すれば，$\lim\limits_{n\to\infty}\sqrt[n]{a_n}$ も存在して，両者は等しい．

証明　定理3から明らかである．☐

［**注意**：この系の逆は成り立たない．すなわち $\lim\sqrt[n]{a_n}$ が存在しても $\lim(a_{n+1}/a_n)$ が存在するとは限らない．(節末の問題9.2の問1参照.) この点でも理論面では根判定法の方が比判定法より有効性が高いのである.］

◆　B)　整級数と収束半径

整級数

関数項の級数のうち，特に $\sum a_n(x-a)^n$ の形のものを**整級数**という．以下では $x-a$ に x を代用して

$$\sum_{n=0}^{\infty} a_n x^n = a_0+a_1x+a_2x^2+\cdots$$

の形の整級数を取り扱う．整級数は解析学において最も重要な級数である．

整級数に関する最も基本的な命題は次の定理によって与えられる．

> **定理4**　整級数 $\sum\limits_{n=0}^{\infty} a_n x^n$ において，
>
> $$\alpha = \limsup_{n\to\infty}\sqrt[n]{|a_n|}, \qquad R=\frac{1}{\alpha}$$
>
> とする．($\alpha=0$ のときには $R=+\infty$，$\alpha=+\infty$ のときには $R=0$ とする.) そのとき
>
> (a)　$|x|<R$ では $\sum a_n x^n$ は絶対収束する．また $0<R'<R$ とすれば，$|x|\leqq R'$ では $\sum a_n x^n$ は一様収束する．
>
> (b)　$|x|>R$ ならば $\sum a_n x^n$ は発散する．

証明　$\sqrt[n]{|a_n x^n|}=\sqrt[n]{|a_n|}\,|x|$ であるから，

$$\limsup_{n\to\infty}\sqrt[n]{|a_n x^n|} = \alpha|x|$$

である．よって

(a) $|x|<R=1/\alpha$ ならば $\alpha|x|<1$ であるから，定理1の(a)によって $\sum a_n x^n$ は絶対収束する．また $0<R'<R$, $|x|\leqq R'$ ならば

$$|a_n x^n| \leqq |a_n|R'^n$$

で，$\sum|a_n|R'^n$ は収束するから，9.1節の定理2によって，$|x|\leqq R'$ の範囲で $\sum a_n x^n$ は一様収束する．

(b) $|x|>R=1/\alpha$ ならば $\alpha|x|>1$ であるから，定理1の(b)によって $\sum a_n x^n$ は発散する．□

定理4の R を整級数 $\sum a_n x^n$ の**収束半径**といい，$|x|<R$ なる範囲，すなわち区間 $(-R, R)$ を整級数の**収束区間**という．

収束半径

収束区間

系 整級数 $\sum_{n=0}^{\infty} a_n x^n$ において，もし

$$\alpha = \lim_{n\to\infty}\left|\frac{a_{n+1}}{a_n}\right|$$

が存在するならば，収束半径 R は $R=1/\alpha$ である．(ただし $\alpha=0$ のときには $R=+\infty$, $\alpha=+\infty$ のときには $R=0$ とする．

証明 この系は定理3の系と定理4から得られる．□

◆ C) 二三の例

定理4あるいはその系を用いて，幾つか簡単な整級数の収束域を求めてみよう．

例 (a) $\sum_{n=0}^{\infty} n^n x^n$: $\lim\sqrt[n]{a_n}=\lim n=+\infty$. よって $R=0$. ゆえにこの整級数は $x=0$ でのみ収束し，0以外の点では発散する．

(b) $\sum_{n=0}^{\infty}\frac{x^n}{n!}$: $\lim\frac{a_{n+1}}{a_n}=\lim\frac{1}{n+1}=0$. よって $R=+\infty$. ゆえにこの整級数はすべての x に対して絶対収束する．

(c) $\sum_{n=0}^{\infty} x^n$: $\lim\sqrt[n]{a_n}=1$. よって $R=1$. ゆえに $|x|<1$ で絶対収束，$|x|>1$ で発散．また明らかに $x=\pm1$ でも発散する．

（d）　$\sum_{n=1}^{\infty}\frac{x^n}{n}$：$\lim\frac{a_{n+1}}{a_n}=\lim\frac{n}{n+1}=1$．よって $R=1$．ゆえに $|x|<1$ で絶対収束，$|x|>1$ で発散．また $x=1$ では発散し，$x=-1$ では収束する．（2.3節の定理7，9参照．）

（e）　$\sum_{n=1}^{\infty}\frac{x^n}{n^2}$：$\lim\frac{a_{n+1}}{a_n}=1$．よって $R=1$．ゆえに $|x|<1$ で絶対収束，$|x|>1$ で発散．この級数の場合は $x=\pm 1$ のどちらにおいても収束する．

以上の例でみるように，整級数の収束区間 $(-R, R)$ の端点においては収束・発散は一定しない．すなわち $x=R$，$x=-R$ では収束することもあり，発散することもある．

◆　D）　整級数で表される関数

整級数 $\sum a_n x^n$ の収束半径が R ならば，区間 $(-R, R)$ では級数は収束するから，この区間で1つの関数

$$f(x) = \sum a_n x^n$$

を表す．

この関数は次の定理に述べるような著しい性質をもっている．

定理5　整級数 $\sum a_n x^n$ が正の収束半径 R（もちろん $R=+\infty$ でもよい）をもつとし，区間 $(-R, R)$ においてその表す関数を

$$f(x) = \sum_{n=0}^{\infty} a_n x^n$$

とする．$f(x)$ は区間 $(-R, R)$ において無限回微分可能で，その逐次の導関数は級数を順次項別微分することによって得られる．すなわち

$$f'(x) = \sum_{n=1}^{\infty} n a_n x^{n-1},$$

$$f''(x) = \sum_{n=2}^{\infty} n(n-1) a_n x^{n-2},$$

$$\cdots\cdots$$

一般に

$$f^{(k)}(x) = \sum_{n=k}^{\infty} n(n-1)\cdots(n-k+1) a_n x^{n-k}.$$

かつ，これらの各次数の導関数を表す整級数の収束半径はすべて R である．

証明　まず，整級数 $\sum na_nx^{n-1}$ の収束半径も R であることを証明しよう．それには定理 4 によって

$$\limsup_{n\to\infty}\sqrt[n]{|a_n|} = \limsup_{n\to\infty}\sqrt[n]{n|a_n|}$$

であることを証明すればよい．

そのために $\alpha=\limsup_{n\to\infty}\sqrt[n]{|a_n|}$，$\alpha_1=\limsup_{n\to\infty}\sqrt[n]{n|a_n|}$ とおく．$\alpha\leqq\alpha_1$ は明らかである．一方 α' を $\alpha<\alpha'$ を満たす任意の数とし，$\alpha<\rho<\alpha'$ なる ρ をとれば，$1<\alpha'/\rho$ で，2.1 節 F)の例 4 でみたように $\lim_{n\to\infty}\sqrt[n]{n}=1$ であるから，ほとんどすべての n に対し

$$\sqrt[n]{|a_n|} \leqq \rho \quad \text{および} \quad \sqrt[n]{n} \leqq \frac{\alpha'}{\rho},$$

したがって

$$\sqrt[n]{n|a_n|} \leqq \alpha'$$

が成り立つ．ゆえに $\alpha_1\leqq\alpha'$．これが $\alpha<\alpha'$ なる任意の α' に対して成り立つから $\alpha_1\leqq\alpha$ でなければならない．ゆえに $\alpha=\alpha_1$．以上で，整級数

$$\sum_{n=1}^{\infty} na_nx^{n-1}$$

の収束半径も R であることが証明された．

したがって $0<R'<R$ とすれば，$|x|\leqq R'$ では $\sum na_nx^{n-1}$ は一様収束する(定理 4)．ゆえに 9.1 節の定理 6 の系により

$$f(x) = \sum_{n=0}^{\infty} a_nx^n$$

は $|x|\leqq R'$ で微分可能で，

$$f'(x) = \sum_{n=1}^{\infty} na_nx^{n-1}$$

である．この結果は $0<R'<R$ である任意の R' に対して成り立つ．よって結局，$f(x)$ は $(-R, R)$ で微分可能で，導関数 $f'(x)$ は上の整級数によって与えられる．

以下は単に上の議論をくり返すだけでよい．すなわち，$f(x)$ のかわりに，今度は整級数

$$f'(x) = \sum_{n=1}^{\infty} na_nx^{n-1}$$

に対して上の結果を適用すれば，$f'(x)$ は $(-R, R)$ で微分可能で，その導関数は

$$f''(x) = \sum_{n=2}^{\infty} n(n-1)a_n x^{n-2}$$

で与えられることがわかる．以下同様にして定理の結論が得られる．☐

系 1　整級数 $\sum a_n x^n$ が正の収束半径 R をもつとき，

$$f(x) = \sum_{n=0}^{\infty} a_n x^n$$

とおけば，

$$a_n = \frac{f^{(n)}(0)}{n!} \qquad (n=0, 1, 2, \cdots)$$

である．

証明　定理 5 の $f^{(k)}(x)$ の式の x に $x=0$ を代入すれば

$$f^{(k)}(0) = k!\,a_k,$$

よって $a_k=f^{(k)}(0)/k!$ である．☐

整級数展開の一意性

系 2(整級数展開の一意性)　関数 $f(x)$ が原点を含むある区間 $(-R, R)$ $(R>0)$ で整級数で表されるとすれば，その整級数展開は一意的である．すなわち

$$f(x) = \sum_{n=0}^{\infty} a_n x^n = \sum_{n=0}^{\infty} b_n x^n$$

ならば，$a_n=b_n$ $(n=0, 1, 2, \cdots)$ である．

証明　系 1 から明らかである．☐

系 3　関数 $f(x)$ が区間 $(-R, R)$ $(R>0)$ で整級数

$$f(x) = \sum_{n=0}^{\infty} a_n x^n$$

で表されるならば，この区間で $f(x)$ の原始関数は整級数

$$F(x) = \sum_{n=0}^{\infty} \frac{a_n}{n+1} x^{n+1} + C$$

によって与えられる．(すなわち，整級数の原始関数は項別積分によって求められる．)

証明　定理 5 の証明における f と f' の関係を F と f に対して適用すれば $F'=f$ であることがわかる．☐

◆　E)　アーベルの定理

整級数 $\sum a_n x^n$ の収束半径が R であるとき，$x=R$ や $x=$

$-R$ においては級数は収束することもあり発散することもある．もし，たとえば $x=R$ において級数が収束するならば，

$$f(x) = \sum_{n=0}^{\infty} a_n x^n$$

は $x=R$ においても定義されるが，このとき f は $(-R, R)$ においてのみならず $x=R$ においても連続である．このことを主張するのが次の**アーベル(Abel)の定理**である．

アーベルの定理

以下では簡単のため $R=1$ として論ずる．一般に整級数 $\sum a_n x^n$ の収束半径が R のとき，x を x/R におきかえて

$$\sum_{n=0}^{\infty} \frac{a_n}{R^n} x^n$$

を考えれば，この整級数の収束半径は1であるから，はじめから $R=1$ と仮定しても議論の一般性は失われない．

定理6 整級数 $\sum a_n x^n$ の収束半径が1であるとし，$|x|<1$ において

$$f(x) = \sum_{n=0}^{\infty} a_n x^n$$

とする．また級数 $\sum_{n=0}^{\infty} a_n$ が収束するとする．そのとき

$$\lim_{x \to 1} f(x) = \sum_{n=0}^{\infty} a_n$$

が成り立つ．

証明 $s_n = a_0 + a_1 + \cdots + a_n$, $s = \lim_{n \to \infty} s_n = \sum_{n=0}^{\infty} a_n$ とする．整級数 $\sum a_n x^n$ の部分和を s_n を用いて変形すれば

$$\begin{aligned} & a_0 + a_1 x + a_2 x^2 + \cdots + a_n x^n \\ & \quad = s_0 + (s_1 - s_0) x + (s_2 - s_1) x^2 + \cdots + (s_n - s_{n-1}) x^n \\ & \quad = (1-x)(s_0 + s_1 x + \cdots + s_{n-1} x^{n-1}) + s_n x^n. \end{aligned}$$

$|x|<1$ のとき $n \to \infty$ とすれば $s_n x^n \to 0$ であるから，上式で $n \to \infty$ として

$$f(x) = (1-x) \sum_{n=0}^{\infty} s_n x^n \qquad ①$$

を得る．

一方，等比級数の和の公式より，$|x|<1$ ならば

$$\sum_{n=0}^{\infty} x^n = \frac{1}{1-x}$$

であるから，$1 = (1-x) \sum_{n=0}^{\infty} x^n$，したがって

$$s = (1-x)\sum_{n=0}^{\infty} sx^n \qquad ②$$

である．

①から②を引いて

$$f(x)-s = (1-x)\sum_{n=0}^{\infty}(s_n-s)x^n.$$

いま $s_n \to s$ であるから，与えられた $\varepsilon>0$ に対し，自然数 N を，$n>N$ ならば

$$|s_n-s| < \frac{\varepsilon}{2}$$

となるようにとることができる．そのとき $|x|<1$ ならば

$$|f(x)-s| \leqq (1-x)\sum_{n=0}^{N}|s_n-s||x|^n + \frac{\varepsilon}{2}\left|(1-x)\sum_{n=N+1}^{\infty}x^n\right|$$
$$< (1-x)\sum_{n=0}^{N}|s_n-s| + \frac{\varepsilon}{2}.$$

$\sum_{n=0}^{N}|s_n-s|$ は定数であるから，$\delta>0$ を十分小さくとれば，$0<1-x<\delta$ であるとき

$$(1-x)\sum_{n=0}^{N}|s_n-s| < \frac{\varepsilon}{2}$$

が成り立つ．よって $0<1-x<\delta$ ならば

$$|f(x)-s| < \frac{\varepsilon}{2}+\frac{\varepsilon}{2} = \varepsilon.$$

これは $x\to 1$ のとき $f(x)\to s$ であることを意味している．□

[**注意**：定理6において $\sum a_n x^n$ の収束半径が1であるという仮定は実は不要である．実際，級数 $\sum a_n$ が収束するという仮定によって $\sum a_n x^n$ の収束半径は1以上であるが，もし収束半径が1より大きければ，$f(x)$ は収束区間内で連続であるから定理の結論が成り立つことはいうまでもない．]

◆ F) 基本的な整級数展開(1)

応用上重要な幾つかの関数の整級数展開を述べておこう．

指数関数や三角関数がそれぞれ次のように展開されることはすでに6.1節のF)で述べた：

$$e^x = \sum_{n=0}^{\infty}\frac{x^n}{n!},$$

$$\sin x = \sum_{n=1}^{\infty}(-1)^{n-1}\frac{x^{2n-1}}{(2n-1)!},$$

$$\cos x = \sum_{n=0}^{\infty} (-1)^n \frac{x^{2n}}{(2n)!}.$$

右辺の整級数の収束半径はいずれも $+\infty$ で，これらの展開式は $(-\infty, +\infty)$ において成り立つのであった．

他の重要な例として次のようなものが挙げられる．

例 1 区間 $-1<x\leqq 1$ において $\log(1+x)$ は次のように展開される：

$$\log(1+x) = \sum_{n=1}^{\infty} (-1)^{n-1} \frac{x^n}{n}$$
$$= x - \frac{x^2}{2} + \frac{x^3}{3} - \frac{x^4}{4} + \cdots.$$

証明 等比級数の和の公式から，$|t|<1$ に対して

$$\frac{1}{1+t} = 1 - t + t^2 - t^3 + \cdots.$$

定理 5 の系 3 により，整級数は収束区間内では項別積分が許されるから，$|x|<1$ であるとき，上式を 0 から x まで積分して

$$\log(1+x) = x - \frac{x^2}{2} + \frac{x^3}{3} - \frac{x^4}{4} + \cdots.$$

かつ右辺の級数は $x=1$ のときにも収束し，$\log(1+x)$ は $x=1$ において連続であるから，定理 6 によって上の展開式は $x=1$ のときにも成り立つ．◪

例 1 の展開式において，特に $x=1$ とおけば

$$\log 2 = 1 - \frac{1}{2} + \frac{1}{3} - \frac{1}{4} + \cdots$$

を得る．

例 2 区間 $-1\leqq x\leqq 1$ において $\arctan x$ は次のように展開される：

$$\arctan x = \sum_{n=1}^{\infty} (-1)^{n-1} \frac{x^{2n-1}}{2n-1}$$
$$= x - \frac{x^3}{3} + \frac{x^5}{5} - \frac{x^7}{7} + \cdots.$$

証明 $|t|<1$ において

$$\frac{1}{1+t^2} = 1 - t^2 + t^4 - t^6 + \cdots.$$

$|x|<1$ のとき，これを 0 から x まで積分して

$$\arctan x = x - \frac{x^3}{3} + \frac{x^5}{5} - \frac{x^7}{7} + \cdots.$$

右辺の級数は $x=\pm 1$ のときにも収束し(2.3節の定理9参照)，$\arctan x$ は $x=\pm 1$ において連続であるから，定理6によってこの展開式は $x=\pm 1$ のときにも成り立つ．□

例2の展開式で特に $x=1$ とおけば $\arctan 1 = \pi/4$ であるから，

$$\frac{\pi}{4} = 1 - \frac{1}{3} + \frac{1}{5} - \frac{1}{7} + \cdots$$

ライプニッツの級数

を得る．この級数は**ライプニッツ**(Leibniz)**の級数**とよばれる．

◆ G)　基本的な整級数展開(2)——二項定理

もう1つ基本的な整級数展開として次の定理を述べておく．まず次の記号を用意する．

任意の実数 α と正の整数 n に対して

$$\binom{\alpha}{n} = \frac{\alpha(\alpha-1)\cdots(\alpha-n+1)}{n!}$$

と定義し，また

$$\binom{\alpha}{0} = 1$$

とおく．そのとき次の"二項定理"が成り立つ．

二項定理

定理7(二項定理)　α を任意の実数とするとき，区間 $(-1, 1)$ において次の展開式

$$(1+x)^\alpha = \sum_{n=0}^{\infty} \binom{\alpha}{n} x^n$$
$$= 1 + \alpha x + \frac{\alpha(\alpha-1)}{2!}x^2 + \frac{\alpha(\alpha-1)(\alpha-2)}{3!}x^3 + \cdots$$

が成り立つ．

[**注意**：α が正の整数 m のときには上式の右辺は有限級数(m 次式)で，それは古典的な意味における二項定理——$(1+x)^m$ の展開式——にほかならない．この場合には展開式は無論すべての x に対して成立する．α が正の整数でないときには級数は無限級数で，上記の展開式が $|x|<1$ の範囲において成り立つのである．]

証明　α が自然数のときにはこの展開式は既知であるから，α は自然数ではないとする．

そのとき，級数

$$\sum_{n=0}^{\infty}\binom{\alpha}{n}x^n$$

の各係数は 0 でなく，隣り合う 2 つの係数の比を求めると

$$\binom{\alpha}{n+1}\Big/\binom{\alpha}{n}$$
$$=\frac{\alpha(\alpha-1)\cdots(\alpha-n)}{(n+1)!}\cdot\frac{n!}{\alpha(\alpha-1)\cdots(\alpha-n+1)}=\frac{\alpha-n}{n+1}$$

となる．$n\to\infty$ のときこの絶対値は 1 に収束するから，定理 4 の系によってこの整級数の収束半径は 1 である．

そこで，$|x|<1$ において

$$f(x)=\sum_{n=0}^{\infty}\binom{\alpha}{n}x^n$$

とおく．これが実は $(1+x)^{\alpha}$ に等しいことを証明しよう．

そのために，われわれは等式

$$(1+x)f'(x)=\alpha f(x)$$

が成り立つことを証明する．

実際，定理 5 によって

$$f'(x)=\sum_{n=1}^{\infty}n\binom{\alpha}{n}x^{n-1}$$

で，これを書き直せば

$$f'(x)=\alpha\sum_{n=1}^{\infty}\binom{\alpha-1}{n-1}x^{n-1}=\alpha+\alpha\sum_{n=1}^{\infty}\binom{\alpha-1}{n}x^n.$$

よって

$$(1+x)f'(x)=\alpha+\alpha\sum_{n=1}^{\infty}\left\{\binom{\alpha-1}{n-1}+\binom{\alpha-1}{n}\right\}x^n$$

となるが，容易に計算されるように(問題 9.2 の問 2)，$n\geqq 1$ のとき

$$\binom{\alpha-1}{n-1}+\binom{\alpha-1}{n}=\binom{\alpha}{n}$$

であるから，これを上式に代入すれば

$$(1+x)f'(x)=\alpha f(x)$$

を得る．

そこで $f(x)(1+x)^{-\alpha}$ を微分すると，上の結果によって

$$\frac{d}{dx}\{f(x)(1+x)^{-\alpha}\} = f'(x)(1+x)^{-\alpha} - \alpha f(x)(1+x)^{-\alpha-1}$$
$$= (1+x)^{-\alpha-1}\{(1+x)f'(x) - \alpha f(x)\}$$
$$= 0.$$

ゆえに $f(x)(1+x)^{-\alpha}$ は定数である．これを K とおけば $f(x)=K(1+x)^{\alpha}$ で，$f(0)=1$ であるから $K=1$．よって $f(x)=(1+x)^{\alpha}$．これで目標としたことが証明された．☐

二項級数，二項展開式

定理7の級数は**二項級数**とよばれ，この展開式は**二項展開式**とよばれる．

一例として $\dfrac{1}{\sqrt{1+x}}$ の二項展開式を求めてみよう．

このとき $\alpha=-1/2$ で，

$$\binom{-\frac{1}{2}}{n} = \frac{\left(-\frac{1}{2}\right)\left(-\frac{3}{2}\right)\cdots\left(-\frac{2n-1}{2}\right)}{n!}$$
$$= (-1)^n \frac{1\cdot 3\cdot\cdots\cdot(2n-1)}{2^n n!}.$$

よって

$$\frac{1}{\sqrt{1+x}} = \sum_{n=0}^{\infty}(-1)^n \frac{1\cdot 3\cdot\cdots\cdot(2n-1)}{2^n n!}x^n$$
$$= 1-\frac{1}{2}x+\frac{1\cdot 3}{2\cdot 4}x^2-\frac{1\cdot 3\cdot 5}{2\cdot 4\cdot 6}x^3+\frac{1\cdot 3\cdot 5\cdot 7}{2\cdot 4\cdot 6\cdot 8}x^4-\cdots$$

である．

[**注意**：二項展開式の端点 $x=\pm 1$ における収束・発散については，問題 9.2 の問 11, 12 を参照されたい．]

◆ H) 級数のコーシー積

2つの整級数

$$a_0+a_1x+a_2x^2+\cdots,$$
$$b_0+b_1x+b_2x^2+\cdots$$

を形式的に掛け合わせると，積は

$$a_0b_0+(a_0b_1+a_1b_0)x+(a_0b_2+a_1b_1+a_2b_0)x^2+\cdots$$

となる．

このことにもとづいて，2つの級数 $\sum_{n=0}^{\infty}a_n$, $\sum_{n=0}^{\infty}b_n$ の積を次のように定義する．すなわち，$n=0,1,2,\cdots$ に対し

$$c_n = \sum_{k=0}^{n}a_kb_{n-k} = a_0b_n+a_1b_{n-1}+\cdots+a_{n-1}b_1+a_nb_0$$

積（コーシー積）

とおき，級数 $\sum_{n=0}^{\infty}c_n$ を，$\sum_{n=0}^{\infty}a_n$, $\sum_{n=0}^{\infty}b_n$ の**積**くわしくは**コーシー**

積という．

これについて次の定理が成り立つ．

> **定理 8** $\sum a_n, \sum b_n$ がともに絶対収束ならば，積 $\sum c_n$ も絶対収束して
> $$\sum_{n=0}^{\infty} c_n = \left(\sum_{n=0}^{\infty} a_n\right)\left(\sum_{n=0}^{\infty} b_n\right).$$

証明 $\sum_{i=0}^{n} a_i = A_n$, $\sum_{j=0}^{n} b_j = B_n$, $\lim_{n\to\infty} A_n = A$, $\lim_{n\to\infty} B_n = B$ とおく．また

$$\sum_{n=0}^{\infty}|a_n| = A^*, \qquad \sum_{n=0}^{\infty}|b_n| = B^*$$

とする．仮定によって $A^* < +\infty$, $B^* < +\infty$ である．

コーシー積の定義によって c_k は $i \geqq 0$, $j \geqq 0$, $i+j=k$ であるような $a_i b_j$ の和

$$c_k = \sum_{i+j=k} a_i b_j$$

であるから，

$$|c_k| \leqq \sum_{i+j=k} |a_i||b_j|,$$

したがって

$$\sum_{k=0}^{n}|c_k| \leqq \sum_{i+j\leqq n} |a_i||b_j| \leqq \left(\sum_{i=0}^{n}|a_i|\right)\left(\sum_{j=0}^{n}|b_j|\right) \leqq A^*B^*.$$

ゆえに級数 $\sum_{n=0}^{\infty}|c_n|$ の部分和は有界である．したがって $\sum_{n=0}^{\infty} c_n$ は絶対収束する．

次に $\sum_{k=0}^{n} c_k = C_n$, $\lim_{n\to\infty} C_n = C$ として，$C = AB$ であることを証明する．そのために，いま $C_{2n} - A_n B_n$ を計算すると

$$C_{2n} = \sum_{k=0}^{2n}\left(\sum_{i+j=k} a_i b_j\right) = \sum_{i+j\leqq 2n} a_i b_j,$$
$$A_n B_n = \left(\sum_{i=0}^{n} a_i\right)\left(\sum_{j=0}^{n} b_j\right) = \sum_{i\leqq n,\, j\leqq n} a_i b_j$$

であるから

$$C_{2n} - A_n B_n = \sum{}' a_i b_j + \sum{}'' a_i b_j.$$

ただし，$\sum'$ は $0 \leqq i \leqq n$, $n+1 \leqq j \leqq 2n$, $i+j \leqq 2n$ であるような i, j についての和，$\sum''$ は $n+1 \leqq i \leqq 2n$, $0 \leqq j \leqq n$, $i+j \leqq 2n$ であるような i, j についての和である．

さて仮定により，与えられた $\varepsilon > 0$ に対し，適当に N をと

れば，$m \geqq n \geqq N$ なる m, n に対して

$$\sum_{i=n}^{m}|a_i| < \varepsilon, \qquad \sum_{i=n}^{m}|b_j| < \varepsilon$$

が成り立つ．よって $n \geqq N$ ならば

$$|\Sigma' a_i b_j| \leqq \Sigma' |a_i||b_j| \leqq \left(\sum_{i=0}^{n}|a_i|\right)\left(\sum_{j=n+1}^{2n}|b_j|\right) \leqq A^*\varepsilon,$$

$$|\Sigma'' a_i b_j| \leqq \Sigma'' |a_i||b_j| \leqq \left(\sum_{i=n+1}^{2n}|a_i|\right)\left(\sum_{j=0}^{n}|b_j|\right) \leqq B^*\varepsilon.$$

ゆえに $n \geqq N$ ならば

$$|C_{2n} - A_n B_n| \leqq |\Sigma' a_i b_j| + |\Sigma'' a_i b_j| \leqq (A^* + B^*)\varepsilon$$

となる．$n \to \infty$ として $|C - AB| \leqq (A^* + B^*)\varepsilon$．これが任意の $\varepsilon > 0$ に対して成り立つから，$C = AB$ でなければならない．□

［**注意**：実は $\Sigma a_n, \Sigma b_n$ が収束して一方が絶対収束ならば，Σc_n も収束して

$$\Sigma c_n = (\Sigma a_n)(\Sigma b_n)$$

が成り立つのである．（メルテンス(F. Mertens)の定理．）しかしここではその証明には立ち入らない．］

> **定理 9**　$\displaystyle\sum_{n=0}^{\infty} a_n = A$，$\displaystyle\sum_{n=0}^{\infty} b_n = B$ がともに収束し，さらに両者のコーシー積
>
> $$\sum_{n=0}^{\infty} c_n = C$$
>
> も収束するならば，$C = AB$ である．

証明　仮定によって，整級数

$$\Sigma a_n x^n, \qquad \Sigma b_n x^n, \qquad \Sigma c_n x^n$$

はいずれも $x = 1$ で収束するから，これらの収束半径は 1 以上である．

$|x| < 1$ において

$$f(x) = \sum_{n=0}^{\infty} a_n x^n, \qquad g(x) = \sum_{n=0}^{\infty} b_n x^n, \qquad h(x) = \sum_{n=0}^{\infty} c_n x^n$$

とおく．$|x| < 1$ ではこれらの級数は絶対収束し，

$$c_n x^n = \sum_{k=0}^{n} (a_k x^k)(b_{n-k} x^{n-k})$$

であるから，級数 $\Sigma c_n x^n$ は $\Sigma a_n x^n, \Sigma b_n x^n$ のコーシー積である．ゆえに定理 8 により $|x| < 1$ で

$$h(x) = f(x) g(x)$$

が成立する．そして $A=f(1)$，$B=g(1)$，$C=h(1)$ で，定理6により f, g, h は $x=1$ で連続であるから

$$C=\lim_{x\to 1}h(x)=\left(\lim_{x\to 1}f(x)\right)\left(\lim_{x\to 1}g(x)\right)=AB.$$

これで定理は証明された．□

問題 9.2

1　級数 $\sum_{n=1}^{\infty}a_n$ において

$$a_{2n-1}=\frac{1}{(2n-1)^2},\qquad a_{2n}=\frac{1}{n^2}$$

ならば，$\lim_{n\to\infty}\sqrt[n]{a_n}=1$ であるが

$$\liminf_{n\to\infty}\frac{a_{n+1}}{a_n}=\frac{1}{4},\qquad \limsup_{n\to\infty}\frac{a_{n+1}}{a_n}=4$$

であることを示せ．

2　α が実数で n が正の整数ならば

$$\binom{\alpha-1}{n-1}+\binom{\alpha-1}{n}=\binom{\alpha}{n}$$

が成り立つことを確かめよ．

3　次の整級数の収束半径を求めよ．さらに収束区間の端点における収束・発散を調べて，収束域を決定せよ．

(1)　$\sum_{n=2}^{\infty}\frac{x^n}{\log n}$　　(2)　$\sum_{n=0}^{\infty}2^n x^n$　　(3)　$\sum_{n=0}^{\infty}\frac{x^n}{2^n}$

(4)　$\sum_{n=0}^{\infty}n^p x^n$ $(p>0)$　　(5)　$\sum_{n=1}^{\infty}\frac{x^n}{n^p}$ $(p>0)$

(6)　$\sum_{n=1}^{\infty}\frac{n!}{n^n}x^n$

（ヒント）(6) 端点における収束・発散をみるためにはスターリングの公式(8.2節の定理3)参照．

4　$|x|<1$ のとき次の展開式が成り立つことを示せ．

$$\frac{1}{2}\log\frac{1+x}{1-x}=x+\frac{x^3}{3}+\frac{x^5}{5}+\cdots+\frac{x^{2n+1}}{2n+1}+\cdots$$

5　$|x|<1$ のとき次の展開式が成り立つことを示せ．

(1)　$\frac{1}{(1+x)^2}=1-2x+3x^2-4x^3+\cdots$

(2)　$\sqrt{1+x}=1+\frac{1}{2}x-\frac{1}{2}\cdot\frac{x^2}{4}+\frac{1\cdot 3}{2\cdot 4}\cdot\frac{x^3}{6}-\frac{1\cdot 3\cdot 5}{2\cdot 4\cdot 6}\cdot\frac{x^4}{8}+\cdots$

(3)　$\frac{1}{\sqrt{1-x^2}}=1+\frac{1}{2}x^2+\frac{1\cdot 3}{2\cdot 4}x^4+\frac{1\cdot 3\cdot 5}{2\cdot 4\cdot 6}x^6$

$$+\frac{1\cdot 3\cdot 5\cdot 7}{2\cdot 4\cdot 6\cdot 8}x^8+\cdots$$

6　αを任意の実数とするとき，$|x|<1$において

$$\frac{1}{(1-x)^\alpha} = \sum_{n=0}^{\infty}\binom{\alpha+n-1}{n}x^n$$

が成り立つことを証明せよ．

7　$|x|<1$において$\arcsin x$を整級数に展開せよ．

8　$a_n \geqq 0$ $(n=1, 2, \cdots)$とし，

$$b_n = (1+a_1)(1+a_2)\cdots(1+a_n)$$

とおく．級数$\sum a_n$の収束・発散と数列(b_n)の収束・発散とは一致することを証明せよ．

（ヒント）　$\sum a_n$が収束するときには$\sum \log(1+a_n)$も収束することを示せ．

9　$0<a_n<1$ $(n=1, 2, \cdots)$とし，

$$c_n = (1-a_1)(1-a_2)\cdots(1-a_n)$$

とおく．次のことを証明せよ．

（a）　$\sum a_n$が発散するならば，$\lim_{n\to\infty} c_n=0$である．

（b）　$\sum a_n$が収束するならば，(c_n)は正の実数に収束する．

10　級数$\sum a_n$において，$a_n>0$で，

$$\lim_{n\to\infty} n\left(\frac{a_n}{a_{n+1}}-1\right) = \alpha$$

が存在するとする．そのとき$\alpha>1$ならば$\sum a_n$は収束し，$\alpha<1$ならば$\sum a_n$は発散することを証明せよ．

ラーベの定理

[**注意**：この命題を**ラーベ**(Raabe)**の定理**という．]

（ヒント）　$\alpha>1$ならば$\alpha>\rho>1$なるρをとるとき，あるNが存在して，$n \geqq N$であるとき

$$n\left(\frac{a_n}{a_{n+1}}-1\right) \geqq \rho.$$

$\rho-1=\gamma$とおけば$\gamma>0$で，$na_n-(n+1)a_{n+1} \geqq \gamma a_{n+1}$．これを用いる．

また$\alpha<1$ならば，同様の手段によって$na_n-(n+1)a_{n+1} \leqq 0$．これを利用する．

11　αを実数とするとき，級数$\sum_{n=0}^{\infty}\binom{\alpha}{n}$は，$\alpha>-1$ならば収束して

$$\sum_{n=0}^{\infty}\binom{\alpha}{n} = 2^\alpha$$

となること，$\alpha \leqq -1$ならば発散することを示せ．

（ヒント）　問9を応用せよ．

12　αを実数とするとき，級数$\sum_{n=1}^{\infty}(-1)^{n-1}\binom{\alpha}{n}$は，$\alpha>0$ならば収束して

$$\sum_{n=1}^{\infty}(-1)^{n-1}\binom{\alpha}{n}=1$$

となること，$\alpha<0$ ならば発散することを示せ．

（ヒント） 問10(ラーベの定理)を用いよ．

9.3 複素整級数(指数関数・三角関数再論)

本書ではこれまで実数項の数列や級数，実変数の実数値関数のみを論じてきたが，この節では，複素数を項とする数列や級数，複素変数の複素数値関数について基本的な事項を取り扱う．しかしここで述べるのは，従来からの諸定義を単に形式的に複素数の体系にまで拡大した程度のことがらであって，いわゆる"複素関数論"の内容に立ち入るほどのものではない．それについては後の章に譲る．さしあたりこの節では，複素変数の整級数を導入することによって指数関数と三角関数との間に密接な関係が生ずること，三角関数の理論が本質的には指数関数の理論の中に吸収され得ること，を認識するところに主要な目標をおくのである．

◆ A) 複素数列

前のように複素数全体の集合を $\boldsymbol{C}$ で表す．

集合 $\boldsymbol{N}=\{0,1,2,\cdots\}$ から $\boldsymbol{C}$ への写像 f を**複素数列**という．f による n の像を $f(n)=z_n$ として，f を簡単に $(z_n)_{n\in\boldsymbol{N}}$ または略して (z_n) で表す．もちろん，数列の定義域は $\boldsymbol{N}$ のかわりに $\boldsymbol{Z}^+=\{1,2,\cdots\}$ でもよいし，またたとえば，2以上の整数の集合でもよい．

複素数列

複素数列 (z_n) と複素数 α に対し

$$\lim_{n\to\infty}|z_n-\alpha|=0$$

が成り立つとき，すなわち，複素平面上で点 z_n と点 α との距離が限りなく0に近づくとき，(z_n) は α に**収束**するといい，

収束

$$\lim_{n\to\infty}z_n=\alpha,$$

または

$$n \to \infty \quad \text{のとき} \quad z_n \to \alpha$$

極限

と書く．このとき α を (z_n) の**極限**という．

$z_n \to \alpha$ であることは，正確に述べれば次のようになる：任意に与えられた $\varepsilon>0$ に対し，適当に自然数 N をとれば，$n \geqq N$ であるすべての自然数 n に対して

$$|z_n-\alpha| < \varepsilon$$

が成り立つ．

$z_n=x_n+y_n i$, $\alpha=a+bi$ (x_n, y_n, a, b は実数) とすれば，1.5節の命題5でみたように

$$|x_n-a| \leqq |z_n-\alpha|, \qquad |y_n-b| \leqq |z_n-\alpha|,$$
$$|z_n-\alpha| \leqq |x_n-a|+|y_n-b|$$

であるから，$z_n \to \alpha$ であることは明らかに“$x_n \to a$ かつ $y_n \to b$”であることと同値である．

複素数列の収束や極限についても実数列の場合と同様に次のような命題が成り立つ．これらはすべて“明らか”であろうから，ここではいちいち証明は述べない．

(a)　複素数列 (z_n) が収束するならば，その極限は一意的に定まる．

(b)　収束する複素数列 (z_n) は有界である．すなわち，ある正の定数 M が存在して，すべての n に対し

$$|z_n| \leqq M$$

が成り立つ．

(c)　複素数列 (z_n) が収束するならば，その任意の部分列 (z_{n_k}) も同じ極限に収束する．

(d)　$z_n \to \alpha$ ならば $|z_n| \to |\alpha|$．

(e)　$(z_n), (w_n)$ が2つの収束複素数列で，$z_n \to \alpha$, $w_n \to \beta$ ならば，

$$z_n+w_n \to \alpha+\beta, \qquad z_n w_n \to \alpha\beta.$$

さらに $w_n \neq 0$, $\beta \neq 0$ ならば

$$\frac{z_n}{w_n} \to \frac{\alpha}{\beta}.$$

コーシーの条件

(f) (**コーシーの条件**)　複素数列 (z_n) が収束するための必要十分条件は，任意の $\varepsilon>0$ に対し，ある自然数 N が存在して，$m \geqq N$, $n \geqq N$ を満たすすべての m, n に対して

$$|z_m-z_n| < \varepsilon$$

が成り立つことである．

◆ B) 複素級数

複素数列 (z_n) からはまた複素級数 $\sum z_n$ が構成される．その収束の定義なども実数列の場合と全く同様である．すなわち，部分和を

$$s_n = \sum_{k=0}^{n} z_k$$

とするとき，複素数列 (s_n) が複素数 s に収束するならば，級数 $\sum z_n$ は s に**収束**するといい，

収束

$$s = \sum_{n=0}^{\infty} z_n$$

と書く．このとき s を級数 $\sum z_n$ の**和**とよぶ．

和

複素級数の収束に関しても，やはり**コーシーの条件**を述べることができる．それも実数級数の場合と形式上なんら変わりがない．すなわち：級数 $\sum z_n$ が収束するための必要十分条件は，任意の $\varepsilon>0$ に対し，ある自然数 N が存在して，$m \geqq n \geqq N$ を満たすすべての m, n に対して

コーシーの条件

$$\left|\sum_{k=n}^{m} z_k\right| < \varepsilon$$

が成り立つことである．特に，$\sum z_n$ が収束するならば $z_n \to 0$ である．

複素級数 $\sum z_n$ に対し，各項の絶対値をとった級数 $\sum |z_n|$ は実数項の級数でしかも正項級数である．もしこの正項級数 $\sum |z_n|$ が収束するならば $\sum z_n$ 自身も収束する．なぜなら，絶対値の性質によって

$$\left|\sum_{k=n}^{m} z_k\right| \leqq \sum_{k=n}^{m} |z_k|$$

が成り立つからである．この不等式によって，もし $\sum |z_n|$ がコーシーの条件を満たすならば，$\sum z_n$ もコーシーの条件を満たす．よって上記の主張が得られるのである．

[**注意**：ここでも用いたが，複素数の絶対値に関する不等式

$$|\alpha_1 + \cdots + \alpha_n| \leqq |\alpha_1| + \cdots + |\alpha_n|$$

は，極限や収束に関する問題を扱う際に，きわめて基本的な役割を演ずる．この不等式によって，これらの問題に対して実数列や実数級数の場合と同様な処理がなされるのである．]

絶対値級数 $\sum |z_n|$ が収束するとき，$\sum z_n$ は**絶対収束**すると

絶対収束

いう.

$\sum z_n$ が絶対収束する場合には，不等式

$$\left|\sum_{n=0}^{\infty} z_n\right| \leqq \sum_{n=0}^{\infty} |z_n|$$

が成り立つ．これも明らかであろう．実際 $\sum_{n=0}^{\infty} |z_n| = S$ とすれば，任意の n に対して

$$\left|\sum_{k=0}^{n} z_k\right| \leqq \sum_{k=0}^{n} |z_k| \leqq S$$

であるから，一番左の項で $n \to \infty$ として上記の不等式を得る.

複素級数の場合にも絶対収束する場合が特に有用で，また数学的な処理が容易である．たとえば，絶対収束する複素級数については 9.2 節の定理 8 と同様にコーシー積について次の命題が成り立つ:

> 複素級数 $\sum z_n, \sum w_n$ がともに絶対収束するならば，
>
> $$\zeta_n = \sum_{k=0}^{n} z_k w_{n-k} \qquad (n=0, 1, 2, \cdots)$$
>
> とおくとき，級数 $\sum \zeta_n$ も絶対収束して
>
> $$\left(\sum_{n=0}^{\infty} \zeta_n\right) = \left(\sum_{n=0}^{\infty} z_n\right)\left(\sum_{n=0}^{\infty} w_n\right)$$
>
> となる.

証明は 329-330 ページと全く同じで，文字の違いを除き，なんら変更を要しない．もし読者が必要を感ぜられるならば，もう一度その場所にもどって証明にあたってみられるとよいであろう.

◆ C)　複素関数の極限と微分

複素関数についてはまた後の章(第 20 章)できちんと一般論を展開するつもりであるから，ここで述べるのは必ずしも最も一般的な状況を想定したものではない．しかし当面の目的にとっては以下に述べることだけで十分である.

複素数値関数(複素関数)

S を $\boldsymbol{C}$ の空でない部分集合とする．そのとき，写像 $f: S \to \boldsymbol{C}$ を S で定義された(または S を定義域とする)**複素数値関数**，略して簡単に**複素関数**という.

いま $f: S \to \boldsymbol{C}$ とし，複素数 a のある近傍が a 自身を除き S に含まれているとする．(a は S に属していても属してい

なくてもどちらでもよい.) ここで, 点 a の近傍とは, $|z-a|<\rho$ を満たすような複素数 z 全体の集合を意味する. ただし ρ はある正の実数である. 幾何学的にいえば, これは複素平面上で点 a を中心とし ρ を半径とする円(disc)の内部を表している.

このとき, $z\in S$ が a と異なる値をとりながら a に近づくにつれて, $f(z)$ が一定の複素数 α に近づくならば, z が a に近づくとき $f(z)$ は α に**収束**するといい,

収束

$$\lim_{z\to a} f(z) = \alpha,$$

または

$$z \to a \quad \text{のとき} \quad f(z) \to \alpha$$

と書く. またこのとき, α を $z\to a$ のときの $f(z)$ の**極限**という.

極限

正確にいえば, これは次のことを意味する:

任意の $\varepsilon>0$ に対し, 適当に $\delta>0$ をとれば, $0<|z-a|<\delta$ を満たすすべての z に対して

$$|f(z)-\alpha| < \varepsilon$$

が成り立つ.

$\lim_{z\to a} f(z)=\alpha$ ならば, $z_n\to a$ (ただし $z_n\neq a$)である任意の点列 (z_n) に対して

$$\lim_{n\to\infty} f(z_n) = \alpha$$

であり, またその逆も真である.

次に $f: S\to \boldsymbol{C}$ とし, a は S の点で a のある近傍が S に含まれるとする. (今度は a 自身も S の点である.) このとき $(f(z)-f(a))/(z-a)$ は a 自身を除き a の近傍で定義されるが, もし有限の極限

$$\lim_{z\to a}\frac{f(z)-f(a)}{z-a} = \alpha$$

が存在するならば, f は $z=a$ において**微分可能**であるといい, α を f の $z=a$ における**微分係数**という. これを $f'(a)$ で表す. すなわち

微分可能
微分係数

$$f'(a) = \lim_{z\to a}\frac{f(z)-f(a)}{z-a}$$

である. (この微分係数の定義も実数値関数の場合と全く同

じである.)

直ちにわかるように f が a において微分可能ならば

$$\lim_{z\to a} f(z) = f(a)$$

連続

である．すなわち f は a において**連続**である.

$f'(a)$ の定義の式において z を $z=a+h$ とおけば，これは

$$f'(a) = \lim_{h\to 0}\frac{f(a+h)-f(a)}{h}$$

と書かれる.

ふたたび $f: S\to \boldsymbol{C}$ とし，S の各点 a に対し a のある近傍が S に含まれているとする．そのとき，f が S の各点 a で微分可能であるならば，f は S において**微分可能**であるという．そのとき，S の各点 a に微分係数 $f'(a)$ を対応させることによって S において関数 f' が定義される．それを f の**導関数**という．文字 a をあらためて z と書けば

微分可能

導関数

$$f'(z) = \lim_{h\to 0}\frac{f(z+h)-f(z)}{h}$$

である.

上記の導関数の定義の式において，h はもちろん 0 でない複素数でそれが 0 に近づくのであるが，実変数の場合には数直線上で h が 0 に近づくには正負の二方向からの近づき方しかない．それに対し，複素平面上では h が 0 に近づくには無限に多くの方向がある．したがって“どんな近づき方をしても $(f(z+h)-f(z))/h$ が一定の極限を有する”という事実には，実は見かけよりもはるかに深い内容が包蔵されているのである．そのことについては後に第 20 章でさらにくわしく述べられるであろう.

それはともかく，形式的には導関数の定義は実数値関数の場合と同じであるから，和・差・積・商などの微分公式は前の場合と全く同様に成立する．合成関数の微分法(微分鎖律)なども同様である．また，明らかに複素変数 z についても，任意の自然数 n に対して

$$\frac{d}{dz}(z^n) = nz^{n-1}$$

が成立する.

◈ D) 複素変数の指数関数

複素変数の整級数とは $\sum a_n(z-\alpha)^n$ の形の級数をいう．ここで a_n や α は複素数の定数で，z は複素変数である．$\alpha=0$ の場合には，これは

$$\sum_{n=0}^{\infty} a_n z^n$$

の形になる．

いま，z を任意の複素数として整級数 $\sum_{n=0}^{\infty}\frac{z^n}{n!}$ を考える．この各項の絶対値をとって作った級数

$$\sum_{n=0}^{\infty}\frac{|z|^n}{n!}$$

は収束して和 $e^{|z|}$ をもつから，この複素整級数 $\sum_{n=0}^{\infty}\frac{z^n}{n!}$ は任意の $z\in \boldsymbol{C}$ に対して絶対収束する．そこで

$$\exp(z)=e^z=\sum_{n=0}^{\infty}\frac{z^n}{n!}$$

と定義し，これを複素変数 z の**指数関数**という．

指数関数

定義から明らかに

$$|e^z|\leqq e^{|z|}$$

である．また，z が実数 x のときには，e^z は既知の e^x と一致する．

この指数関数 e^z に対して次の定理が成り立つ．

> **定理 1** 指数関数 e^z は次の性質をもつ．
>
> (a) (**指数法則**または**加法公式**) 任意の $z, w\in \boldsymbol{C}$ に対して
>
> $$e^{z+w}=e^z e^w.$$
>
> (b) すべての $z\in \boldsymbol{C}$ に対して $e^z\neq 0$ で，$(e^z)^{-1}=e^{-z}$.
>
> (c) e^z はすべての $z\in \boldsymbol{C}$ において微分可能(したがって連続)で，
>
> $$\frac{d}{dz}(e^z)=e^z.$$

指数法則(加法公式)

証明 (a) 定義によって

$$e^z=\sum_{n=0}^{\infty}\frac{z^n}{n!},\qquad e^w=\sum_{n=0}^{\infty}\frac{w^n}{n!}$$

で，これらはともに絶対収束である．よって積 $e^z e^w$ をコー

シー積を用いて計算することができ，

$$e^z e^w = \left(\sum_{n=0}^{\infty} \frac{z^n}{n!}\right)\left(\sum_{n=0}^{\infty} \frac{w^n}{n!}\right) = \sum_{n=0}^{\infty}\left(\sum_{k=0}^{n} \frac{z^k}{k!}\cdot\frac{w^{n-k}}{(n-k)!}\right)$$

$$= \sum_{n=0}^{\infty} \frac{1}{n!}\left(\sum_{k=0}^{n}\binom{n}{k} z^k w^{n-k}\right) = \sum_{n=0}^{\infty} \frac{(z+w)^n}{n!}$$

となる．この結果は e^{z+w} に等しい．

（b） (a)において $w=-z$ とおけば，

$$e^z e^{-z} = e^0 = 1.$$

ゆえに $e^z \neq 0$ かつ $(e^z)^{-1} = e^{-z}$．

（c） $h \neq 0$ とすれば，ふたたび(a)より

$$\frac{e^{z+h}-e^z}{h} = e^z \cdot \frac{e^h - 1}{h}.$$

よって

$$\lim_{h\to 0} \frac{e^h-1}{h} = 1 \qquad ①$$

を証明すれば，$\lim_{h\to 0} \frac{e^{z+h}-e^z}{h} = e^z$，すなわち $\frac{d}{dz}(e^z) = e^z$ が得られる．

さて ① の証明であるが，定義によって

$$e^h - 1 = \sum_{n=1}^{\infty} \frac{h^n}{n!},$$

ゆえに

$$\frac{e^h-1}{h} - 1 = \sum_{n=2}^{\infty} \frac{h^{n-1}}{n!}. \qquad ②$$

$h\to 0$ のとき ② の右辺が 0 に近づくことは式の形からほとんど明白である．しかし複素級数の表す関数についてはまだ連続性などが証明されているわけではないから，少しくわしく次のように論ずることが必要であろう．② によって

$$\left|\frac{e^h-1}{h} - 1\right| \leqq \sum_{n=2}^{\infty} \frac{|h|^{n-1}}{n!}.$$

この右辺は $\frac{e^{|h|}-1}{|h|} - 1$ に等しく，実数 t に対して $\lim_{t\to 0} \frac{e^t-1}{t} = 1$ となることは既知である．ゆえに

$$\lim_{h\to 0}\left(\frac{e^h-1}{h} - 1\right) = 0.$$

よって ① が成り立つ．□

◆ E) 複素変数の三角関数

指数関数と同じく，複素変数 z の三角関数 $\sin z$ や $\cos z$ も次のように整級数によって定義する：

$$\sin z = \sum_{n=1}^{\infty}(-1)^{n-1}\frac{z^{2n-1}}{(2n-1)!} = z-\frac{z^3}{3!}+\frac{z^5}{5!}-\cdots,$$

$$\cos z = \sum_{n=0}^{\infty}(-1)^{n}\frac{z^{2n}}{(2n)!} = 1-\frac{z^2}{2!}+\frac{z^4}{4!}-\cdots.$$

これらの整級数もすべての $z\in \boldsymbol{C}$ に対して絶対収束するから，$\sin z$ や $\cos z$ もすべての $z\in \boldsymbol{C}$ に対して定義されるのである．

定義から明らかに $\sin z$ は奇関数，$\cos z$ は偶関数である．すなわち

$$\sin(-z) = -\sin z, \qquad \cos(-z) = \cos z.$$

また z が実数 x であるときには，これらは，既知の $\sin x$, $\cos x$ と一致する．

さて，複素変数の指数関数と三角関数との間には次の重要な関係式が成立する．

> **定理 2** 任意の $z\in \boldsymbol{C}$ に対して
> $$e^{iz} = \cos z + i\sin z$$
> である．

証明 この証明はいたって簡単である．実際

$$e^{iz} = \sum_{n=0}^{\infty}\frac{(iz)^n}{n!}$$

であるが，i^n は $i^0=1$, $i^1=i$, $i^2=-1$, $i^3=-i$ で，以下これが 4 項ずつくり返されるから

$$\begin{aligned} e^{iz} &= 1+\frac{iz}{1!}-\frac{z^2}{2!}-\frac{iz^3}{3!}+\frac{z^4}{4!}+\frac{iz^5}{5!}-\cdots \\ &= \left(1-\frac{z^2}{2!}+\frac{z^4}{4!}-\cdots\right)+i\left(z-\frac{z^3}{3!}+\frac{z^5}{5!}-\cdots\right) \\ &= \cos z + i\sin z. \end{aligned}$$

これでわれわれの関係式が証明された．□

> **系 1** 任意の $z\in \boldsymbol{C}$ に対して
> $$\cos z = \frac{e^{iz}+e^{-iz}}{2}, \qquad \sin z = \frac{e^{iz}-e^{-iz}}{2i}.$$

証明 定理2によって

$$e^{iz} = \cos z + i\sin z.$$

この z を $-z$ に代えて，$\cos z$ が偶関数，$\sin z$ が奇関数であることを用いれば

$$e^{-iz} = \cos z - i\sin z.$$

この2式から上記の等式が得られる．◪

実変数の範囲では指数関数と三角関数との間に特別なる関係は存在しない．少なくともこれらの関数が数学に導入された誘因は別個のところにある．しかし複素変数の場合には，指数関数と三角関数との間に定理2および系1にみるような透明な関係が生ずるのである．特に系1によれば，三角関数 $\sin z$ や $\cos z$ も基本的には指数関数 e^z によって統制されることがわかる．これは著しい事実であって，さしあたり本節を設けた主要な目標はこのことの説明にあったのである．

系2 $\sin z, \cos z$ はすべての $z \in \boldsymbol{C}$ において微分可能で，

$$\frac{d}{dz}(\sin z) = \cos z, \qquad \frac{d}{dz}(\cos z) = -\sin z.$$

証明 系1の式を用い，$\dfrac{d}{dz}(e^{iz}) = ie^{iz}$，$\dfrac{d}{dz}(e^{-iz}) = -ie^{-iz}$ であることを用いれば，直ちに結論を得る．◪

定理2の式において，特に z を実数 y とすれば

$$e^{iy} = \cos y + i\sin y$$

を得る．これは絶対値が1で偏角が y の複素数である．y が 0 から 2π まで動けば，点 e^{iy} は複素平面上で単位円 $|z|=1$ の周上を点1から出発して正の向きに一周する．特に，任意の整数 n に対して

$$e^{2n\pi i} = 1$$

である．

系3 e^z は $2\pi i$ を周期とする周期関数，$\sin z, \cos z$ は 2π を周期とする周期関数である．すなわち，任意の $z \in \boldsymbol{C}$ に対して

$$e^{z+2\pi i} = e^z,$$

$$\sin(z+2\pi) = \sin z, \qquad \cos(z+2\pi) = \cos z.$$

証明 指数関数の加法公式によって

$$e^{z+2\pi i} = e^z e^{2\pi i} = e^z.$$

また系1の式から

$$\sin(z+2\pi) = \frac{e^{i(z+2\pi)} - e^{-i(z+2\pi)}}{2i} = \frac{e^{iz} - e^{-iz}}{2i} = \sin z,$$

$$\cos(z+2\pi) = \frac{e^{i(z+2\pi)} + e^{-i(z+2\pi)}}{2} = \frac{e^{iz} + e^{-iz}}{2} = \cos z.$$

□

一般に複素数 z を $z=x+yi$ (x, y は実数)と書けば，加法公式によって

$$e^z = e^{x+yi} = e^x e^{iy},$$

したがって

$$e^z = e^x(\cos y + i\sin y)$$

となる．x は実数であるから $e^x>0$．よってこの式は e^z の極形式にほかならない．すなわち，e^z の絶対値は e^x，偏角は y である：

$$|e^z| = e^x, \quad \arg(e^z) = y.$$

実部・虚部の記号を用いれば，

$$|e^z| = e^{\mathrm{Re}\, z}, \quad \arg(e^z) = \mathrm{Im}\, z$$

である．

なお，一般に絶対値が r，偏角が θ である複素数の極形式 $r(\cos\theta + i\sin\theta)$ は，簡単にこれを

$$re^{i\theta}$$

と書くことができることに注意しておこう．

◆ F) 一般の複素整級数

以上では複素変数 z の指数関数 e^z，三角関数 $\sin z, \cos z$ を整級数によって定義し，それらの関連について述べた．

本節の主目標はこれで達成されたのであるが，最後に，一般の複素整級数についても，実の整級数について前節(9.2節)の定理4,5に述べたのと全く同様の定理が成り立つことを，補足として述べておくことにする．以下に念のためそれらの定理を再記し，証明に際して留意すべき事項を略述する．

まず定理の叙述のために必要な定義であるが，関数列や関数級数の一様収束の定義は実変数のときと全く同様である．すなわち，関数列 $f_n(z)$ が $f(z)$ に $S(\subset \boldsymbol{C})$ で一様収束するというのは，任意の $\varepsilon>0$ に対し，ある N が存在して，$n \geqq N$

であるすべての n とすべての $z\in S$ に対して

$$|f_n(z)-f(z)| < \varepsilon$$

が成り立つことをいう．関数級数 $\sum f_n(z)$ の一様収束は部分和の関数列の一様収束によって定義される．

関数列や関数級数の一様収束に関するコーシーの条件も前と同じである．また 9.1 節の定理 2 と同様に，すべての $z\in S$ に対し $|f_n(z)|\leqq M_n$ で $\sum M_n$ が収束するならば，$\sum f_n(z)$ は S で一様かつ絶対に収束する．

さらに，一様収束する連続関数列の極限はまた連続である．（厳密にいえば，実変数の場合の 9.1 節の定理 4 は定理 3 に依拠しており，定理 3 の記述はやや実変数に“局限”された形になっているから，証明には多少の補正を要しよう．しかしそれは容易であるから，ここではあらためて述べない．実際にはこの定理は，後の距離空間の位相の章でみるように，もっと一般的な状況のもとに直接かつ簡単に証明することができる．）

さて，次の定理が成り立つ．

> **定理 3**　複素整級数 $\sum_{n=0}^{\infty} a_n z^n$ において
>
> $$\alpha = \limsup_{n\to\infty} \sqrt[n]{|a_n|}, \qquad R=\frac{1}{\alpha}$$
>
> とおけば，この整級数は $|z|<R$ で絶対収束し，$|z|>R$ で発散する．また $0<R'<R$ とすれば，$|z|\leqq R'$ では一様収束する．

証明　実の整級数の場合，この定理の証明の根拠になったのは実数級数の収束・発散に関する 9.2 節の定理 1（根判定法）であった．しかし，この定理 1 の証明を再検査すれば，それは複素級数に対してもなんら変更なく適用し得ることがわかる．よって複素整級数の場合にも上記の定理が成り立つのである．◪

収束半径
収束円

定理 3 の R を複素整級数 $\sum a_n z^n$ の**収束半径**といい，円 $|z|=R$ を**収束円**という．（$R=0$ の場合には収束円は 1 点であり，$R=+\infty$ の場合には収束円は実在しない．）

収束円といっても円 $|z|=R$ の周上での $\sum a_n z^n$ の収束・発散は確定しない．定理 3 が主張しているのは，収束円の内部 $|z|<R$ で整級数が絶対収束し，外部 $|z|>R$ で発散する，と

いう事実だけである．

実際に収束円 $|z|=R$ の周上での $\sum a_n z^n$ の収束・発散の状況は多様である．問題 9.3 の問 7 を参照されたい．

[**注意**：複素整級数の場合には，複素平面上で $|z|=R$ は実際に円になる．したがって収束半径という言葉もより正当な意味をもつ.]

定理 4 複素整級数 $\sum_{n=0}^{\infty} a_n z^n$ の収束半径を R とすれば，

$$f(z) = \sum_{n=0}^{\infty} a_n z^n$$

は収束円の内部 $|z|<R$ において無限回微分可能である．かつ，その逐次の導関数は項別微分によって得られる．すなわち，$k=1, 2, \cdots$ に対して

$$f^{(k)}(z) = \sum_{n=k}^{\infty} n(n-1)\cdots(n-k+1) a_n z^{n-k}.$$

さらに，これらの整級数の収束半径もすべて R である．

証明 明らかに第 1 次導関数に関する部分を証明すればよい．すなわち

$$\sum_{n=1}^{\infty} n a_n z^{n-1}$$

の収束半径も R であること，および $|z|<R$ において $f(z)=\sum a_n z^n$ の導関数がこの整級数で与えられる，ということである．これが示されれば，あとは同様の議論をくり返すことによって結論が得られる．

整級数 $\sum n a_n z^{n-1}$ の収束半径がやはり R に等しいことは，前の 9.2 節の定理 5 の証明と全く同様にしてわかる．しかし，$f(z)$ が $|z|<R$ で微分可能で，かつ $f'(z)$ が上の整級数で与えられる，ということについては，前の証明は必ずしも通用しない．(というのは，前の実変数の場合の証明は 9.1 節の定理 6 に依拠しているが，この定理 6 はやや特殊な形である上に実変数関数に固有な形で証明されているからである.)

よって，この部分については新しい証明を要するが，幸いにしてそれは次のように直接的かつ簡単に証明される．

われわれが証明すべきことは，z_0 を $|z_0|<R$ を満たす任意の点とするとき，

$$(*)\qquad \lim_{z\to z_0}\frac{f(z)-f(z_0)}{z-z_0}=\sum_{n=1}^{\infty}na_nz_0{}^{n-1}$$

が成り立つ，ということである．

いま，$|z_0|<R'<R$ を満たす R' をとる．z も $|z|<R'$ の範囲にあるとしてよい．そのとき

$$\begin{aligned}\frac{f(z)-f(z_0)}{z-z_0}&=\sum_{n=0}^{\infty}a_n\frac{z^n-z_0{}^n}{z-z_0}\\&=\sum_{n=1}^{\infty}a_n(z^{n-1}+z^{n-2}z_0+\cdots+zz_0{}^{n-2}+z_0{}^{n-1})\end{aligned}$$

であるが，

$$|z^{n-1}+z^{n-2}z_0+\cdots+zz_0{}^{n-2}+z_0{}^{n-1}|\leqq nR'^{n-1}$$

で，$\sum_{n=1}^{\infty}n|a_n|R'^{n-1}$ は収束するから，級数

$$\sum_{n=1}^{\infty}a_n(z^{n-1}+z^{n-2}z_0+\cdots+zz_0{}^{n-2}+z_0{}^{n-1})$$

は $|z|<R'$ なる z に関して一様に収束する．ゆえにこの和は z に関して連続である．したがって，$z\to z_0$ のときこれは

$$\sum_{n=1}^{\infty}na_nz_0{}^{n-1}$$

に収束する．これで(＊)が証明された．□

［**注意 1**：整級数の場合には上のように(＊)の証明は直接的にできる．前の 9.2 節の定理 5 もこのようにして証明することもできたのである．］

［**注意 2**：本節の定理 1 の(c)で，指数関数

$$e^z=\sum_{n=0}^{\infty}\frac{z^n}{n!}$$

の導関数が e^z 自身となることを証明したが，そこでは指数法則を利用した．この段階では整級数で表される関数が微分可能であることはまだ一般的に証明されていなかったから，こうした証明法を採用したのは当を得たことであった．しかし，上に述べた一般的定理 4 によれば，

$$\frac{d}{dz}(e^z)=e^z$$

という結果は，項別微分することによって直ちに得られる．］

問題 9.3

1　次の値を求めよ．

$$e^{\frac{\pi i}{2}},\quad e^{-\pi i},\quad e^{\frac{3}{4}\pi i},\quad e^{-\frac{\pi i}{3}}.$$

2　次の等式を満たす複素数 z を求めよ．

（1）　$e^z=2$　（2）　$e^z=-1$　（3）　$e^z=i$

（4）　$e^z=-1-i$

3　次の値を e を用いて表せ．

$$\sin i,\quad \cos(-i),\quad \tan(1+i).$$

ただし $\tan z=\sin z/\cos z$ である．

4(三角関数の加法定理)　任意の $z, w\in \boldsymbol{C}$ に対し

$$\sin(z+w)=\sin z\cos w+\cos z\sin w,$$
$$\cos(z+w)=\cos z\cos w-\sin z\sin w$$

であることを証明せよ．

5　加法定理を用いて，$z=x+yi$ に対し $\sin z, \cos z$ の実部・虚部を求めよ．

6　$\sum a_n$ は複素級数で部分和 A_n が有界であるとする．すなわち，すべての n に対し $|A_n|\leqq M$ となる定数 M が存在するとする．また，(b_n) は

$$b_1\geqq b_2\geqq\cdots\geqq b_n\geqq\cdots\geqq 0,\qquad \lim_{n\to\infty}b_n=0$$

であるような数列とする．そのとき，級数 $\sum a_nb_n$ は収束することを証明せよ．

（ヒント）　$m>n$ とすれば

$$\sum_{k=n}^{m}a_kb_k=\sum_{k=n}^{m-1}A_k(b_k-b_{k+1})+A_mb_m-A_{n-1}b_n.$$

これを用いて，コーシーの条件を示せ．

7　次の3つの複素整級数

（a）　$1+z+z^2+\cdots+z^n+\cdots,$

（b）　$1+\dfrac{z}{1}+\dfrac{z^2}{2}+\cdots+\dfrac{z^n}{n}+\cdots,$

（c）　$1+\dfrac{z}{1^2}+\dfrac{z^2}{2^2}+\cdots+\dfrac{z^n}{n^2}+\cdots$

の収束半径はいずれも1であることを示せ．また，収束円 $|z|=1$ の周上において，(a)はどの点でも収束しないこと，(b)は $z=1$ を除いて収束(条件収束)すること，(c)はすべての点で収束(絶対収束)することを示せ．

（ヒント）　(b)が $|z|=1,\ z\neq 1$ で収束すること以外は容易．このことを示すには問6を用いよ．

10
n 次元空間

10.1 ユークリッド空間

本書ではこれまで(一部では複素変数の複素数値関数も現れたが)主として実の一変数の実数値関数を扱ってきた．すなわち，関数の定義域も終域もともに1次元の空間であった．これからは，多次元の空間も扱い，一変数のベクトル値関数，多変数(ベクトル変数)の実数値関数，ベクトル変数のベクトル値関数などを取り扱う．

本章では，そのための準備として，n 次元ユークリッド空間を定義し，それに関する基礎的事項を述べる．この章は平易であって，ほとんど予備知識を要しない．$n=2,3$ の場合(すなわち通常の意味の平面，空間の場合)については，二三の興味ある初等幾何学的事実も扱われるであろう．

◆ A) 空間 $\boldsymbol{R}^n$

n を正の整数とするとき，n 個の実数 $a_1, a_2, \cdots, a_n$ の順序づけられた組

$$\boldsymbol{a}=(a_1, a_2, \cdots, a_n)$$

全体の集合を $\boldsymbol{R}^n$ で表す．$\boldsymbol{R}^n$ の元 $\boldsymbol{a}$ を $\boldsymbol{R}^n$ の**点**または**ベクトル**とよび，$a_1, a_2, \cdots, a_n$ を $\boldsymbol{a}$ の**座標**または**成分**という．(ベクトルや成分の語は特に $n>1$ の場合に用いることが多い.) $\boldsymbol{R}^1$ は $\boldsymbol{R}$ 自身と同じである．以後 $n>1$ のとき，$\boldsymbol{R}^n$ の元を上記のようにボールド字体の文字で表す．

点，ベクトル

座標，成分

$\boldsymbol{R}^n$ においては次のようにベクトルの加法およびベクトルの実数倍の演算が定義される．すなわち，$\boldsymbol{R}^n$ の元 $\boldsymbol{a}=(a_1, \cdots, a_n)$，$\boldsymbol{b}=(b_1, \cdots, b_n)$ および実数 α に対して

$$\boldsymbol{a}+\boldsymbol{b} = (a_1+b_1, \cdots, a_n+b_n),$$
$$\alpha\boldsymbol{a} = (\alpha a_1, \cdots, \alpha a_n)$$

と定義する．これらの演算について，次の定理1が成り立つ．ただし定理1で，$\boldsymbol{0}$ はすべての座標が0である $\boldsymbol{R}^n$ の元

$$\boldsymbol{0} = (0, \cdots, 0)$$

原点(零ベクトル)

を表す．これを $\boldsymbol{R}^n$ の**原点**または**零ベクトル**という．また，$\boldsymbol{a}=(a_1, \cdots, a_n)$ に対し，$-\boldsymbol{a}$ は $(-1)\boldsymbol{a}=(-a_1, \cdots, -a_n)$ を表している．

定理1　任意の $\boldsymbol{a}, \boldsymbol{b}, \boldsymbol{c} \in \boldsymbol{R}^n$ に対して

1　$\boldsymbol{a}+\boldsymbol{b}=\boldsymbol{b}+\boldsymbol{a}$,

2　$(\boldsymbol{a}+\boldsymbol{b})+\boldsymbol{c}=\boldsymbol{a}+(\boldsymbol{b}+\boldsymbol{c})$,

3　$\boldsymbol{a}+\boldsymbol{0}=\boldsymbol{a}$,

4　$\boldsymbol{a}+(-\boldsymbol{a})=\boldsymbol{0}$.

また任意の $\boldsymbol{a}, \boldsymbol{b} \in \boldsymbol{R}^n$ および任意の $\alpha, \beta \in \boldsymbol{R}$ に対して

5　$\alpha(\boldsymbol{a}+\boldsymbol{b})=\alpha\boldsymbol{a}+\alpha\boldsymbol{b}$,

6　$(\alpha+\beta)\boldsymbol{a}=\alpha\boldsymbol{a}+\beta\boldsymbol{a}$,

7　$(\alpha\beta)\boldsymbol{a}=\alpha(\beta\boldsymbol{a})$,

8　$1\boldsymbol{a}=\boldsymbol{a}$.

どれも明らかである．証明は読者自ら試みられたい．

この定理の内容を簡単に，$\boldsymbol{R}^n$ は加法および実数倍の演算について"$\boldsymbol{R}$ 上のベクトル空間をなす"といい表す．("ベクトル空間"の一般的定義についてはなお次節10.2を参照されたい．)

[**注意**：定理1の8は自明のことと思われるであろうが，一般のベクトル空間の定義と合致させるために記したのである．]

任意の $\boldsymbol{a}, \boldsymbol{b} \in \boldsymbol{R}^n$ に対して $\boldsymbol{a}+(-\boldsymbol{b})$ を $\boldsymbol{a}-\boldsymbol{b}$ と書く．これは方程式 $\boldsymbol{b}+\boldsymbol{x}=\boldsymbol{a}$ の解となる $\boldsymbol{R}^n$ の唯一のベクトルである．

◆ B)　内積

$\boldsymbol{R}^n$ においてはまた次のようにベクトルの内積が定義される．

定義 $\boldsymbol{R}^n$ の元 $\boldsymbol{a}=(a_1, \cdots, a_n)$, $\boldsymbol{b}=(b_1, \cdots, b_n)$ に対し,

$$\boldsymbol{a}\cdot\boldsymbol{b} = \sum_{k=1}^{n} a_k b_k = a_1 b_1 + \cdots + a_n b_n$$

とおき, これを $\boldsymbol{a}, \boldsymbol{b}$ の**内積**(inner product)または**スカラー積**(scalar product)という.

内積(スカラー積)

内積 $\boldsymbol{a}\cdot\boldsymbol{b}$ はベクトルではなく1つの数であることに注意されたい.

なお, ここに定義した内積はくわしくは**ユークリッド内積**とよばれる.

ユークリッド内積

内積は次の性質をもつ.

> **定理2** 任意の $\boldsymbol{a}, \boldsymbol{a}', \boldsymbol{b}, \boldsymbol{b}' \in \boldsymbol{R}^n$ および任意の $\alpha \in \boldsymbol{R}$ に対して
>
> 1 $\boldsymbol{a}\cdot\boldsymbol{b}=\boldsymbol{b}\cdot\boldsymbol{a}$,
>
> 2 $(\boldsymbol{a}+\boldsymbol{a}')\cdot\boldsymbol{b}=\boldsymbol{a}\cdot\boldsymbol{b}+\boldsymbol{a}'\cdot\boldsymbol{b}$,
> $\boldsymbol{a}\cdot(\boldsymbol{b}+\boldsymbol{b}')=\boldsymbol{a}\cdot\boldsymbol{b}+\boldsymbol{a}\cdot\boldsymbol{b}'$,
>
> 3 $(\alpha\boldsymbol{a})\cdot\boldsymbol{b}=\boldsymbol{a}\cdot(\alpha\boldsymbol{b})=\alpha(\boldsymbol{a}\cdot\boldsymbol{b})$,
>
> 4 $\boldsymbol{a}\cdot\boldsymbol{a}\geqq 0$,
>
> 5 $\boldsymbol{a}\cdot\boldsymbol{a}=0$ となるのは $\boldsymbol{a}=\boldsymbol{0}$ のときまたそのときに限る.

証明 **1, 2, 3** は明らかである.

また $\boldsymbol{a}=(a_1, \cdots, a_n)$ ならば

$$\boldsymbol{a}\cdot\boldsymbol{a} = \sum_{k=1}^{n} {a_k}^2 = {a_1}^2 + \cdots + {a_n}^2$$

であるから, 当然 **4** も成り立つ. さらに, これが0となるのは $a_1=\cdots=a_n=0$ のときに限る. よって **5** も成り立つ. ◪

> **定理3(シュヴァルツ(Schwarz)の不等式)** 任意の $\boldsymbol{a}, \boldsymbol{b} \in \boldsymbol{R}^n$ に対して
>
> $$(\boldsymbol{a}\cdot\boldsymbol{b})^2 \leqq (\boldsymbol{a}\cdot\boldsymbol{a})(\boldsymbol{b}\cdot\boldsymbol{b}).$$

シュヴァルツの不等式

証明 $\boldsymbol{b}=\boldsymbol{0}$ ならば両辺ともに0となる.

$\boldsymbol{b}\neq\boldsymbol{0}$ のとき, $\alpha, \beta \in \boldsymbol{R}$ とすれば, 定理2の **4** によって

$$(\alpha\boldsymbol{a}+\beta\boldsymbol{b})\cdot(\alpha\boldsymbol{a}+\beta\boldsymbol{b}) \geqq 0.$$

定理2の **1, 2, 3** を用いてこの左辺を展開すれば

$$\alpha^2(\boldsymbol{a}\cdot\boldsymbol{a}) + 2\alpha\beta(\boldsymbol{a}\cdot\boldsymbol{b}) + \beta^2(\boldsymbol{b}\cdot\boldsymbol{b}) \geqq 0.$$

特に $\alpha=\boldsymbol{b}\cdot\boldsymbol{b}$, $\beta=-\boldsymbol{a}\cdot\boldsymbol{b}$ とおけば

$$(\boldsymbol{b}\cdot\boldsymbol{b})^2(\boldsymbol{a}\cdot\boldsymbol{a})-(\boldsymbol{a}\cdot\boldsymbol{b})^2(\boldsymbol{b}\cdot\boldsymbol{b}) \geqq 0.$$

いま $\boldsymbol{b}\neq\boldsymbol{0}$ と仮定したから $\boldsymbol{b}\cdot\boldsymbol{b}>0$．よって $(\boldsymbol{b}\cdot\boldsymbol{b})(\boldsymbol{a}\cdot\boldsymbol{a})-(\boldsymbol{a}\cdot\boldsymbol{b})^2\geqq 0$ を得る．□

［**注意**：$\boldsymbol{a}=(a_1,\cdots,a_n)$，$\boldsymbol{b}=(b_1,\cdots,b_n)$ として，成分を用いて計算すれば

$$(\boldsymbol{a}\cdot\boldsymbol{a})(\boldsymbol{b}\cdot\boldsymbol{b})-(\boldsymbol{a}\cdot\boldsymbol{b})^2=\left(\sum_{i=1}^n a_i{}^2\right)\left(\sum_{j=1}^n b_j{}^2\right)-\left(\sum_{k=1}^n a_kb_k\right)^2$$
$$=\sum_{1\leqq i<j\leqq n}(a_ib_j-a_jb_i)^2\geqq 0$$

である．これは定理3の別証を与える．この方が直接的ではあるが，上記の証明は定理2の性質だけを用いていて，内積の最初の定義にまでは戻っていない．その意味で上記の証明の方がより普遍性をもつのである．］

◆ C)　ノルム

定義　$\boldsymbol{R}^n$ の元 $\boldsymbol{a}=(a_1,\cdots,a_n)$ に対して

$$|\boldsymbol{a}|=(\boldsymbol{a}\cdot\boldsymbol{a})^{\frac{1}{2}}=\left(\sum_{k=1}^n a_k{}^2\right)^{\frac{1}{2}}$$

ノルム
ユークリッド・ノルム

とおき，これを $\boldsymbol{a}$ の**ノルム**（くわしくは**ユークリッド・ノルム**）という．

［**注意**：$\boldsymbol{R}^2$ または $\boldsymbol{R}^3$ の場合には，これはベクトル $\boldsymbol{a}$ の通常の意味での“長さ”を表している．］

ノルムは次の性質をもつ．

> **定理4**　任意の $\boldsymbol{a},\boldsymbol{b}\in\boldsymbol{R}^n$ および任意の $\alpha\in\boldsymbol{R}$ に対して
>
> **1**　$|\boldsymbol{a}|\geqq 0$,
>
> **2**　$|\boldsymbol{a}|=0$ となるのは $\boldsymbol{a}=\boldsymbol{0}$ のときまたそのときに限る．
>
> **3**　$|\alpha\boldsymbol{a}|=|\alpha||\boldsymbol{a}|$,
>
> **4**　$|\boldsymbol{a}\cdot\boldsymbol{b}|\leqq|\boldsymbol{a}||\boldsymbol{b}|$,
>
> **5**　$|\boldsymbol{a}+\boldsymbol{b}|\leqq|\boldsymbol{a}|+|\boldsymbol{b}|$.

証明　**1, 2** は明らかである．

3　定義によって

$$|\alpha\boldsymbol{a}|^2=(\alpha\boldsymbol{a})\cdot(\alpha\boldsymbol{a})=\alpha^2(\boldsymbol{a}\cdot\boldsymbol{a})=\alpha^2|\boldsymbol{a}|^2.$$

この両端の項の負でない平方根をとれば $|\alpha\boldsymbol{a}|=|\alpha||\boldsymbol{a}|$ を得る．

4　これはシュヴァルツの不等式

$$(\boldsymbol{a}\cdot\boldsymbol{b})^2 \leqq |\boldsymbol{a}|^2|\boldsymbol{b}|^2$$

の両辺の負でない平方根をとったものにほかならない.

5 定義によって

$$\begin{aligned}|\boldsymbol{a}+\boldsymbol{b}|^2 &= (\boldsymbol{a}+\boldsymbol{b})\cdot(\boldsymbol{a}+\boldsymbol{b})\\ &= \boldsymbol{a}\cdot\boldsymbol{a}+2\boldsymbol{a}\cdot\boldsymbol{b}+\boldsymbol{b}\cdot\boldsymbol{b}\\ &= |\boldsymbol{a}|^2+2\boldsymbol{a}\cdot\boldsymbol{b}+|\boldsymbol{b}|^2.\end{aligned}$$

4 により $\boldsymbol{a}\cdot\boldsymbol{b}\leqq|\boldsymbol{a}\cdot\boldsymbol{b}|\leqq|\boldsymbol{a}||\boldsymbol{b}|$ であるから

$$|\boldsymbol{a}+\boldsymbol{b}|^2 \leqq |\boldsymbol{a}|^2+2|\boldsymbol{a}||\boldsymbol{b}|+|\boldsymbol{b}|^2 = (|\boldsymbol{a}|+|\boldsymbol{b}|)^2.$$

これより **5** が得られる. ▨

定理 4 の **5** の不等式を**三角不等式**という. このようによばれる幾何学的理由は明白であろう.

三角不等式

ベクトル空間 $\boldsymbol{R}^n$ は, 上に定義した内積およびノルムの構造を合わせ考えたとき, ***n*** **次元ユークリッド空間**とよばれる. 1 次元, 2 次元, 3 次元のユークリッド空間は, われわれが普通に考える直線, 平面, 空間である.

n 次元ユークリッド空間

ユークリッド空間 $\boldsymbol{R}^n$ の 2 点 $\boldsymbol{a}=(a_1, \cdots, a_n)$, $\boldsymbol{b}=(b_1, \cdots, b_n)$ に対して,

$$d(\boldsymbol{a}, \boldsymbol{b}) = |\boldsymbol{a}-\boldsymbol{b}| = \left(\sum_{k=1}^{n}(a_k-b_k)^2\right)^{\frac{1}{2}}$$

を, $\boldsymbol{a}, \boldsymbol{b}$ 間の**距離**(くわしくは**ユークリッド距離**)という. これは次の性質をもつ.

距離, ユークリッド距離

> **定理 5** 任意の $\boldsymbol{a}, \boldsymbol{b}, \boldsymbol{c}\in\boldsymbol{R}^n$ に対して
>
> **1** $d(\boldsymbol{a}, \boldsymbol{b})\geqq 0$,
>
> **2** $d(\boldsymbol{a}, \boldsymbol{b})=0$ となるのは $\boldsymbol{a}=\boldsymbol{b}$ のときまたそのときに限る.
>
> **3** $d(\boldsymbol{a}, \boldsymbol{b})=d(\boldsymbol{b}, \boldsymbol{a})$,
>
> **4** $d(\boldsymbol{a}, \boldsymbol{c})\leqq d(\boldsymbol{a}, \boldsymbol{b})+d(\boldsymbol{b}, \boldsymbol{c})$. (三角不等式)

三角不等式

証明 **4** 以外は明らかである.

4 は定理 4 の **5** から

$$\begin{aligned}d(\boldsymbol{a}, \boldsymbol{c}) &= |\boldsymbol{a}-\boldsymbol{c}|\\ &= |(\boldsymbol{a}-\boldsymbol{b})+(\boldsymbol{b}-\boldsymbol{c})|\\ &\leqq |\boldsymbol{a}-\boldsymbol{b}|+|\boldsymbol{b}-\boldsymbol{c}|\\ &= d(\boldsymbol{a}, \boldsymbol{b})+d(\boldsymbol{b}, \boldsymbol{c})\end{aligned}$$

として得られる. ▨

◆ D）ベクトルの直交，ベクトルのなす角

ユークリッド空間 $\boldsymbol{R}^n$ の 2 元 $\boldsymbol{a}, \boldsymbol{b}$ に対して

$$\boldsymbol{a}\cdot\boldsymbol{b} = 0$$

直交

が成り立つとき，$\boldsymbol{a}, \boldsymbol{b}$ は**直交**するという．このことをしばしば記号 $\boldsymbol{a}\perp\boldsymbol{b}$ で表す．零ベクトル $\boldsymbol{0}$ は任意のベクトルと直交する．

また一般に，$\boldsymbol{a}, \boldsymbol{b}$ を $\boldsymbol{R}^n$ の $\boldsymbol{0}$ でない元とすれば，定理 4 の **4** によって

$$-1 \leqq \frac{\boldsymbol{a}\cdot\boldsymbol{b}}{|\boldsymbol{a}||\boldsymbol{b}|} \leqq 1$$

であるから，

$$\frac{\boldsymbol{a}\cdot\boldsymbol{b}}{|\boldsymbol{a}||\boldsymbol{b}|} = \cos\theta,$$

すなわち

（$*$）　$$\boldsymbol{a}\cdot\boldsymbol{b} = |\boldsymbol{a}||\boldsymbol{b}|\cos\theta$$

を満たす θ が区間 $[0, \pi]$ にただ 1 つ存在する．この θ を $\boldsymbol{a}, \boldsymbol{b}$ のなす**角**という．

角

$\boldsymbol{a}\perp\boldsymbol{b}$ であるのは $\theta=\pi/2$ であることにほかならない．また $\boldsymbol{a}\cdot\boldsymbol{b}>0$ であるのは $0\leqq\theta<\pi/2$ すなわち θ が“鋭角”であること，$\boldsymbol{a}\cdot\boldsymbol{b}<0$ であるのは $\pi/2<\theta\leqq\pi$ すなわち θ が“鈍角”であることと，それぞれ同値である．

ところで以上の定義は一般に $\boldsymbol{R}^n$ においてなされたものであるが，$\boldsymbol{R}^2$ や $\boldsymbol{R}^3$ の場合には，ベクトルの直交やベクトルのなす角は実際に 2 次元または 3 次元空間における図形としての幾何学的定義をもっている．上記の定義がその通常の意味の定義と合致していることを以下に確かめておこう．

いま平面 $\boldsymbol{R}^2$ あるいは空間 $\boldsymbol{R}^3$ において，$\boldsymbol{a}, \boldsymbol{b}$ を 2 つの $\boldsymbol{0}$ でないベクトルとする．そのとき，$\boldsymbol{a}, \boldsymbol{b}$ が直交するのは，次ページ上の図から明らかなように，

$$|\boldsymbol{a}+\boldsymbol{b}| = |\boldsymbol{a}-\boldsymbol{b}|$$

が成り立つことと同値である．

しかるに $|\boldsymbol{a}+\boldsymbol{b}|=|\boldsymbol{a}-\boldsymbol{b}|$ は

$$(\boldsymbol{a}+\boldsymbol{b})\cdot(\boldsymbol{a}+\boldsymbol{b}) = (\boldsymbol{a}-\boldsymbol{b})\cdot(\boldsymbol{a}-\boldsymbol{b})$$

であることと同じで，この両辺を展開して整理すれば $4\boldsymbol{a}\cdot\boldsymbol{b}=0$，すなわち $\boldsymbol{a}\cdot\boldsymbol{b}=0$ を得る．

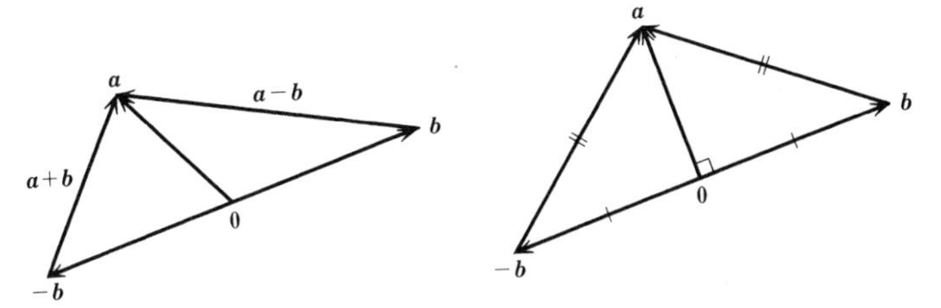

ゆえに $\boldsymbol{a}, \boldsymbol{b}$ が直交することは，たしかに $\boldsymbol{a}\cdot\boldsymbol{b}=0$ であることと同じである．

次に $\boldsymbol{a}, \boldsymbol{b}$ (ともに $\in \boldsymbol{R}^2$ またはともに $\in \boldsymbol{R}^3$)のなす角を一般に θ (ただし $0\leqq\theta\leqq\pi$) とすれば，実際354ページの(∗)が成り立つことを示そう．

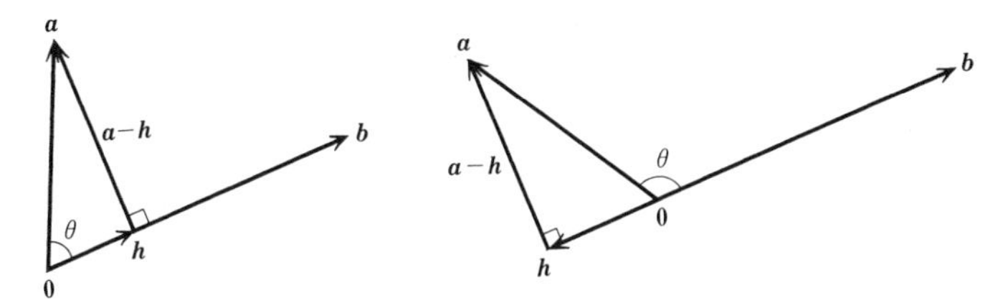

いま上の図のように点 $\boldsymbol{a}$ からベクトル $\overrightarrow{\boldsymbol{0b}}$ に下ろした垂線の足を $\boldsymbol{h}$ とすれば，$\boldsymbol{h}$ はある実数 t によって $\boldsymbol{h}=t\boldsymbol{b}$ と表され，$(\boldsymbol{a}-\boldsymbol{h})\perp\boldsymbol{b}$ であるから，$(\boldsymbol{a}-t\boldsymbol{b})\cdot\boldsymbol{b}=0$，よって

$$\boldsymbol{a}\cdot\boldsymbol{b} = t|\boldsymbol{b}|^2$$

である．もし $0\leqq\theta<\pi/2$ ならば上の左の図のようになり，この場合は $t>0$ で

$$|\boldsymbol{a}|\cos\theta = |\boldsymbol{h}| = t|\boldsymbol{b}|,$$

また $\pi/2<\theta\leqq\pi$ ならば上の右の図のようになり，この場合は $t<0$ で

$$|\boldsymbol{a}|\cos\theta = -|\boldsymbol{h}| = t|\boldsymbol{b}|,$$

したがって，いずれの場合にも $|\boldsymbol{a}|\cos\theta=t|\boldsymbol{b}|$ である．このことと $\boldsymbol{a}\cdot\boldsymbol{b}=t|\boldsymbol{b}|^2$ とを合わせれば，

$$\boldsymbol{a}\cdot\boldsymbol{b} = |\boldsymbol{a}||\boldsymbol{b}|\cos\theta$$

が得られる．以上で $\boldsymbol{R}^2$ や $\boldsymbol{R}^3$ の場合，$\boldsymbol{a}, \boldsymbol{b}$ のなす角を θ とすれば実際(∗)の成り立つことが確かめられた．

◆ E) 直線と線分

$\boldsymbol{a}, \boldsymbol{d}$ を $\boldsymbol{R}^n$ の元とし，$\boldsymbol{d}\neq\boldsymbol{0}$ とする．そのとき，t をすべての実数を動く変数として

$$\boldsymbol{x} = \boldsymbol{a}+t\boldsymbol{d}$$

と表される $\boldsymbol{R}^n$ の点 $\boldsymbol{x}$ 全体の集合を，点 $\boldsymbol{a}$ を通りベクトル $\boldsymbol{d}$ に平行な $\boldsymbol{R}^n$ の**直線**という．上の式はこの直線の方程式で，t は**媒介変数**あるいは**パラメーター**である．$\boldsymbol{d}$ はこの直線の**方向ベクトル**とよばれる．

直線

媒介変数(パラメーター)

方向ベクトル

$\boldsymbol{R}^2$ の場合，$\boldsymbol{a}=(a_1, a_2)$，$\boldsymbol{d}=(d_1, d_2)$，$\boldsymbol{x}=(x_1, x_2)$ とすれば，方程式は

$$x_1 = a_1+td_1, \qquad x_2 = a_2+td_2$$

と書かれる．これから t を消去すれば

$$d_2(x_1-a_1) = d_1(x_2-a_2)$$

となり，これはよく知られた平面上の直線の方程式(x_1, x_2 に関する1次方程式)の形である．

また $\boldsymbol{R}^3$ の場合，$\boldsymbol{a}=(a_1, a_2, a_3)$，$\boldsymbol{d}=(d_1, d_2, d_3)$，$\boldsymbol{x}=(x_1, x_2, x_3)$ とすれば，

$$x_i = a_i+td_i \qquad (i=1, 2, 3)$$

で，これから t を消去すれば

$$\frac{x_1-a_1}{d_1} = \frac{x_2-a_2}{d_2} = \frac{x_3-a_3}{d_3}.$$

これが3次元空間 $\boldsymbol{R}^3$ における直線の方程式の一般な形である．

なおここでは $\boldsymbol{R}^2$ や $\boldsymbol{R}^3$ の点を (x_1, x_2), (x_1, x_2, x_3) のように書いたが，慣習によればこれらは (x, y), (x, y, z) のようにも書かれる．これも周知のことであろう．

ふたたび $\boldsymbol{R}^n$ にもどり，$\boldsymbol{a}, \boldsymbol{b}$ を $\boldsymbol{R}^n$ の異なる2点とする．このとき $\boldsymbol{a}, \boldsymbol{b}$ を通る直線は，方向ベクトル $\boldsymbol{d}$ として $\boldsymbol{b}-\boldsymbol{a}$ をとることができるから，その方程式は

$$\boldsymbol{x} = \boldsymbol{a}+t(\boldsymbol{b}-\boldsymbol{a}) = (1-t)\boldsymbol{a}+t\boldsymbol{b}$$

で与えられる．ここで媒介変数 t はもちろんすべての実数を動くのである．

もし，t が $\boldsymbol{R}$ 全体を動くかわりに0から1まで動くならば，$\boldsymbol{x}=(1-t)\boldsymbol{a}+t\boldsymbol{b}$ は明らかにこの直線上を点 $\boldsymbol{a}$ から点 $\boldsymbol{b}$ まで動く．すなわち，$\boldsymbol{a}, \boldsymbol{b}$ を両端点とする線分——それを以後 $[\boldsymbol{a}, \boldsymbol{b}]$ で表すことにする——上を動く．そこで

$$\boldsymbol{x} = (1-t)\boldsymbol{a}+t\boldsymbol{b}, \qquad 0 \leqq t \leqq 1$$

を線分 $[\boldsymbol{a}, \boldsymbol{b}]$ の方程式という．

◆ F) 凸集合

M を $\boldsymbol{R}^n$ の部分集合とする．もし，任意の $\boldsymbol{a}, \boldsymbol{b} \in M$ に対し $[\boldsymbol{a}, \boldsymbol{b}] \subset M$ が成り立つならば，M は**凸集合**であるという．

凸集合

たとえば，$\boldsymbol{R}^2$ において下の図の M_1, M_2 のような図形は凸集合である．しかし M_3 は凸集合ではない．（図で $\boldsymbol{a}, \boldsymbol{b} \in M_3$ であるが $[\boldsymbol{a}, \boldsymbol{b}] \subset M_3$ ではない．）

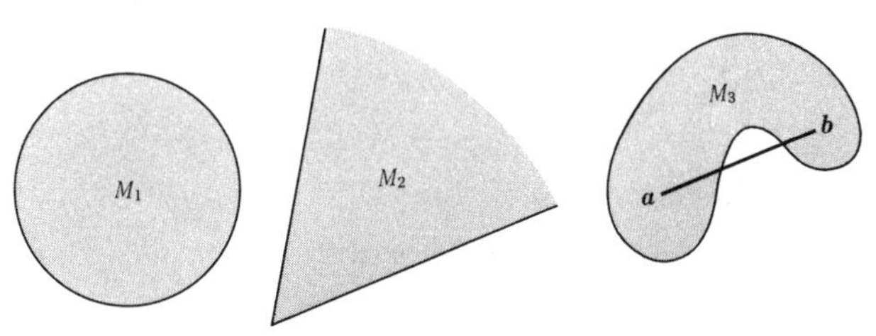

簡単な一例として，$\boldsymbol{R}^n$ における n 次元球体は凸集合であることを証明しよう．

いま B を，$\boldsymbol{R}^n$ の点 $\boldsymbol{a}$ を中心，$r(>0)$ を半径とする n 次元球体，すなわち

$$|\boldsymbol{x}-\boldsymbol{a}| < r$$

を満たす $\boldsymbol{x} \in \boldsymbol{R}^n$ 全体の集合とする．このとき，$\boldsymbol{x}, \boldsymbol{y} \in B$，$\boldsymbol{z} \in [\boldsymbol{x}, \boldsymbol{y}]$ とすれば，$0 \leqq t \leqq 1$ を満たすある t によって

$$\boldsymbol{z} = (1-t)\boldsymbol{x} + t\boldsymbol{y}$$

と書かれるから，

$$\boldsymbol{z}-\boldsymbol{a} = (1-t)(\boldsymbol{x}-\boldsymbol{a}) + t(\boldsymbol{y}-\boldsymbol{a}),$$

したがって

$$|\boldsymbol{z}-\boldsymbol{a}| \leqq (1-t)|\boldsymbol{x}-\boldsymbol{a}| + t|\boldsymbol{y}-\boldsymbol{a}|$$

である．ここで $|\boldsymbol{x}-\boldsymbol{a}|<r$, $|\boldsymbol{y}-\boldsymbol{a}|<r$ であるから

$$|\boldsymbol{z}-\boldsymbol{a}| < (1-t)r + tr = r.$$

よって $\boldsymbol{z} \in B$，したがって $[\boldsymbol{x}, \boldsymbol{y}] \subset B$ となる．ゆえに B は凸集合である．

◆ G) 超平面

$\boldsymbol{a}, \boldsymbol{n} \in \boldsymbol{R}^n$，$\boldsymbol{n} \neq \boldsymbol{0}$ とする．そのとき

$$(\boldsymbol{x}-\boldsymbol{a}) \cdot \boldsymbol{n} = 0$$

を満たす $\boldsymbol{x} \in \boldsymbol{R}^n$ 全体の集合を，点 $\boldsymbol{a}$ を通りベクトル $\boldsymbol{n}$ に垂直な $\boldsymbol{R}^n$ の**超平面**という．$\boldsymbol{n}$ はこの超平面の**法ベクトル** (normal vector) とよばれる．

超平面，法ベクトル

$n=3$ の場合，$\boldsymbol{R}^3$ の超平面は普通にいう平面である．下にその図を描いた．

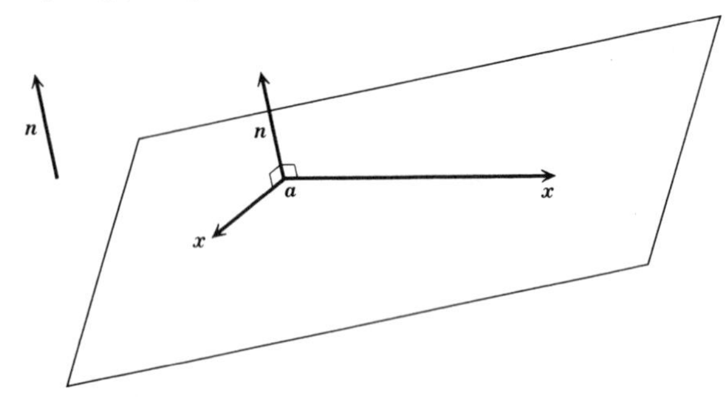

上記の超平面の方程式は

$$\boldsymbol{n}\cdot\boldsymbol{x} = \boldsymbol{n}\cdot\boldsymbol{a} \qquad ①$$

とも書かれる．$\boldsymbol{n}\cdot\boldsymbol{a}$ は定数であるから，それを k と書けば，これは

$$\boldsymbol{n}\cdot\boldsymbol{x} = k \qquad ②$$

となり，さらに $\boldsymbol{n}, \boldsymbol{x}$ を成分で表して $\boldsymbol{n}=(c_1, \cdots, c_n)$，$\boldsymbol{x}=(x_1, \cdots, x_n)$ とすれば，上の方程式は

$$c_1x_1+\cdots+c_nx_n = k \qquad ③$$

と書かれる．すなわち $\boldsymbol{R}^n$ の超平面は $x_1, \cdots, x_n$ に関する1次方程式で表される．

逆に1次方程式③は②と同じで，その1つの解を $\boldsymbol{a}$ とすれば，②は①の形に書かれ，$(\boldsymbol{x}-\boldsymbol{a})\cdot\boldsymbol{n}=0$ と同値となる．よって1次方程式③は $\boldsymbol{R}^n$ の1つの超平面を表す．

$\boldsymbol{R}^2$ の超平面は1次方程式 $ax+by=k$ を満たす点 (x, y) の集合で，それは直線である．

◈ H)　点と超平面との距離

$\boldsymbol{R}^n$ において，方程式 $\boldsymbol{n}\cdot\boldsymbol{x}=k$ で表される超平面を α とし，

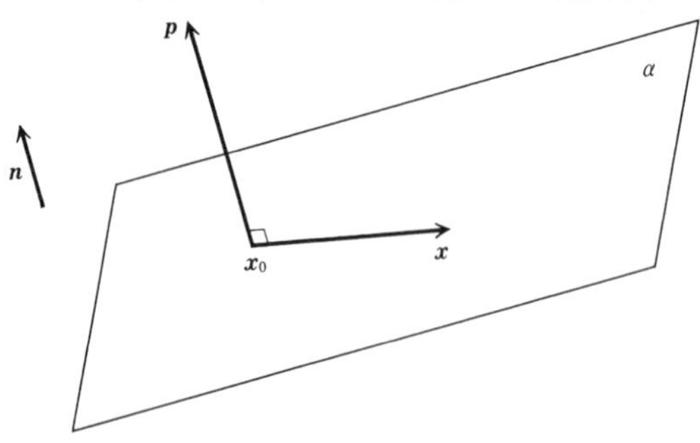

$\boldsymbol{p}$ を α 上にない $\boldsymbol{R}^n$ の点とする.

$\boldsymbol{p}$ を通って $\boldsymbol{n}$ に平行な直線を引けば, その直線は α への垂線である. したがって, その直線と α との交点を $\boldsymbol{x}_0$ とすれば, 任意の $\boldsymbol{x} \in \alpha$ に対して

$$\boldsymbol{p}-\boldsymbol{x}_0 \perp \boldsymbol{x}-\boldsymbol{x}_0$$

となる.

一般に $\boldsymbol{a} \perp \boldsymbol{b}$ ならば明らかに $|\boldsymbol{a}|^2+|\boldsymbol{b}|^2=|\boldsymbol{a}+\boldsymbol{b}|^2$ であるから, このとき

$$|\boldsymbol{p}-\boldsymbol{x}_0|^2+|\boldsymbol{x}_0-\boldsymbol{x}|^2 = |\boldsymbol{p}-\boldsymbol{x}|^2,$$

したがって

$$|\boldsymbol{p}-\boldsymbol{x}_0| \leqq |\boldsymbol{p}-\boldsymbol{x}|$$

である.

ゆえに $d(\boldsymbol{p}, \boldsymbol{x}_0)=|\boldsymbol{p}-\boldsymbol{x}_0|$ は $\boldsymbol{p}$ と α 上の点 $\boldsymbol{x}$ との距離 $d(\boldsymbol{p}, \boldsymbol{x})=|\boldsymbol{p}-\boldsymbol{x}|$ の最小値である. これを点 $\boldsymbol{p}$ と超平面 α との**距離**という.

距離

これについて次の定理が成り立つ.

> **定理 6**　$\boldsymbol{R}^n$ において, 点 $\boldsymbol{p}$ と超平面 $\boldsymbol{n}\cdot\boldsymbol{x}=k$ との距離は
>
> $$\frac{|\boldsymbol{n}\cdot\boldsymbol{p}-k|}{|\boldsymbol{n}|}$$
>
> で与えられる.

証明　前ページ下の図で $\boldsymbol{p}-\boldsymbol{x}_0$ は $\boldsymbol{n}$ に平行であるから, ある実数 t によって

$$\boldsymbol{p}-\boldsymbol{x}_0 = t\boldsymbol{n}$$

と書かれる. よって $\boldsymbol{x}_0=\boldsymbol{p}-t\boldsymbol{n}$ であるが, この点は超平面 $\boldsymbol{n}\cdot\boldsymbol{x}=k$ 上にあるから

$$\boldsymbol{n}\cdot(\boldsymbol{p}-t\boldsymbol{n}) = k.$$

これを t について解けば

$$t = \frac{\boldsymbol{n}\cdot\boldsymbol{p}-k}{|\boldsymbol{n}|^2}.$$

したがって

$$|\boldsymbol{p}-\boldsymbol{x}_0| = \frac{|\boldsymbol{n}\cdot\boldsymbol{p}-k|}{|\boldsymbol{n}|^2}|\boldsymbol{n}| = \frac{|\boldsymbol{n}\cdot\boldsymbol{p}-k|}{|\boldsymbol{n}|}.$$

これで主張が証明された. ☐

たとえば $n=3$ のとき, 定理 6 の結果をもう少し具体的に

記せば，次のようになる．すなわち $ax+by+cz=k$ を $\boldsymbol{R}^3$ の中の平面，$\boldsymbol{p}=(x_0, y_0, z_0)$ をこの平面上にない $\boldsymbol{R}^3$ の点とすれば，$\boldsymbol{p}$ とこの平面との距離は

$$\frac{|ax_0+by_0+cz_0-k|}{\sqrt{a^2+b^2+c^2}}$$

である．

◆ I)　平行四辺形の面積

$\boldsymbol{R}^2$ または $\boldsymbol{R}^3$ において $\boldsymbol{a}, \boldsymbol{b}$ を $\boldsymbol{0}$ でないベクトルとする．原点 $\boldsymbol{0}$ および点 $\boldsymbol{a}, \boldsymbol{b}, \boldsymbol{a}+\boldsymbol{b}$ を頂点とする平行四辺形は，$\boldsymbol{a}, \boldsymbol{b}$ を 2 辺とする平行四辺形，または $\boldsymbol{a}, \boldsymbol{b}$ で張られた平行四辺形とよばれる．この平行四辺形の面積 S を求めよう．

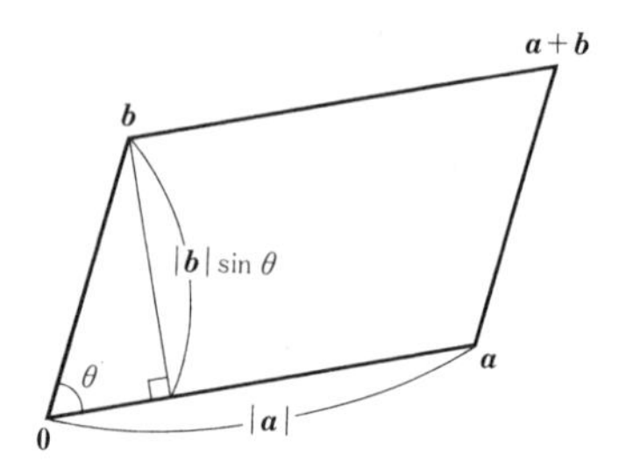

$\boldsymbol{a}, \boldsymbol{b}$ のなす角を θ とすれば，図から明らかなように

$$S=|\boldsymbol{a}||\boldsymbol{b}|\sin\theta$$

である．よって

$S^2=|\boldsymbol{a}|^2|\boldsymbol{b}|^2\sin^2\theta=|\boldsymbol{a}|^2|\boldsymbol{b}|^2(1-\cos^2\theta)=|\boldsymbol{a}|^2|\boldsymbol{b}|^2-(\boldsymbol{a}\cdot\boldsymbol{b})^2$,

したがって，

$$S=(|\boldsymbol{a}|^2|\boldsymbol{b}|^2-(\boldsymbol{a}\cdot\boldsymbol{b})^2)^{\frac{1}{2}}$$

となる．これが S を与える公式である．

具体的に成分で表すために，一般に $\boldsymbol{a}=(a_1, \cdots, a_n)$，$\boldsymbol{b}=(b_1, \cdots, b_n)$ とすれば，148 ページの注意でみたように

$$|\boldsymbol{a}|^2|\boldsymbol{b}|^2-(\boldsymbol{a}\cdot\boldsymbol{b})^2=\sum_{1\leqq i<j\leqq n}(a_ib_j-a_jb_i)^2$$

である．ゆえに $n=2, 3$ の場合，次の定理が得られる．

> **定理 7**　$\boldsymbol{R}^2$ または $\boldsymbol{R}^3$ でベクトル $\boldsymbol{a}, \boldsymbol{b}$ で張られる平行四辺形の面積を S とすると，
>
> $n=2$ の場合，$\boldsymbol{a}=(a_1, a_2)$，$\boldsymbol{b}=(b_1, b_2)$ とすれば，
>
> $$S=|a_1b_2-a_2b_1|,$$

$n=3$ の場合，$\boldsymbol{a}=(a_1, a_2, a_3)$，$\boldsymbol{b}=(b_1, b_2, b_3)$ とすれば，

$$S = ((a_2b_3-a_3b_2)^2+(a_3b_1-a_1b_3)^2+(a_1b_2-a_2b_1)^2)^{\frac{1}{2}}$$

である．

［**注意**：$\boldsymbol{a}, \boldsymbol{b}$ が平行の場合(前ページの図で $\theta=0$ または $\theta=\pi$ の場合)には平行四辺形は線分に“退化”する．その場合には $S=0$ である．］

◆ J) ベクトル積，平行六面体の体積

ベクトル積は $n=3$ の場合に限って次のように定義される．

$\boldsymbol{R}^3$ の2つのベクトル $\boldsymbol{a}=(a_1, a_2, a_3)$，$\boldsymbol{b}=(b_1, b_2, b_3)$ に対し

$$\boldsymbol{a}\times\boldsymbol{b} = (a_2b_3-a_3b_2,\ a_3b_1-a_1b_3,\ a_1b_2-a_2b_1)$$

とおき，これを $\boldsymbol{a}, \boldsymbol{b}$ の**ベクトル積**という．$\boldsymbol{a}\times\boldsymbol{b}$ はまた $\boldsymbol{R}^3$ の1つのベクトルである．

ベクトル積

ベクトル積の最も著しい性質は次の補題に述べる性質である．

補題　$\boldsymbol{a}, \boldsymbol{b}\in\boldsymbol{R}^3$ とするとき，

(a)　$\boldsymbol{a}\times\boldsymbol{b}$ は $\boldsymbol{a}, \boldsymbol{b}$ の両方に直交する．すなわち

$$(\boldsymbol{a}\times\boldsymbol{b})\cdot\boldsymbol{a} = 0, \qquad (\boldsymbol{a}\times\boldsymbol{b})\cdot\boldsymbol{b} = 0.$$

(b)　$\boldsymbol{a}, \boldsymbol{b}$ で張られる平行四辺形の面積は $|\boldsymbol{a}\times\boldsymbol{b}|$ に等しい．

証明　(a)　この検証は容易である．実際，

$$(\boldsymbol{a}\times\boldsymbol{b})\cdot\boldsymbol{a} = (a_2b_3-a_3b_2)a_1+(a_3b_1-a_1b_3)a_2 + (a_1b_2-a_2b_1)a_3$$

の右辺を展開すれば，2項ずつ符号の異なる項が出て0となる．$(\boldsymbol{a}\times\boldsymbol{b})\cdot\boldsymbol{b}=0$ も同様である．

(b)　この性質は定理7から導かれる．□

ベクトル積のこの性質を利用して，次のように平行六面体の体積を求めることができる．

いま $\boldsymbol{a}, \boldsymbol{b}, \boldsymbol{c}$ を $\boldsymbol{R}^3$ の $\boldsymbol{0}$ でないベクトルとする．そのとき，次ページの図のようにベクトル $\boldsymbol{a}, \boldsymbol{b}, \boldsymbol{c}$ を3辺とする平行六面体を $\boldsymbol{a}, \boldsymbol{b}, \boldsymbol{c}$ で張られる**平行六面体**という．

平行六面体

この体積について次の定理が成り立つ．

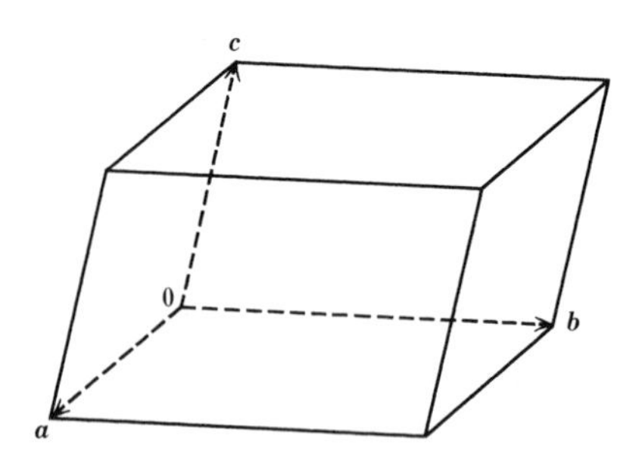

定理 8　$\boldsymbol{a}, \boldsymbol{b}, \boldsymbol{c} \in \boldsymbol{R}^3$ とするとき，$\boldsymbol{a}, \boldsymbol{b}, \boldsymbol{c}$ で張られる平行六面体の体積は

$$(\boldsymbol{a} \times \boldsymbol{b}) \cdot \boldsymbol{c}$$

の絶対値に等しい．

証明　$\boldsymbol{a}, \boldsymbol{b}$ で張られる平行四辺形の面積を S，この平行四辺形を含む平面($\boldsymbol{0}, \boldsymbol{a}, \boldsymbol{b}$ を通る平面)を α とする．また，点 $\boldsymbol{c}$ から α に下ろした垂線の長さ，すなわち点 $\boldsymbol{c}$ と平面 α との距離を h とする．そうすれば，平行六面体の体積 V は

$$V = Sh$$

で与えられる．

いま $\boldsymbol{n} = \boldsymbol{a} \times \boldsymbol{b}$ とおく．補題の(a)によって $\boldsymbol{n} \cdot \boldsymbol{a} = 0$, $\boldsymbol{n} \cdot \boldsymbol{b} = 0$ であるから，$\boldsymbol{n}$ は平面 α に垂直である．ゆえに $\boldsymbol{n}$ は α の 1 つの法ベクトルで，α は原点を通るから，その方程式は

$$\boldsymbol{n} \cdot \boldsymbol{x} = 0$$

で与えられる．したがって定理 6 により，点 $\boldsymbol{c}$ と α との距離 h は

$$\frac{|\boldsymbol{n} \cdot \boldsymbol{c}|}{|\boldsymbol{n}|}$$

に等しい．一方，補題の(b)によって $S = |\boldsymbol{n}|$ である．ゆえに

$$V = Sh = |\boldsymbol{n}| \cdot \frac{|\boldsymbol{n} \cdot \boldsymbol{c}|}{|\boldsymbol{n}|} = |\boldsymbol{n} \cdot \boldsymbol{c}|.$$

これで定理が証明された．□

[**注意**：上の証明で $\boldsymbol{n} = \boldsymbol{0}$ あるいは $h = 0$ となる場合には，平行六面体は平面図形あるいは直線に退化する．その場合にはもちろん $V = 0$ である．]

問題 10.1

1　$\boldsymbol{a}, \boldsymbol{b} \in \boldsymbol{R}^n$ とする．等式

$$|\boldsymbol{a}+\boldsymbol{b}|^2+|\boldsymbol{a}-\boldsymbol{b}|^2 = 2(|\boldsymbol{a}|^2+|\boldsymbol{b}|^2)$$

を示せ．

2　$\boldsymbol{a}, \boldsymbol{b}, \boldsymbol{c}$ を $\boldsymbol{R}^n$ の異なる3点とする．$\boldsymbol{a}, \boldsymbol{b}, \boldsymbol{c}$ が同一直線上にあるためには，

$$\alpha\boldsymbol{a}+\beta\boldsymbol{b}+\gamma\boldsymbol{c} = \boldsymbol{0}, \qquad \alpha+\beta+\gamma = 0$$

を満たす0でない実数 α, β, γ の存在することが必要かつ十分である．このことを証明せよ．

3　$\boldsymbol{R}^3$ において原点から平面 $ax+by+cz=k$ $(k\neq 0)$ に下ろした垂線の足の座標を求めよ．

4　$n\geqq 3$ とし，$\boldsymbol{a}, \boldsymbol{b} \in \boldsymbol{R}^n$, $|\boldsymbol{a}-\boldsymbol{b}|=d>0$ とする．また r を正の数とする．次のことを証明せよ．

(a)　$2r>d$ ならば $|\boldsymbol{x}-\boldsymbol{a}|=|\boldsymbol{x}-\boldsymbol{b}|=r$ を満たす $\boldsymbol{x}\in\boldsymbol{R}^n$ が無限に存在する．

(b)　$2r=d$ ならば $|\boldsymbol{x}-\boldsymbol{a}|=|\boldsymbol{x}-\boldsymbol{b}|=r$ を満たす $\boldsymbol{x}\in\boldsymbol{R}^n$ はただ1つ存在する．

(c)　$2r<d$ ならばこのような $\boldsymbol{x}$ は存在しない．

(ヒント)　$\boldsymbol{x}, \boldsymbol{a}, \boldsymbol{b}$ を $\boldsymbol{x}-\dfrac{\boldsymbol{a}+\boldsymbol{b}}{2}, \boldsymbol{a}-\dfrac{\boldsymbol{a}+\boldsymbol{b}}{2}, \boldsymbol{b}-\dfrac{\boldsymbol{a}+\boldsymbol{b}}{2}$ におきかえるとよい．

5　$\boldsymbol{a}, \boldsymbol{b}\in\boldsymbol{R}^n$, $\boldsymbol{a}\neq\boldsymbol{b}$ とし，$\boldsymbol{c}\in\boldsymbol{R}^n$, $r>0$ を

$$3\boldsymbol{c} = 4\boldsymbol{b}-\boldsymbol{a}, \qquad 3r = 2|\boldsymbol{b}-\boldsymbol{a}|$$

によって定める．そのとき

$$|\boldsymbol{x}-\boldsymbol{a}| = 2|\boldsymbol{x}-\boldsymbol{b}|$$

を満足する $\boldsymbol{x}\in\boldsymbol{R}^n$ 全体の集合は

$$|\boldsymbol{x}-\boldsymbol{c}| = r$$

を満足する $\boldsymbol{x}\in\boldsymbol{R}^n$ 全体の集合と一致することを証明せよ．

6　$\boldsymbol{R}^n$ のある部分集合の集合 $\mathcal{M}$ があって，$\mathcal{M}$ に属する集合はすべて凸集合であるとする．そのとき，$\mathcal{M}$ に属するすべての集合の共通部分を M とすれば，M も凸集合であることを示せ．

7　A を $\boldsymbol{R}^n$ の任意の部分集合とする．A を含む $\boldsymbol{R}^n$ の最小の凸集合 M が存在することを示せ．(この M を A の**凸包**という．)

凸包

8　$\boldsymbol{a}_1, \cdots, \boldsymbol{a}_m$ を $\boldsymbol{R}^n$ の有限個の点とし，

$$t_1+\cdots+t_m = 1, \qquad t_1 \geqq 0,\ \cdots,\ t_m \geqq 0$$

であるような実数 $t_1, \cdots, t_m$ によって

$$t_1\boldsymbol{a}_1+\cdots+t_m\boldsymbol{a}_m$$

と表される $\boldsymbol{R}^n$ の点全体の集合を $S(\boldsymbol{a}_1, \cdots, \boldsymbol{a}_m)$ とする．これは $\boldsymbol{R}^n$ の凸集合であることを証明せよ．(この集合を $\boldsymbol{a}_1, \cdots, \boldsymbol{a}_m$

単体　で張られた**単体**という．特に $S(\boldsymbol{a}, \boldsymbol{b})$ は線分 $[\boldsymbol{a}, \boldsymbol{b}]$ である．)

9　問 8 の $S(\boldsymbol{a}_1, \cdots, \boldsymbol{a}_m)$ は集合 $\{\boldsymbol{a}_1, \cdots, \boldsymbol{a}_m\}$ の凸包であること，すなわち，M が $\boldsymbol{R}^n$ の凸集合で $\boldsymbol{a}_1, \cdots, \boldsymbol{a}_m \in M$ ならば $S(\boldsymbol{a}_1, \cdots, \boldsymbol{a}_m) \subset M$ であることを証明せよ．

(ヒント)　m に関する帰納法．

10　$\boldsymbol{a}, \boldsymbol{b}, \boldsymbol{c}, \boldsymbol{a}', \boldsymbol{b}'$ は $\boldsymbol{R}^3$ のベクトルとする．次のことを確かめよ．

(a)　$\boldsymbol{a} \times \boldsymbol{b} = -(\boldsymbol{b} \times \boldsymbol{a})$.

(b)　$\boldsymbol{a} \times (\boldsymbol{b} + \boldsymbol{b}') = \boldsymbol{a} \times \boldsymbol{b} + \boldsymbol{a} \times \boldsymbol{b}'$,
$(\boldsymbol{a} + \boldsymbol{a}') \times \boldsymbol{b} = \boldsymbol{a} \times \boldsymbol{b} + \boldsymbol{a}' \times \boldsymbol{b}$.

(c)　α を数とすれば $(\alpha \boldsymbol{a}) \times \boldsymbol{b} = \boldsymbol{a} \times (\alpha \boldsymbol{b}) = \alpha(\boldsymbol{a} \times \boldsymbol{b})$.

(d)　$(\boldsymbol{a} \times \boldsymbol{b}) \cdot \boldsymbol{c} = \boldsymbol{a} \cdot (\boldsymbol{b} \times \boldsymbol{c})$.

(e)　$(\boldsymbol{a} \times \boldsymbol{b}) \times \boldsymbol{c} = (\boldsymbol{a} \cdot \boldsymbol{c})\boldsymbol{b} - (\boldsymbol{b} \cdot \boldsymbol{c})\boldsymbol{a}$.

10.2　ベクトル空間

前節でユークリッド空間を導入したのを機会に，この節では一般に，ベクトル空間について基本的な事項を述べておく．本書に今後現れるベクトル空間はほとんど常に実ベクトル空間または複素ベクトル空間，すなわち $\boldsymbol{R}$ 上または $\boldsymbol{C}$ 上のベクトル空間であるが，ここでは一般の体の上のベクトル空間について述べる．なぜなら，本節で述べるような基底や次元に関する基礎事項は，どの体の上のベクトル空間についても全く同様に論ぜられるからである．

◆　A)　ベクトル空間の定義

F を 1 つの体とする．以下その元を $a, b, c, \cdots$ などアルファベットのはじめの方の文字で表す．

加法　V を 1 つの集合とする．V において**加法**が定義されているというのは，任意の $u, v \in V$ に対してそれらの和 $u+v$ が V の中に定まっていることをいう．

スカラー倍　また，V に F の元をスカラーとする**スカラー倍**が定義されているというのは，任意の $a \in F$，任意の $v \in V$ に対して，v の a 倍とよばれる元 av が V の中に定まっていることをいう．

このような 2 種類の演算が定義されていることを前提として，ベクトル空間は次のように定義される．

定義 集合 V に加法および体 F の元をスカラーとするスカラー倍の演算が定義され，それについて次の公理が満たされるとき，V は(それらの演算と合わせて) F 上の**ベクトル空間**(vector space)または**線形空間**であるという．

VS 1 任意の $u, v \in V$ に対して $u+v=v+u$.

VS 2 任意の $u, v, w \in V$ に対して

$$(u+v)+w=u+(v+w).$$

VS 3 V の中に1つの元0があって，V のすべての元 v に対して $v+0=v$ が成り立つ．

VS 4 V の任意の元 v に対し，$v+(-v)=0$ を満たす V の元 $-v$ が存在する．

VS 5 任意の $a \in F$，任意の $u, v \in V$ に対して

$$a(u+v) = au+av.$$

VS 6 任意の $a, b \in F$，任意の $v \in V$ に対して

$$(a+b)v = av+bv.$$

VS 7 任意の $a, b \in F$，任意の $v \in V$ に対して

$$(ab)v = a(bv).$$

VS 8 1を F の乗法単位元とすれば，すべての $v \in V$ に対して

$$1v = v.$$

ベクトル空間(線形空間)

V が体 F 上のベクトル空間であるとき，V の元を一般に**ベクトル**，それに対して F の元を**スカラー**という．

ベクトル，スカラー

以下，ベクトル空間の一般論では，原則として，スカラーは $a, b, \cdots$ などアルファベットの最初の方の文字，ベクトルは $u, v, w, \cdots$ など終わりの方の文字で表すことにする．しかし固執はしない．どの文字がスカラーでどの文字がベクトルであるかは，通常，文脈から明らかにわかるからである．**VS 3** における V の0は“零ベクトル”で，それはもちろん F の0(“零スカラー”)とは異なるが，これらも同じ記号で表す．そうしても混乱の起こる恐れはほとんどない．

ベクトル空間の幾つかの例を挙げよう．

例1 $\boldsymbol{R}^n$ は $\boldsymbol{R}$ 上のベクトル空間である．

例2 実数の区間 $[a, b]$ で定義された実数値関数全体

の集合を V とすれば，V においては通常の意味で関数の和および関数の実数倍が定義される．すなわち，$f, g \in V$ および $a \in \boldsymbol{R}$ に対し，$f+g, af$ がそれぞれ

$$(f+g)(x) = f(x)+g(x),$$
$$(af)(x) = af(x)$$

として定義される．x はもちろん $[a, b]$ の任意の数である．V はこれらの演算に関して $\boldsymbol{R}$ 上のベクトル空間をなす．"零ベクトル" 0 は，区間 $[a, b]$ で恒等的に値 0 をとる定数関数である．

例 3　F を体とし，F の n 個の元の順序づけられた組 $(a_1, \cdots, a_n)$ 全体の集合を F^n で表す．F^n の 2 元の和および F^n の元の c 倍 $(c \in F)$ を

$$(a_1, \cdots, a_n)+(b_1, \cdots, b_n) = (a_1+b_1, \cdots, a_n+b_n),$$
$$c(a_1, \cdots, a_n) = (ca_1, \cdots, ca_n)$$

と定義すれば，F^n は F 上のベクトル空間となる．$F^1 = F$ 自身も F 上のベクトル空間である．

[**注意**：ベクトル空間の公理 **VS 8** は一見"当り前すぎる"ように思われるが，これは無意味な公理ではない．なぜなら，この公理は他の公理からは独立である――他の公理からは導かれない――からである．たとえば，$\boldsymbol{R}^n$ において加法は普通のように定義するが，スカラー倍は"任意の $\alpha \in \boldsymbol{R}$ と任意の $\boldsymbol{a} \in \boldsymbol{R}^n$ に対して $\alpha\boldsymbol{a} = \boldsymbol{0}$"と定義したとすれば，**VS 8** を除いて **VS 1**〜**VS 7** はすべて満たされる．このような"無意味な"場合を排除するために，公理 **VS 8** が必要なのである.]

◆ B)　初等的性質

ベクトル空間の公理から直ちに導かれる性質を述べておこう．

V を F 上のベクトル空間とする．公理 **VS 3** の 0 の一意性；公理 **VS 4** の $-v$ が v に対して一意的に定まること；$u, v \in V$ に対し $v+z=u$ を満たす $z \in V$ が一意的に存在して $z=u+(-v)$ となること；などは，1.3 節の A)で体の加法に関する公理から命題 1 (28 ページ)が導かれたのと同様に直ちに証明される．$u+(-v)$ を $u-v$ と書く．

さらに次のような命題が成り立つ．

命題1 任意の $a, b \in F$, 任意の $u, v \in V$ に対して
(a) $(a-b)v=av-bv$.
(b) $0v=0$, $(-b)v=-bv$.
(c) $a(u-v)=au-av$.
(d) $a0=0$, $a(-v)=-av$.

証明 (a) **VS 6** によって
$$(a-b)v+bv = ((a-b)+b)v = av.$$
よって $(a-b)v=av-bv$.
(b) (a)で $a=b$ とおけば $0v=0$. 次に(a)で $a=0$ とおき $0v=0$ を用いれば $(-b)v=-bv$.
(c) **VS 5** を用いて(a)と同様に証明される.
(d) (a)から(b)が導かれたのと同様に(c)から導かれる.
□

[**注意**:いうまでもないが,(b)の $0v=0$ の左辺の0はスカラーの0,右辺の0はベクトルの0である.(d)の $a0=0$ の0は両辺ともにベクトルの0である.]

命題1の(b)と **VS 8** によれば,特に
$$(-1)v = -v$$
である.

次の命題2では F が体であることが有効に用いられる.

命題2 $a \in F$, $v \in V$ に対し,もし $av=0$ が成り立つならば
$$a = 0 \quad または \quad v = 0.$$

証明 $av=0$, $a \neq 0$ とする.そのとき $v=0$ であることを証明すればよい.F は体で,$a \neq 0$ と仮定したから,$a^{-1} \in F$ が存在する.$av=0$ の両辺を a^{-1} 倍すれば
$$a^{-1}(av) = a^{-1}0.$$
命題1(d)によって右辺は0に等しい.一方 **VS 7**, **VS 8** によれば
$$a^{-1}(av) = (a^{-1}a)v = 1v = v.$$
これで $v=0$ が証明された. □

◆ C) 基本的諸定義

V を F 上のベクトル空間とする.

V の部分集合 W は,

1°)　W は V の零ベクトル 0 を含む.

2°)　$u, v \in W$ ならば $u+v \in W$.

3°)　$u \in W$ ならば, 任意の $c \in F$ に対して $cu \in W$.

部分空間

を満たすとき, V の**部分空間**とよばれる. 部分空間はそれ自身また F 上の1つのベクトル空間である.

V の最小の部分空間は零ベクトル 0 のみから成る空間 $\{0\}$

零空間

である. これを**零空間**とよび, 誤解の恐れがなければこれも単に 0 で表す.

$v_1, \cdots, v_n$ を V の元とする. そのとき, 任意の $a_1, \cdots, a_n \in F$ を用いて

$$\sum_{i=1}^{n} a_i v_i = a_1 v_1 + \cdots + a_n v_n$$

1次結合

と表される V の元を $v_1, \cdots, v_n$ の(F 上の)**1次結合**という.

> **命題3**　$v_1, \cdots, v_n$ の1次結合の全体 W は V の部分空間をなす.

証明　すべての a_i を 0 とすれば $\sum a_i v_i = 0$ であるから, $0 \in W$ である. また $u, v \in W$, $u = a_1 v_1 + \cdots + a_n v_n$, $v = b_1 v_1 + \cdots + b_n v_n$ とすれば,

$$u+v = (a_1+b_1)v_1 + \cdots + (a_n+b_n)v_n,$$
$$cu = (ca_1)v_1 + \cdots + (ca_n)v_n$$

であるから, $u+v, cu$ も W の元である. よって W は V の部分空間である. ☒

生成された(張られた)

命題3の W を $v_1, \cdots, v_n$ によって**生成された**(または**張られた**) V の部分空間という.

V の元 $v_1, \cdots, v_n$ に対し,

$$a_1 v_1 + \cdots + a_n v_n = 0 \qquad (a_i \in F)$$

1次独立

1次従属

が成り立つのは $a_1 = \cdots = a_n = 0$ のときに限るならば, $v_1, \cdots, v_n$ は**1次独立**(くわしくは F 上1次独立)であるという. $v_1, \cdots, v_n$ が1次独立でないときには, それらは**1次従属**であるという.

$v_1, \cdots, v_n$ が1次独立ならば, 明らかにそれらはどれも 0 でなく, また互いに相異なる. また $v_1, \cdots, v_n$ の任意の一部分 $v_{i_1}, \cdots, v_{i_r}$ $(1 \leqq i_1 < \cdots < i_r \leqq n)$ も1次独立である.

ふたたび $v_1, \cdots, v_n$ を V の元とする. もし $v_1, \cdots, v_n$ につ

いて次の2条件が満たされるならば，$\{v_1, \cdots, v_n\}$ は V の F 上の**基底**(basis)であるという．

基底

(B1) $v_1, \cdots, v_n$ は F 上1次独立である．

(B2) $v_1, \cdots, v_n$ は V を生成する．すなわち V の任意の元は $v_1, \cdots, v_n$ の1次結合の形に書かれる．

上の意味の基底はくわしくは**有限基底**とよばれる．有限基底をもつベクトル空間は(F 上)**有限次元**であるという．

有限基底
有限次元

零空間0には1次独立な元は1つも存在しないが，この場合には空集合 $\varnothing$ を基底と考え，これも有限次元ベクトル空間のうちに含める．

例 $\boldsymbol{R}^n$ において，$i=1, \cdots, n$ に対し $\boldsymbol{e}_i$ を第 i 座標のみが1で他の座標が0であるベクトルとする．すなわち

$$\boldsymbol{e}_1 = (1, 0, \cdots, 0),$$
$$\boldsymbol{e}_2 = (0, 1, \cdots, 0),$$
$$\cdots\cdots$$
$$\boldsymbol{e}_n = (0, 0, \cdots, 1).$$

このとき，実数 a_i に対し

$$\sum_{i=1}^{n} a_i \boldsymbol{e}_i = (a_1, a_2, \cdots, a_n)$$

であるから，これが $=\boldsymbol{0}$ となるのは $a_1=\cdots=a_n=0$ のときに限る．よって $\boldsymbol{e}_1, \cdots, \boldsymbol{e}_n$ は1次独立である．一方，$\boldsymbol{R}^n$ の任意の元 $\boldsymbol{a}=(a_1, \cdots, a_n)$ は $\boldsymbol{e}_1, \cdots, \boldsymbol{e}_n$ の1次結合として

$$\boldsymbol{a} = \sum_{i=1}^{n} a_i \boldsymbol{e}_i$$

と表される．すなわち $\boldsymbol{e}_1, \cdots, \boldsymbol{e}_n$ は $\boldsymbol{R}^n$ を生成する．

ゆえに $\{\boldsymbol{e}_1, \cdots, \boldsymbol{e}_n\}$ は $\boldsymbol{R}^n$ の $\boldsymbol{R}$ 上の基底である．これを $\boldsymbol{R}^n$ の**標準基底**という．

標準基底

◆ D) 基底と次元(1)

a_{ij} $(i=1, \cdots, m;\ j=1, \cdots, n)$ を体 F の元とする．x_j $(j=1, \cdots, n)$ を未知数として，連立1次方程式

$$(*) \quad \begin{cases} a_{11}x_1 + a_{12}x_2 + \cdots + a_{1n}x_n = 0 \\ a_{21}x_1 + a_{22}x_2 + \cdots + a_{2n}x_n = 0 \\ \cdots\cdots \\ a_{m1}x_1 + a_{m2}x_2 + \cdots + a_{mn}x_n = 0 \end{cases}$$

を考える．これはもちろん F の中に解 $x_1=\cdots=x_n=0$ をもつ．これを(＊)の**自明な解**という．もし，これ以外に解が存在するならば，それは**自明でない解**または**非自明解**とよばれる．

自明な解

自明でない解(非自明解)

これについて次の命題が成り立つ．

> **命題 4**　体 F の元を係数とする連立1次方程式(＊)において，$n>m$ とする．このとき(＊)は F の中に非自明解をもつ．

証明　方程式の個数 m に関する帰納法による．

$m=1$ ならば，(＊)はただ1つの方程式

$$a_{11}x_1+a_{12}x_2+\cdots+a_{1n}x_n=0$$

から成り，仮定によって $n>1$ である．もし係数がすべて0ならば，$x_1=x_2=\cdots=x_n=1$ が1つの非自明な解となる．また，たとえば $a_{11}\neq 0$ ならば，

$$x_1=-a_{11}{}^{-1}(a_{12}+\cdots+a_{1n}),\qquad x_2=\cdots=x_n=1$$

が1つの非自明な解となる．

次に $m\geqq 2$ とし，$m-1$ 個の方程式から成る同次連立1次方程式については定理が成り立つと仮定して，方程式が m 個の場合を証明する．もし，すべての a_{ij} が0ならばやはり $x_1=\cdots=x_n=1$ が1つの非自明解となるから，a_{ij} のうちに0でないものがあると仮定する．必要があれば未知数や方程式の順番を入れかえて $a_{11}\neq 0$ とする．そのとき(＊)の第1式にそれぞれ $a_{11}{}^{-1}a_{21},\cdots,a_{11}{}^{-1}a_{m1}$ を掛けて第2式，…，第 m 式から引けば，(＊)は

$$(*)'\qquad \begin{cases} a_{11}x_1+a_{12}x_2+\cdots+a_{1n}x_n=0 \\ \qquad\qquad a'_{22}x_2+\cdots+a'_{2n}x_n=0 \\ \qquad\qquad\qquad\cdots\cdots \\ \qquad\qquad a'_{m2}x_2+\cdots+a'_{mn}x_n=0 \end{cases}$$

の形に変形され，(＊)の解と(＊)′の解は明らかに同じである．(＊)′の第2式から第 m 式までは，方程式の個数が $m-1$，未知数の個数が $n-1$ で，$n-1>m-1$ であるから，帰納法の仮定によって，これは F の中に自明でない解

$$x_2=\alpha_2,\quad \cdots,\quad x_n=\alpha_n$$

をもつ．そこで $\alpha_1=-a_{11}{}^{-1}(a_{12}\alpha_2+\cdots+a_{1n}\alpha_n)$ とおけば，

$$x_1=\alpha_1,\quad x_2=\alpha_2,\quad \cdots,\quad x_n=\alpha_n$$

は$(*)'$の第1式をも満足し，よってこれは$(*)'$，したがって$(*)$の非自明な解となる．これで証明が終わった．□

命題5 Vを体F上のベクトル空間，$v_1, \cdots, v_m, w_1, \cdots, w_n$は$V$の元とし，$w_1, \cdots, w_n$はすべて$v_1, \cdots, v_m$の1次結合であるとする．そのとき，もし$n>m$ならば，$w_1, \cdots, w_n$は$F$上1次従属である．

証明 仮定によって，

$$w_1 = a_{11}v_1 + a_{21}v_2 + \cdots + a_{m1}v_m,$$
$$w_2 = a_{12}v_1 + a_{22}v_2 + \cdots + a_{m2}v_m,$$
$$\cdots\cdots$$
$$w_n = a_{1n}v_1 + a_{2n}v_2 + \cdots + a_{mn}v_m$$

を満たす$a_{ij} \in F$がある．$x_1, \cdots, x_n \in F$として，1次結合

$$x_1w_1 + \cdots + x_nw_n$$

を作り，これを$v_1, \cdots, v_m$の1次結合として書き直せば

$$x_1w_1 + \cdots + x_nw_n = \lambda_1v_1 + \cdots + \lambda_mv_m,$$

ただし

$$\lambda_1 = a_{11}x_1 + a_{12}x_2 + \cdots + a_{1n}x_n,$$
$$\lambda_2 = a_{21}x_1 + a_{22}x_2 + \cdots + a_{2n}x_n,$$
$$\cdots\cdots$$
$$\lambda_m = a_{m1}x_1 + a_{m2}x_2 + \cdots + a_{mn}x_n$$

となる．ここで$\lambda_1=\lambda_2=\cdots=\lambda_m=0$とおけば，命題4の$(*)$の形の連立1次方程式を得るが，いま$n>m$であるから，命題4によってこれは$F$の中に自明でない解(すなわち少なくとも1つは0でない解) $x_1=\alpha_1, \cdots, x_n=\alpha_n$をもつ．この$\alpha_1, \cdots, \alpha_n \in F$に対して

$$\alpha_1w_1 + \cdots + \alpha_nw_n = 0$$

が成り立つから，$w_1, \cdots, w_n$は1次従属である．□

命題5を用いて次の基本的な定理が証明される．

定理1 VをF上のベクトル空間とする．もし$\{v_1, \cdots, v_m\}$, $\{w_1, \cdots, w_n\}$がともにVの基底ならば，$m=n$である．

証明 $v_1, \cdots, v_m$はVを生成するから，$w_1, \cdots, w_n$はすべて$v_1, \cdots, v_m$の1次結合である．一方$w_1, \cdots, w_n$は1次独立である．ゆえに命題5の対偶によって$n \leqq m$でなければ

ならない．v と w の役割を交換して考えれば，同様にして $m \leqq n$ であることもわかる．よって $m=n$ である．□

定理1によれば，ベクトル空間 V が有限基底をもつ場合，その基底に含まれる元の個数は一定である．その一定の個数を V の**次元**(dimension)，くわしくは V の F 上の次元といい，$\dim V$(必要がある場合には $\dim_F V$)で表す．

次元

零空間 $\{0\}$ の次元は0とする．

165ページの例でみたように，ユークリッド空間 $\boldsymbol{R}^n$ は $\{\boldsymbol{e}_1, \cdots, \boldsymbol{e}_n\}$ を基底にもつ．ゆえに上の定義の意味で実際 $\boldsymbol{R}^n$ は $\boldsymbol{R}$ 上の n 次元ベクトル空間である．

> **命題6**　$\dim V=n$ ならば，V には n 個の1次独立な元が存在する．しかし，n 個より多くの1次独立な元は存在しない．

証明　V の1つの基底を $\{v_1, \cdots, v_n\}$ とすれば，$v_1, \cdots, v_n$ は1次独立である．一方 $w_1, \cdots, w_r \in V$，$r>n$ とすれば，$w_1, \cdots, w_r$ はすべて $v_1, \cdots, v_n$ の1次結合であるから，命題5によって1次従属である．□

◆ E)　基底と次元(2)

有限次元ベクトル空間は(有限)基底をもつから，もちろん有限個の元によって生成される．逆に有限個の元によって生成されるベクトル空間は基底をもち，したがって有限次元である．そのことを示すために，まず次の命題7を証明する．

> **命題7**　V をベクトル空間，$v_1, \cdots, v_n, w$ は V の元とし，$v_1, \cdots, v_n$ は1次独立，$v_1, \cdots, v_n, w$ は1次従属であるとする．そのとき w は $v_1, \cdots, v_n$ の1次結合である．

証明　$v_1, \cdots, v_n, w$ が1次従属であるから，少なくとも1つは0でない適当な $a_1, \cdots, a_n, b \in F$ に対して

$$a_1v_1+\cdots+a_nv_n+bw = 0$$

が成り立つ．ここで b は0でない．もし $b=0$ ならば，少なくとも1つは0でない $a_1, \cdots, a_n$ に対して $a_1v_1+\cdots+a_nv_n=0$ が成り立つことになり，$v_1, \cdots, v_n$ が1次独立という仮定に反するからである．よって $b \neq 0$ で，上式を w について

$$w = (-b^{-1}a_1)v_1+\cdots+(-b^{-1}a_n)v_n$$

と解くことができる．すなわち w は $v_1, \cdots, v_n$ の1次結合である．◪

定理2　$V \neq \{0\}$ とし，V は有限個の元 $v_1, \cdots, v_s$ によって生成されるとする．そのとき V は基底をもち，その基底は $v_1, \cdots, v_s$ のうちから選び出すことができる．したがって $\dim V \leqq s$ である．

証明　$v_1, \cdots, v_s$ はどれも0でなく，かつ互いに異なると仮定してよい．

$S=\{v_1, \cdots, v_s\}$ とおき，S の1次独立な部分集合で最も多くの元を含むものを，必要があれば番号をつけかえて

$$T=\{v_1, v_2, \cdots, v_n\} \qquad (n \leqq s)$$

とする．もし $n=s$ ならば $T=S$ で S 自身 V の基底である．また $n<s$ ならば，$n<k \leqq s$ なる任意の k に対し，$v_1, \cdots, v_n$ は1次独立，$v_1, \cdots, v_n, v_k$ は1次従属であるから，命題7によって v_k は $v_1, \cdots, v_n$ の1次結合となる．よって $v_1, \cdots, v_n, v_{n+1}, \cdots, v_s$ の任意の1次結合

$$a_1v_1+\cdots+a_nv_n+a_{n+1}v_{n+1}+\cdots+a_sv_s$$

は，明らかに $v_1, \cdots, v_n$ の1次結合の形に書き直すことができる．ゆえに $v_1, \cdots, v_n$ は V を生成し，$T=\{v_1, \cdots, v_n\}$ は V の基底である．◪

定理2によって，ベクトル空間 V が有限基底をもつことと有限個の元で生成されることとは同義である．有限基底をもたないベクトル空間は**無限次元**であるという．

無限次元

命題8　V が無限次元ベクトル空間ならば，任意の正の整数 k に対して V の中に k 個の1次独立な元が存在する．

証明　もし V の中に存在する1次独立な元の個数が上に有界ならば，その個数に最大値がある．それを n とし，$v_1, \cdots, v_n$ を V の1次独立な元とすると，任意の $w \in V$ に対し $v_1, \cdots, v_n, w$ は1次従属であるから，命題7によって w は $v_1, \cdots, v_n$ の1次結合である．よって V は $v_1, \cdots, v_n$ で生成され，無限次元であることに反する．◪

定理3　V を n 次元ベクトル空間とし，$v_1, \cdots, v_r$ を V の1次独立な元とする．（命題6によって $r \leqq n$ であ

る.）もし $r=n$ ならば $\{v_1, \cdots, v_r\}$ は V の基底である. また $r<n$ ならば, $v_1, \cdots, v_r$ に V の適当な $n-r$ 個の元をつけ加えて V の基底 $\{v_1, \cdots, v_r, v_{r+1}, \cdots, v_n\}$ を作ることができる.

証明　$v_1, \cdots, v_r$ で生成される V の部分空間を W とする.

もし $r=n$ ならば $W=V$ である. 実際, もし $W \neq V$ ならば, W に含まれない V の1つの元 v をとれば, 命題7(の対偶)によって $v_1, \cdots, v_r, v$ は1次独立となり, V は $r+1=n+1$ 個の1次独立な元をもつことになる. それは $\dim V=n$ であることに反するから, $W=V$ で, $\{v_1, \cdots, v_r\}$ は V の基底である.

また $r<n$ ならば, $v_1, \cdots, v_r$ は V の基底ではないから, $W \neq V$ である. そして W に含まれない V の1つの元 v_{r+1} をとれば, $v_1, \cdots, v_r, v_{r+1}$ は1次独立となる. もし $r+1=n$ ならば, $\{v_1, \cdots, v_r, v_{r+1}\}$ は V の基底である. もし $r+1<n$ ならば, 上と同様にして $v_1, \cdots, v_r, v_{r+1}, v_{r+2}$ が1次独立となるような V の元 v_{r+2} をみいだすことができる. この操作を続ければ, 最後に V の基底 $\{v_1, \cdots, v_r, v_{r+1}, \cdots, v_n\}$ に達する. ◪

定理4　V を n 次元ベクトル空間とする. V の n 個の元 $v_1, \cdots, v_n$ が次の条件(a), (b)のいずれかを満たせば, $\{v_1, \cdots, v_n\}$ は V の基底である.

(a)　$v_1, \cdots, v_n$ は1次独立である.

(b)　$v_1, \cdots, v_n$ は V を生成する.

証明　(a)を仮定すれば $\{v_1, \cdots, v_n\}$ が基底であることは定理3による. また(b)を仮定したとき, もし $v_1, \cdots, v_n$ が1次独立でなければ, 定理2によって $\{v_1, \cdots, v_n\}$ のある真部分集合が V の基底となる. これは $\dim V=n$ であることに反するから $v_1, \cdots, v_n$ は1次独立で, したがって V の基底である. ◪

◆ F)　同次元ベクトル空間の同形性

本項では印象を具体的にするため, 実ベクトル空間($\boldsymbol{R}$ 上のベクトル空間)について述べるが，任意の体 F 上のベクトル空間についても全く同様に論ずることができる．

> **命題 9** V を $\boldsymbol{R}$ 上の n 次元ベクトル空間とし，$\{v_1, \cdots, v_n\}$ を V の基底とする．そのとき，V の任意の元 v は $v_1, \cdots, v_n$ の1次結合として
> $$v = a_1v_1 + \cdots + a_nv_n \qquad (a_i \in \boldsymbol{R})$$
> の形に一意的に表される．

証明 V は $v_1, \cdots, v_n$ で生成されるから，任意の $v \in V$ が上の形に書かれることは明らかである．一意性を示すために，v が $v = b_1v_1 + \cdots + b_nv_n$ $(b_i \in \boldsymbol{R})$ とも書かれるとする．そのとき

$$(a_1 - b_1)v_1 + \cdots + (a_n - b_n)v_n = 0$$

で，$v_1, \cdots, v_n$ は1次独立であるから，すべての $i = 1, \cdots, n$ に対し $a_i - b_i = 0$，したがって $a_i = b_i$ である．これで一意性も証明された．◪

命題9によって v は一意的に $v = a_1v_1 + \cdots + a_nv_n$ と表されるが，この係数の作る $\boldsymbol{R}^n$ のベクトル

$$(a_1, \cdots, a_n)$$

を，V の元 v の基底 $\{v_1, \cdots, v_n\}$ に関する**座標ベクトル**または**成分ベクトル**という．(座標ベクトルを略して単に座標ということもある．)

座標ベクトル
成分ベクトル

座標ベクトルにおいては座標 $a_1, \cdots, a_n$ の順序も当然考慮に入れなければならない．したがってこの場合，基底 $\{v_1, \cdots, v_n\}$ も単に元 $v_1, \cdots, v_n$ の集合ではなく，その順序をも考慮に入れたものとみなすべきである．そのように元の順序をも考慮に入れた場合には**順序基底**という．座標ベクトルを考えるときには，$\{v_1, \cdots, v_n\}$ を順序基底とみなしているのである．

順序基底

さて，上のように V の1つの順序基底 $\{v_1, \cdots, v_n\}$ を固定して，V の各元 v にこの基底に関する座標ベクトルを対応させれば，その写像は明らかに V から $\boldsymbol{R}^n$ への全単射である．しかも $v, w \in V$ にそれぞれ $\boldsymbol{a} = (a_1, \cdots, a_n)$，$\boldsymbol{b} = (b_1, \cdots, b_n)$ が対応すれば，$v + w$, cv $(c \in \boldsymbol{R})$ には明らかにそれぞれ

$$\boldsymbol{a} + \boldsymbol{b} = (a_1 + b_1, \cdots, a_n + b_n),$$
$$c\boldsymbol{a} = (ca_1, \cdots, ca_n)$$

が対応する．すなわち，代数系の一般的用語を用いれば，$v \in V$ にその座標 $(a_1, \cdots, a_n) \in \boldsymbol{R}^n$ を対応させる写像は，V から $\boldsymbol{R}^n$ への“同形写像”である．したがって V と $\boldsymbol{R}^n$ は，ベクトル空間として“同形”である．

上記のことは，$\boldsymbol{R}$ 上の任意の n 次元ベクトル空間はベクトル空間として $\boldsymbol{R}^n$ と“同じ構造”をもっていることを示す．あらためて定理として述べておこう．

> **定理 5**　$\boldsymbol{R}$ 上の任意の n 次元ベクトル空間はベクトル空間 $\boldsymbol{R}^n$ に同形である．

この定理は任意の体の上のベクトル空間についても成り立つ．すなわち，体 F 上の任意の n 次元ベクトル空間はベクトル空間 F^n(366 ページの例 3) と同形である．いいかえれば，与えられた体 F 上の有限次元ベクトル空間の構造は，その“次元”という 1 つの数によって一意的に決定されるのである．

以上本節では，基底，次元など，有限次元ベクトル空間に関する基礎事項について述べた．いわゆる線形代数学で主たる議論の対象になるのはこうした有限次元ベクトル空間である．しかしながら，数学ではまたきわめてしばしば無限次元のベクトル空間も現れる．実際，解析学で扱われる“関数空間”は通常有限次元ではない．たとえば，区間 $[a, b]$ で定義された実数値連続関数全体が作る $\boldsymbol{R}$ 上のベクトル空間は明らかに無限次元である．

問題 10.2

1　$\boldsymbol{a}=(1, -1, 0)$，$\boldsymbol{b}=(1, 0, 1)$，$\boldsymbol{c}=(0, 2, 1)$ とする．$\{\boldsymbol{a}, \boldsymbol{b}, \boldsymbol{c}\}$ は $\boldsymbol{R}^3$ の基底をなすことを示せ．また，この基底に関する $\boldsymbol{u}=(2, 4, -1)$ の座標を求めよ．

2　$\{\boldsymbol{a}, \boldsymbol{b}, \boldsymbol{c}\}$ は $\boldsymbol{R}^3$ の基底で，この基底に関する $\boldsymbol{e}_1=(1, 0, 0)$，$\boldsymbol{e}_2=(0, 1, 0)$，$\boldsymbol{e}_3=(0, 0, 1)$ の座標はそれぞれ $(0, 1, -1)$，$(-1, 0, 1)$，$(1, 2, 0)$ である．$\boldsymbol{a}, \boldsymbol{b}, \boldsymbol{c}$ を求めよ．

3　$\boldsymbol{a}, \boldsymbol{b}, \boldsymbol{c}$ は $\boldsymbol{R}^3$ のベクトルとする．次のことを証明せよ．

(a)　$\boldsymbol{a}, \boldsymbol{b}$ が 1 次従属であるためには $\boldsymbol{a}\times\boldsymbol{b}=\boldsymbol{0}$ の成り立つことが必要かつ十分である．

(b)　$\boldsymbol{a}, \boldsymbol{b}, \boldsymbol{c}$ が 1 次従属であるためには $(\boldsymbol{a}\times\boldsymbol{b})\cdot\boldsymbol{c}=0$ の成り立つことが必要かつ十分である．

4　V を体 F 上の n 次元ベクトル空間とし，W を V の部分空間とする．そのとき次のことを示せ．

(a)　W も有限次元で $\dim W \leqq n$.

(b)　$\dim W = n$ ならば $W = V$.

5　$\boldsymbol{a}$ を $\boldsymbol{R}^n$ $(n \geqq 2)$ の $\boldsymbol{0}$ でないベクトルとし，U を $\boldsymbol{a} \cdot \boldsymbol{u} = 0$ となるような $\boldsymbol{u} \in \boldsymbol{R}^n$ 全体の集合とする．U は $\boldsymbol{R}^n$ の $n-1$ 次元部分空間であることを証明せよ．

(ヒント)　任意の $\boldsymbol{x} \in \boldsymbol{R}^n$ に対し $\boldsymbol{u} = \boldsymbol{x} - \dfrac{(\boldsymbol{a} \cdot \boldsymbol{x})}{|\boldsymbol{a}|^2}\boldsymbol{a}$ とおけば $\boldsymbol{u} \in U$ となる．

6　$\boldsymbol{C}$ は $\boldsymbol{R}$ 上のベクトル空間として 2 次元であることを示せ．

7　V を $\boldsymbol{C}$ 上のベクトル空間とする．そのときスカラーの動く範囲を $\boldsymbol{R}$ に制限することによって V は自然に $\boldsymbol{R}$ 上のベクトル空間とも考えられる．もし $\dim_{\boldsymbol{C}} V = n$ ならば $\dim_{\boldsymbol{R}} V = 2n$ であることを証明せよ．

8　$\boldsymbol{u}_1, \cdots, \boldsymbol{u}_r$ を $\boldsymbol{R}^n$ の互いに直交する $\boldsymbol{0}$ でないベクトルとすれば，$\boldsymbol{u}_1, \cdots, \boldsymbol{u}_r$ は 1 次独立(したがって $r \leqq n$)であることを証明せよ．

解　答

問題 1.1

4　$a=\sqrt{2}+\sqrt{3}$ とおけば，$a^2=5+2\sqrt{6}$ であるから，

$$\sqrt{6}=\frac{a^2-5}{2}.$$

もし a が有理数ならば，この右辺が有理数となって矛盾．

5　1つの無理数 a (たとえば $a=\sqrt{2}$)をとる．$x-a<r<y-a$ を満たす $r\in \boldsymbol{Q}$ をとって $r+a=z$ とおけば，z は無理数で $x<z<y$．

問題 1.2

2　すべての $n\in S$ に対して $A\leqq n$ とする．そのとき整数 $n-A$ $(n\in S)$ の集合は $\boldsymbol{N}$ の空でない部分集合であるから，$\boldsymbol{N}$ の整列性によって最小元 k_0 をもち，$n_0=A+k_0$ は S の最小元である．

3　アルキメデス性によって $n_1<x<n_2$ となる整数 n_1, n_2 がある．そこで $n>x$ を満たす整数 n の最小元を $m+1$ とすればよい．

5　$c_0m^k+c_1m^{k-1}n+\cdots+c_{k-1}mn^{k-1}+c_kn^k=0$ で，左辺の最終項以外は m で割り切れるから，c_kn^k は m で割り切れるが，n^k と m は互いに素であるから，c_k が m で割り切れる．c_0 が n で割り切れることも同様．

問題 1.4

4　$\boldsymbol{R}$ において A は上に有界で，A' の元はすべて A の上界である．$\boldsymbol{R}$ は上限性質をもつから $\gamma=\sup A$ が存在し，もし $\gamma\in A$ なら $\gamma=\max A$, $\gamma\in A'$ なら $\gamma=\min A'$ となる．

問題 1.5

1　$-2-2i$, $\dfrac{61}{25}+\dfrac{98}{25}i$.

$n=4k, 4k+1, 4k+2, 4k+3$ に応じて $1, i, -1, -i$.

3　40, $\dfrac{\sqrt{130}}{10}$

5　不等式 $|\alpha+\beta|\leqq|\alpha|+|\beta|$ の α に $\alpha-\beta$ を代入すれば $|\alpha|\leqq|\alpha-\beta|+|\beta|$，よって $|\alpha|-|\beta|\leqq|\alpha-\beta|$．$\alpha$ と β を入れかえて $|\beta|-|\alpha|\leqq|\beta-\alpha|=|\alpha-\beta|$．ゆえに $||\alpha|-|\beta||\leqq|\alpha-\beta|$.

8

$$|1-\bar{\alpha}\beta|^2=(1-\bar{\alpha}\beta)(1-\alpha\bar{\beta})=1-\bar{\alpha}\beta-\alpha\bar{\beta}+|\alpha|^2|\beta|^2,$$
$$|\alpha-\beta|^2=(\alpha-\beta)(\bar{\alpha}-\bar{\beta})=|\alpha|^2-\bar{\alpha}\beta-\alpha\bar{\beta}+|\beta|^2.$$

よって $|1-\bar{\alpha}\beta|^2-|\alpha-\beta|^2=(1-|\alpha|^2)(1-|\beta|^2)>0$．ゆえに $|\alpha-\beta|<|1-\bar{\alpha}\beta|$，したがって $\left|\dfrac{\alpha-\beta}{1-\bar{\alpha}\beta}\right|<1$.

9　x, y を実数として $z=x+yi$ とおくと $z^2=(x^2-y^2)+2xyi$．よって $z^2=\alpha$ なら

$$x^2-y^2=a\cdots①\qquad 2xy=b\cdots②$$

①,②の両辺を2乗して加えれば $(x^2+y^2)^2=a^2+b^2$．よって

$$x^2+y^2=\sqrt{a^2+b^2}\cdots③$$

①,③から

$$x^2=\frac{a+\sqrt{a^2+b^2}}{2},\qquad y^2=\frac{-a+\sqrt{a^2+b^2}}{2}.$$

これより

$$z=x+yi=\pm\left(\sqrt{\frac{a+\sqrt{a^2+b^2}}{2}}\pm i\sqrt{\frac{-a+\sqrt{a^2+b^2}}{2}}\right).$$

ただし②より xy の符号は b と同符号であることを要するから，上の括弧の中の複号は $b>0$ ならば + を，$b<0$ ならば − をとらなければ

ならない．

問題 2.1

5　$\alpha=0$ の場合を証明する．$\varepsilon>0$ に対し，自然数 N を $n\geqq N$ ならば $|a_n|<\varepsilon$ となるようにとる．そのとき $n>N$ ならば

$$\left|\frac{a_1+\cdots+a_n}{n}\right|=\left|\frac{a_1+\cdots+a_N+a_{N+1}+\cdots+a_n}{n}\right|$$
$$<\frac{|a_1|+\cdots+|a_N|+\varepsilon(n-N)}{n}$$
$$<\frac{|a_1|+\cdots+|a_N|}{n}+\varepsilon.$$

そこで $N_1\,(>N)$ を十分大きくとれば，$n\geqq N_1$ であるとき

$$\frac{|a_1|+\cdots+|a_N|}{n}<\varepsilon,$$

したがって $\left|\dfrac{a_1+\cdots+a_n}{n}\right|<2\varepsilon$ となる．

問題 2.2

1　帰納法によって $a_1>a_2>\cdots>a_n>\cdots>b_n>\cdots>b_2>b_1$ が示される．そこで $\lim a_n=\alpha$, $\lim b_n=\beta$ とすれば，$a_{n+1}=(a_n+b_n)/2$ より $\alpha=(\alpha+\beta)/2$．よって $\alpha=\beta$．

2　3

3　(b)　$\varepsilon_{n+1}=\dfrac{{\varepsilon_n}^2}{2a_n}$ は容易に示される．よって

$$\varepsilon_{n+1}<\frac{{\varepsilon_n}^2}{2\sqrt{\alpha}}=\frac{{\varepsilon_n}^2}{\beta},\qquad \frac{\varepsilon_{n+1}}{\beta}<\left(\frac{\varepsilon_n}{\beta}\right)^2.$$

これより結論を得る．

4　(a)　$$a_{n+1}-\sqrt{\alpha}=\frac{(\sqrt{\alpha}-1)(\sqrt{\alpha}-a_n)}{a_n+1},$$
$$a_{n+2}-a_n=\frac{2(\alpha-{a_n}^2)}{2a_n+(\alpha+1)}$$

であるから，$a_n<\sqrt{\alpha}$, $a_n>\sqrt{\alpha}$ に応じて $a_{n+1}>\sqrt{\alpha}$, $a_{n+1}<\sqrt{\alpha}$; $a_n<a_{n+2}$, $a_n>a_{n+2}$.

7　$\limsup a_n$, $\limsup b_n$ の一方が $+\infty$ で，他方が $+\infty$ または有限ならば両辺ともに $+\infty$，また $\limsup a_n$, $\limsup b_n$ の一方が $-\infty$ で他方が有限または $-\infty$ ならば両辺ともに $-\infty$ となる．$\limsup a_n=\alpha$, $\limsup b_n=\beta$ がともに有限のとき，$\alpha+\beta=\gamma$ とし，$\gamma<\gamma'$ とすれば，$\gamma'=\alpha'+\beta'$, $\alpha<\alpha'$, $\beta<\beta'$ と書くことができ，問 6(a)によってほとんどすべての n に対し $a_n<\alpha'$, $b_n<\beta'$，したがってほとんどすべての n に対し $a_n+b_n<\gamma'$ となる．ゆえにふたたび問 6(a)によって $\limsup(a_n+b_n)\leqq\gamma$ を得る．

9　問 7 の a_n, b_n をそれぞれ a_n+b_n, $-b_n$ に代えて問 5 を用いる．

11　いえない．反例：n が合成数のとき $a_n=0$, n が素数のとき $a_n=1$ とすれば，問の仮定は成り立つが，$\lim a_n=0$ ではない．

問題 2.3

1　(1)　発散　(2)　収束　(3)　発散

2　$r<1$ ならば，$r<\rho<1$ なる ρ をとるとき，ある N があって，$n\geqq N$ なる n に対し $\dfrac{a_{n+1}}{a_n}\leqq\rho$，よって $a_n\leqq\rho^{n-N}a_N$ で，級数 $\sum_{n=N}^{\infty}\rho^{n-N}a_N$ は収束するから，$\sum a_n$ は収束．$r>1$ ならば，$r>\rho>1$ なる ρ をとるとき，上と同様に $n\geqq N$ なる n に対して $a_n\geqq\rho^{n-N}a_N$ で，$\rho^{n-N}a_N\to+\infty$ であるから，$\sum a_n$ は発散．

3　(1)　収束　(2)　収束　(3)　発散

4　$({a_1}^2+\cdots+{a_n}^2)\leqq(|a_1|+\cdots+|a_n|)^2$ より明白．逆は成立しない．

5　$\dfrac{\sqrt{a_n}}{n}\leqq\dfrac{1}{2}\left(a_n+\dfrac{1}{n^2}\right)$ に注意すればよい．

6　(1)　発散．$b_n=\dfrac{a_n}{1+a_n}$ が 0 に収束しなければ，もちろん $\sum b_n$ は発散．$b_n\to0$ ならば $a_n\to0$ で，十分大きな n に対し $a_n\leqq\dfrac{1}{2}$ であるから $b_n\geqq\dfrac{2}{3}a_n$，よって $\sum b_n$ は発散．

(2)　収束とも発散ともいえない．発散する例：$a_n=1\,(n=1,2,\cdots)$．収束する例：$n=2^k\,(k=1,2,\cdots)$ のとき $a_n=1$，その他のとき $a_n=0$ と定めた数列．

(3)　収束．

問題 3.1

1　$c_n>0$ のとき，n が偶数なら $\lim_{x\to\pm\infty}f(x)=+\infty$，$n$ が奇数なら $\lim_{x\to+\infty}f(x)=+\infty$, $\lim_{x\to-\infty}f(x)=-\infty$．$c_n<0$ のときは結論の $+\infty$, $-\infty$ が逆になる．

2　$p<q$ ならば 0．$p=q$ ならば $\dfrac{a_p}{b_q}$．$p>q$ ならば $a_pb_q>0$ のとき $+\infty$，$a_pb_q<0$ のとき $-\infty$．

3　$0, +\infty, -\infty, +\infty, -\infty$．

問題 3.2

1　$f(0)=0$, $f(-x)=-f(x)$, $n\in\boldsymbol{Z}$ に対して $f(n)=cn$ は直ちに出る．次に有理数 $r=m/n$ $(m, n\in\boldsymbol{Z},\ n>0)$ に対しては，$f(nx)=nf(x)$ の x に r を代入して $cm=nf(r)$，よって $f(r)=cr$．最後に連続性によって無理数 x に対しても $f(x)=cx$ を得る．

2　$|f(x)-c[x]|\leqq M$ の x に nx を代入して $|nf(x)-c[nx]|\leqq M$．$x\neq 0$ のとき，$n|x|$ で割ると

$$\left|\frac{f(x)}{x}-\frac{c[nx]}{nx}\right|\leqq\frac{M}{n|x|}.$$

これより $n\to\infty$ として $f(x)/x=c$．

3　$x>0$ のとき $f(x)>0$, $f(1)=1$, $f(r)=r$ $(r\in\boldsymbol{Q})$ は容易にわかる．また $f(y-x)=f(y)-f(x)$ であるから，$x<y$ ならば $f(x)<f(y)$．よって，x が無理数のとき $r<x<s$ なる $r, s\in\boldsymbol{Q}$ をとると $r<f(x)<s$．ゆえに $f(x)=x$．

4　関数 $f(x)-x$ に中間値の定理を適用する．

5　たとえば $c_n>0$ ならば，$\lim_{x\to+\infty}f(x)=+\infty$, $\lim_{x\to-\infty}f(x)=-\infty$ であるから，十分大きい正数 M に対して $f(M)>0$, $f(-M)<0$ となる．

6　$\varepsilon>0$ に対し，$x\geqq M$ ならば

$$(*)\qquad |f(x+1)-f(x)-\alpha|<\varepsilon$$

となる M がある．いま，$x>M$ であるとき，n を $[x-M]=n$ すなわち $M\leqq x-n<M+1$ なる整数として，$(*)$の x に順次 $x-1, x-2, \cdots, x-n$ を代入して加えると

$$|f(x)-f(x-n)-n\alpha|<n\varepsilon.$$

すなわち $|f(x)-\alpha x-f(x-n)+(x-n)\alpha|<n\varepsilon$，したがって

$$|f(x)-\alpha x|<|f(x-n)|+(x-n)|\alpha|+n\varepsilon.$$

区間 $[M, M+1]$ における $|f(x)|$ の最大値を A とすれば，

$$|f(x)-\alpha x|<A+(M+1)|\alpha|+x\varepsilon.$$

$K=A+(M+1)|\alpha|$ とおけば，これより

$$\left|\frac{f(x)}{x}-\alpha\right|<\frac{K}{x}+\varepsilon.$$

そこで $x\to+\infty$ とすればよい．

7　有理数のところでは不連続．無理数においては連続．実際，$\varepsilon>0$ に対し，$N>1/\varepsilon$ なる N をとれば，分母が N 以下である有理数のうちには x に最も近いものがあるから，それと x との距離を δ とすれば，$|x'-x|<\delta$ なる有理数 x' については，$x'=p/q$ とするとき $q>N$ である．したがって $f(x')-f(x)=1/q<\varepsilon$ となる．

8　$a<b<c$ を満たす I の任意の 3 点 a, b, c に対して

$$f(a)<f(b)<f(c)$$

または

$$f(a)>f(b)>f(c)$$

であることを示す．たとえば $f(a)<f(c)$ であるとする．そのとき，もし $f(b)>f(c)$ ならば区間 (a, b) に $f(c_1)=f(c)$ となる c_1 があり，また $f(a)>f(b)$ ならば区間 (b, c) に $f(a)=f(a_1)$ となる a_1 があって，f が単射であることに反する．ゆえに $f(a)<f(b)<f(c)$ である．$f(a)>f(c)$ の場合も同様．問題の主張はこのことより直ちに導かれる．

問題 4.1

1　(1)　$(12x-6)(2x^2-2x+1)^2$

(2)　$20x(x^2+1)^9(2x-5)^4+8(x^2+1)^{10}(2x-5)^3$

(3)　$\dfrac{3x^2-8x-10}{(x^2+x+2)^2}$

(4)　$\dfrac{(3x+2)^2(6x-17)}{(2x-1)^3}$

(5)　$3(x+1)(x^2+2x)^{\frac{1}{2}}$

(6)　$\dfrac{-1}{(2x^2-1)^{3/2}}$

問題 4.2

1　n に関する帰納法．正数 $a_1, \cdots, a_n$ の相加平均，相乗平均をそれぞれ A, G；正数 $a_1, \cdots, a_n,$

a_{n+1} の相加平均，相乗平均をそれぞれ $\tilde{A}, \tilde{G}$ とし，$A=G$ が成り立つのは $a_1=\cdots=a_n$ のときに限ると仮定する．そのとき $\tilde{A}=\tilde{G}$ が成り立つのは，定理5の証明および補題からわかるように $A=G$ かつ $A=a_{n+1}$ が成り立つときである．すなわち $a_1=\cdots=a_n=a_{n+1}$ が成り立つときである．

3　(1)　$2ab$　　(2)　$(a^{\frac{2}{3}}+b^{\frac{2}{3}})^{\frac{3}{2}}$

4　$A(x, x^2)$ とすれば

$$B\left(-\frac{2x^2+1}{2x}, \left(\frac{2x^2+1}{2x}\right)^2\right)$$

で，AB が最小となるのは $x=\pm\frac{1}{\sqrt{2}}$，すなわち A が $\left(\pm\frac{1}{\sqrt{2}}, \frac{1}{2}\right)$ のときである．AB の最小値は $\frac{3\sqrt{3}}{2}$.

5　まず $f'(a)<0$, $f'(b)>0$, $\gamma=0$ の場合を考える．このとき，もし a が $[a, b]$ における f の最小点ならば，

$$f'(a)=\lim_{x\to a+}\frac{f(x)-f(a)}{x-a}\geqq 0$$

となって仮定に反するから，a は f の最小点ではない．同様に b も f の最小点ではない．よって $[a, b]$ における f の最小点 c はこの区間の内点で，ロルの定理の証明と同様に $f'(c)=0$ を得る．

一般の場合は，関数 $f(x)-\gamma x$ に上の結果を適用すればよい．

6　関数

$$f(x)=c_0x+\frac{c_1}{2}x^2+\cdots+\frac{c_{n-1}}{n}x^n+\frac{c_n}{n+1}x^{n+1}$$

を考えよ．

7　f が定数ならば問題ないから，$a<b$, $f(a)<f(b)$ となる b があるとする．α を $f(a)<\alpha<f(b)$ を満たす数とすれば，区間 (a, b) に $f(a_1)=\alpha$ となる a_1 が存在し，また仮定より明らかに区間 $(b, +\infty)$ に $f(b_1)=\alpha$ となる b_1 が存在する．そこで，区間 $[a_1, b_1]$ にロルの定理を適用すればよい．

問題 4.3

1　c を I の1つの内点とする．$a<c$ なる I の点 a をとり，$c<x$, $x\in I$ とすれば

$$\frac{f(c)-f(a)}{c-a}\leqq\frac{f(x)-f(c)}{x-c}.$$

ゆえに $(f(x)-f(c))/(x-c)$ は下に有界で，$x\to c+$ のとき単調に減少するから収束する．すなわち f の c における右側微分係数が存在する．左側微分係数についても同様．

3　極大点1，極大値1；極小点 -1，極小値 -1．グラフの変曲点 $(0, 0)$，$\left(\pm\sqrt{3}, \pm\frac{\sqrt{3}}{2}\right)$.

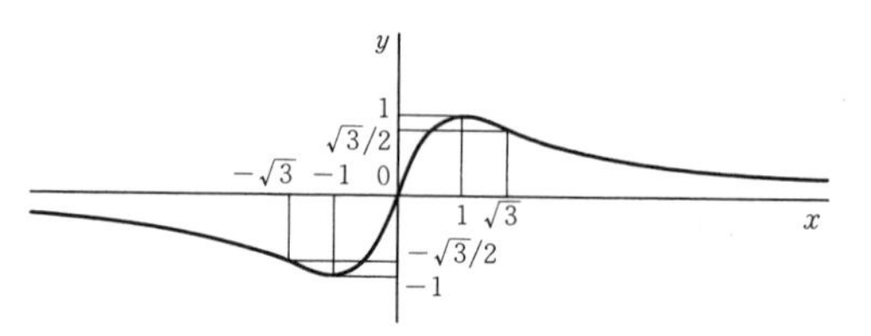

4　$\varphi(x)=f(x)-f(a)-f'(a)(x-a)$ とおけば，$\varphi'(x)=f'(x)-f'(a)$．仮定により f' は a で極小であるから φ' も a で極小．そして $\varphi'(a)=0$ であるから，φ' の符号は a の前後で正．ゆえに a の近傍で φ は増加．よって $x<a$ ならば $\varphi(x)<0$, $x>a$ ならば $\varphi(x)>0$.

6　n に関する帰納法．

問題 4.4

2　$f(x)$ が p 個の異なる解 $a_1, \cdots, a_p$ (ただし $a_1<\cdots<a_p$) をもち，各 a_i が k_i 重解 $(k_1+\cdots+k_p=n)$ とすれば，$f'(x)$ は各 a_i を (k_i-1) 重解にもち，また各区間 $(a_1, a_2), \cdots, (a_{p-1}, a_p)$ にそれぞれ1つの単解 $b_1, \cdots, b_{p-1}$ をもつ．

3　(d)　帰納法．

$\frac{d^n}{dx^n}\left(\frac{1}{1+x^2}\right)=f_n(x)$ とすれば，$P_n(x)$ の解は方程式 $f_n(x)=0$ の解と同じである．$f_n(x)=f'_{n-1}(x)$ であるから，$f_{n-1}(x)=0$ が $(n-1)$ 個の解 $a_1, \cdots, a_{n-1}$ $(a_1<\cdots<a_{n-1})$ をもつとす

れば，$f_n(x)=0$ は区間 $(a_1, a_2), \cdots, (a_{n-2}, a_{n-1})$ にそれぞれ解をもち，その上に

$$\lim_{x\to-\infty} f_{n-1}(x) = 0, \qquad \lim_{x\to+\infty} f_{n-1}(x) = 0$$

であるから，問題 4.2 の 問 7 によって $f_n(x)=0$ は区間 $(-\infty, a_1), (a_{n-1}, +\infty)$ にもそれぞれ解をもつ．

問題 5.1

2　$x=1$ のとき．

3　156 ページの記法を用いれば，明らかに

$$\frac{x-1}{x} < S[1, x] < x-1.$$

あるいは平均値の定理によって

$$\frac{\log x}{x-1} = \frac{\log x - \log 1}{x-1} = \frac{1}{c}, \qquad 1 < c < x.$$

5　$$\frac{d}{dx}(x^n \log x) = nx^{n-1}\log x + x^{n-1}.$$

これを n 回微分して帰納法の仮定を用いる．

7　(b)　$F(x)=f(x)e^{-\varphi(x)}$ とおけば

$$F'(x) = f'(x)e^{-\varphi(x)} - f(x)\varphi'(x)e^{-\varphi(x)} = 0.$$

よって $F(x)$ は定数．

8　関数 $f(x)e^{-\lambda x}$ にロルの定理を適用する．

11　問題 4.4 の問 3 と同様．

問題 5.2

1　ヒントのようにおけば

$$\frac{x^a}{a^x} = \left(\frac{1}{\log a}\right)^a \frac{y^a}{e^y}$$

となる．

2　直線 $y=mx$ が曲線 $y=e^x$ に接するのは $m=e$ のとき．解の個数は $m<0$ ならば 1 個，$0 \leqq m < e$ ならば 0 個，$m=e$ ならば 1 個，$e<m$ ならば 2 個．

3　右上の図．

4　$\left(1+\dfrac{r}{n}\right)^n = \left\{\left(1+\dfrac{r}{n}\right)^{\frac{n}{r}}\right\}^r$ で，$n\to\infty$ のとき $\left(1+\dfrac{r}{n}\right)^{\frac{n}{r}} \to e$．ゆえに関数 x^r の連続性によって $\left(1+\dfrac{r}{n}\right)^n \to e^r$．

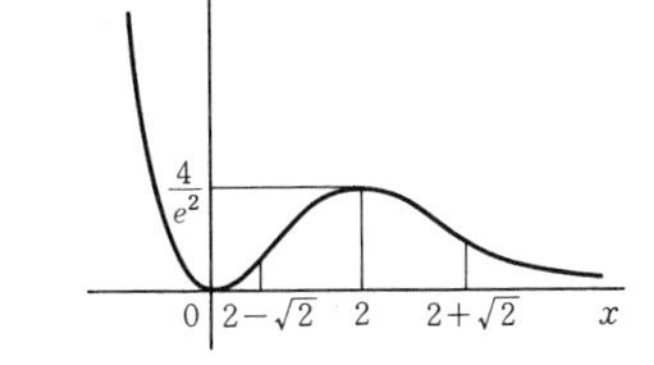

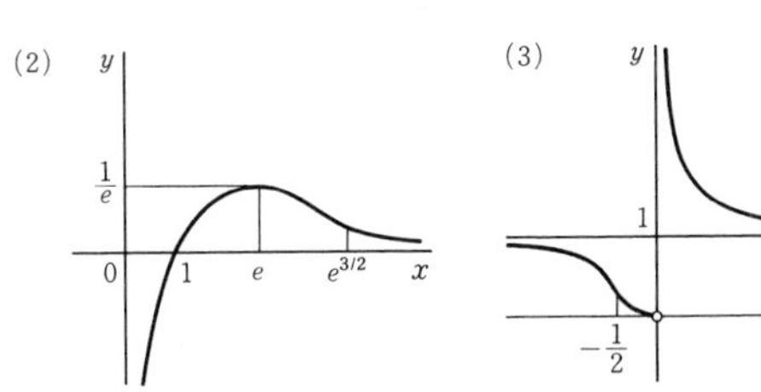

5　C)の例と同様．あるいは，この例を直接用いて，

$$g(x) = \begin{cases} e^{-\frac{1}{(b-a)(x-a)}}, & x > a \text{ のとき}, \\ 0, & x \leqq a \text{ のとき} \end{cases}$$

$$h(x) = \begin{cases} e^{\frac{1}{(b-a)(x-b)}}, & x < b \text{ のとき}, \\ 0, & x \geqq b \text{ のとき} \end{cases}$$

とおけば，g, h はともに $(-\infty, +\infty)$ で無限回微分可能で，$f=gh$ である．

7　定理 4 の一般化．

8　$\alpha>1$ ならば，

$$\frac{d^2}{dx^2}x^\alpha = \alpha(\alpha-1)x^{\alpha-2} > 0$$

であるから，関数 x^α は凸関数．ゆえに 4.3 節の定理 5 によって

$$\left(\frac{a_1+\cdots+a_n}{n}\right)^\alpha \leqq \frac{a_1{}^\alpha+\cdots+a_n{}^\alpha}{n}.$$

両辺を $1/\alpha$ 乗すれば $F(1) \leqq F(\alpha)$．

一般に $0<\alpha_1<\alpha_2$ とする．そのとき $\alpha_2/\alpha_1=\beta$ とおけば $\beta>1$ であるから

$$\left(\frac{a_1+\cdots+a_n}{n}\right)^\beta \leqq \frac{a_1{}^\beta+\cdots+a_n{}^\beta}{n}.$$

この式の $a_1, \cdots, a_n$ をそれぞれ $a_1{}^{\alpha_1}, \cdots, a_n{}^{\alpha_1}$ に代えて，両辺を $1/\alpha_2$ 乗すれば $F(\alpha_1) \leqq F(\alpha_2)$ を得る．

9　$\max\{a_1, \cdots, a_n\}=a_1$ とすれば，

$$\frac{a_1{}^\alpha}{n} \leqq \frac{a_1{}^\alpha+\cdots+a_n{}^\alpha}{n} \leqq \frac{na_1{}^\alpha}{n} = a_1{}^\alpha.$$

よって $\frac{a_1}{n^{1/\alpha}} \leqq F(\alpha) \leqq a_1$. $\lim_{\alpha\to+\infty} n^{\frac{1}{\alpha}}=1$ であるから $\lim_{\alpha\to+\infty} F(\alpha)=a_1$.

問題 5.3

6 $\sin\frac{\pi}{12}=\frac{\sqrt{6}-\sqrt{2}}{4}$, $\cos\frac{\pi}{12}=\frac{\sqrt{6}+\sqrt{2}}{4}$,

$\tan\frac{\pi}{12}=2-\sqrt{3}$

7 $\sin\frac{\pi}{8}=\frac{\sqrt{2-\sqrt{2}}}{2}$, $\cos\frac{\pi}{8}=\frac{\sqrt{2+\sqrt{2}}}{2}$,

$\tan\frac{\pi}{8}=\sqrt{2}-1$

9 $\cos^2 x=\frac{1+\cos 2x}{2}$, $\sin^2 x=\frac{1-\cos 2x}{2}$,

$\sin x\cos x=\frac{\sin 2x}{2}$ であるから,

$$f(x) = 2-\frac{1}{2}(\sqrt{5}\sin 2x+2\cos 2x).$$

点 $(\sqrt{5}, 2)$ を P とし, OP の定める角を α とすれば,

$$f(x) = 2-\frac{3}{2}\sin(2x+\alpha).$$

ゆえに $f(x)$ の最大値は $2+\frac{3}{2}=\frac{7}{2}$, 最小値は $2-\frac{3}{2}=\frac{1}{2}$.

10 三角形 ABC において角の大きさを $A\leqq B\leqq C$ とする. 最小角の大きさは $\pi/3$ 以下で, $\tan A\leqq\tan(\pi/3)=\sqrt{3}$. よって

$$A = \pi/4, \quad \tan A = 1.$$

ゆえに $B+C=3\pi/4$ で $\tan(B+C)=-1$. 加法定理より

$$\frac{\tan B+\tan C}{1-\tan B\tan C} = -1.$$

変形して $(\tan B-1)(\tan C-1)=2$. $\tan B$, $\tan C$ が整数であるから, これより $\tan B=2$, $\tan C=3$.

11 $\tan\theta=\frac{(a-b)x}{x^2+ab}$. これは $x=\sqrt{ab}$ のとき最大.

12 $P_1(0, p_1)$, $P_2(b, p_2)$ (ただし $p_1>0$, $b>0$, $p_2<0$), また $X(x, 0)$ とすれば, 径路 P_1XP_2 を通るときの所要時間は

$$f(x) = \frac{\sqrt{x^2+p_1{}^2}}{v_1}+\frac{\sqrt{(b-x)^2+p_2{}^2}}{v_2}$$

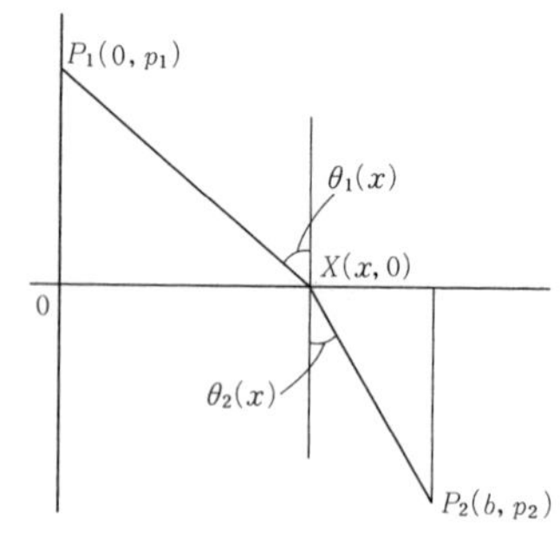

図のように角 $\theta_1(x)$, $\theta_2(x)$ を定めると

$$f'(x) = \frac{x}{v_1\sqrt{x^2+p_1{}^2}}-\frac{b-x}{v_2\sqrt{(b-x)^2+p_2{}^2}} = \frac{\sin\theta_1(x)}{v_1}-\frac{\sin\theta_2(x)}{v_2}.$$

x が 0 から b まで増加するとき $\theta_1(x)$ は単調増加, $\theta_2(x)$ は単調減少. よって $f'(x)$ は単調増加. そして $f'(0)<0$, $f'(b)>0$ であるから, 区間 $(0, b)$ に $f'(a)=0$ となる a がただ1つ在する.

問題 5.4

1 (1) $\frac{a}{b}$　(2) $\frac{1}{2}$　(3) 1

(4) 1

2 $$\cos\frac{\theta}{2}\cos\frac{\theta}{2^2}\cdots\cos\frac{\theta}{2^n} = \frac{\sin\theta}{\theta}\cdot\frac{\frac{\theta}{2^n}}{\sin\frac{\theta}{2^n}} \to \frac{\sin\theta}{\theta}.$$

3 $A=\frac{a}{a^2+b^2}$, $B=\frac{b}{a^2+b^2}$.

4 $$\frac{d}{dx}(e^x\sin x) = e^x(\sin x+\cos x) = \sqrt{2}\,e^x\sin\left(x+\frac{\pi}{4}\right).$$

以下帰納法.

5 (b) 帰納法.

6 $\lim_{x\to 0} f(x)=0$ であるが

$$\lim_{h\to 0}\frac{f(h)-f(0)}{h}=\lim_{h\to 0}\sin\frac{1}{h}$$

は存在しない．

10 $\dfrac{d}{dx}(f_{2n-1}(x)-\sin x)=g_{2n-1}(x)-\cos x,$

$\dfrac{d}{dx}(g_{2n}(x)-\cos x)=\sin x-f_{2n-1}(x),$

$\dfrac{d}{dx}(f_{2n}(x)-\sin x)=g_{2n}(x)-\cos x,$

$\dfrac{d}{dx}(g_{2n+1}(x)-\cos x)=\sin x-f_{2n}(x).$

これより，$x>0$ のとき $\cos x<g_{2n-1}(x)$ と仮定すれば，順次 $\sin x<f_{2n-1}(x)$，$g_{2n}(x)<\cos x$，$f_{2n}(x)<\sin x$，$\cos x<g_{2n+1}(x)$ を得る．

11 区間 $[0,\pi/2]$ で $\sin x$ は狭義に上に凸．したがって，グラフは両端を結ぶ直線より上にある．

12 面積は $S=a^2\sin\theta(1+\cos\theta)$ で，

$$\frac{dS}{d\theta}=a^2(2\cos\theta-1)(\cos\theta+1).$$

これより S は $\theta=\dfrac{\pi}{3}$ のとき最大で，最大値は $\dfrac{3\sqrt{3}}{4}a^2$．

13 $(1+x^2)y'=1$ の両辺を $n+1$ $(n=0,1,2,\cdots)$ 回微分してライプニッツの公式を用いれば問題の等式を得る．この等式の x に 0 を代入して $y^{(n+2)}(0)=-n(n+1)y^{(n)}(0)$．そして $y(0)=0$, $y'(0)=1$ であるから，$y^{(2m)}(0)=0$, $y^{(2m+1)}(0)=(-1)^m(2m)!$．

問題 5.5

1 $\bar{\alpha}$, $-\bar{\alpha}$, $i\bar{\alpha}$, $-i\bar{\alpha}$.

2 複素数 $(\alpha-\gamma)/(\alpha-\beta)$ の絶対値は

$$\frac{\text{辺 }\alpha\gamma\text{ の長さ}}{\text{辺 }\alpha\beta\text{ の長さ}}$$

を表し，また偏角は半直線 $\alpha\beta$ を α のまわりに半直線 $\alpha\gamma$ まで回転する角を表す．このことから直ちに問題の結論を得る．

3 $\triangle\alpha\beta\gamma$ が正三角形であるのは，$\triangle\alpha\beta\gamma$ と $\triangle\beta\gamma\alpha$ とが同じ向きに相似であることと同等である．そこで問 2 を用いる．

4 $\cos 4\theta=\cos^4\theta-6\cos^2\theta\sin^2\theta+\sin^4\theta,$

$\sin 4\theta=4\cos^3\theta\sin\theta-4\cos\theta\sin^3\theta,$

$\cos 5\theta=\cos^5\theta-10\cos^3\theta\sin^2\theta$
$\qquad+5\cos\theta\sin^4\theta,$

$\sin 5\theta=5\cos^4\theta\sin\theta-10\cos^2\theta\sin^3\theta$
$\qquad+\sin^5\theta$

5 h が n で割り切れないときは 0，割り切れるときは n．

6

$$\frac{\sin\dfrac{(n+1)\theta}{2}\cos\dfrac{n\theta}{2}}{\sin\dfrac{\theta}{2}},$$

$$\frac{\sin\dfrac{(n+1)\theta}{2}\sin\dfrac{n\theta}{2}}{\sin\dfrac{\theta}{2}}.$$

問題 6.1

2　仮定より f'' は a の近傍で一定符号，したがって f' は強い意味で単調．このことから θ の一意性がわかる．また $f'(a+\theta h)$ に平均値の定理を用いれば

$$f(a+h) = f(a)+h\{f'(a) + \theta hf''(a+\theta_1\theta h)\},\quad 0<\theta_1<1$$

一方，テイラーの定理によって

$$f(a+h) = f(a)+hf'(a)+\frac{h^2}{2}f''(a+\theta_2 h),\quad 0<\theta_2<1.$$

上の2つの式より

$$\theta = \frac{1}{2}\cdot\frac{f''(a+\theta_2 h)}{f''(a+\theta_1\theta h)}.$$

よって $h\to 0$ のとき $\theta\to 1/2$.

4　(a)　中間値の定理と f が狭義単調増加であることから明白．

(b)　b_{n+1} は点 $(b_n, f(b_n))$ における f のグラフの接線と x 軸との交点の x 座標である．

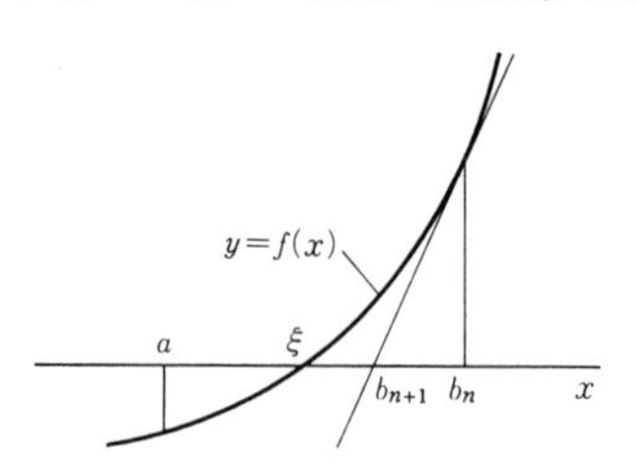

(c)　f は凸関数であるから，f のグラフは接線より上にある．よって $\xi<b_{n+1}<b_n$．そこで $\lim_{n\to\infty} b_n=\beta$ とすれば，

$$\beta = \beta-\frac{f(\beta)}{f'(\beta)}$$

より $f(\beta)=0$．よって $\beta=\xi$.

(d)　テイラーの定理によって，ξ と b_n の間に

$$0 = f(\xi) = f(b_n)-f'(b_n)(b_n-\xi) + \frac{f''(c_n)}{2}(b_n-\xi)^2$$

を満たす c_n がある．この式を $f'(b_n)$ で割って

$$b_{n+1}-\xi = b_n-\xi-\frac{f(b_n)}{f'(b_n)}$$

であることを用いればよい．

(e)　(d)より $0<b_{n+1}-\xi\leqq A(b_n-\xi)^2$，したがって $A(b_{n+1}-\xi)\leqq[A(b_n-\xi)]^2$．これより帰納法で結論を得る．

問題 6.2

1　(1)　1　(2)　1　(3)　$\log a-\log b$

(4)　$-\frac{1}{6}$　(5)　0　(6)　-1

2　(1)　$\frac{1}{2}$

(2)

$$\lim_{x\to 0}\left(\frac{1}{\sin^2 x}-\frac{1}{x^2}\right) = \lim_{x\to 0}\left(\frac{x^2}{\sin^2 x}\cdot\frac{x^2-\sin^2 x}{x^4}\right) = \lim_{x\to 0}\frac{x^2-\sin^2 x}{x^4} = \frac{1}{3}.$$

(3)　$\frac{1}{2}$

(4)　$x^{\frac{1}{x}}=t$ とおけば，$x\to+\infty$ のとき $t\to 1$ で，

$$\frac{x}{\log x}(x^{\frac{1}{x}}-1) = \frac{t-1}{\log t}\to 1.$$

(5)　$\frac{1}{\sin x}=t$ とおけば，$t\to+\infty$，$tx=\frac{x}{\sin x}\to 1$，$\log(t^x)=x\log t=(xt)\frac{\log t}{t}\to 0$．ゆえに $\left(\frac{1}{\sin x}\right)^x=t^x\to e^0=1$.

(6)　$\log(1+x)^{\frac{1}{x}}=\frac{1}{x}\log(1+x)=\frac{1}{x}\Big(x-$

$\left.\frac{x^2}{2}+\varepsilon\right)$, $\lim_{x\to 0}\frac{\varepsilon}{x^2}=0$. よって $\log(1+x)^{\frac{1}{x}}=1+t$ とおくと，$\lim_{x\to 0}\frac{t}{x}=-\frac{1}{2}$. ゆえに $\frac{e-(1+x)^{\frac{1}{x}}}{x}$ $=\frac{t}{x}\cdot\frac{e-e^{1+t}}{t}=\frac{t}{x}\cdot e\cdot\frac{1-e^t}{t}\to -\frac{1}{2}e\cdot(-1)=$ $\frac{e}{2}$.

問題 7.1

1 $[a,b]$ の n 等分を $P=(x_0, x_1, \cdots, x_n)$ とすれば，

$$x_i = a+\frac{i(b-a)}{n}, \qquad \Delta x_i = \frac{b-a}{n}$$

で，$n\to\infty$ のとき $d(P)=(b-a)/n\to 0$ である.

2 定理 8 の応用.

問題 7.2

2 いえない．たとえば $[0,1]$ で

$$f(x) = \begin{cases} 1, & x\text{ が有理数のとき}, \\ -1, & x\text{ が無理数のとき} \end{cases}$$

と定義すれば，$[0,1]$ で $|f|$ は積分可能．しかし f は積分可能でない.

4
$$F = \frac{|f|}{\left(\int_a^b |f|^p\right)^{\frac{1}{p}}}, \qquad G = \frac{|g|}{\left(\int_a^b |g|^q\right)^{\frac{1}{q}}}$$

とおいて，問 3 を適用すればよい.

5 平均値の定理によって，適当な $s_i\in[x_{i-1}, x_i]$ をとれば

$$F(b)-F(a) = \sum_{i=1}^n f(s_i)(x_i-x_{i-1})$$

と書ける．この右辺はリーマン和 $S(P,f)$ であるから，$d(P)\to 0$ のとき $\int_a^b f$ に収束する.

6 問 5 によって $F_0(x)=F(x)-F(a)$. よって $F_0'=F'=f$.

問題 7.3

1 (1) $\frac{\pi}{2}$　　(2) $\frac{\pi}{a}$

2 (1) $\int_0^1 x^\alpha dx=\frac{1}{\alpha+1}$

(2) $\int_0^1 \sin\pi x\, dx=\frac{2}{\pi}$

(3) $\int_1^2 \frac{dx}{x}=\log 2$　　(4) $\int_0^1 \sqrt{x}\, dx=\frac{2}{3}$

(5) $\int_1^2 \frac{dx}{\sqrt{x}}=2(\sqrt{2}-1)$

3 $n\to\infty$ のとき

$$\frac{(1^\alpha+2^\alpha+\cdots+n^\alpha)^{\beta+1}}{(1^\beta+2^\beta+\cdots+n^\beta)^{\alpha+1}} = \frac{\left\{\frac{1}{n}\sum_{k=1}^n\left(\frac{k}{n}\right)^\alpha\right\}^{\beta+1}}{\left\{\frac{1}{n}\sum_{k=1}^n\left(\frac{k}{n}\right)^\beta\right\}^{\alpha+1}} \to \frac{(\beta+1)^{\alpha+1}}{(\alpha+1)^{\beta+1}}.$$

5 $R(n)=1+\frac{1}{2}+\cdots+\frac{1}{n}$ $(n=1,2,\cdots)$ を満たす有理式 $R(x)$ が存在したとして，

$$R(x) = \frac{a_0+a_1x+\cdots+a_px^p}{b_0+b_1x+\cdots+b_qx^q} \quad (a_p\neq 0,\ b_q\neq 0)$$

とすれば，

$$\lim_{x\to+\infty}\frac{x^{p-q}}{R(x)} = \frac{b_q}{a_p}.$$

問 4 の (2) より

$$\lim_{n\to\infty}\frac{R(n)}{\log n} = 1,$$

よって

$$\lim_{n\to\infty}\frac{n^{p-q}}{\log n} = \frac{b_q}{a_p}.$$

しかるに

$$\lim_{n\to\infty}\frac{n^{p-q}}{\log n}$$

は $p>q$ ならば $+\infty$, $p\leqq q$ ならば 0 であるから，これは不合理である.

6 $a_n=\sum_{k=1}^n f(k)-\int_1^n f(x)\,dx$ とおけば，a_n は正で単調減少である.

8 $m+2\leqq n$ ならば $x^2R(x)=\frac{x^2P(x)}{Q(x)}$ の分子の次数は分母の次数をこえないから，$\lim_{x\to+\infty}x^2R(x)$ は有限の値で，よって $x^2R(x)$ は有界である．ゆえに定理 5 の (b) により（この場合 $\alpha=2$）$\int_a^{+\infty}R(x)\,dx$ は絶対収束する．一方 $m+2>n$, すなわち $m+1\geqq n$ ならば，$xR(x)=\frac{xP(x)}{Q(x)}$ の分子の次数は分母の次数以上であるから，$\lim_{x\to+\infty}xR(x)$ は $\pm\infty$ あるいは 0 でない実数である．したがって十分大きい x に対して

$xR(x)$ は一定符号で $x|R(x)|\geqq M$ となる定数 $M>0$ がある．ゆえに問7の(b)により(この場合 $\alpha=1$) $\int_a^{+\infty}R(x)\,dx$ は収束しない．

9　γ が $Q(x)$ の k 重解ならば，$Q(x)=(x-\gamma)^k\cdot Q_1(x)$，$Q_1(\gamma)\neq 0$ で，$\lim_{x\to\gamma}(x-\gamma)^k R(x)=\dfrac{P(\gamma)}{Q_1(\gamma)}\neq 0$．ゆえに $\int_a^b R(x)\,dx$ は発散．

10　$Q(x)=(x-a)Q_1(x)$ とすれば $Q_1(a)>0$ で，

$$\lim_{x\to a}(x-a)^{\frac{1}{2}}|f(x)|=\frac{|P(a)|}{\sqrt{Q_1(a)}}$$

は有限．ゆえに $\int_a^b f$ は絶対収束．

11　$P(x), Q(x)$ の次数をそれぞれ m, n とすれば，収束するための条件は $m<\dfrac{n}{2}-1$．実際，$m<\dfrac{n}{2}-1$ ならば，$m+\alpha=\dfrac{n}{2}$ とするとき $\alpha>1$ で，$\lim_{x\to+\infty}x^\alpha f(x)$ は有限．逆に $m\geqq\dfrac{n}{2}-1$ ならば $\lim_{x\to+\infty}xf(x)\neq 0$．

問題 8.1

1　(1)　$\dfrac{1}{2}\log\dfrac{|x^2-1|}{x^2}$

(2)　$x-\dfrac{1}{4}\log|x-1|+\dfrac{8}{5}\log|x-2|-\dfrac{27}{20}\log|x+3|$

(3)　$\dfrac{1}{4}\log\left|\dfrac{x-1}{x+1}\right|-\dfrac{1}{2}\arctan x$

(4)　$-\log|x|+2\log|x+1|+\dfrac{1}{x+1}-\dfrac{1}{(x+1)^2}$

(5)　$1/(x^3+1)$ を分解すれば

$$\frac{1}{3}\left(\frac{1}{x+1}-\frac{1}{2}\cdot\frac{2x-1}{x^2-x+1}\right)+\frac{1}{2}\cdot\frac{1}{\left(x-\frac{1}{2}\right)^2+\left(\frac{\sqrt{3}}{2}\right)^2}.$$

よって

$$\int\frac{dx}{x^3+1}=\frac{1}{6}\log\frac{(x+1)^2}{x^2-x+1}+\frac{1}{\sqrt{3}}\arctan\frac{2x-1}{\sqrt{3}}.$$

(6)　$x^3+1=P$ とおけば

$$\begin{aligned}\int\frac{dx}{P^2}&=\int\frac{\left(-\frac{1}{3}xP'\right)+P}{P^2}dx\\&=\frac{1}{3}\int x\left(\frac{1}{P}\right)'dx+\int\frac{dx}{P}\\&=\frac{x}{3P}-\frac{1}{3}\int\frac{dx}{P}+\int\frac{dx}{P}\\&=\frac{x}{3P}+\frac{2}{3}\int\frac{dx}{P}.\end{aligned}$$

ゆえに積分は(5)に帰着し，

$$\int\frac{dx}{(x^3+1)^2}=\frac{x}{3(x^3+1)}+\frac{1}{9}\log\frac{(x+1)^2}{x^2-x+1}+\frac{2}{3\sqrt{3}}\arctan\frac{2x-1}{\sqrt{3}}.$$

2　$\dfrac{P(x)}{Q(x)}=\sum_{k=1}^{n}\dfrac{A_k}{x-a_k}$ とおき，この式の分母を払った式の x に a_k を代入すれば，$P(a_k)=A_kQ'(a_k)$．よって $A_k=\alpha_k$．これより結論を得る．

3　(1)　$\dfrac{1}{2}(x\sqrt{x^2+a}+a\log|x+\sqrt{x^2+a}|)$

(2)　$\arcsin x+\sqrt{1-x^2}$

(3)　$\log\dfrac{\sqrt{x^2+1}-1}{x}$　　(4)　$-\sqrt{\dfrac{x+1}{x-1}}$

4　部分積分法によって

$$\begin{aligned}&(m+1)I(m, n)\\&=\int(m+1)\sin^m x\cos x\cdot\cos^{n-1}x\,dx\\&=\sin^{m+1}x\cos^{n-1}x-\int\sin^{m+1}x\cdot(-(n-1)\cos^{n-2}x\sin x)\,dx\\&=\sin^{m+1}x\cos^{n-1}x+(n-1)\int\sin^m x\cos^{n-2}x(1-\cos^2 x)\,dx\\&=\sin^{m+1}x\cos^{n-1}x+(n-1)(I(m, n-2)-I(m, n)).\end{aligned}$$

よって

$$(m+n)I(m, n)=\sin^{m+1}x\cos^{n-1}x+(n-1)I(m, n-2)\quad ①$$

① の n を $n+2$ に代えて移項すれば

$$(n+1)I(m, n)=-\sin^{m+1}x\cos^{n+1}x+(m+n+2)I(m, n+2)\quad ②$$

①, ②よりそれぞれ(a), (b)の第1式が得られる.

同様にして(a), (b)の第2式も証明される.

5 (1) $\int \tan^3 x\,dx = I(3,-3)$

$$= \frac{\sin^4 x}{2\cos^2 x} - I(3,-1),$$

$$I(3,-1) = -\frac{\sin^2 x}{2} + I(1,-1),$$

$$I(1,-1) = -\log|\cos x|.$$

よって

$$I(3,-3) = \frac{\sin^4 x}{2\cos^2 x} + \frac{\sin^2 x}{2} + \log|\cos x|$$

$$= \frac{1}{2}\tan^2 x + \log|\cos x|.$$

(2) $\int \sin^2 x\cos^2 x\,dx = I(2,2)$

$$= \frac{\sin^3 x\cos x}{4} + \frac{1}{4}I(2,0),$$

$$I(2,0) = \int \sin^2 x\,dx = -\frac{\sin x\cos x}{2} + \frac{x}{2}$$

よって

$$I(2,2) = \frac{\sin^3 x\cos x}{4} - \frac{\sin x\cos x}{8} + \frac{x}{8}$$

$$= \frac{1}{8}(x - \sin x\cos x\cos 2x).$$

(3) $\int \frac{dx}{\sin^3 x\cos^3 x} = I(-3,-3)$

$$= \frac{1}{2\sin^2 x\cos^2 x} + 2I(-3,-1),$$

$$I(-3,-1) = -\frac{1}{2\sin^2 x} + I(-1,-1),$$

$$I(-1,-1) = \log|\tan x|$$

よって

$$I(-3,-3) = \frac{1}{2\sin^2 x\cos^2 x} - \frac{1}{\sin^2 x} + 2\log|\tan x|.$$

6 $\tan x = t$ とおくと

(1) $$\int \frac{dx}{a^2\cos^2 x + b^2\sin^2 x} = \int \frac{dt}{a^2 + b^2 t^2} = \frac{1}{ab}\arctan\left(\frac{b}{a}\tan x\right)$$

(2) $$\int \frac{dx}{a^2\cos^2 x - b^2\sin^2 x} = \int \frac{dt}{a^2 - b^2 t^2} = \frac{1}{2ab}\log\left|\frac{a\cos x + b\sin x}{a\cos x - b\sin x}\right|$$

7 (1) $\tan\dfrac{x}{2}$

(2) $\log\left|\dfrac{1+\tan(x/2)}{1-\tan(x/2)}\right| = \log\left|\dfrac{1+\sin x}{\cos x}\right|$

(3) $x + \dfrac{2}{1+\tan(x/2)}$

8 (1) $-\dfrac{1}{2}e^{-x} + \dfrac{1}{10}e^{-x}(2\sin 2x - \cos 2x)$

(2) $\dfrac{x}{\sqrt{x^2+1}}$

(3) $\alpha \neq -1$ のとき $\dfrac{1}{\alpha+1}(\log x)^{\alpha+1}$, $\alpha = -1$ のとき $\log|\log x|$.

(4) $2(\sqrt{e^x-1} - \arctan\sqrt{e^x-1})$

(5) $\dfrac{1}{2}x(\sin(\log x) - \cos(\log x))$

(6) $\displaystyle\int \frac{dx}{a+b\tan x} = \int \frac{\cos x}{a\cos x + b\sin x}dx$

において, $P(x) = a\cos x + b\sin x$ とおき, $\cos x = AP(x) + BP'(x)$ となるように A, B を定めれば $A = \dfrac{a}{a^2+b^2}$, $B = \dfrac{b}{a^2+b^2}$. よって

$$\int \frac{dx}{a+b\tan x} = \int \left(A + B\frac{P'(x)}{P(x)}\right)dx = Ax + B\log|P(x)| = \frac{a}{a^2+b^2}x + \frac{b}{a^2+b^2}\cdot\log|a\cos x + b\sin x|.$$

問題 8.2

1 (1) $\dfrac{\pi a^2}{4}$　(2) $\dfrac{\pi}{2}$　(3) $\dfrac{\pi}{3\sqrt{3}}$

(4) $\dfrac{1}{2} + \dfrac{\pi}{4}$　(5) $\dfrac{\pi}{\sqrt{1-a^2}}$　(6) 2

(7) $\dfrac{b}{a^2+b^2}$

3 (1) $m \neq n$, $m = n = 0$ のとき 0, $m = n \neq 0$ のとき π.

(2) 0

(3) $m \neq n$ のとき 0, $m = n \neq 0$ のとき π, $m = n = 0$ のとき 2π.

6　(1)　$a \leqq -1$ ならば積分は収束しない．$a > -1$ のときは $\sqrt{x^2-1}=t-x$ とおいて計算すると，結果は

$$|a|<1 \quad \text{ならば} \quad \frac{2}{\sqrt{1-a^2}}\arctan\sqrt{\frac{1-a}{1+a}},$$

$$a=1 \quad \text{ならば} \quad 1,$$

$$a>1 \quad \text{ならば} \quad \frac{1}{\sqrt{a^2-1}}\log(a+\sqrt{a^2-1}).$$

(2)　$|a| \geqq 1$ ならば $\dfrac{2}{|a|}$，$|a|<1$ ならば 2.

7　(1)　$\dfrac{n!}{2}$　　(2)　$(-1)^n\dfrac{n!}{(a+1)^{n+1}}$

8　(1)

$$\int_{k\pi}^{(k+1)\pi} e^{-x}|\sin x|\,dx = e^{-k\pi}\int_0^{\pi} e^{-x}\sin x\,dx = \frac{1}{2}(1+e^{-\pi})e^{-k\pi},$$

$$\int_0^{n\pi} e^{-x}|\sin x|\,dx = \frac{1}{2}(1+e^{-\pi})\sum_{k=0}^{n-1}e^{-k\pi}.$$

$n\to\infty$ として

$$\int_0^{+\infty} e^{-x}|\sin x|\,dx = \frac{1}{2}(1+e^{-\pi})\sum_{n=0}^{\infty}e^{-n\pi} = \frac{1}{2}\cdot\frac{e^{\pi}+1}{e^{\pi}-1}.$$

(2)　$\theta=0$ は $f(\theta)=\log\sin\theta$ の特異点であるが，$0<\alpha<1$ なる α に対し

$$\theta^{\alpha}f(\theta) = \theta^{\alpha}\log\theta+\theta^{\alpha}\log\frac{\sin\theta}{\theta}\to 0 \quad (\theta\to 0+)$$

であるから，積分は収束する．

$I=\displaystyle\int_0^{\frac{\pi}{2}}\log\sin\theta\,d\theta$ とおくと，

$$I = \int_0^{\frac{\pi}{2}}\log\cos\theta\,d\theta = \int_{\frac{\pi}{2}}^{\pi}\log\sin\theta\,d\theta$$

で，$I=\dfrac{1}{2}\displaystyle\int_0^{\pi}\log\sin\theta\,d\theta$．ここで $\theta=2\varphi$ とおけば

$$I = \int_0^{\frac{\pi}{2}}(\log 2+\log\sin\varphi+\log\cos\varphi)\,d\varphi = \frac{\pi}{2}\log 2+2I.$$

ゆえに $I=-\dfrac{\pi}{2}\log 2$.

9　$0<\alpha\leqq 1$ ならば，$x\to 0+$ のとき関数は有限の極限をもつから 0 は特異点ではない．$1<\alpha<2$ ならば 0 は特異点であるが，$0<\alpha-1<1$ で

$$x^{\alpha-1}\frac{\sin x}{x^{\alpha}} = \frac{\sin x}{x}\to 1 \qquad (x\to 0+)$$

であるから，0 において積分は収束(絶対収束)する．

無限区間の積分が収束することはF)の例と同様にして示される．

また $1<\alpha<2$ ならば区間 $[1,+\infty)$ において $\dfrac{|\sin x|}{x^{\alpha}}\leqq\dfrac{1}{x^{\alpha}}$ で，$\displaystyle\int_1^{+\infty}\frac{dx}{x^{\alpha}}$ は収束するから $\displaystyle\int_1^{+\infty}\frac{|\sin x|}{x^{\alpha}}dx$ も収束する．一方，$0<\alpha\leqq 1$ ならば $[1,+\infty)$ において $\dfrac{|\sin x|}{x^{\alpha}}\geqq\dfrac{|\sin x|}{x}$ で，$\displaystyle\int_1^{+\infty}\frac{|\sin x|}{x}dx$ が発散するから $\displaystyle\int_1^{+\infty}\frac{|\sin x|}{x^{\alpha}}dx$ も発散する．

10　$n=0$ のときは正しいから，$n\geqq 1$ とし，$n-1$ のとき正しいと仮定する．$\displaystyle\int f(t)\,dt=F(t)$ とおけば，

$$g(x) = \int_0^x f(t)(x-t)^n dt = F(t)(x-t)^n\Big|_{t=0}^{t=x} + n\int_0^x F(t)(x-t)^{n-1}dt = -F(0)x^n+n\int_0^x F(t)(x-t)^{n-1}dt.$$

帰納法の仮定より $\dfrac{d^n}{dx^n}g(x)=-n!F(0)+n\cdot(n-1)!\,F(x)$．よって $\dfrac{d^{n+1}}{dx^{n+1}}g(x)=n!\,f(x)$.

11　$n=1$ のとき，

$$f(b) = f(a)+R_1, \qquad R_1 = \int_a^b f'(x)\,dx$$

は微分積分法の基本公式による．ある n について成り立つと仮定し，R_n に部分積分法を適用すると

$$R_n = \frac{1}{(n-1)!}\int_a^b (b-x)^{n-1}f^{(n)}(x)\,dx = \frac{1}{(n-1)!}\left\{\left[-\frac{(b-x)^n}{n}f^{(n)}(x)\right]_a^b + \frac{1}{n}\int_a^b (b-x)^n f^{(n+1)}(x)\,dx\right\} = \frac{(b-a)^n}{n!}f^{(n)}(a)+R_{n+1},$$

$$R_{n+1}=\frac{1}{n!}\int_a^b (b-x)^n f^{(n+1)}(x)\,dx.$$

ゆえに $n+1$ のときにも成立する．

12　(b)　ライプニッツの公式によって

$$P_n(x)=\frac{1}{2^n n!}\sum_{r=0}^{n}\binom{n}{r}\frac{d^{n-r}}{dx^{n-r}}(x-1)^n\cdot \frac{d^r}{dx^r}(x+1)^n.$$

右辺で $r=0$, n 以外の項は $(x-1)(x+1)=x^2-1$ で割り切れ，$\frac{d^n}{dx^n}(x-1)^n=\frac{d^n}{dx^n}(x+1)^n=n!$ であるから，

$$P_n(x)=\frac{1}{2^n}(x+1)^n+\frac{1}{2^n}(x-1)^n+(x^2-1)Q(x),$$

$(Q(x)$ は多項式$)$.

この式で $x=1$ または $x=-1$ とおけばよい．

(c)　$m\neq n$ のとき $\int_{-1}^1 P_mP_n=0$ は定理6より明らかである．$m=n$ のとき，$F(x)=(x^2-1)^n$ とおけば

$$2^n n!\int_{-1}^1 P_n{}^2=\int_{-1}^1 P_nF^{(n)}.$$

これに部分積分法をくり返して

$$\begin{aligned}2^n n!\int_{-1}^1 P_n{}^2&=\int_{-1}^1 P_nF^{(n)}\\&=[P_nF^{(n-1)}-P_n'F^{(n-2)}+\cdots\\&\quad+(-1)^{n-1}P_n{}^{(n-1)}F]_{-1}^1\\&\quad+(-1)^n\int_{-1}^1 P_n{}^{(n)}F\\&=(-1)^n\int_{-1}^1\left(\frac{1}{2^n n!}F^{(2n)}\right)F\\&=(-1)^n\frac{(2n)!}{2^n n!}\int_{-1}^1 (x^2-1)^n dx.\end{aligned}$$

よって

$$\int_{-1}^1 P_n{}^2=\frac{(2n)!}{2^{2n}(n!)^2}\int_{-1}^1 (1-x^2)^n dx.$$

E)の例1およびC)の式⑤によれば

$$\begin{aligned}\int_{-1}^1 (1-x^2)^n dx&=2\int_0^{\frac{\pi}{2}}\sin^{2n+1}x\,dx\\&=\frac{2}{2n+1}\cdot\frac{2^{2n}(n!)^2}{(2n)!}.\end{aligned}$$

これを上式に代入して $\int_{-1}^1 P_n{}^2=\frac{2}{2n+1}$.

(d)　$F(x)=(x^2-1)^n$ とおけば $F'=2nx\cdot(x^2-1)^{n-1}$. これに x^2-1 を掛けて

$$(x^2-1)F'=2nxF.$$

両辺を $n+1$ 回微分すると，ライプニッツの公式によって

$$\begin{aligned}&(x^2-1)F^{(n+2)}+2(n+1)xF^{(n+1)}+n(n+1)F^{(n)}\\&\quad=2nxF^{(n+1)}+2n(n+1)F^{(n)},\end{aligned}$$

すなわち

$$(x^2-1)F^{(n+2)}+2xF^{(n+1)}-n(n+1)F^{(n)}=0.$$

$y=P_n(x)=F^{(n)}(x)/2^n n!$ であるから，

$$(x^2-1)y''+2xy'-n(n+1)y=0.$$

(e)　$P_n(x)$ の最高次の係数は $\frac{(2n)!}{2^n(n!)^2}$ であるから，

$$(n+1)P_{n+1}(x)-(2n+1)xP_n(x)$$

の x^{n+1} の係数は0．したがって(a)よりこれは $n-1$ 次の多項式である．よって

$$(n+1)P_{n+1}-(2n+1)xP_n=cP_{n-1}+Q$$

とおき，定数 c を適当に定めれば Q は $n-2$ 次以下の多項式になる．上式に Q を掛けて積分すれば $\int_{-1}^1 Q^2=0$. ゆえに $Q=0$. そこで上式で $x=1$ とおけば $(n+1)-(2n+1)=c$ より $c=-n$.

13　$H_0(x)=1$, $H_n(x)=2xH_{n-1}(x)-H_{n-1}'(x)$ であるから，$H_n(x)$ は 2^nx^n を最高次の項とする n 次の整式である．そして任意の整数 $s\geqq 0$, $r\geqq 0$ に対し

$$x^s\frac{d^re^{-x^2}}{dx^r}=(-1)^re^{-x^2}(x^sH_r(x))$$

であるから，$\lim_{x\to\pm\infty}x^s\frac{d^re^{-x^2}}{dx^r}=0$ となる．いま，$0\leqq k\leqq n$ とすると，部分積分法をくり返して

$$\begin{aligned}&\int_{-\infty}^{+\infty}x^kH_n(x)e^{-x^2}dx\\&=(-1)^n\int_{-\infty}^{+\infty}x^k\frac{d^ne^{-x^2}}{dx^n}dx\\&=(-1)^n\Big[x^k\frac{d^{n-1}e^{-x^2}}{dx^{n-1}}-kx^{k-1}\frac{d^{n-2}e^{-x^2}}{dx^{n-2}}\\&\qquad+\cdots+(-1)^{k-1}k!\,x\frac{d^{n-k}e^{-x^2}}{dx^{n-k}}\Big]_{-\infty}^{+\infty}\\&\qquad+(-1)^{n+k}k!\int_{-\infty}^{+\infty}\frac{d^{n-k}e^{-x^2}}{dx^{n-k}}dx\\&=(-1)^{n+k}k!\int_{-\infty}^{+\infty}\frac{d^{n-k}e^{-x^2}}{dx^{n-k}}dx.\end{aligned}$$

したがって，E)の例3を用いて

$$\int_{-\infty}^{+\infty} x^k H_n(x) e^{-x^2} dx = \begin{cases} 0 & (0 \leqq k < n) \\ n!\sqrt{\pi} & (k=n) \end{cases}$$

を得る．これより問題の等式が得られることは明らかである．

14　$L_n(x)$ が $(-1)^n x^n$ を最高次の項とする n 次の整式であることはライプニッツの公式からわかる．そこで問13同様，部分積分法をくり返せば

$$\begin{aligned} &\int_0^{+\infty} x^k L_n(x) e^{-x} dx \\ &= \int_0^{+\infty} x^k \frac{d^n}{dx^n}(x^n e^{-x}) dx \\ &= (-1)^k k! \int_0^{+\infty} \frac{d^{n-k}}{dx^{n-k}}(x^n e^{-x}) dx \\ &= \begin{cases} 0 & (0 \leqq k < n) \\ (-1)^n (n!)^2 & (k=n) \end{cases} \end{aligned}$$

(ここで定理5を用いた.) これより問題の等式を得る．

15　全区間 $(-\infty, +\infty)$ で無限回微分可能で，$x \leqq 0$ および $1 \leqq x$ で $\varphi(x)=0$ であり，かつ $0 \leqq x \leqq 1$ において正の値をとる関数 $\varphi(x)$ が存在する．(問題5.2の問5を参照.) $\varphi(x)$ に適当な定数を掛けて $\int_0^1 \varphi(x)dx = 1$ となるようにし，$f(x) = \int_0^x \varphi(t)dt$ とおけばよい．

問題 9.1

1　f_n は E で有界であるから，すべての $x \in E$ に対して $|f_n(x)| \leqq M_n$ となる定数 M_n がある．また一様収束性によって，$\varepsilon > 0$ に対し，ある N が存在して，$m \geqq N$, $n \geqq N$ ならば，すべての $x \in E$ に対して

$$|f_m(x) - f_n(x)| \leqq \varepsilon$$

が成り立つ．特に $n \geqq N$ ならば $|f_n(x)| \leqq |f_N(x)| + \varepsilon \leqq M_N + \varepsilon$．よって $M = \max\{M_1, \cdots, M_N, M_N+\varepsilon\}$ とおけば，すべての n およびすべての x に対して $|f_n(x)| \leqq M$ となる．

3　たとえば，区間 $(0, +\infty)$ で $f_n(x) = \dfrac{1}{n}$, $g_n(x) = \dfrac{1}{x}$ とおけば，$f_n(x) g_n(x) = \dfrac{1}{nx} \to 0$ $(n \to \infty)$．しかしこの収束は一様でない．

4　$\varepsilon > 0$ に対し，ある N が存在して $n \geqq N$ ならばすべての $x \in I$ に対して $|f_n(x) - f(x)| \leqq \varepsilon$ が成り立ち，

$$|F_n(x) - F(x)| \leqq \varepsilon |x-a| \leqq \varepsilon(\beta - \alpha)$$

となる．

5　極限関数は $f(x)=0$ である．$\varepsilon > 0$ に対し，$|x| < \varepsilon$ ならばすべての n に対し $|f_n(x)| \leqq \varepsilon$．また $|x| \geqq \varepsilon$ ならば，$n \geqq 1/\varepsilon^2$ のとき

$$|f_n(x)| < \frac{|x|}{nx^2} = \frac{1}{n|x|} \leqq \frac{1}{n\varepsilon} \leqq \varepsilon.$$

よって (f_n) は一様収束．後半は容易．

問題 9.2

3　(1)　$-1 \leqq x < 1$　　(2)　$-\dfrac{1}{2} < x < \dfrac{1}{2}$

(3)　$-2 < x < 2$　　(4)　$-1 < x < 1$

(5)　$p > 1$ ならば $-1 \leqq x \leqq 1$, $0 < p \leqq 1$ ならば $-1 \leqq x < 1$.

(6)　$-e < x < e$.

実際 $\dfrac{a_{n+1}}{a_n} = \left(1 + \dfrac{1}{n}\right)^{-n} \to e^{-1}$ であるから収束半径は e．またスターリングの公式によって $\dfrac{n!}{n^{n+\frac{1}{2}} e^{-n}} \to \sqrt{2\pi}$ であるから $\dfrac{n!}{n^n} e^n \to +\infty$．よって $x = \pm e$ のとき級数は発散する．

4　$|x| < 1$ のとき

$$\log(1+x) = x - \frac{x^2}{2} + \frac{x^3}{3} - \frac{x^4}{4} + \cdots,$$

$$\log(1-x) = -x - \frac{x^2}{2} - \frac{x^3}{3} - \frac{x^4}{4} - \cdots.$$

第1式から第2式を引いて2で割ればよい．

7　$\dfrac{1}{\sqrt{1-x^2}} = 1 + \dfrac{1}{2}x^2 + \dfrac{1\cdot 3}{2\cdot 4}x^4 + \dfrac{1\cdot 3\cdot 5}{2\cdot 4\cdot 6}x^6 + \cdots$

を項別積分して

$$\arcsin x = x + \frac{1}{2}\cdot\frac{x^3}{3} + \frac{1\cdot 3}{2\cdot 4}\cdot\frac{x^5}{5} + \frac{1\cdot 3\cdot 5}{2\cdot 4\cdot 6}\cdot\frac{x^7}{7} + \cdots$$

8　$b_n \geqq 1 + (a_1 + \cdots + a_n)$ であるから，$\sum a_n$ が発散すれば $b_n \to +\infty$．一方 $\sum a_n$ が収束すれば，$a_n \to 0$ で，$\displaystyle\lim_{n\to\infty} \frac{\log(1+a_n)}{a_n} = 1$ であるから，$\sum \log(1+a_n)$ も収束．よって $\log b_n$，したがっ

て b_n が収束する．

9　(a)　$1-a_n<\dfrac{1}{1+a_n}$ であるから

$$c_n < \frac{1}{(1+a_1)(1+a_2)\cdots(1+a_n)}.$$

$\sum a_n$ が発散すれば問 8 によって右辺の分母は $+\infty$ に発散．ゆえに $c_n\to 0$.

(b)　$\sum a_n$ が収束する場合は，$\log(1-a_n)<0$, $\displaystyle\lim_{n\to\infty}\frac{\log(1-a_n)}{a_n}=-1$ であるから，$\sum\log(1-a_n)$ は収束．ゆえに $\log c_n$ が収束し，その極限を γ とすれば $c_n\to e^{\gamma}>0$.

10　$\alpha>1$ ならば，ヒントのように $n\geqq N$ であるとき

$$na_n-(n+1)a_{n+1}\geqq \gamma a_{n+1},\qquad \gamma>0.$$

この n に $n=N, N+1, \cdots, N+p-1$ を代入して加えれば

$$\gamma(a_{N+1}+\cdots+a_{N+p})\leqq Na_N-(N+p)a_{N+p}$$
$$\leqq Na_N.$$

ゆえに $a_{N+1}+\cdots+a_{N+p}$ は有界．したがって $\sum a_n$ は収束する．

また $\alpha<1$ ならば，同じくヒントによって，$n\geqq N$ なるとき

$$na_n-(n+1)a_{n+1}\leqq 0.$$

したがって任意の $p=1,2,\cdots$ に対し

$$a_{N+p}\geqq\frac{Na_N}{N+p}$$

で，$\displaystyle\sum_{p=1}^{\infty}\frac{1}{N+p}$ は発散．よって $\sum a_n$ は発散．

11　α が自然数のとき収束することはいうまでもない．α が自然数でないとき $a_n=\dbinom{\alpha}{n}$ とおけば，$a_n\neq 0$, $\dfrac{a_{n+1}}{a_n}=\dfrac{\alpha-n}{n+1}$.

(i)　$\alpha>-1$ ならば，$n>\alpha$ である限り $-1<\dfrac{a_{n+1}}{a_n}<0$. したがって $N>\alpha$ なる N をとると $\displaystyle\sum_{n=N}^{\infty}a_n$ は交代級数で，各項の絶対値は減少するしかも

$$\left|\frac{a_{n+1}}{a_n}\right|=1-\frac{\alpha+1}{n+1}$$

であるから，任意の $p=1,2,\cdots$ に対し

$$\left|\frac{a_{N+p}}{a_N}\right|=\left|\frac{a_{N+1}}{a_N}\right|\left|\frac{a_{N+2}}{a_{N+1}}\right|\cdots\left|\frac{a_{N+p}}{a_{N+p-1}}\right|$$
$$=\left(1-\frac{\alpha+1}{N+1}\right)\cdots\left(1-\frac{\alpha+1}{N+p}\right).$$

級数 $\displaystyle\sum_{p=1}^{\infty}\frac{\alpha+1}{N+p}$ は発散するから，問 9 の (a) により $p\to\infty$ のとき $\left|\dfrac{a_{N+p}}{a_N}\right|\to 0$, すなわち $n\to\infty$ のとき $|a_n|\to 0$. ゆえに 2.3 節の定理 9 によって $\sum a_n$ は収束する．この場合

$$\sum_{n=0}^{\infty}a_n=2^{\alpha}$$

となることは，二項展開式および定理 6 からわかる．

(ii)　$\alpha\leqq -1$ ならば，$\left|\dfrac{a_{n+1}}{a_n}\right|\geqq 1$. よって $\sum a_n$ は発散する．

12　α が正の整数のときはもちろん収束する．α が正の整数でないとき $a_n=(-1)^{n-1}\dbinom{\alpha}{n}$ とおけば，$a_n\neq 0$, $\dfrac{a_{n+1}}{a_n}=\dfrac{n-\alpha}{n+1}$. よって $n>\alpha$ ならば $\dfrac{a_{n+1}}{a_n}>0$. したがって a_n はある番号から先では定符号である．そして

$$\lim_{n\to\infty}n\left(\frac{a_n}{a_{n+1}}-1\right)=\lim_{n\to\infty}n\left(\frac{n+1}{n-\alpha}-1\right)=\alpha+1.$$

ゆえに問 10 (ラーベの定理) により，$\alpha>0$ ならば収束，$\alpha<0$ ならば発散．収束する場合，二項展開式および定理 6 により

$$0=\sum_{n=0}^{\infty}(-1)^n\binom{\alpha}{n}=1-\sum_{n=1}^{\infty}a_n.$$

よって $\displaystyle\sum_{n=1}^{\infty}a_n=1$.

問題 9.3

1　i,　-1,　$\dfrac{-1+i}{\sqrt{2}}$,　$\dfrac{1-\sqrt{3}\,i}{2}$

2　(1)　$\log 2+2n\pi i$　　(2)　$(\pi+2n\pi)i$

(3)　$\left(\dfrac{\pi}{2}+2n\pi\right)i$

(4)　$\log\sqrt{2}+\left(-\dfrac{3}{4}\pi+2n\pi\right)i$

3　$\dfrac{i(e-e^{-1})}{2}$,　$\dfrac{e+e^{-1}}{2}$,　$i\dfrac{1-e^{2(i-1)}}{1+e^{2(i-1)}}$

5　$\sinh y=\dfrac{e^y-e^{-y}}{2}$, $\cosh y=\dfrac{e^y+e^{-y}}{2}$ とすれば

$$\mathrm{Re}(\sin z)=\sin x\cosh y,$$
$$\mathrm{Im}(\sin z)=\cos x\sinh y,$$
$$\mathrm{Re}(\cos z)=\cos x\cosh y,$$

$$\mathrm{Im}(\cos z) = -\sin x \sinh y.$$

6　ヒントの式と (b_n) が単調減少であることより $\left|\sum_{k=n}^{m} a_k b_k\right| \leqq 2Mb_n$ を得る．これと仮定の $b_n \to 0$ とから級数 $\sum a_n b_n$ はコーシーの条件を満足することがわかる．

7　$|z|=1$, $z \neq 1$ のとき $\sum z^n$ の部分和は $A_n = \dfrac{1-z^{n+1}}{1-z}$ で $|A_n| \leqq \dfrac{2}{|1-z|}$．一方，数列 $\left(\dfrac{1}{n}\right)$ は単調減少で $\dfrac{1}{n} \to 0$．ゆえに問6により級数 $\sum \dfrac{z^n}{n}$ は収束する．

問題 10.1

3　$\left(\dfrac{ak}{a^2+b^2+c^2}, \dfrac{bk}{a^2+b^2+c^2}, \dfrac{ck}{a^2+b^2+c^2}\right)$

4　ヒントのようにすれば，与えられた方程式は，$\boldsymbol{c} = (\boldsymbol{a}-\boldsymbol{b})/2$ として

$$(*) \qquad |\boldsymbol{x}-\boldsymbol{c}| = |\boldsymbol{x}+\boldsymbol{c}| = r$$

と変形される．

(a)　$2r > d$ ならば $r > |\boldsymbol{c}|$ で，$\boldsymbol{c} = (c_1, \cdots, c_n)$, $\boldsymbol{x} = (x_1, \cdots, x_n)$, $k^2 = r^2 - |\boldsymbol{c}|^2$ とおけば，$(*)$は連立方程式

$$\begin{cases} c_1x_1 + \cdots + c_nx_n = 0 \\ x_1{}^2 + \cdots + x_n{}^2 = k^2 \end{cases}$$

を意味する．$n \geqq 3$ であるからこれは無数の解をもつ．

(b)　$2r = d$ ならば $r = |\boldsymbol{c}|$ で，$(*)$の解は $\boldsymbol{x} = \boldsymbol{0}$ のみである．

(c)　自明．

7　A を含むすべての凸集合の共通部分を考えればよい．

9　$m=1$ のときは自明であるから，$m \geqq 2$, $S(\boldsymbol{a}_1, \cdots, \boldsymbol{a}_{m-1}) \subset M$ と仮定する．$\boldsymbol{x} \in S(\boldsymbol{a}_1, \cdots, \boldsymbol{a}_m)$ とし，

$$\boldsymbol{x} = \sum_{i=1}^{m} t_i \boldsymbol{a}_i, \quad \text{ただし} \quad \sum_{i=1}^{m} t_i = 1, \quad t_i \geqq 0 \quad (i=1, \cdots, m)$$

とする．もし $t_m = 1$ ならば $\boldsymbol{x} = \boldsymbol{a}_m \in M$．また $t_m < 1$ ならば

$$\boldsymbol{b} = \sum_{i=1}^{m-1} \frac{t_i}{1-t_m} \boldsymbol{a}_i$$

とおけば，$\boldsymbol{b} \in S(\boldsymbol{a}_1, \cdots, \boldsymbol{a}_{m-1})$ で，

$$\boldsymbol{x} = (1-t_m)\boldsymbol{b} + t_m \boldsymbol{a}_m \in [\boldsymbol{b}, \boldsymbol{a}_m].$$

帰納法の仮定により $\boldsymbol{b} \in M$ で，M は凸集合であるから，$\boldsymbol{x} \in M$．

問題 10.2

1　$(10, -8, 7)$

2　$\boldsymbol{a} = \left(-\dfrac{2}{3}, -\dfrac{2}{3}, \dfrac{1}{3}\right)$, $\boldsymbol{b} = \left(\dfrac{1}{3}, \dfrac{1}{3}, \dfrac{1}{3}\right)$, $\boldsymbol{c} = \left(-\dfrac{2}{3}, \dfrac{1}{3}, \dfrac{1}{3}\right)$.

5　U が部分空間であることは直ちにわかる．$\dim U = r$ とし，U の基底を $\{\boldsymbol{u}_1, \cdots, \boldsymbol{u}_r\}$ とすれば，ヒントより $\{\boldsymbol{u}_1, \cdots, \boldsymbol{u}_r, \boldsymbol{a}\}$ は $\boldsymbol{R}^n$ の基底となる．ゆえに $r = n-1$．

6　$\{1, i\}$ が $\boldsymbol{C}$ の $\boldsymbol{R}$ 上の基底となる．(i は虚数単位．)

7　V の $\boldsymbol{C}$ 上の基底を $\{v_1, \cdots, v_n\}$ とすれば，$\{v_1, \cdots, v_n, iv_1, \cdots, iv_n\}$ が V の $\boldsymbol{R}$ 上の基底となる．

索　引

上，中，下は『解析入門』の巻数を示します．

か 行

さ 行

た 行

な 行

は 行

ま　行

わ 行

松坂和夫

1927-2012 年．1950 年東京大学理学部数学科卒業．武蔵大学助教授，津田塾大学助教授，一橋大学教授，東洋英和女学院大学教授などを務める．
著書に，本シリーズ収録の『集合・位相入門』『線型代数入門』『代数系入門』『解析入門』のほか，『数学読本』『代数への出発』(以上，岩波書店)，『現代数学序説——集合と代数』(ちくま学芸文庫)など．

松坂和夫 数学入門シリーズ 4
解析入門 上

2018 年 11 月 6 日　第 1 刷発行
2023 年 12 月 5 日　第 6 刷発行

著　者　松坂和夫（まつざかかずお）

発行者　坂本政謙

発行所　株式会社 岩波書店
〒101-8002 東京都千代田区一ツ橋 2-5-5
電話案内 03-5210-4000
https://www.iwanami.co.jp/

印刷・精興社　表紙・半七印刷　製本・中永製本

ISBN 978-4-00-029874-2　　Printed in Japan